工业和信息化普通高等教育“十三五”规划教材
普通高等学校计算机教育“十三五”规划教材

COMPUTER

Java Web 基础与实例教程

Java Web Fundamentals & Practices

孔祥盛 赵芳 主编

人民邮电出版社
北京

图书在版编目（CIP）数据

Java Web基础与实例教程 / 孔祥盛，赵芳主编. -- 北京：人民邮电出版社，2020.9（2023.8重印）
普通高等学校计算机教育“十三五”规划教材
ISBN 978-7-115-54281-6

Ⅰ. ①J… Ⅱ. ①孔… ②赵… Ⅲ. ①JAVA语言一程序设计一高等学校一教材 Ⅳ. ①TP312.8

中国版本图书馆CIP数据核字(2020)第107172号

内容提要

本书采用“任务驱动”的编写模式，由浅入深、循序渐进、全面系统地介绍了Java Web开发的相关知识。全书通过实际应用的案例，帮助读者巩固所学知识，以便更好地进行开发实践。

全书共15章，内容涵盖了Java Web开发基础知识、Servlet接收GET请求数据、Servlet接收POST请求数据、Servlet生成HTTP响应数据、异步请求和异步响应、会话控制技术——Cookie与Session、过滤器和监听器、MVC和JSTL、个人笔记系统的数据库设计及实现、MySQL事务机制和JDBC的使用、layui和CKEditor的使用，以及个人笔记系统首页模块的设计与实现、用户管理模块的设计与实现、笔记管理模块的设计与实现、其他功能模块的设计与实现等。

本书内容丰富，讲解深入，适合初、中级Java Web开发人员阅读，可以作为各类院校计算机相关专业的教材，也可作为广大Java Web开发爱好者的实用参考书。

◆ 主　编　孔祥盛　赵　芳
责任编辑　邹文波
责任印制　王　郁　陈　犇
◆ 人民邮电出版社出版发行　　北京市丰台区成寿寺路11号
邮编　100164　　电子邮件　315@ptpress.com.cn
网址　https://www.ptpress.com.cn
北京市艺辉印刷有限公司印刷
◆ 开本：787×1092　1/16
印张：22　　2020年9月第1版
字数：578千字　　2023年8月北京第5次印刷

定价：65.00元

读者服务热线：(010)81055256　印装质量热线：(010)81055316
反盗版热线：(010)81055315
广告经营许可证：京东市监广登字20170147号

前 言

Java Web 开发相关的书籍琳琅满目，然而，符合“学生快乐学习、教师轻松教学”理念的图书却凤毛麟角。这就是编者编写本书的初衷。本书是一本：

- 帮助学生养成自学习惯、激发学生学习兴趣、帮助学生获得学习成就感的图书；
- 帮助教师从简单的、机械的体力劳动中解脱出来的图书；
- 将 MVC 思想、数据库设计思想、事务管理等理论知识充分融入项目案例的图书；
- 本书还是一本讲解 UI 前端框架 layui，并将 layui 融入项目案例的图书。

另外，本书倡导“少即是多（less is more）”的编写理念，方便读者快速进入“Java Web 开发剧情”。

本书非常适合 Java Web 初学者阅读，理由如下。

1. 入门门槛低、讲解细致、便于自学

为了方便读者理解晦涩难懂的知识点，编者亲手绘制了大量图片进行形象化表达。

2. 由浅入深、知识详尽

全书内容编排循序渐进、由浅入深，知识详尽。学完本书的内容后，读者可以掌握 Java Web 三大组件知识、HTTP 知识、异步请求与响应知识、JSP+JSTL 知识、数据库设计知识、事务管理知识、UI 前端框架 layui 知识、CKEditor 知识，以及 MVC 知识等。

3. 理论知识和实践操作充分融合

本书力求将 Java Web 理论知识融入实践任务中，读者完成实践任务后，在获得阶段性学习成果的同时，也掌握了 Java Web 理论知识。

4. 实践任务目的明确、环境具体、步骤详细

本书将实践任务分解成若干子任务，将子任务分解成若干场景，将场景分解成若干步骤，读者按照步骤执行即可自行完成实践任务。

5. 项目案例精心定制

本书将 Java Web 知识充分融入精心定制的项目案例，读者按照步骤执行即可快速开发出类实际系统，使读者获得学习的成就感，激发读者学习兴趣。

本书非常适合教师教学，理由如下。

1. 本书可以帮助教师从简单、机械、重复率高的体力劳动中解脱出来

对于学习过程、上机过程中简单的、机械的、重复率高的问题，教师可建议学生在书中寻找答案，从而在提升学生自学能力的同时，帮助教师从重复劳动中解脱出来。

2. 便于教师考核学生

教师可将第 11 章～第 15 章的内容用于课程设计或者期末考试，无须讲解、无须指导，学生只需按照步骤执行，即可自行完成项目案例，制作出类实际系统。这样的内

容安排既可以提升学生的自学能力，又可以节省教师的教学时间。教师可根据学生完成项目案例的情况，考查学生的学习效果。学生的成绩核定基本原则如下（仅供参考）。

（1）坚持“底线思维”

面向所有学生设置了“底线任务”，即制作出类实际系统。只有制作出类实际系统，才能算考核合格。简而言之，参与考核的学生，可以“过”，但不可“不及”。

（2）拓展项目案例的功能，发掘优秀学生

学有余力的学生可以对项目案例自行增加“拓展性功能”，教师可以根据学生完成的“拓展性功能”的难易程度和 UI 设计的效果，对其进行成绩核定，从而发掘优秀学生。

3. 充分考虑软件的兼容性问题

学生的个人计算机可能使用 64 位操作系统，但教师教学环境的计算机可能使用 32 位操作系统。考虑到软件的兼容性，本书提供了 32 位和 64 位的 JDK、Tomcat、Eclipse 安装程序，在方便学生使用个人计算机自行部署上机环境的同时，也方便教师在机房、多媒体教室部署教学环境。

4. 配套资源丰富且完善

本书配套资源丰富且完善，具体包括 JDK 安装程序（32 位和 64 位两个版本）、Tomcat 安装程序（32 位和 64 位两个版本）、Eclipse 安装程序（32 位和 64 位两个版本）、layui 压缩文件、CKEditor5 压缩文件、JSTL 包、MySQL 安装程序（极易安装版）、JDBC 驱动程序、PPT 电子课件、每章的源代码、类实际系统源代码、电子教案、教学进度表、非笔试考核方案等，可以从“人邮教育社区（http://www.ryjiaoyu.com/）”免费下载。

本书由孔祥盛、赵芳担任主编，石庆民、胡鹏飞担任副主编。其中，胡鹏飞编写第 1 章、第 2 章和第 3 章，孔祥盛编写第 4 章、第 5 章、第 6 章和第 7 章，石庆民编写第 8 章、第 9 章和第 10 章，赵芳编写第 11 章、第 12 章、第 13 章、第 14 章和第 15 章。孔祥盛设计了本书案例，并进行了全书统稿。

编者

2020 年 5 月

目录

第 1 章 Java Web 开发基础知识

本章介绍 B/S 概述、静态代码和动态代码、HTTP 概述、Java Web 开发环境的部署等 Java Web 开发基础知识。通过本章的学习，读者可了解字符编码的重要性，并具备部署 Java Web 项目的能力。

1.1 B/S 概述

Web 开发实际上是基于 B/S 网络架构的软件开发。B/S，全称是 Browser/Server，译作浏览器/服务器。

1.1.1 浏览器

B/S 中的 B，表示浏览器，有时也被称为 Web 浏览器。浏览器是一种可以在计算机或者智能手机上运行的软件。浏览器种类繁多，常见的有 Chrome、Firefox、UC、IE、Safari、Opera 等。没有浏览器，我们甚至无法打开任何网页。有了浏览器，我们打开网页变得如此简单：只需要在浏览器地址栏中输入 URL 或单击超链接即可。有了浏览器，我们无须了解 HTTP、TCP/IP 等繁杂的理论知识，就可以畅游网络。

1.1.2 服务器

B/S 中的 S，表示服务器。服务器种类繁多，有 Web 服务器、域名服务器（Domain Name Server，DNS）、数据库服务器、文件服务器等。但是，B/S 中的 S 指的是 Web 服务器，也称为万维网（World Wide Web，WWW）服务器。

对于初学者而言，Web 服务器遥远又陌生。简单地讲，Web 服务器就是安装了 Web 服务器软件的计算机，常用的 Web 服务器软件有 Apache、Nginx，还有本书使用的 Tomcat 等。只要安装了 Web 服务器软件，任何计算机都可以被称为 Web 服务器。

若无特殊说明，本书所提及的 Web 服务器指的是 Tomcat 服务器。

1.2 静态代码和动态代码

静态代码与动态代码的界定是相对于浏览器而言的。浏览器能够直接解析的代码称为静态代码，反之，则称为动态代码。典型的静态代码有 HTML 代码、CSS 代码、JavaScript 代码，以及图片（实际上是二进制数据）。

1.2.1 HTML 和静态代码

HTML 是 Hypertext Marked Language 的缩写，译作超文本标记语言。HTML 1.0 诞生于 1990 年，最新版本是 HTML5，于 2008 年发布。

HTML 的首字母 H，代表 Hyper，意思是“above”“beyond”，译作超越。Hypertext，译作超文本，该词诞生于 1965 年，直到 1991 年才被引入互联网。超文本突破了普通文本的限制，允许浏览器用户通过单击超链接等方式访问互联网上的资源文件。

Marked Language 译作标记语言，标记语言的典型特征是使用“开始标签”和“结束标签”作为成对标签（有时称为标记）定义页面的布局和页面内的元素。

HTML 是一种能够编写 HTML 页面的语言。由于浏览器可以直接解析 HTML，因此使用 HTML 编写的代码是静态代码。下面的代码片段只包含 HTML 代码，因此该代码片段是一段静态代码，它定义了页面的标题和页面的一个段落。

```
<!doctype html>
<html>
<head>
<title>Java Web 进阶教程</title>
</head>
<body>
<p>这是 HTML 的一个段落。</p>
</body>
</html>
```

第一行定义了 HTML 文件包含的内容的类型。“<!doctype html>”表示该页面用 HTML5 编写。HTML 页面通常包含<html>、<head>和<body>等标签。HTML 页面的标题、元数据和引用文件的链接等，位于<head>和</head>标签之间。HTML 页面的实际内容位于<body>和</body>标签之间。

1.2.2 服务器端脚本语言和动态代码

使用服务器端脚本语言编写的代码被称为动态代码。之所以被称为动态代码，是因为服务器端脚本语言不能直接被浏览器解析。常见的服务器端脚本语言有 PHP、.NET、Python，还有本书使用的 Java（这里提到的 Java 主要指 Servlet 代码和 JSP 代码）。

下面的代码片段是一个 JSP 代码片段，该代码片段不能直接被浏览器解析，因此该代码片段是一段动态代码。该代码片段的功能将在本章实践任务环节详细讲解。

```
<%
System.out.println("你好，Tomcat 控制台");
String realPath = request.getServletContext().getRealPath("");
response.getWriter().print("你好，项目部署后的绝对物理路径是" + realPath);
%>
```

再次强调，静态和动态是相对于浏览器而言的。浏览器可以直接渲染静态代码，例如浏览器可以识别 HTML 代码“
”，并将“
”解析为一个换行符。但浏览器不能直接渲染动态代码，动态代码必须被第三方“翻译成”静态代码后，浏览器才能渲染它。

1.2.3 Servlet 容器和动态代码之间的关系

虽然 Apache、Nginx 和 Tomcat 都是 Web 服务器软件，但是它们之间存在明显的区别。

Apache 和 Nginx 只能处理静态代码。对于 Servlet 代码或者 JSP 代码，Apache 和 Nginx“无能为力”。Apache 和 Nginx 必须委托第三方，由第三方将 Servlet 代码或者 JSP 代码“翻译成”静态代码，这里提到的第三方是 Servlet 容器。简单地说，Servlet 容器是一个能够将 Servlet 代码或者 JSP 代码“翻译成”静态代码的软件。

Apache 和 Nginx 并没有提供 Servlet 容器，但 Tomcat 提供了 Servlet 容器，这就是 Tomcat 与 Apache、Nginx 最大的区别。

Tomcat 与 Apache、Nginx 的相同之处在于，它们都可以作为 Web 服务器接收 HTTP 请求、返回 HTTP 响应。因此，只需安装 Tomcat（无须 Apache 和 Nginx），就可以成功地部署 Java Web 开发环境（学习环境），只不过该环境仅适用于学习、上机实验等场景。生产环境下，还需要将 Apache、Nginx 和 Tomcat 搭配使用，才能获得更好的 Web 服务器性能。

1.2.4 Web 服务器上资源文件的分类

无论是静态代码还是动态代码，最终都需要写在资源文件中。为便于描述，本书将 Web 服务器上的资源文件分为两类：静态资源文件和动态资源文件。

如果一个资源文件仅包含静态代码，该文件就是一个静态资源文件；只要资源文件中包含 Servlet 代码或者 JSP 代码（哪怕只有一行），那么该文件就是一个动态资源文件。

Web 服务器处理静态资源文件和动态资源文件的方式并不相同。如何让 Web 服务器辨别资源文件是静态资源文件，还是动态资源文件呢？最简单的做法是通过扩展名进行辨别，为不同的资源文件分配不同的扩展名，Web 服务器就可以分辨出静态资源文件和动态资源文件。

例如，在 Java Web 开发中，约定扩展名是.jsp 或者.java 的资源文件是动态资源文件，其他扩展名的资源文件是静态资源文件。Web 服务器运行扩展名是.jsp 或者.java 的资源文件时，会自动委托第三方，将动态资源文件中的动态代码“翻译成”静态代码，最后由 Web 服务器“拼接出新的静态代码”，再返回给浏览器。

Web 服务器中，常见的静态资源文件扩展名有.html、.htm、.css、.js、.jpg 等，文件名包含这些扩展名的文件都是静态资源文件，常见的静态资源文件和动态资源文件如图 1-1 所示。读者要切记：扩展名是.css 的 CSS 文件，或者扩展名是.js 的 JavaScript 文件，都是静态资源文件；静态资源文件是不能包含 Servlet 代码或者 JSP 代码的，除非将 CSS 文件、JavaScript 文件的扩展名修改为.jsp。

图 1-1 静态资源文件和动态资源文件

说明 1：通常情况下，一台 Web 服务器上可以同时部署多个 Web 项目；一个 Web 项目包含了多个资源文件。Web 开发人员工作的本质就是开发 Web 项目所需的各种静态资源文件和动态资源文件，并设法将它们整合起来形成 Web 项目，然后将 Web 项目部署在 Web 服务器上测试、运行。

说明 2：Web 设计人员和 Web 开发人员。从技术上讲，Web 设计人员通常使用 HTML、CSS 设计网站页面，更侧重于页面的美工；Web 开发人员通常使用服务器端脚本语言编写动态页面，也会参与 Web 设计。此外，Web 开发人员也可能帮助维护动态网站使用的数据库。

1.3　HTTP 概述

HTTP，全称是 Hypertext Transfer Protocol，译作超文本传输协议，诞生于 1991 年（版本为 HTTP 0.9）。1996 年发布了 HTTP 1.0，1997 年发布了 HTTP 1.1，2015 年发布了 HTTP 1.1 的下一个版本 HTTP 2。然而时至今日，HTTP 1.1 并未过时。

1.3.1　浏览器与 Web 服务器之间的交互

浏览器与 Web 服务器之间的交互如图 1-2 所示。从图 1-2 中可以看出，HTTP 是浏览器与 Web 服务器交互的核心。浏览器与 Web 服务器的交互过程大致如下。

（1）当浏览器用户打开浏览器，输入 URL 或者单击超链接后，实际上是浏览器请求访问 Web 服务器的某个资源文件。这个过程称为浏览器向 Web 服务器发出 HTTP 请求数据。

（2）Web 服务器接收浏览器发出的 HTTP 请求数据，根据 HTTP 请求数据中信息（例如资源 URL），通过分析得出该资源文件所在的物理位置，定位该资源文件。

（3）Web 服务器“运行”该资源文件，将运行结果封装成 HTTP 响应数据，返回给浏览器。这个过程称为 Web 服务器向浏览器返回 HTTP 响应数据。

（4）浏览器接收 Web 服务器返回的 HTTP 响应数据，将其渲染到浏览器窗口。

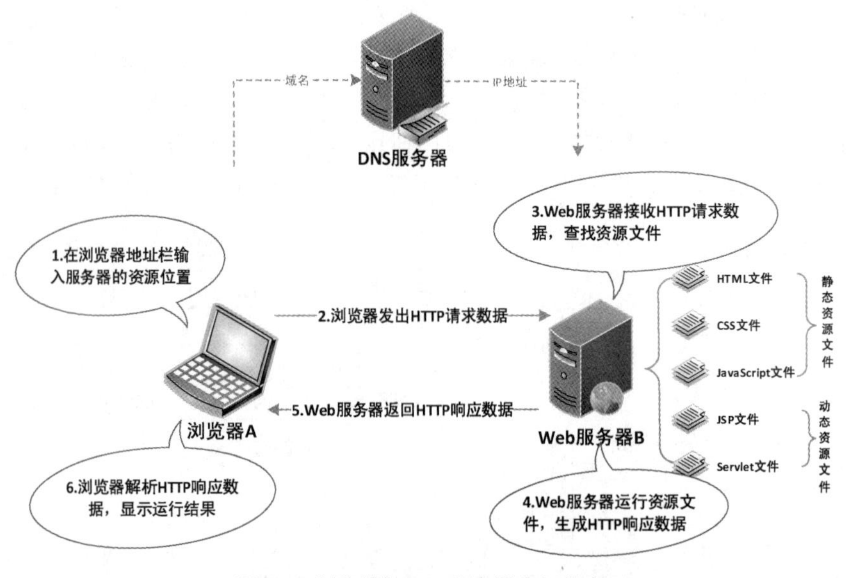

图 1-2　浏览器与 Web 服务器之间的交互

总之，浏览器是一种能够发出 HTTP 请求数据、接收 HTTP 响应数据的软件；而 Web 服务器是一种负责接收 HTTP 请求数据、返回 HTTP 响应数据的软件。这两种软件就像动物世界中的两种动物，一种喜欢主动，另一种喜欢被动；一种在努力地寻找猎物，另一种在静静地等待着猎物。它们之间通过网络相连。

作为浏览器，必须清楚地知道 Web 服务器上资源文件的具体位置。浏览器必须主动出击，Web 服务器必须被动，只有当浏览器请求访问 Web 服务器上的资源文件时，Web 服务器才会为之提供服务。

1.3.2 HTTP 的本质

HTTP 定义了浏览器与 Web 服务器之间交换超文本数据的协议。协议指的是一套规则。通过 HTTP，浏览器可以向服务器发送任意类型的请求数据（例如浏览器向服务器上传图片），服务器可以向浏览器发送任意类型的响应数据（例如浏览器从服务器下载视频），数据发送方在请求头或响应头中指定 Content-Type，数据接收方即可根据该 Content-Type 正确地解析接收到的数据。需要注意，HTTP 要求请求数据中的请求头以及响应数据中的响应头必须是 ASCII 文本数据。也就是说，汉字必须被编码成 ASCII 编码，才能存在于请求头或响应头中。例如，请求头中的汉字需要被 URL 编码成 ASCII 编码。URL 编码的相关知识读者可参考 2.4.2 章节的内容。

ASCII 是一种标准的单字节字符编码方案，到目前为止一共定义了 128 个字符。汉字非常多，单字节字符编码方案不足以表示所有汉字，因此汉字有必要采用多字节字符编码方案。读者将在本章实践任务环节了解常用的两种中文字符编码方案 GBK 和 UTF-8，为将来解决中文字符乱码问题打下坚实基础。

本书在第 2 章和第 3 章详细讲解 HTTP 请求数据的构成；在第 4 章详细讲解 HTTP 响应数据的构成。通过这些知识的讲解，读者可以了解 HTTP 的本质、Web 开发的本质。

通过 HTTP，浏览器也可以向 Web 服务器发送二进制数据（例如文件上传），服务器也可以向浏览器返回二进制数据（例如文件下载）。文件上传和文件下载分别在本书第 3 章和第 4 章进行详细讲解。

1.3.3 HTTP 请求/HTTP 响应的详细过程

具体地讲，浏览器 A 访问 Web 服务器 B 的某个资源文件 C 时，需要首先在浏览器地址栏中输入 http://，表示浏览器 A 准备使用 HTTP 访问 Web 服务器 B 上的资源文件 C。当然，如今的浏览器已经不再需要在网址前面加上 http://了，因为 HTTP 已经成为浏览器默认的通信协议。

浏览器 A 访问 Web 服务器 B 的某个资源文件 C，浏览器 A 需要知道 Web 服务器 B 的 IP 地址。由于 IP 地址很难记住，因此出现了域名系统，域名系统将域名映射到 IP 地址。读者可将 IP 地址理解为 Web 服务器 B 的“电话号码”，域名相当于通讯录里 Web 服务器 B 电话号码对应的姓名。域名由 DNS 维护，DNS 相当于全球的“电话号码簿”，确保姓名与电话号码真实有效、一一对应。以百度为例，61.135.169.125 是百度某个服务器的 IP 地址，www.baidu.com 是百度的域名，百度的 IP 地址与域名之间的对应关系由 DNS 负责维护。

除此之外，浏览器 A 还需知道 Web 服务器 B 上资源文件 C 的文件名。可是 Web 服务器 B 上的资源文件那么多，浏览器 A 如何知道 Web 服务器 B 上的资源文件名呢？答案是通过入口地址（也叫首页）得知。几乎每个 Web 项目都会提供一个入口地址，可能是 index.jsp、index.html 或者 index.htm。

以百度为例，百度服务器上存在 index.html 资源文件，浏览器用户在浏览器地址栏输入网址 http://www.baidu.com，实际上访问的是百度服务器上的 index.html 资源文件，继而看到了百度的首页。也可以输入完整的网址：http://www.baidu.com/index.html，打开百度的首页。

index.html 可以省略，这是因为 index.html、index.jsp 等资源文件是 Web 服务器的默认资源文件。

事实上，更为完整的网址应该是 http://www.baidu.com:80/index.html，域名后的“:80”代表百度服务器的 Web 服务器软件运行在 80 端口上（稍后讲解端口号的概念）。

“:80”可以省略，这是因为，默认情况下浏览器向 Web 服务器的 80 端口发送 HTTP 请求数据。

1.4　Java Web 开发环境的部署

安装 JDK 和 Tomcat 前，首先需要选择一款合适的操作系统。为了保持兼容性，本书选用 32 位 Windows 操作系统部署 Java Web 开发环境。当然，我们推荐读者选择 64 位 Windows 操作系统部署 Java Web 开发环境。

1.4.1　JDK 的版本选择和安装

Tomcat 是一款用 Java 开发的、免费的、开源的 Web 服务器软件。在启动 Tomcat 前，需安装 JDK。

目前 JDK 的最新版本是 13，该版本仅支持 64 位操作系统，考虑到兼容性，本书选择 JDK 8。本书提供了支持 32 位操作系统的 JDK 8 安装程序，读者可到本书前言指定的网址下载此安装程序。下载完成后，JDK 8 的安装非常简单，根据提示单击“下一步”按钮，选择默认方式安装即可。

默认情况下，JDK 8 安装在 C:\Program Files (x86)\Java\jdk1.8.0_221 目录下，本书将该目录简称为 JAVA_HOME 目录，启动 Tomcat 时，需要使用该目录。另外，该目录下有一个 bin 目录，启动 Eclipse，配置 Path 环境变量时，需要使用 bin 目录。

1.4.2　Tomcat 的版本选择和安装

Tomcat 的最新版本是 Tomcat 9，既支持 32 位操作系统，又支持 64 位操作系统。Tomcat 安装有两种方法，分别是解压缩安装和图形化界面安装。考虑到易用性和兼容性，本书提供了支持 32 位操作系统的 Tomcat 9 解压缩安装程序，读者可到本书前言指定的网址下载此安装程序。下载到 C 盘根目录后，解压到当前文件夹下即可成功安装 Tomcat。本书将 C:\apache-tomcat-9.0.29 目录简称为 Tomcat 安装目录。

1.4.3　启动和停止运行 Tomcat

步骤 1　打开 Tomcat 安装目录，找到 bin 目录，按住 Shift 键并右击 bin 目录，在此处打开 cmd 命令窗口，输入 startup.bat 命令，执行结果如图 1-3 所示，Tomcat 启动失败。

结论：可见，Tomcat 的启动依赖于 JAVA_HOME 环境变量或者 JRE_HOME 环境变量。

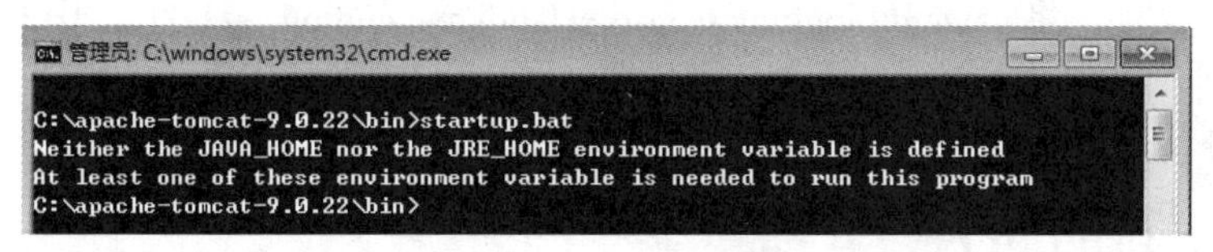

图 1-3　Tomcat 启动失败

步骤 2　关闭 cmd 命令窗口。

步骤 3　配置环境变量。以配置 JAVA_HOME 环境变量为例，右击“我的电脑”，在弹出的快捷菜单中单击“属性”。单击“高级系统设置”，在弹出的“系统属性”对话框中，选择“高级”标签，单击“环境变量”按钮。在“系统变量”区域，单击“新建”按钮。如图 1-4 所示，“变量名”处输入“JAVA_HOME”，“变量值”处输入“C:\Program Files (x86)\Java\jdk1.8.0_221”，单击“确定”按钮，即可配置 JAVA_HOME 环境变量。

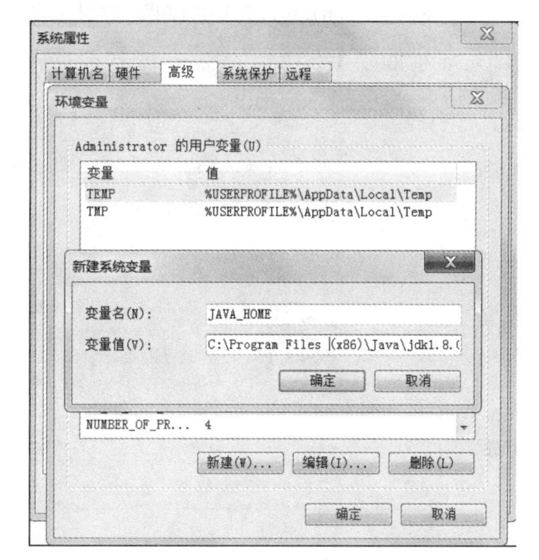

图 1-4　配置环境变量

步骤 4　重新执行步骤 1，再次尝试启动 Tomcat。

步骤 5　如果启动依然失败，请参考 1.4.5 节解决问题。

步骤 6　如果启动成功，但是 Tomcat 控制台出现了中文字符乱码问题，如图 1-5 所示。图 1-5 左部所示为 cmd 命令窗口，图 1-5 右部所示为 Tomcat 控制台窗口。

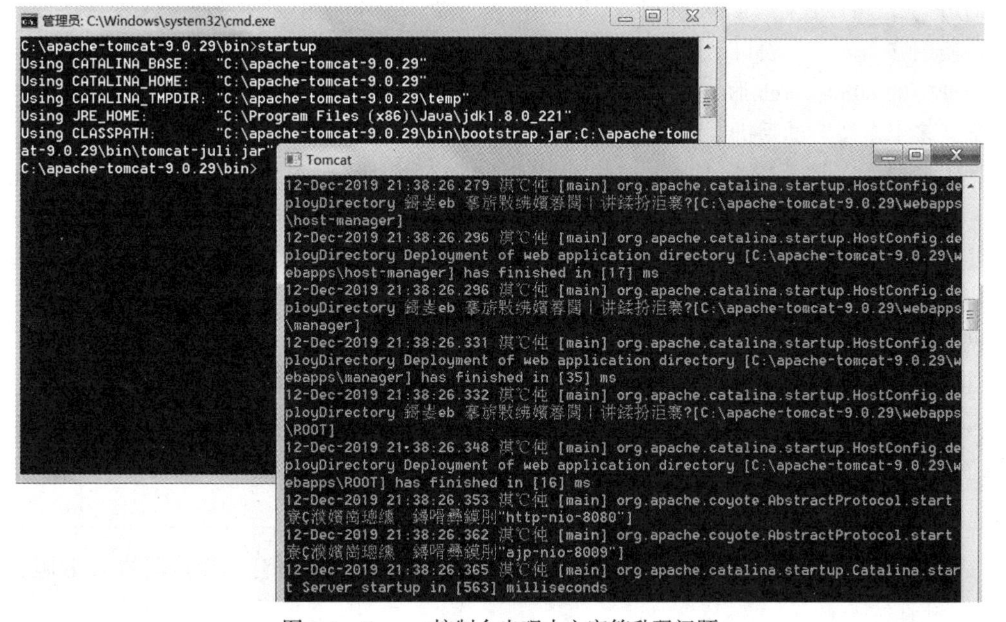

图 1-5　Tomcat 控制台出现中文字符乱码问题

中文字符乱码问题的解决方法是：在 cmd 命令窗口中，输入 shutdown.bat 命令，停止运行

Tomcat。打开 Tomcat 安装目录，打开 conf 目录，找到 logging.properties 配置文件，右击该文件，用记事本打开该文件，将 java.util.logging.ConsoleHandler.encoding = UTF-8 中的 UTF-8 修改为 GBK，保存文件，关闭记事本。

步骤 7　重新执行步骤 1，启动 Tomcat，查看中文字符乱码问题是否解决。

1.4.4　本机的“左右互搏之术”

Tomcat 启动后，打开浏览器，地址栏中输入网址：http://localhost:8080/index.jsp，按 Enter 键，即可显示如图 1-6 所示的 Tomcat 欢迎页面。

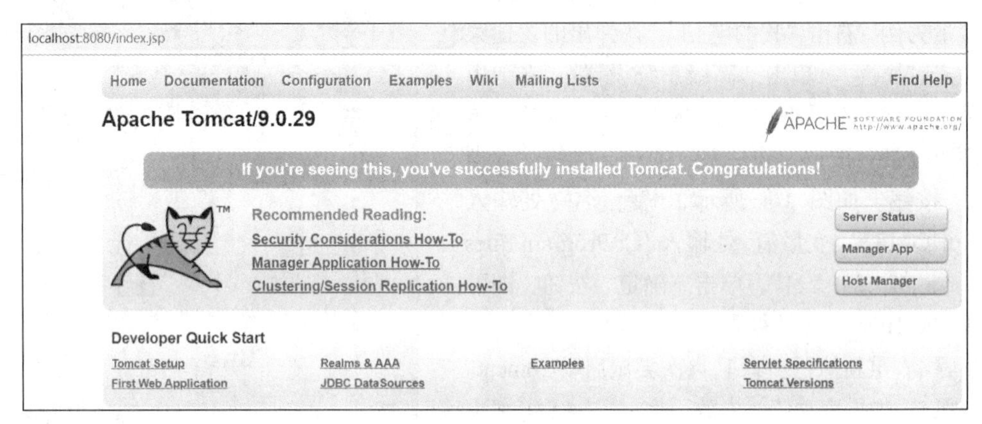

图 1-6　Tomcat 欢迎页面

本例操作的相关说明如下。

网址中的 http：表示浏览器使用 HTTP 协议。

网址中的 localhost：由于 Web 服务器安装在本地计算机（以下称“本机”）上，因此 Web 服务器的 IP 地址可以使用 localhost 或者 127.0.0.1 代替。就像口语中使用“我”代表自己，书面语中也可使用“本人”代表自己。

网址中的 8080：Web 服务器上 Tomcat 服务运行时使用的端口号。读者可以将 Web 服务器看作一部“多卡多待”的手机，Web 服务器的每个端口看作一个“SIM 卡槽”，Web 服务器上运行的每个服务看作一张“SIM 卡”。Tomcat 这张 SIM 卡，默认需要安装在第 8080 个 SIM 卡槽上；访问第 8080 个 SIM 卡槽如同访问 Tomcat 这张 SIM 卡。一台计算机上的端口可以有 65536 个之多，服务器上运行的网络程序都是通过端口号来识别的（例如 QQ）。默认情况下，Tomcat 启动后，会占用 8080 端口接收 HTTP 请求、对外提供服务。

网址中的 index.jsp：对应 localhost 主机 C:\apache-tomcat-9.0.29\webapps\ROOT 目录下的 index.jsp 资源文件。

C:\apache-tomcat-9.0.29\webapps\ROOT 目录是 Tomcat 服务器的根目录。默认情况下，Tomcat 会在 Tomcat 服务器根目录下查找资源文件。

按 Enter 键：表示浏览器向 Web 服务器发送 HTTP 请求数据，并建立浏览器与 Web 服务器之间的网络连接。

Web 服务器接收到 HTTP 请求数据：Web 服务器查找资源文件，若没有找到，向浏览器返回 404 错误，如同告知浏览器，“您拨打的号码为空号”。若找到资源文件，分两种情况处理，若是静态资源文件，直接返回给浏览器；若是动态资源文件，Tomcat 的 Servlet 容器先将动态代码“翻译成”成静态代码，再将其封装成 HTTP 响应数据，返回给浏览器。

最后：浏览器收到 HTTP 响应数据，解析并显示运行结果，读者最终可看到欢迎页面。

本例的特殊之处在于，本机既充当了浏览器角色，又充当了 Web 服务器角色。就像练就了“左右互搏之术”，“左手”指浏览器，“右手”指 Web 服务器。左手向右手的资源文件发出 HTTP 请求数据，右手接收 HTTP 请求数据、寻找资源文件、运行资源文件、并将资源文件的运行结果作为 HTTP 响应数据返回给左手，最后由左手显示运行结果。

让我们重新回顾这次“左右互搏”。浏览器向本机的 8080 端口发送 HTTP 请求数据，访问本机的 index.jsp 资源文件；而本机的 8080 端口运行着 Tomcat 服务，于是该 HTTP 请求数据触发 Tomcat 服务查找 C:\apache-tomcat-9.0.29\webapps\ROOT 目录下的 index.jsp 资源文件，运行 index.jsp 中的代码；Tomcat 的 Servlet 容器将动态代码“翻译成”静态代码；Tomcat 将静态代码作为 HTTP 响应数据返回浏览器；浏览器收到 HTTP 响应数据后，解析并显示运行结果。最终完成了浏览器与 Web 服务器之间的一次“请求与响应”。

1.4.5 Tomcat 端口占用问题

需要注意的是，一个端口在同一时刻只能运行一个服务，如同一个卡槽在同一时刻只能安装一张 SIM 卡。也就是说，如果第 8080 个卡槽已经插了一张 SIM 卡，新 SIM 卡将不能插入第 8080 个卡槽。除非选择下列任意一种方法。

（1）拔掉旧 SIM 卡。拔掉旧 SIM 卡的意思就是停止旧 SIM 卡对应的服务，以便释放 8080 端口，供新 SIM 卡使用。在 cmd 命令窗口中输入 netstat -aon 命令，查找占用 8080 端口的进程标识符（Process Identification，PID），例如 3748，然后输入 tskill 3748 命令，即可拔掉旧 SIM 卡。

（2）选择一个未用的卡槽，修改新 SIM 卡的默认端口号。默认情况下，Tomcat 安装目录下的 conf 文件夹中的 server.xml 配置文件存在如下配置选项。

```
<Connector port="8080" protocol="HTTP/1.1"
           connectionTimeout="20000"
           redirectPort="8443" />
```

这就意味着，修改 8080（例如改为 8443），重启 Tomcat，Tomcat 服务将占用新端口对外提供服务。

如果浏览器地址栏中不指定 Web 服务器的端口号，浏览器默认会向 Web 服务器的 80 端口发出 HTTP 请求。也就是说，如果将 Tomcat 服务的端口号修改为 80，那么，浏览器地址栏中的网址可以省略“:80”。

1.4.6 有趣的实验

接下来，看看如下有趣的实验。

（1）在 cmd 命令窗口中输入 ipconfig 命令，可以查看主机的 IP 地址（本次测试使用的主机 IP 地址为 192.168.1.115）。选择一台局域网内的其他计算机，或者选择一部通过 Wi-Fi 接入该局域网的智能手机，打开浏览器，在浏览器地址栏输入网址 http://192.168.1.115:8080，同样可以显示 Tomcat 欢迎页面，如图 1-7 所示。

（2）用记事本打开 C:\apache-tomcat-9.0.29\webapps\ROOT 中的 index.jsp 文件，将任意一处“request.”修改为“reques.”，保存修改，关闭记事本。刷新浏览器上的页面，执行结果如图 1-8

所示。HTTP 响应状态码 500，表示 Web 服务器上的程序运行出错。

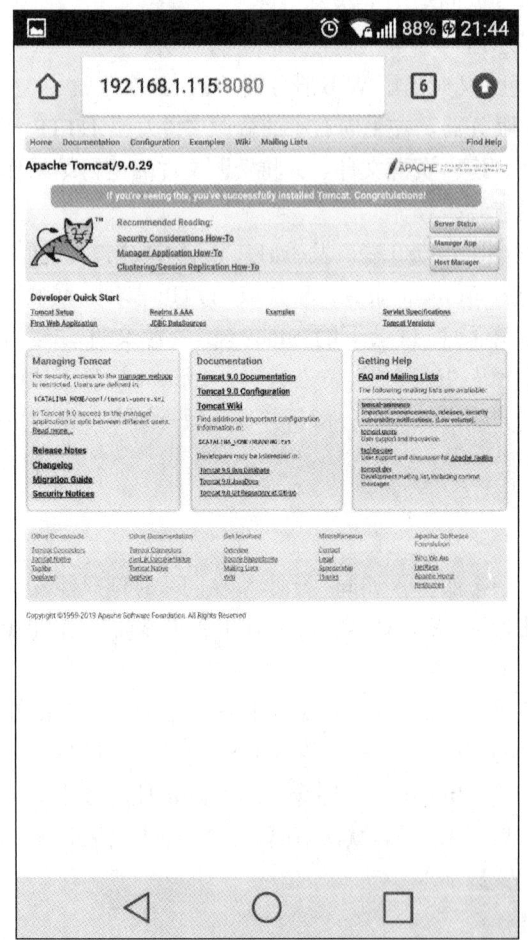

图 1-7　Tomcat 欢迎页面

图 1-8　执行结果

（3）删除 C:\apache-tomcat-9.0.29\webapps\ROOT 中的 index.jsp 文件，刷新浏览器上的页面，则 Tomcat 服务查找不到该资源文件，执行结果如图 1-9 所示。HTTP 响应状态码 404，表示浏览器找到服务器并且已连接服务器，但服务器上不存在目的资源文件。总之，浏览器请求访问了服务器上的一个不存在的资源文件。

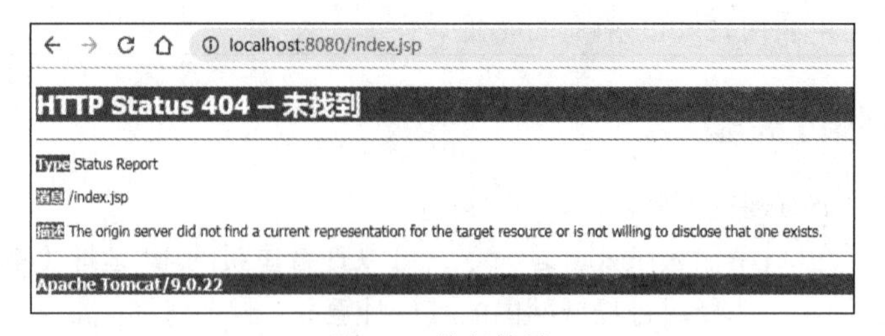

图 1-9　执行结果

访问 Tomcat 根目录下的 index.jsp 文件时，使用的网址是 http://localhost:8080/index.jsp，其中“/index.jsp”可以省略，这是因为 Tomcat 安装目录下的 conf 目录的 web.xml 配置文件存在如下配置选项。

```
<welcome-file-list>
    <welcome-file>index.html</welcome-file>
    <welcome-file>index.htm</welcome-file>
    <welcome-file>index.jsp</welcome-file>
</welcome-file-list>
```

这就意味着，如果要访问的目的资源是一个目录，Tomcat 默认依次查找该目录的 index.html、index.htm 和 index.jsp 文件。本书将这些文件称为默认资源文件，有时也称其为首页或者欢迎页面。

生产环境下，浏览器用户如何知道服务器的域名？如何知道该域名的 Web 服务器上存在哪些资源文件？如何知道这些资源文件具体存放在 Web 服务器的哪个目录？以学习强国为例，我们只需要打开百度首页，通过百度搜索，就可以找到学习强国首页（有时称为欢迎页面）。通过搜索引擎搜索关键字，可以查找某个网站的首页，可见搜索引擎的重要性。

学习强国首页展示了很多超链接，这些超链接对应学习强国的 Web 服务器上各个资源文件的具体位置。单击这些超链接，学习强国的 Web 服务器运行对应的资源文件，浏览器用户就可以享受学习强国提供的各种服务，可见 Web 项目中首页的重要性。

（4）停止运行 Tomcat 服务，刷新浏览器上的页面，执行结果如图 1-10 所示，表示浏览器与 Web 服务器之间无法建立网络连接。除此之外，如果浏览器地址栏中 Web 服务器主机 IP 地址不正确或者端口号不正确，都会出现类似错误。

图 1-10　停止运行 Tomcat 服务结果

简而言之，在浏览器地址栏中输入正确的主机 IP 地址和正确的端口号，可以确保浏览器与 Web 服务器上的 Tomcat 服务建立网络连接；在浏览器地址栏中输入正确的资源文件名，可以确保 Web 服务器能够找到对应的资源文件。

实践任务　Java Web 开发基础知识

1. 目的

（1）了解文件编码的重要性。

（2）了解两种网址的区别：以“/”结尾的网址与不以“/”结尾的网址。

（3）编写 Web 程序，将 Web 程序部署到 Tomcat，通过浏览器访问、运行该程序。

（4）掌握将 Web 程序部署到 Tomcat 的方法。

（5）掌握 Web 项目虚拟路径的概念。

2. 环境

Web 服务器主机：JDK 8、Tomcat 9。

编辑器：记事本。

浏览器：Chrome。

3. 准备工作

（1）启动 Tomcat。

（2）编写 Web 程序前，要确保显示文件的扩展名。方法是：打开控制面板→文件夹选项→查看选项卡→取消如图所示的选择→确定。

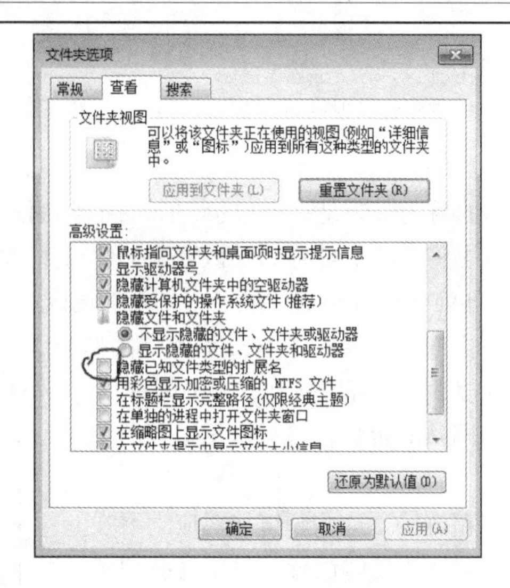

场景 1　文件字符编码的重要性

场景 1 步骤

（1）在 Tomcat 的 ROOT 目录下，新建文本文档，重命名为“abc.jsp”。用记事本打开文件，输入如下代码，然后保存文件并关闭记事本。

```
<%
System.out.println("你好，Tomcat 控制台");
String realPath = request.getServletContext().getRealPath("");
response.getWriter().print("Web 项目的根目录或部署后的绝对物理路径是" + realPath);
%>
```

说明 1：JSP 程序中，起始标记为“<%”，结束标记为“%>”，其间可以输入 Java 代码。

说明 2：System.out.println(str)负责在控制台输出信息；response.getWriter().print(str)负责在 HTML 页面中输出信息（实际上是将 str 字符串添加到 response 响应对象的缓存中，参考 4.4.1 节内容）。

说明 3：request 和 response 都是 JSP 的内置对象，无须创建和初始化，可以直接在 JSP 程序中使用这些内置对象。

说明 4：Web 项目部署后的绝对物理路径是指，Web 项目部署到 Tomcat 服务器上的磁盘位置。

说明 5：路径分为物理路径和 URL 路径。

物理路径：物理路径描述了磁盘上物理文件的路径，物理路径分为绝对物理路径和相对物理路径。以磁盘根目录开始的路径就是绝对物理路径，例如 C:\a\b\c.txt\就是绝对物理路径；不以磁盘根目录开始的路径就是相对物理路径。Web 开发过程中，经常使用绝对物理路径实现文件的上传和下载、XML 文件读取、Properties 文件读取等功能。

URL 路径：URL 路径用于定位互联网上的物理文件。例如，在浏览器地址栏中输入 URL 路径就可以访问 Web 服务器上的物理文件，有关 URL 路径的更多知识参考 2.3 节内容。

（2）打开浏览器，输入网址：http://localhost:8080/abc.jsp。JSP 程序的执行结果出现如图所示的中文字符乱码问题。

```
Web ÏîÄ¿µÄ¸ùÄ¿Â¼»ò²¿Êð°óµÄ¾ø¶ÔÎïÀíÂ·¾¶ÊÇC:\apache-tomcat-9.0.29\webapps\ROOT\
```

同时 Tomcat 控制台也出现中文字符乱码问题，如图所示。

??????Tomcat?????

说明

本例 Web 项目部署后的绝对物理路径是 C:\apache-tomcat-9.0.29\webapps\ROOT\。

（3）再次使用记事本打开文件，将文件另存为新文件，“编码”处选择 UTF-8，如图所示，替换原有文件。

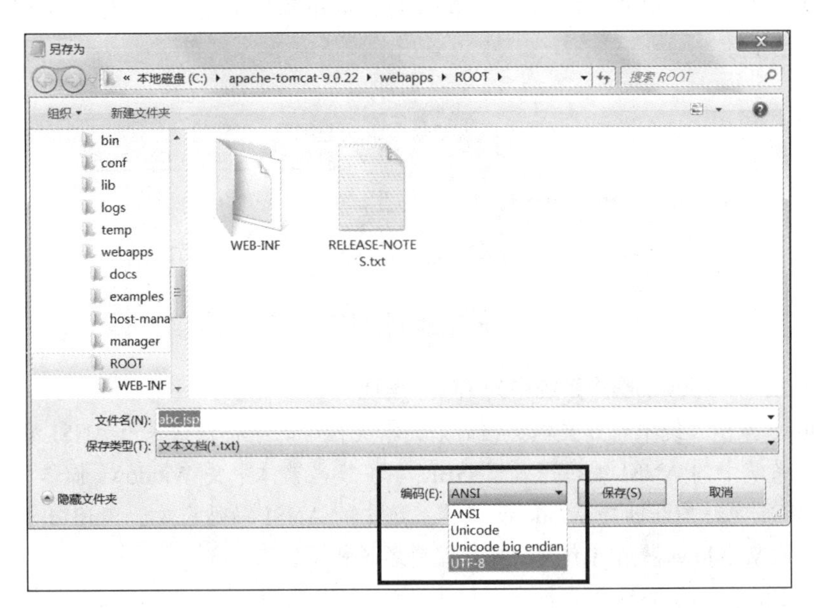

注意

在简体中文 Windows 操作系统中，新建的文本文档字符编码默认采用 ANSI。

（4）重新执行步骤（2），观察前台页面和 Tomcat 控制台，中文字符乱码问题已解决。

结论：相同的 JSP 程序，文件的字符编码不同，结果可能不同。

知识扩展 1：字符集

字符：字符（Character）是人类语言最小的表义符号，例如“A”“B”等。

字符编码：给定一系列字符，并对每个字符匹配一个数值，用数值来代表对应的字符，这个数值就是字符编码（Character Encoding）。例如，假设给字符“a”匹配整数 97，给字符“b”匹配整数 98，则 97 就是字符“a”的编码，98 就是字符“b”的编码。

字符集：给定一系列字符并匹配对应的编码后，所有这些“字符和编码对”组成的集合就是字符集（Character Set）。常见的字符集有 UTF-8、GBK、GB2312 和 ISO-8859-1 等，其中 GBK、GB2312、UTF-8 支持中文字符，GB2312 是 GBK 的子集。

ASCII 里的字符都是单字节字符。同一个单字节字符在 ISO-8859-1、GBK、GB2312、UTF-8 中的编码相同，因为这些字符集都向下兼容 ASCII。例如小写字母“a”，在 ISO-8859-1、GBK、GB2312、UTF-8 中的编码都是“01100001”，对应十六进制数“61”（十进制数 97）。正因为单字节字符的 ISO-8859-1 编码、GBK 编码、GB2312 编码、UTF-8 编码相同，所以单字节字符不存在乱码问题。这就是输出到 Tomcat 控制台的“Tomcat”没有乱码的原因。

但是，汉字属于多字节字符，在GBK字符集或者GB2312字符集中，汉字需要占用2个字节（同一个汉字的GBK编码和GB2312编码相同）；在UTF-8字符集中，汉字需要占用3个字节。同一个汉字的GBK编码与UTF-8编码并不相同、GBK编码与UTF-8编码不兼容，以及ISO-8859-1编码不支持中文字符等，是导致Web开发过程中中文字符乱码问题发生的主要原因。

以汉字"中"为例，GBK（或GB2312）编码为2个字节，"11010110 11010000"，对应十六进制数"D6D0"；UTF-8编码为3个字节，"11100100 10111000 10101101"，对应十六进制数"E4B8AD"。可见汉字"中"的GBK编码与UTF-8编码的不兼容。此外，ISO-8859-1不支持中文字符，如图所示。

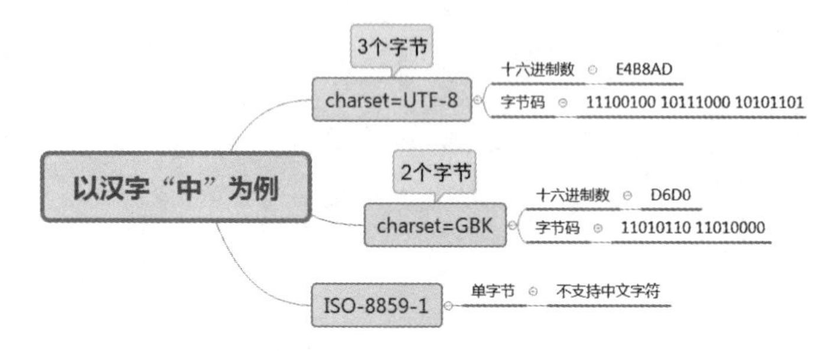

知识扩展2：Windows操作系统中的ANSI编码

在Windows操作系统中新建文本文档时，文本文档中的字符默认采用ANSI编码。简体中文Windows操作系统中的ANSI编码等效于GBK字符集，繁体中文Windows操作系统中的ANSI编码等效于BIG5字符集，日文Windows操作系统中的ANSI编码等效于Shift_JIS字符集。使用不同语言文字的Windows操作系统的ANSI编码各不相同。

UTF-8、GBK和ISO-8859-1是标准字符集；而ANSI编码只适用于Windows操作系统，并不是标准字符集。

知识扩展3：中文字符乱码问题产生的原因和解决方案

新建的abc.jsp文件默认采用ANSI编码，而ANSI编码并不是标准字符集，导致Tomcat采用默认的ISO-8859-1编码"识别"abc.jsp文件中的字符，以单字节为单位识别abc.jsp文件中的汉字，故而产生中文字符乱码问题。

将abc.jsp文件另存为新文件，字符编码选择UTF-8。UTF-8是标准字符集，Tomcat采用UTF-8编码"识别"abc.jsp文件中的字符，可解决中文字符乱码问题。

场景2　网址末尾斜杠问题

说明

本场景依赖于场景1。

场景2步骤

（1）删除场景1的abc.jsp文件的扩展名，重命名为abc（注意此时文件的编码是UTF-8）。

（2）打开浏览器，输入网址：http://localhost:8080/abc。执行结果如图所示。

```
<%
System.out.println("你好，Tomcat控制台");
String realPath = request.getServletContext().getRealPath("");
response.getWriter().print("WEB项目的根目录或部署后的绝对物理路径是" + realPath);
%>
```

网址中 abc 后面没有斜杠。

结论 1：网址 http://localhost:8080/abc 访问的是 ROOT 目录下的 abc 文件。

结论 2：场景 1 中，abc.jsp 文件的扩展名是“.jsp”，因此 Tomcat 将 abc.jsp 文件中的 Java 代码交由 Servlet 容器解释执行，并将执行结果返回给浏览器。场景 2 中，abc 文件的扩展名不是“.jsp”，因此 Tomcat 将 abc 文件中的 Java 代码作为“普通文本”返回给浏览器。

（3）打开浏览器，输入网址：http://localhost:8080/abc/。执行结果如图所示。

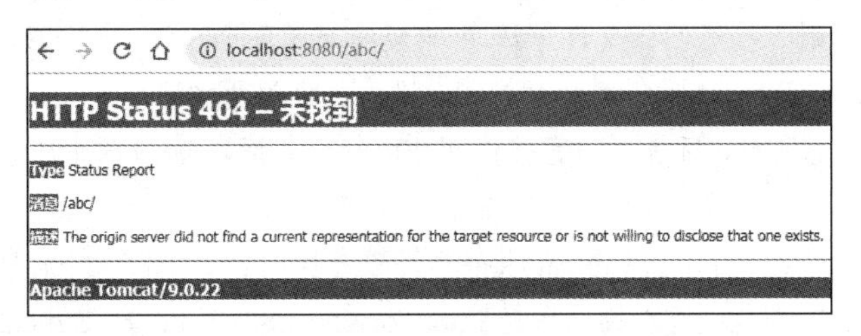

结论：网址中 abc 后面有斜杠，斜杠前面的 abc 代表的是 abc 目录（并不是 abc 文件）。继续进行以下步骤可以印证这一结论。

（4）将 ROOT 目录下的 abc.jsp 文件重命名为 test.jsp，在 ROOT 目录下创建 abc 目录。将 ROOT 目录下的 test.jsp 文件复制到 abc 目录下，再将其修改为 index.jsp。

该步骤较为复杂，是因为操作系统中，同一目录下，目录名和文件名不能同名。

（5）重新执行步骤（3）和步骤（2），执行结果虽然相同（如图所示），但过程却不相同。

Web 项目的根目录或部署后的绝对物理路径是C:\apache-tomcat-9.0.29\webapps\ROOT\

结论 1：重新执行步骤（3）时，网址中 abc 后面有斜杠，明确访问的是 abc 目录下的默认资源文件 index.jsp。因此，浏览器只发出一次请求，Web 服务器只做出一次响应，浏览器就显示了执行结果。

结论 2：重新执行步骤（2）时，浏览器地址栏 abc 后会自动添加斜杠。

分析：重新执行步骤（2）时，网址中 abc 后面没有斜杠，说明访问的是 abc 资源。注意这里使用 abc 资源更为恰当，因为 abc 文件是 abc 资源，abc 目录也是 abc 资源。浏览器先将 abc 资源看作 abc 文件，访问 ROOT 目录下的 abc 文件，但该文件并不存在（注意这是浏览器发出的第一次请求）。

Web 服务器 ROOT 目录下如果没有 abc 文件，也没有 abc 目录，请求和响应就会结束。但 Web 服务器“善良无比”，检测到 ROOT 目录下虽然没有 abc 文件，却有 abc 目录，abc 目录也叫作 abc 资源；于是将拥有 abc 目录的事情“告诉”浏览器，并“控制”浏览器，让浏览器重新访问 abc 目录（注意这是浏览器发出的第二次请求），浏览器最终访问了 abc 目录下的默认资源文件 index.jsp。

假设 ROOT 目录下没有 abc 文件，也没有 abc 目录，重新执行步骤（2），若网址中 abc 后面没有斜杠，浏览器会发送几次请求呢？答案是一次。

结论 3：在浏览器地址栏输入网址时，千万不要忽视末尾的斜杠“/”。如果末尾没有斜杠，可能引发二次请求问题。作为 Web 开发人员，必须谨记：为了避免浏览器发出二次请求，要尽量避免网址中的资源名与 Web 服务器物理路径的目录名同名。

知识汇总：Tomcat 服务器查找资源的策略（以 ROOT 目录为例）。

策略 1：在浏览器输入网址 http://localhost:8080/abc/时，Tomcat 服务器查找 ROOT 目录下 abc 目录下的默认资源文件，分为两种情形（整个过程，浏览器只发出一次请求）。

情形 1：如果查找不到默认资源文件，则直接返回 404 错误，请求/响应结束。

情形 2：如果查找到默认资源文件，则返回默认资源文件，请求/响应结束。

策略 2：在浏览器输入网址 http://localhost:8080/abc 时，浏览器发出第一次请求，Tomcat 服务器查找 ROOT 目录下的 abc 资源（abc 文件和 abc 目录都是 abc 资源），Tomcat 服务器优先查找 abc 文件，如果查找到 abc 文件，则直接返回该文件，请求/响应结束（整个过程，浏览器只发出一次请求）。如果没有查找到 abc 文件，Tomcat 服务器则查找 abc 目录，分为两种情形。

情形 1：如果查找不到 abc 目录，则直接返回 404 错误，请求/响应结束（整个过程，浏览器只发出一次请求）。

情形 2：如果查找到 abc 目录，Tomcat 服务器将“查找到 abc 目录”的消息发给浏览器，并控制浏览器发出第二次请求（第二次请求的网址是 http://localhost:8080/abc/），Tomcat 服务器查找 abc 目录下的默认资源文件（整个过程，浏览器发出了两次请求），其余过程请参考策略 1。

场景 3　Tomcat 中 webapps 目录和 ROOT 目录优先级问题

默认情况下，Tomcat 安装目录的 conf 目录中，server.xml 配置文件存在如下配置选项。这就意味着，webapps 目录也可以用于存放 Web 程序，Tomcat 会自动加载 webapps 目录下的 Web 程序。ROOT 目录也位于 webapps 目录下，ROOT 目录相当于 webapps 的默认资源目录。

```
<Host name="localhost"  appBase="webapps"
        unpackWARs="true" autoDeploy="true">
```

问题：webapps 目录和 ROOT 目录都可以存放项目，如果项目名称相同，会优先访问哪个项目？答案详见以下步骤。

场景 3 步骤

（1）接场景 2 的步骤（4）。

（2）在 Tomcat 安装目录下的 webapps 目录下，新建 abc 文件夹（空文件夹），重新执行场景 2 的步骤（2），执行结果如图所示。

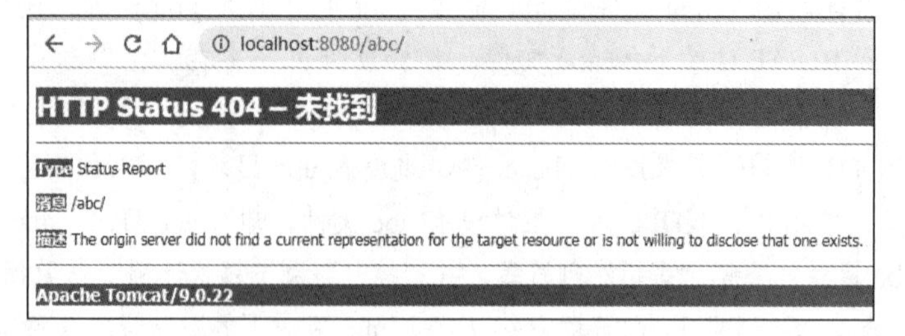

分析：webapps 目录下的 abc 目录的默认资源文件不存在，因此出现 404 错误。

结论：当 webapps 目录下的项目名与 ROOT 目录下的项目名同名时，ROOT 目录下的 Web 项目将被“隐身”。

（3）将 ROOT 目录下的 abc 目录下的 index.jsp，重命名为 test.jsp。然后将 test.jsp 复制到 ROOT

目录下，删除 ROOT 目录下的 abc 目录。然后将 test.jsp 重命名为 abc。

（4）重新执行场景 2 的步骤（2），执行结果如图所示。

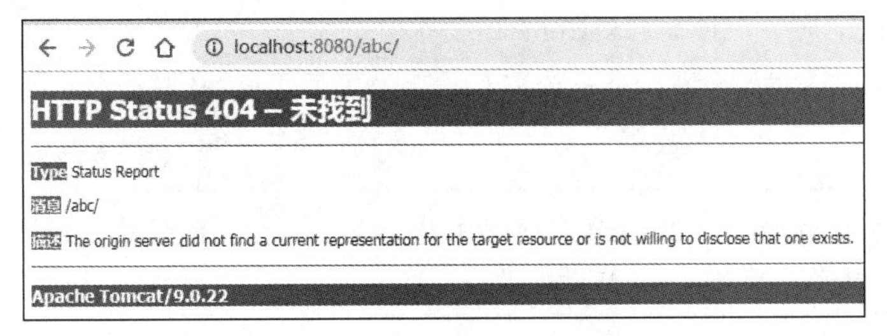

分析：webapps 目录下的 abc 目录的默认资源文件不存在，因此出现 404 错误。

结论：当 webapps 目录的项目名与 ROOT 目录下的文件名同名时，ROOT 目录下的同名文件会被“隐身”。

知识汇总：webapps 目录下的 Web 项目优先级高于 ROOT 目录下的 Web 项目。举例来说，webapps 目录下的 abc 目录，会使 ROOT 目录下的 abc 文件或者 abc 目录“隐身”。

知识回顾：步骤（3）和步骤（4）中访问的目的资源是 abc（不带斜杠），由于 webapps 目录下存在 abc 目录，因此在步骤（3）和步骤（4）中，浏览器地址栏 abc 后都会自动添加斜杠，都向 Tomcat 服务器发送了两次请求。Web 开发人员应该避免网址中的目的资源名与 Web 服务器的目录名同名。

场景 4　任意的物理绝对路径都可以部署 Web 项目（方法一）

物理绝对路径中不要包含中文字符。

场景 4 准备工作

（1）在 C 盘根目录下，创建 test 目录。

（2）在 test 目录下新建文本文档，然后重命名为“index.jsp”，参考场景 1 的步骤，输入场景 1 的代码，注意文件编码使用 UTF-8。保存文件并关闭记事本。

场景 4 步骤

（1）打开 Tomcat 安装目录，打开 conf 目录，用记事本打开 server.xml 配置文件，找到如下配置选项。

```
<Host name="localhost"  appBase="webapps"
          unpackWARs="true" autoDeploy="true">
```

（2）在上述代码后，输入如下配置选项，然后保存 server.xml 配置文件并关闭记事本。

```
<Context docBase="C:/test/" path="/abc/" />
```

Java 是区分大小写的，需要注意 Context、docBase 和 path 中字母的大小写。

说明 1：docBase 配置了 Web 项目部署到 Tomcat 后的绝对物理路径，也称为 Web 项目的根目录；path 配置的 Web 项目虚拟路径必须以“/”开头，表示以 Web 服务器的根目录为起始目录。该配置选项的主要目的是“告诉”Web 服务器，Web 项目的虚拟路径与 Web 项目根目录之间的对应关系。

在浏览器地址栏输入网址 http://localhost:8080/abc/时，Web 项目虚拟路径“/abc/”会指向 Web

服务器上的绝对物理路径“C:/test/”，然后访问“C:/test/”里的默认资源文件（这里是 index.jsp）。

说明 2：Web 项目虚拟路径，通常作为 URL 路径的一部分。

（3）停止 Tomcat 服务，再次启动 Tomcat 服务。

Tomcat 配置文件 server.xml 一旦被修改，就需要重启 Tomcat 服务，修改后的配置文件才能生效。

启动 Tomcat 时，Tomcat 会自动加载 docBase 指定的目录，如果参数错误或者目录不存在，就会导致 Tomcat 启动失败。

（4）打开浏览器，输入网址 http://localhost:8080/abc，执行结果如图所示。

Web项目的根目录或部署后的绝对物理路径是C:\test\

通过上述步骤，成功地将“C:\test\”部署为 Web 项目的绝对物理路径。

“C:/test/”中 Web 项目的存在导致 webapps 目录下的 abc 项目被“隐身”。

场景 5　任意的物理绝对路径都可以部署 Web 项目（方法二）

本场景依赖于场景 4 准备工作。

场景 5 步骤

（1）打开 C:\apache-tomcat-9.0.29\conf\Catalina\localhost 目录，新建文本文档，重命名为 hello.xml。

（2）用记事本打开 hello.xml，输入如下配置选项，然后保存配置文件并关闭记事本。

```
<Context docBase="C:/test/" />
```

分析：hello.xml 配置文件的文件名 hello（不包括扩展名）配置了 Web 项目虚拟路径，docBase 配置了 Web 项目部署后的绝对物理路径。

（3）无须手动重启 Tomcat 服务。

（4）打开浏览器，输入网址 http://localhost:8080/hello，执行结果如图所示。

Web项目的根目录或部署后的绝对物理路径是C:\test\

知识汇总：场景 4 和场景 5 中，配置了两个虚拟路径，分别是/hello/和/abc/，它们都指向 C:\test\。使用场景 4 的方法，需要手动重启 Tomcat 服务。使用场景 5 的方法，Tomcat 服务会自动重启。

取消发布的 Tomcat 项目时，不要忘记删除 server.xml 配置中对应的 Context，也不要忘记删除 C:\apache-tomcat-9.0.29\conf\Catalina\localhost 目录下对应的 XML 文件，更不要忘记重启 Tomcat 服务。

第 2 章

Servlet 接收 GET 请求数据

本章介绍使用 Eclipse 开发 Java Web 程序的注意事项，分析浏览器向 Web 服务器发送 GET 请求数据，以及 Web 服务器接收 GET 请求数据的大致过程，讲解 request 请求对象获取 GET 请求数据的方法，以及实现请求转发的方法。掌握了本章的内容，读者就可具备编程实现采集 GET 请求数据的能力。

2.1　使用 Eclipse 开发 Java Web 程序

第 1 章利用记事本编写了一个只包含几行代码的 JSP 程序，今后需要编写更多的代码、更多的程序，若再使用记事本开发 Web 程序则会显得“力不从心”。工欲善其事，必先利其器，有必要选择一款合适的集成开发环境（Integrated Development Environment，IDE），本书选择免费开源的 Eclipse。读者可以根据个人爱好和习惯，选择其他集成开发环境，例如 IntelliJ IDEA。

2.1.1　Eclipse 的安装和启动

1995 年，Sun 公司推出 Java，2009 年 Sun 公司被 Oracle 公司收购。2001 年，IBM 公司将 Eclipse 贡献给开源社区。起初，Eclipse 专门用于开发 Java 程序，如今的 Eclipse 已经细化为 for Enterprise Java Developers 版本、for Java Developers 版本等，甚至派生出 For PHP 版本来开发 PHP 程序、For C++版本来开发 C++程序等。

本书选择 Eclipse IDE for Enterprise Java Developers 开发 Java Web 程序，目前最新版本的 Eclipse 只支持 64 位操作系统。考虑到兼容性，本书选用 2018 年 9 月发布的、支持 32 位 Windows 操作系统的 eclipse-jee-2018-09-win32，读者可到本书前言指定的网址下载此安装程序。

Eclipse 的安装非常简单，将 Eclipse 安装程序下载到 C 盘根目录，将其解压到当前文件夹即可。启动 Eclipse 也非常简单，进入 Eclipse 的目录，双击 eclipse.exe 即可。

2.1.2　启动 Eclipse 的注意事项

Eclipse 的底层代码是用 Java 编写的，启动 Eclipse 前，必须安装 JRE。由于第 1 章在安装 Tomcat 前已经安装了 JDK，并且 JDK 里包含了 JRE。因此这里无须重新安装 JRE。

启动 Eclipse 时，可能出现图 2-1 所示的错误提示，这是因为启动 Eclipse 时需要使用 javaw.exe（javaw.exe 主要用于基于 GUI 的应用程序），但是 Eclipse 找不到 javaw.exe，通过下列的操作可排除该错误。如果没有出现此错误提示，可以跳过这些操作。

右击桌面的我的电脑→属性→高级系统设置→高级→环境变量→系统变量→找到 Path→编辑→变量名 Path 的变量值的前面加上：C:\Program Files\Java\jdk1.8.0_221\bin;（注意不要忘记末尾的分号），单击确定按钮，如图 2-2 所示。再次启动 Eclipse，测试 Eclipse 能否成功启动。

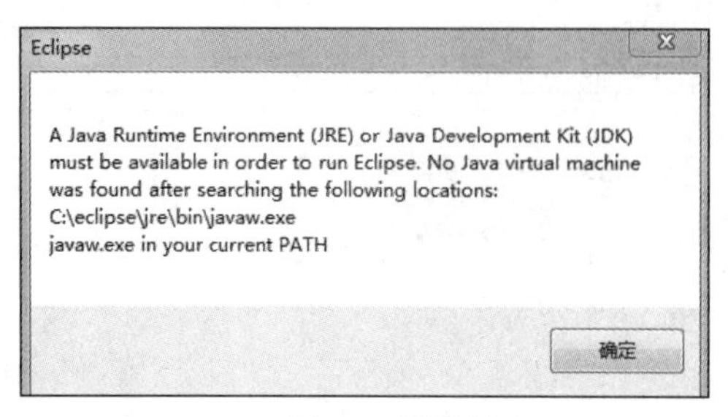

图 2-1 错误提示

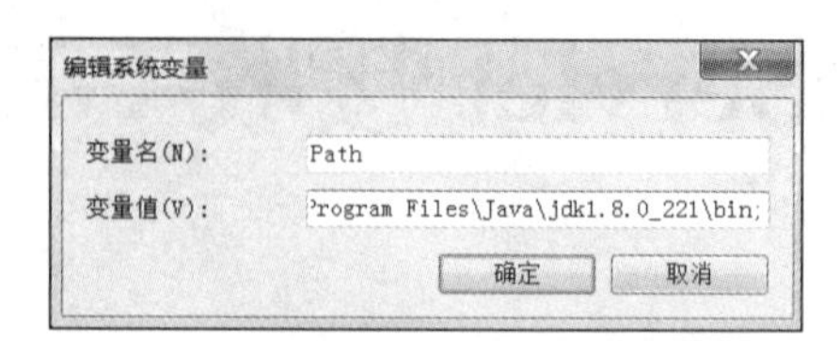

图 2-2 配置 Path 环境变量

启动 Eclipse 的另外一个注意事项是，要保证 Eclipse 和 JDK 兼容。具体来讲，如果使用 32 位的 JDK，建议使用 32 位的 Eclipse；如果使用 64 位的 JDK，建议使用 64 位的 Eclipse。否则，启动 Eclipse 时可能出现“java was started but returned exit code=13”问题，导致 Eclipse 启动失败。

2.1.3 认识 Eclipse 工作空间

成功启动 Eclipse 后，Eclipse 会提示选择工作空间（Workspace），如图 2-3 所示。将工作空间修改为 C:\workspace，单击 Launch 按钮，即可看到 Eclipse 欢迎界面。

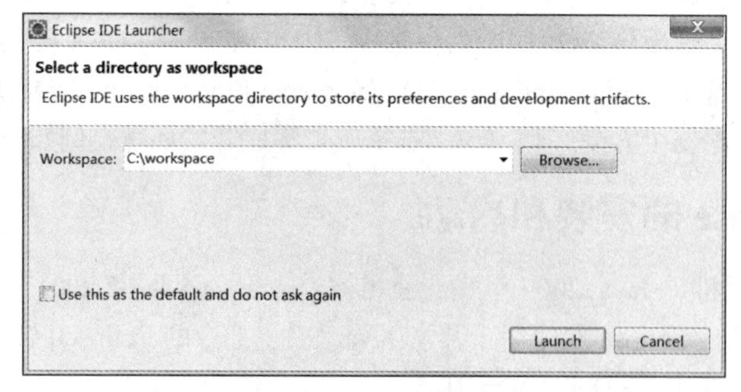

图 2-3 选择工作空间

Eclipse 工作空间实质上是一个文件夹，该文件夹可以存放多个 Web 项目。简而言之，工作空间就是一个存放所有 Web 项目的文件夹。

知识扩展：Eclipse 的工作空间与 Web 项目部署到 Tomcat 的目录

在 Eclipse 工作空间里编写 JSP、Servlet 源程序，这些源程序被编译成字节码后，才能在 Tomcat 上运行。初学者通常会有一个误区，Eclipse 的工作空间等同于 Web 项目部署到 Tomcat 的目录。我们知道：在工厂车间里研发出来的汽车，最终是要行驶在马路上的。工作空间就相当于工厂车间，Web 项目部署到 Tomcat 的目录相当于马路，它们是两个不同的事物。

换句话说，Eclipse 的工作空间是 Web 源程序所在的目录；Web 项目部署到 Tomcat 的目录是源程序对应的字节码所在的目录，它们是两个不同的目录。

也可以这样说，工作空间是给 Web 开发人员在开发阶段编写源程序时使用的；Web 项目部署到 Tomcat 的目录是给 Tomcat 使用的。工作空间里存放的是 Web 程序的源代码，Web 项目部署到 Tomcat 的目录里存放的是 Web 程序的字节码。

本书将 Web 项目部署到 Tomcat 的目录，称为 Web 项目部署后的绝对物理路径（有时也称为 Web 项目的部署目录）。

2.1.4　小露身手：使用 Eclipse 创建动态 Web 项目

步骤

（1）关闭 Eclipse 欢迎界面，在 Eclipse 菜单栏中单击 File 菜单→选择 New→选择 Dynamic Web Project→弹出 New Dynamic Web Project 窗口，如图 2-4 所示。

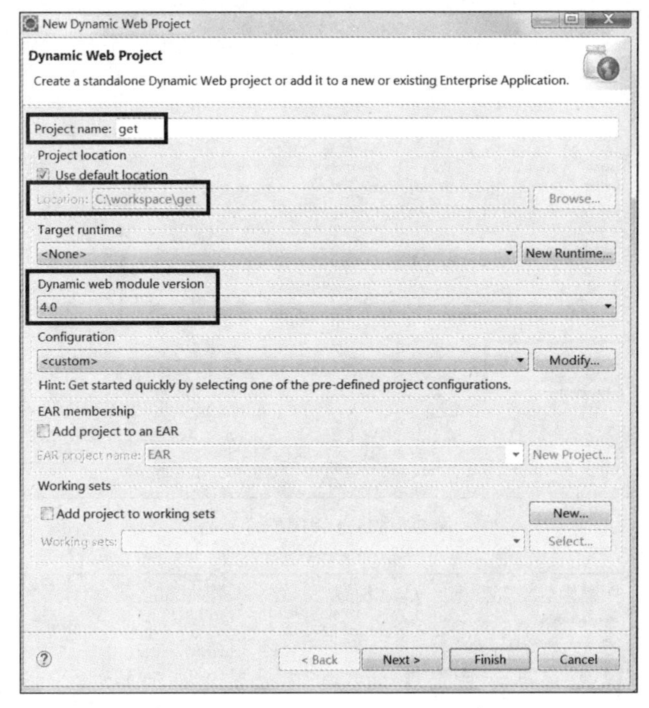

图 2-4　New Dynamic Web Project 窗口

（2）在 Project name 文本框中输入项目名称（例如 get），在 Dynamic web module version 中选择 4.0（Servlet 最新版本是 4.0），其他选项保持默认设置（请留意项目的保存位置）。

（3）单击 Next 按钮，进入 Java 程序配置界面，如图 2-5 所示。

（4）保持默认设置，单击 Next 按钮，进入 Web Module 界面，如图 2-6 所示。

说明 1：使用 Eclipse 创建 Web 项目时，Context root 配置了 Web 项目的虚拟路径，默认情况下，Web 项目虚拟路径名就是 Web 项目名（这里是 get）。Web 项目虚拟路径“指向了”Web 项目部署后的绝对物理路径。由于还没有将 get 项目部署到 Tomcat 中，目前还无法得知 get 项目部署后的绝对物理路径。

说明 2：Eclipse 中的 Content directory 配置了 Web 项目的内容目录，默认值是 WebContent。WebContent 目录是 Eclipse 工作空间的子目录，里面存放的是 JSP 源程序、JavaScript 源程序、CSS 源程序。

说明 3：Web 项目部署到 Tomcat 后，Eclipse 会将 WebContent 目录里的 JSP 源程序、JavaScript 源程序、CSS 源程序，自动地复制到 Web 项目的部署目录中（注意：Web 项目部署目录中并没有

WebContent 目录）。在浏览器地址栏中输入 URL 路径就可以访问 WebContent 中的源程序（实际上访问的是 Web 项目部署目录中源程序对应的字节码）。例如，在浏览器地址栏输入网址 http://localhost:8080/get/index.jsp，看起来访问的是 get 项目 WebContent 里的 index.jsp 文件，实际上访问的是 Web 项目部署目录中的 index_jsp.class 字节码文件。

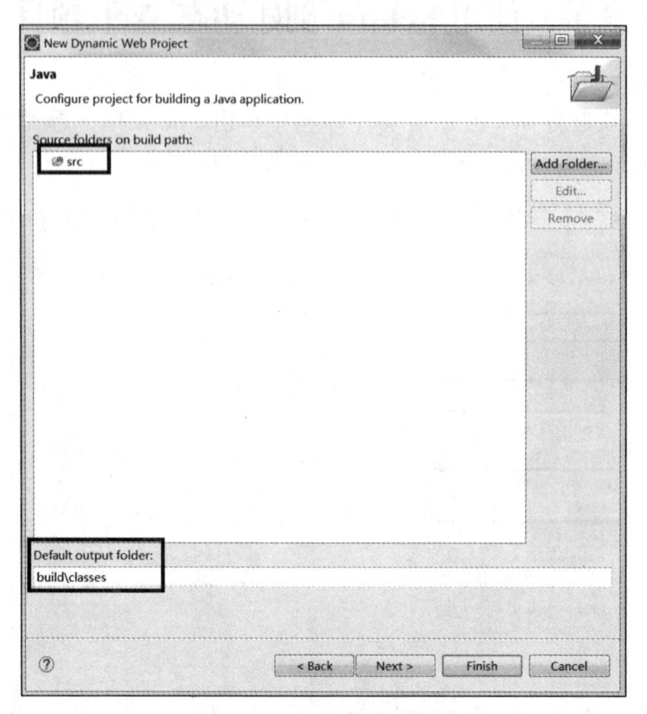

图 2-5　Java 程序配置界面

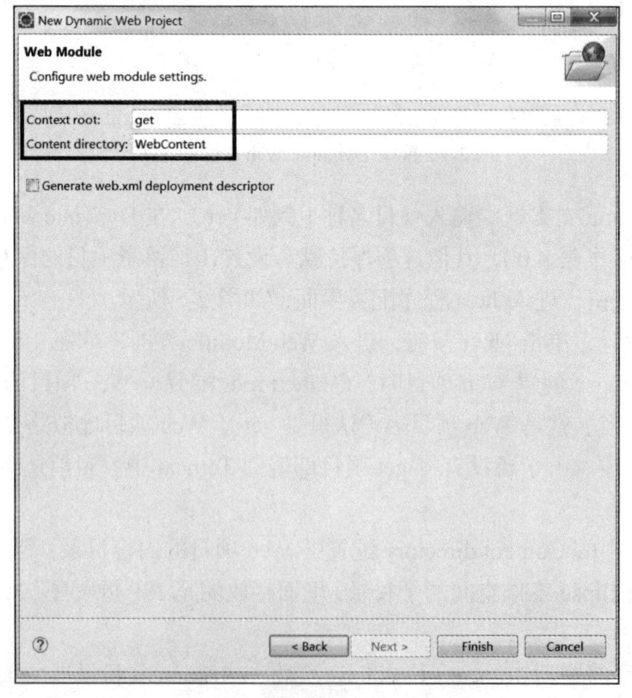

图 2-6　Web Module 界面

（5）保持默认设置，单击 Finish 按钮。

完成上述步骤后，Eclipse 就会在工作空间 C:\workspace 中创建一个 get 文件夹，该文件夹保存了 get 项目所有的源程序（注意不是字节码）。

2.1.5　Eclipse 的 View 和 Perspective

Eclipse 的操作界面看起来复杂，但实际上 Eclipse 界面由一个个简单的视图（View）组成，所有的 Eclipse 操作都是在视图中进行的。掌握了 Eclipse 视图的使用就掌握了 Eclipse 的使用，初学者首先应该学会如何打开 Eclipse 视图。在 Eclipse 菜单栏中单击 Window 菜单→选择 Show View→弹出视图子菜单，如图 2-7 所示。选择要打开的视图即可。本书常用的视图有项目浏览视图（Project Explorer）、服务器视图（Servers）和控制台视图（Console）等。

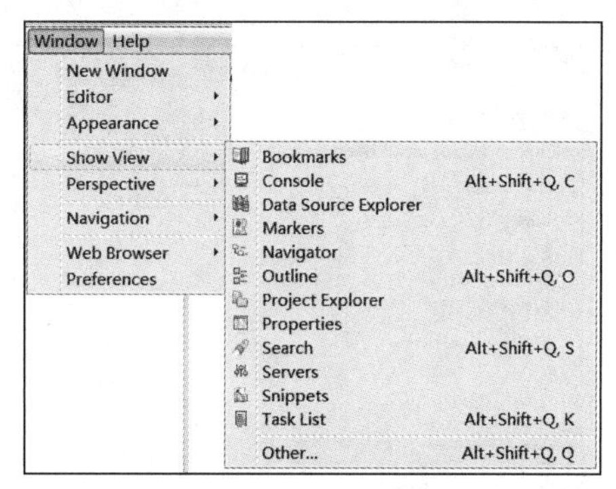

图 2-7　Eclipse 的视图子菜单

透视图（Perspective）定义了一组视图。对于初学者而言，最常用的功能就是重置透视图，方法是：在 Eclipse 菜单栏中单击 Window 菜单→选择 Perspective→单击 Reset Perspective...。重置透视图后，Eclipse 会自动重置视图区域，重置视图区域后的中心位置就是代码编辑区域（Eclipse 将它称为共享区域 Shared Area）。我们将在代码编辑区域编写代码。

2.1.6　小露身手：使用 Eclipse 创建第一个 Servlet 程序

步骤

（1）打开 Project Explorer 视图→展开刚刚创建的 Web 项目→展开 Java Resources→右击 src→单击 Servlet→弹出 Create Servlet 窗口。Java package 文本框处输入 controller，Class name 文本框处输入 ABCServlet，父类是 HTTPServlet，如图 2-8 所示。

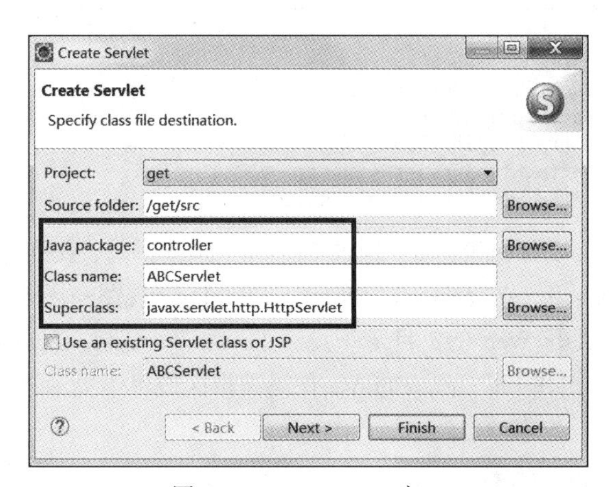

图 2-8　Create Servlet 窗口

说明 1：通常 Servlet 程序负责“扮演”控制器（Controller）的角色，在 Java package 文本框处输入 controller，指该 package 存放的是 Servlet 程序（有关控制器的更多知识参考第 8 章内容）。

说明 2：父类 HTTPServlet 专门用于处理 HTTP 请求。本书所开发的 Servlet 程序都继承了

HTTPServlet。

（2）单击 Next 按钮，进入 Servlet 部署界面，如图 2-9 所示。Servlet 程序的 URL mappings 保持默认设置（2.1.7 节讲解 URL Mappings 的相关知识）。

（3）单击 Next 按钮，进入创建 Servlet 程序的界面，选择创建构造方法、init、destroy、doGet 和 doPost 方法，单击 Finish 按钮，即可创建 ABCServlet 程序，如图 2-10 所示。

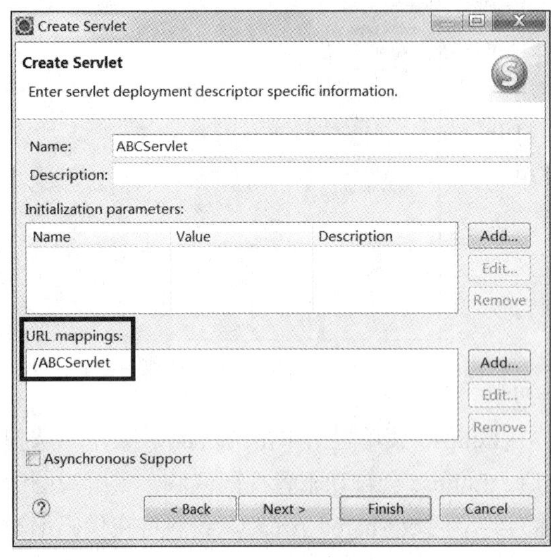

图 2-9　Servlet 部署界面

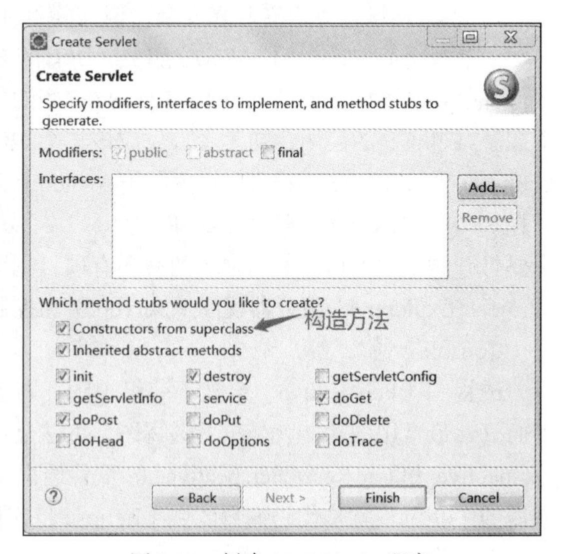

图 2-10　创建 ABC Servlet 程序

场景 1　将 servlet–api.jar 导入 Web 项目

Servlet 程序继承了 HttpServlet 类，HttpServlet 类定义在第三方库 servlet-api.jar 中。如果刚刚创建的 Servlet 程序存在如下所示的语法错误（错误代码下有波浪线），需要将 servlet-api.jar 导入 Web 项目中。Tomcat 是可以运行 Servlet 的容器，Tomcat 的安装目录里存在该第三方库。

```
import java.io.IOException;
import javax.servlet.ServletException;
import javax.servlet.annotation.WebServlet;
import javax.servlet.http.HttpServlet;
import javax.servlet.http.HttpServletRequest;
import javax.servlet.http.HttpServletResponse;
```

在 Tomcat 的安装目录 C:\apache-tomcat-9.0.29 中找到 lib 目录，找到 servlet-api.jar，将它复制到当前 Web 项目的 lib 目录下。方法是：打开 Project Explorer 视图→展开刚刚创建的 Web 项目→展开 WebContent 目录→展开 Web-INF 目录→找到 lib 目录→复制。Eclipse 自动将 servlet-api.jar 包复制到 Web 项目“Web-INF/lib”下，Eclipse 代码编辑区域将不提示错误。

场景 2　篇幅所限，精简代码

场景 2 步骤

（1）删除注释语句。

（2）在每个方法中添加一条 Tomcat 控制台输出语句。

（3）修改 doGet()方法的代码，在 Tomcat 控制台输出项目部署后的绝对物理路径。

（4）删除 doPost()方法的代码“doGet(request, response);”。

（5）再次确保 Servlet 的 urlPatterns 是“/类名”。

```
@WebServlet("/ABCServlet")
public class ABCServlet extends HttpServlet {
    public ABCServlet() {
        System.out.println("执行ABCServlet的构造方法！");
    }
    public void init(ServletConfig config) throws ServletException {
        System.out.println("执行ABCServlet的init()初始化方法！");
    }
    public void destroy() {
        System.out.println("执行ABCServlet的destroy()销毁方法！");
    }
    protected void doGet(HttpServletRequest request, HttpServletResponse response)
            throws ServletException, IOException {
        System.out.println("执行ABCServlet的doGet()方法！");
        System.out.println("Web项目的根目录或部署后的绝对物理路径是" + request.getServletContext().getRealPath(""));
        System.out.println("ABCServlet的doGet()方法执行完毕！");
    }
    protected void doPost(HttpServletRequest request, HttpServletResponse response)
            throws ServletException, IOException {
        System.out.println("执行ABCServlet的doPost()方法！");
        System.out.println("ABCServlet的doPost()方法执行完毕！");
    }
}
```

说明

注解@WebServlet 配置了 Servlet 类的 urlPatterns。为了简化 Servlet 的声明，从 Servlet 3.0 开始，Servlet 新增了注解支持，使得 web.xml 配置文件从 Servlet 3.0 开始不再是必选的了。

场景 3　Tomcat 集成到 Eclipse、Web 项目部署到 Tomcat

说明 1：Servlet 程序需要 Servlet 容器才能运行，Tomcat 提供了 Servlet 容器。Eclipse 仅是一个集成开发环境，并不提供 Tomcat。有必要将第 1 章的 Tomcat 集成到本章的 Eclipse 集成开发环境中，这样就可以在一个界面中编写代码、启动/停止 Tomcat、将项目部署到 Eclipse 的 Tomcat 中、调试代码。另外，还有很重要的一点：每次修改 Servlet 程序的代码后，需要重新编译 Servlet 程序、重启 Tomcat。而 Eclipse 会检测 Servlet 程序是否修改，若修改，则会自动重新编译 Servlet 程序、重启 Tomcat，使修改后的 Servlet 程序生效，提高开发效率。通过如下步骤，可将 Tomcat 集成到 Eclipse 中以及将 Web 项目部署到 Eclipse 的 Tomcat 中。

说明 2：进行下列操作前，请务必阅读第 1 章有关 Tomcat 启动的相关内容。

场景 3 步骤

（1）在 Eclipse 菜单栏中单击 Window 菜单→选择 Show View→单击 Servers 命令→进入 Servers 视图→单击“No servers are available. Click this link to create a new server...”链接→弹出 New Server 窗口→找到 Apache 文件夹→选择 Tomcat V9.0 Server，如图 2-11 所示。

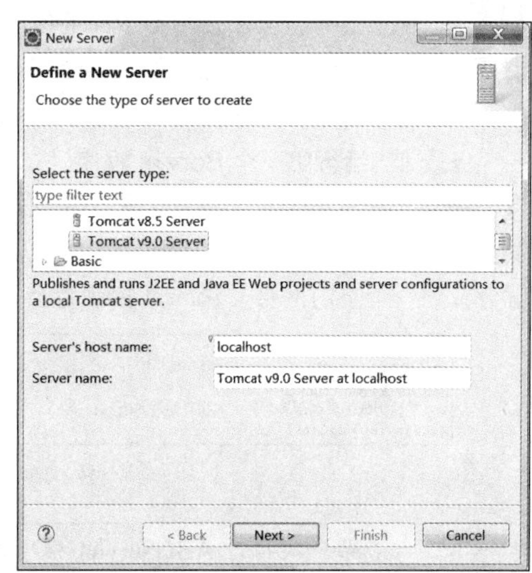

图 2-11　New Server 窗口

（2）单击 Next 按钮，进入选择 Tomcat 安装目录的界面，选择第 1 章的 Tomcat 安装目录和 JRE，如图 2-12 所示。

（3）单击 Next 按钮，进入将项目部署到 Eclipse

中的 Tomcat 界面，如图 2-13 所示。选择要部署的项目 get→单击 Add 按钮→单击 Finish 按钮。

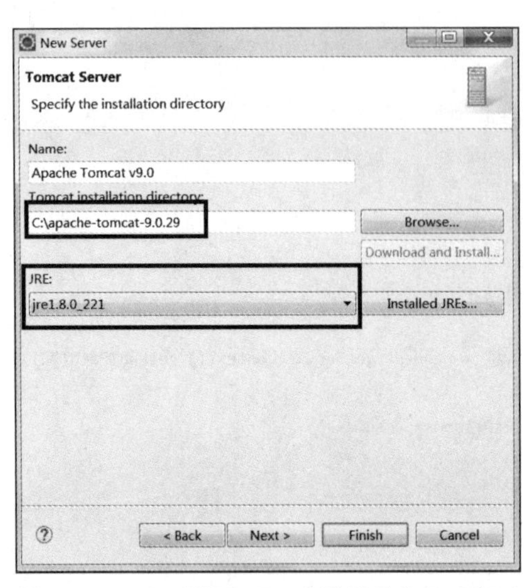

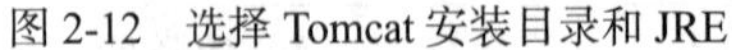

图 2-12　选择 Tomcat 安装目录和 JRE

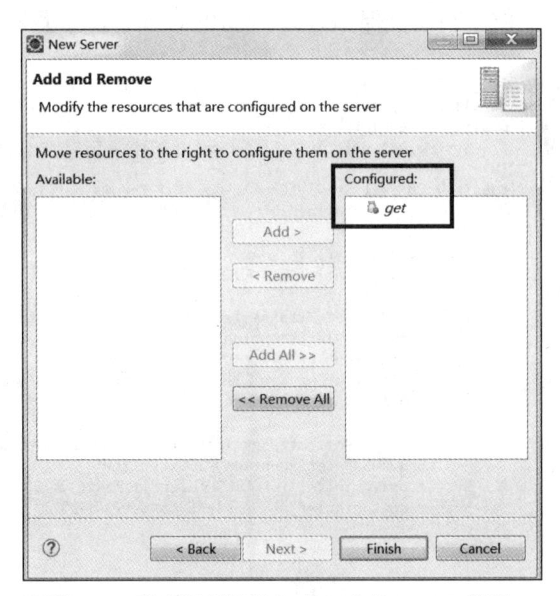

图 2-13　将项目部署到 Eclipse 中的 Tomcat 界面

最终，将 Tomcat 集成到 Eclipse 中，同时项目 get 被部署到 Eclipse 中的 Tomcat 界面。

（4）启动集成在 Eclipse 中的 Tomcat。

打开 Servers 视图，如图 2-14 所示。右键单击 Tomcat v9.0 Server at localhost→单击 Start，启动 Tomcat 后，在 Eclipse 的 Console 控制台视图中，就可以看到 Tomcat 的后台信息。

图 2-14　打开 Server 视图

说明

完成上述步骤后，打开 Project Explorer 视图→展开 Servers 项目→双击 server.xml 配置文件，里面会有如下配置选项。该配置选项配置了 get 项目的虚拟路径。

```
<Context docBase="get" path="/get" reloadable="true" source="org.eclipse.
jst.jee.server:get"/>
```

场景 4　运行第一个 Servlet 程序

Servlet 程序不会自动运行，只有在浏览器地址栏输入 Servlet 程序对应的 urlPatterns，才能触发 Servlet 程序的执行。启动 Tomcat 后，打开浏览器，输入网址 http://localhost:8080/get/ABCServlet，就会看到一个空白网页。Tomcat 控制台会显示图 2-15 所示的执行结果。

```
执行ABCServlet的构造方法!
执行ABCServlet的init()初始化方法!
执行ABCServlet的doGet()方法!
Web项目的根目录或部署后的绝对物理路径是C:\workspace\.metadata\.plugins\org.eclipse.wst.server.core\tmp0\wtpwebapps\get\
ABCServlet的doGet()方法执行完毕!
```

图 2-15　Servlet 程序执行结果

注意

第一次执行 ABCServlet 程序时，会依次触发 ABCServlet 程序的构造方法、init()方法、doGet()方法执行。以后再执行 ABCServlet 程序时，会触发 doGet()方法执行，但构造方法和 init()方法将不再执行。

从执行结果可以看出：通过浏览器地址栏访问 ABCServlet 时，只触发了 ABCServlet 的 doGet()方法（并没有触发 doPost()方法）。这是因为，通过浏览器地址栏访问资源文件时，浏览器向资源文件发出的是 GET 请求。

HTTP 请求主要有 GET 请求和 POST 请求两种。

从浏览器的角度：单击超链接或者直接在浏览器地址栏输入网址，浏览器发出的请求都是 GET 请求。GET 请求会触发 Servlet 程序的 doGet()方法；POST 请求会触发 Servlet 程序的 doPost()方法。

从 Servlet 程序的角度：每个 Servlet 程序有两个入口，doGet()方法用于处理 GET 请求；doPost()方法用于处理 POST 请求。

2.1.7　Eclipse 中 Servlet 的 URL Mappings 和 Servlet 的 urlPatterns

使用 Eclipse 创建 Servlet 程序的过程中，URL Mappings 描述了 URL 路径和 Servlet 物理文件之间的映射关系。例如前文创建的 ABCServlet.java 程序，其中的@WebServlet("/ABCServlet")是一个 Java 注解，其功能是将浏览器地址栏 URL 路径中的“/ABCServlet”映射为 ABCServlet.java 物理文件。在浏览器地址栏中输入 URL 路径 http://localhost:8080/get/ABCServlet，浏览器就会向 Tomcat 服务器发送 GET 请求，Tomcat 服务器接收到该请求，就会将该请求指向 get 项目的 ABCServlet.java，并实例化 ABCServlet 类的对象，触发 ABCServlet 的 doGet()方法执行。

URL Mappings 之所以是复数形式，是因为一个 Servlet 程序可以映射多个 URL Mapping。例如注解@WebServlet(urlPatterns={"/helloServlet","/ABCServlet"})，定义了两个 URL Mapping，它们都指向了同一个 Servlet 程序。

准确地讲，注解@WebServlet 的 urlPatterns 参数配置了 URL 路径与 Servlet 程序之间的映射关系（只不过在 Eclipse 中使用了 URL Mappings）。

还可以给 Servlet 的 urlPatterns 分配目录。对于刚刚创建的 ABCServlet 程序，如果将注解@WebServlet 修改为@WebServlet("/test/ABCServlet")，浏览器地址栏中输入 URL 路径 http://localhost:8080/get/test/ABCServlet，才会触发 ABCServlet 的 deGet()方法执行。

上述 urlPatterns 都属于精确匹配，urlPatterns 还支持“*”通配符模糊匹配，模糊匹配有如下两种用法。

用法 1：*.扩展名（不以斜杠开头）。例如“*.do”表示任何扩展名是“do”的 URL 路径都可以映射到该 Servlet 程序。

用法 2：/*（以斜杠开头），例如“/*”“/get/*”。其中“/*”表示任何 URL 路径都可以映射到该 Servlet 程序。

说明 1：urlPatterns 如果以斜杠开头，斜杠表示 Web 项目的虚拟路径。

说明 2：urlPatterns 的典型错误用法是“/*.do”。

2.1.8　Servlet 程序的生命周期

运行“传统”Java 程序时，Java 虚拟机将 Java 类的字节码文件加载到内存，然后调用构造方法实例化一个 Java 对象，接着运行对象的 main()方法。main()方法运行结束后，内存中的对象被清除。下次再运行该 Java 程序时，重复上述步骤。传统 Java 程序的生命周期如图 2-16 所示。

由于许多浏览器用户可以同时运行一个 Servlet 程序，如果 Servlet 程序也和传统的 Java 程序一样，每次运行时先将字节码文件加载到内存、再创建对象，效率将大打折扣。Servlet 程序的生命周期如图 2-17 所示。

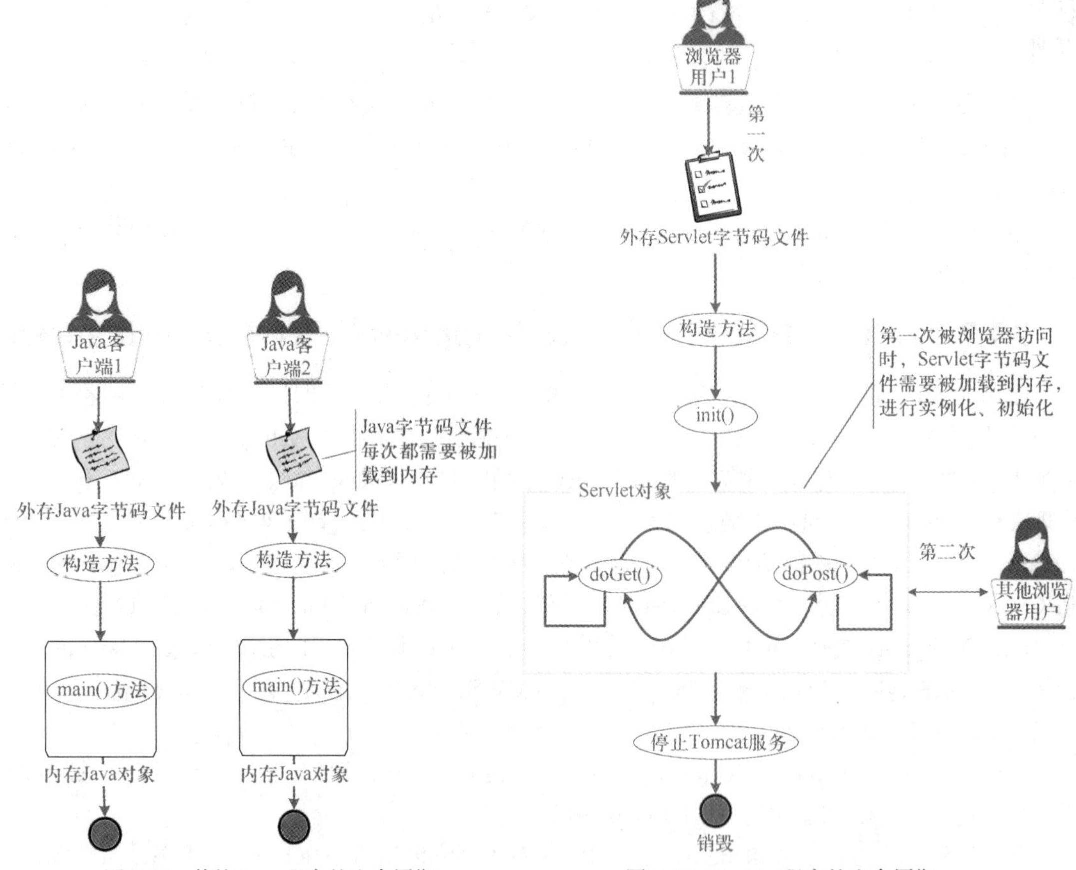

图 2-16　传统 Java 程序的生命周期　　　　图 2-17　Servlet 程序的生命周期

在浏览器用户 1 访问 Servlet 程序时，Servlet 字节码文件将被加载到 Tomcat 服务器内存，Tomcat 先调用构造方法实例化 Servlet 对象，然后调用 init()方法初始化该 Servlet 对象，接着调用 doGet()或者 doPost()方法，服务第一个浏览器用户。

其他浏览器用户再次访问该 Servlet 程序时，Tomcat 将直接使用内存中的 Servlet 对象，服务其他浏览器用户。

停止 Tomcat 服务后，内存中的 Servlet 对象被销毁。

以 ABCServlet 为例，Servlet 程序的生命周期可以简要描述为：

ABCServlet 第一次接收到 GET 请求：　ABCServlet()→init()→doGet()

其他 GET 请求：　→doGet()→doGet())→...→doGet()

停止 Tomcat 服务：　→destroy()

为了提高开发效率，Eclipse 提供了一种机制。Tomcat 启动后，Eclipse 能够自动判断 Servlet 源代码是否更改。若更改，Eclipse 会自动编译 Servlet 源代码，生成 Servlet 字节码文件，并自动重启 Tomcat。

2.1.9　小露身手：使用 Eclipse 创建 JSP 程序

步骤

（1）在 WebContent 目录下创建 abc.jsp 文件，具体方法是：打开 Project Explorer 视图→展开 get 项目→右击 WebContent 目录→选择 New→单击 JSP File→File Name 处输入 abc→单击 Next 按钮→使用默认模板→单击 Finish 按钮。

（2）打开 abc.jsp 文件，在<body>标签和</body>标签之间，输入如下代码。

```
<%
System.out.println("你好，Tomcat 控制台");
String realPath = request.getServletContext().getRealPath("");
response.getWriter().print("你好，项目部署后的绝对物理路径是" + realPath);
%>
```

（3）保存 JSP 程序，将出现图 2-18 所示的错误提示窗口。

关闭错误提示窗口，修改 abc.jsp 的代码，将代码 pageEncoding="ISO-8859-1"，修改为 pageEncoding="UTF-8"。再次尝试是否可以成功保存 JSP 程序。

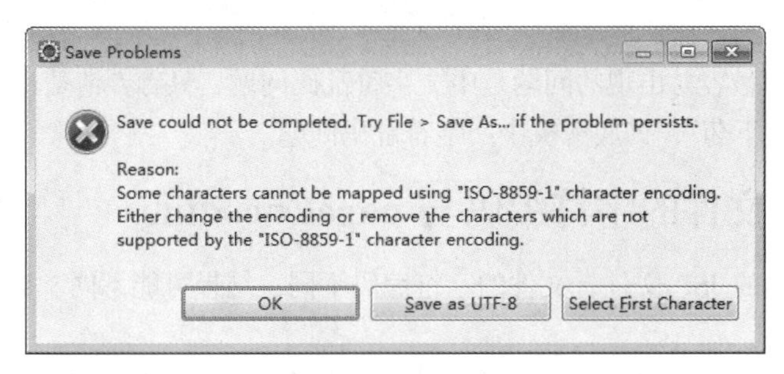

图 2-18　JSP 程序无法保存

（4）打开浏览器，输入网址 http://localhost:8080/get/abc.jsp，运行 abc.jsp 中的程序，执行结果出现中文字符乱码问题，如图 2-19 所示。

Web ??????????????????C:\workspace\.metadata\.plugins\org.eclipse.wst.server.core\tmp0\wtpwebapps\get\

图 2-19　执行结果出现中文字符乱码问题

（5）修改 abc.jsp 的代码，将代码 contentType="text/html; charset=ISO-8859-1"，修改为 contentType="text/html; charset=UTF-8"，保存 JSP 程序。刷新页面，执行结果如图 2-20 所示。

Web 项目的根目录或部署后的绝对物理路径是C:\workspace\.metadata\.plugins\org.eclipse.wst.server.core\tmp0\wtpwebapps\get\

图 2-20　执行结果未出现中文字符乱码问题

说明 1：JSP 和 Servlet 之间的关系。

Java Web 开发的核心是 Servlet 程序的开发，JSP 程序本质上是一个 Servlet 程序。当浏览器用户第一次访问 JSP 程序时，Tomcat 服务的 JSP 引擎首先将 JSP 程序翻译成 Servlet 源代码文件（.java）。剩下的执行过程，和普通 Servlet 程序完全相同，不赘述。

例如，首次运行 abc.jsp，Eclipse 中的 Tomcat 会在图 2-21 所示的目录中，生成 abc.jsp 对应的 abc_jsp.java 文件（实际上是 Servlet 程序），并将其编译成字节码文件 abc_jsp.class。

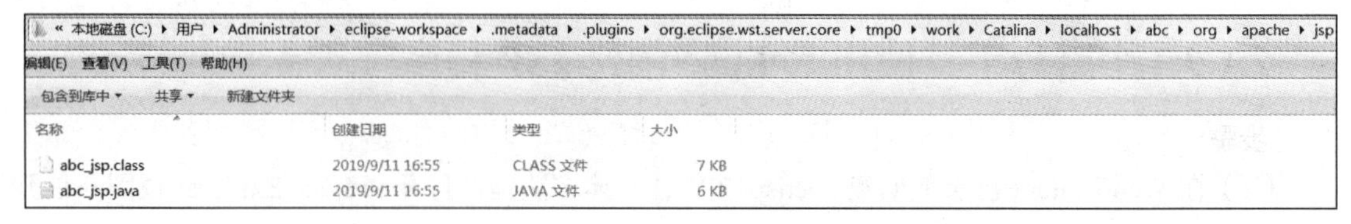

图 2-21　JSP 本质上是一个 Servlet 程序

JSP 程序也可视为一个包含 Java 程序的 HTML 页面，JSP 程序更侧重于页面的展示（在 MVC 框架中充当视图层 View），JSP 程序更像一个网页，本书有时将 JSP 程序称为 JSP 页面程序。

Servlet 程序可视为一个包含 HTML 页面的 Java 程序，Servlet 程序更侧重于控制、逻辑（它在 MVC 框架中充当控制器层 Controller）。

说明 2：作为页面展示层，JSP 技术可以被模板引擎技术（例如 Thymeleaf）替代。然而目前为止 Servlet 技术无可替代，这也是本书将 Servlet 技术作为学习重点的原因。

2.2　字符编码

Java Web 开发中最容易出现的问题是中文字符乱码问题，只有弄清楚产生中文字符乱码问题的原因，才能“对症下药”，彻底解决中文字符乱码问题。

2.2.1　JSP 文件的字符编码与 pageEncoding

前面提到：相同的 JSP 文件，文件的字符编码不同，结果可能不同。可见，使用正确的 JSP 文件字符编码很重要。

使用 Eclipse 创建 JSP 文件后，JSP 文件中的字符会以某种字符编码存在。在 Eclipse 中查看 JSP 文件的字符编码，方法如下（以 abc.jsp 为例）。

打开 Project Explorer 视图→展开 get 项目→展开 WebContent 目录→右击 abc.jsp→选择 Properties，就可以看到 JSP 文件的字符编码为 UTF-8，如图 2-22 所示。

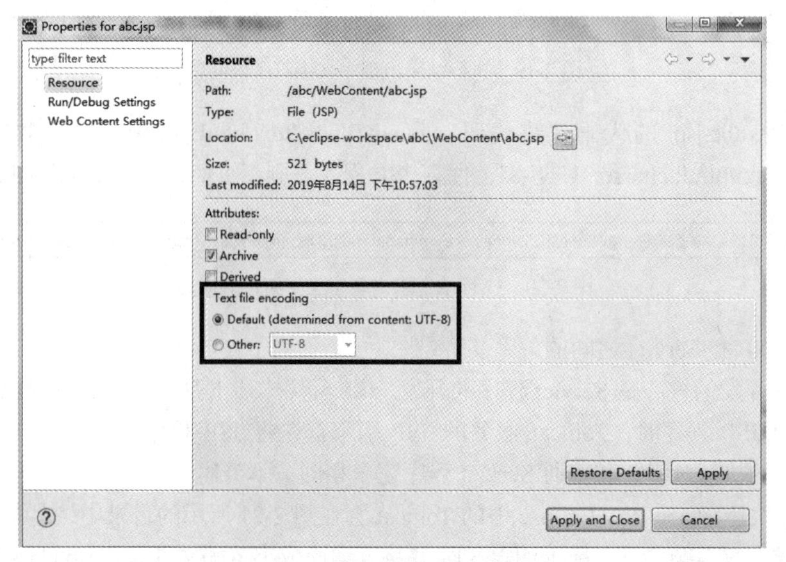

图 2-22　查看 JSP 文件的字符编码

JSP 文件的字符编码的主要作用是告诉操作系统的文件系统，文件中的字符采用何种字节序列存储在硬盘上。而 JSP 文件的字符编码与 pageEncoding 之间存在怎样的关系呢?

事实上，JSP 文件的字符编码与 pageEncoding 之间并不存在直接关联关系。只不过 Eclipse 过于“智能”，Eclipse 中的 JSP 文件的字符编码继承了 pageEncoding 值。例如，在 Eclipse 中修改了 JSP 文件的 pageEncoding 值后，保存 JSP 文件时，Eclipse 会随之更改 JSP 文件的字符编码。因为 ISO-8859-1 并不支持中文字符，所以在使用 Eclipse 编写 JSP 程序后，如果将 pageEncoding 设置为 ISO-8859-1，且 JSP 文件中包含中文字符时，则无法保存 JSP 文件。这就是 2.1.9 节中，无法保存 JSP 文件的原因。

记事本并没有那么智能，如果使用记事本开发 JSP 程序，修改了 JSP 文件中的 pageEncoding 后，保存 JSP 文件时，记事本开发的程序不会随之更改 JSP 文件的字符编码。如图 2-23 所示，也就是说，使用 Eclipse 开发 JSP 程序时，JSP 程序中的 pageEncoding 自动和 JSP 文件的字符编码保持一致; 使用记事本开发 JSP 程序时，JSP 程序中的 pageEncoding 可以与 JSP 文件的字符编码不相同。

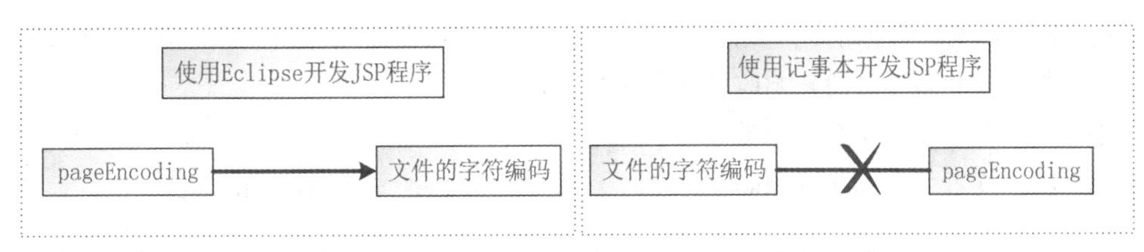

图 2-23　使用 Eclipse 和记事本开发 JSP 程序的区别

运行 JSP 程序时，JSP 程序首先要被翻译成 Servlet 源程序（.java 程序）。pageEncoding 的主要作用就是：告知 Tomcat 中的 JSP 引擎，按照 pageEncoding 指定的字符编码读取 JSP 文件，并翻译成 Servlet 源程序（.java 程序）。

如果 JSP 程序中 pageEncoding 指定的字符编码与 JSP 文件的字符编码不兼容，将会导致 JSP 程序无法被翻译成 Servlet 源程序（.java 程序）。因此，JSP 程序的 pageEncoding 值必须和 JSP 文件的字符编码兼容（建议相同）。

2.2.2　MIME 和字符编码

MIME（Multipurpose Internet Mail Extensions）是描述消息内容类型的因特网标准，描述了互联网上数据（包括文件）的内容格式。MIME 的语法格式是“type/subtype”，斜杠前面的是类型（type），斜杠后面的是子类型（subtype），中间不能有空格符。MIME 不仅可以描述 HTTP 请求数据的内容格式，还可以描述 HTTP 响应数据的内容格式，如图 2-24 所示。

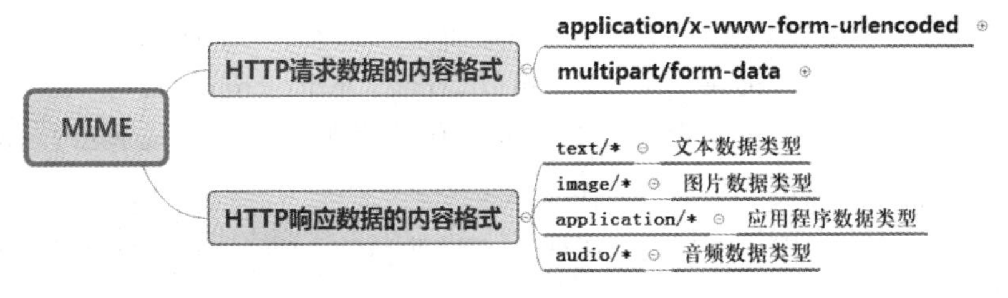

图 2-24　MIME

1. HTTP 请求数据的内容格式

浏览器向 Web 服务器发送的超文本数据称为 HTTP 请求数据。HTTP 请求数据的内容格式有两种，即 application/x-www-form-urlencoded 和 multipart/form-data，更多知识参考第 3 章内容。

2. HTTP 响应数据的内容格式

MIME 更为重要的用途在于描述 HTTP 响应数据，HTTP 响应数据是指 Web 服务器返回给浏览器的数据。假设，Web 服务器向浏览器返回的 HTTP 响应数据是音频数据（不是文本型数据），由于浏览器默认采用 text/html 格式（HTML 格式的文本型数据）解析 HTTP 响应数据，此时音频数据将以乱码形式显示在浏览器页面上。

如果 Web 服务器向浏览器返回 HTTP 响应数据时，指定了 HTTP 响应数据的内容格式是“audio/mpeg”。浏览器接收到 HTTP 响应数据后，将调用本地的音频播放软件解析其内容，浏览器用户就可以听到来自网页的声音了。

audio/mpeg 表示支持 mp3 类型的数据。

因此，HTTP 响应数据的内容格式的作用是：控制浏览器使用正确的格式解析 HTTP 响应数据，防止浏览器“曲解”HTTP 响应数据的内容。

HTTP 响应数据的内容格式种类繁多，限于篇幅，本书只介绍其中三大类，如图 2-25 所示。更多的 MIME，读者可以参考 Tomcat 安装目录下的 conf 目录下的 web.xml 配置文件。

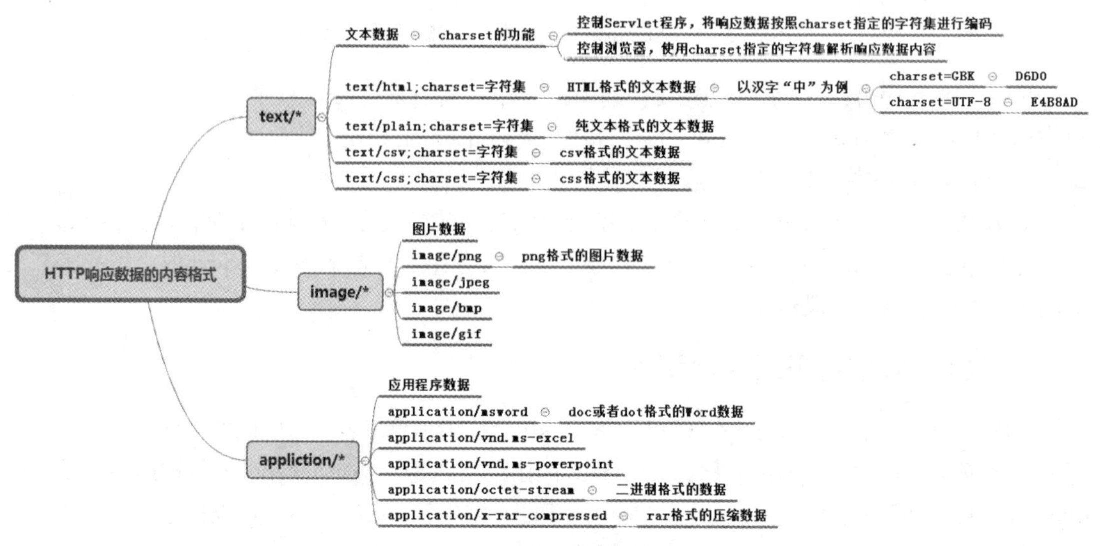

图 2-25　HTTP 响应数据的内容格式

（1）文本数据，类型是 text，其子类型可以是 html、plain、csv、css 等。

（2）图片数据，类型是 image，其子类型可以是 png、jpeg、bmp、gif 等。

（3）应用程序数据，类型是 application，其子类型可以是 msword、vnd.ms-excel、vnd.ms-powerpoint、octet-stream、x-rar-compressed 等。

说明 1：通过向 HTTP 响应头列表中添加“Content-Type”响应头，就可以设置 HTTP 响应数据的内容格式。

说明 2：JSP 程序 page 指令<%@ page contentType="text/html; charset=UTF-8" %>中的 contentType 的主要功能是，向 HTTP 响应头列表中添加“Content-Type”响应头。

3. HTTP 文本型响应数据的字符编码

JSP 程序 page 指令中的 contentType，设置了 HTTP 响应数据的内容格式。当 HTTP 响应数据的内容格式是 text 类型时，对于浏览器而言，字符编码的设置就显得格外重要，否则中文字符可能以乱码方式显示在浏览器页面上。

假设，某 JSP 程序 page 指令中的 contentType 设置为"text/html; charset=ISO-8859-1"，contentType 有如下两个作用。

（1）text/html：设置了 HTTP 响应数据是文本型数据，并且子类型是 html，表示文本型数据采用 HTML 格式。此时，浏览器接收到
后，
将被解析为换行符，而不会被解析成普通文本。

（2）charset=ISO-8859-1：有两个作用，一是将 HTTP 响应数据按照 ISO-8859-1 字符集进行编码；二是告知浏览器，按照 ISO-8859-1 字符集解码 HTTP 响应数据。

由于 ISO-8859-1 是单字节字符集，不支持中文字符，这就是 2.1.9 节中，将 contentType 中的 charset 设置为 ISO-8859-1 后，浏览器页面出现中文字符乱码问题的原因。

某些应用程序格式（例如 JSON）的数据，也需要设置内容格式的字符编码。以 JSON 为例，可以这样指定：response.setContentType("application/json;charset=UTF-8")。

2.2.3 JSP 文件、pageEncoding 和 charset 的字符编码之间的关系

JSP 文件、pageEncoding 和 charset 的字符编码之间的关系，如图 2-26 所示。

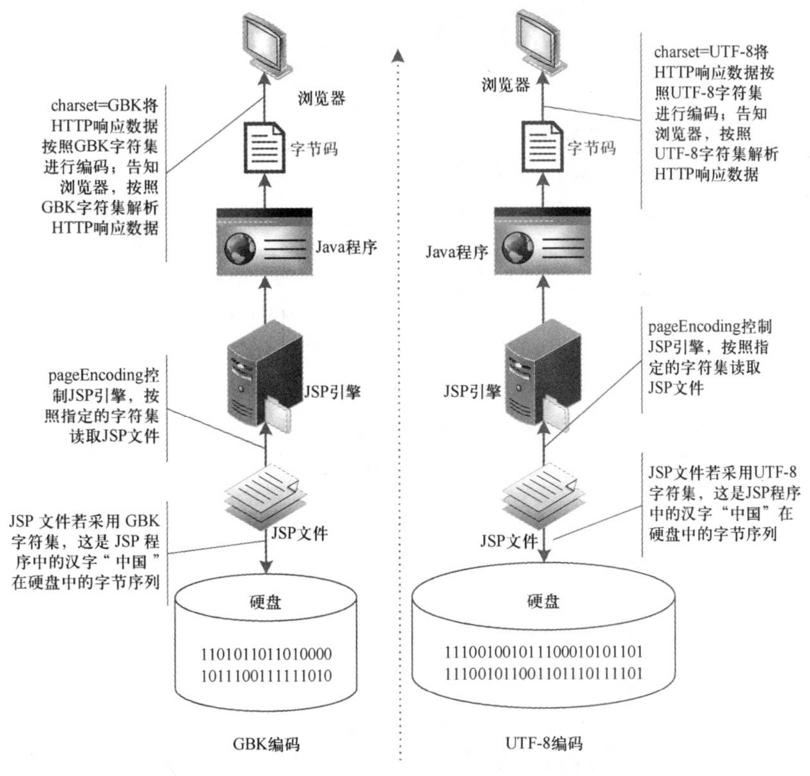

图 2-26　以时间为维度的字符编码的运作流程

以时间为维度（从下到上），字符编码的运作流程大致如下。

（1）编写 JSP 程序时，第一件事情就是要确定 JSP 文件的字符编码。如果采用记事本编写 JSP 程序，默认的字符编码是 ANSI（不是标准字符集）；如果采用 Eclipse 编写 JSP 程序，默认的字符编码是 UTF-8。

（2）运行 JSP 程序时，Tomcat 的 JSP 引擎按照 pageEncoding 指定的字符集读取 JSP 文件，将其翻译成 Servlet 源程序（.java 程序）。

pageEncoding 的值与 JSP 文件的字符编码必须兼容（建议相同），否则 Tomcat 的 JSP 引擎无法将 JSP 程序翻译成 Servlet 源程序（.java 程序），无法进行接下来的（3）和（4）。

（3）Tomcat 将 Servlet 源程序（.java 程序），翻译成 Servlet 字节码文件（.class 文件）。

（4）加载 Servlet 字节码文件（.class 文件）到 Web 服务器内存。contentType 中的 charset 有两个作用，前面已经讲过，这里不再重复。

说明 1：（4）中的 charset 指定的字符集只要支持中文字符即可，无须与 JSP 文件的字符编码、pageEncoding 编码相同。

说明 2：如果 JSP 程序中没有在 contentType 设置 charset，JSP 引擎自动将 charset 值设置为 pageEncoding 的值；如果 JSP 程序中没有指定 pageEncoding，JSP 引擎自动将 pageEncoding 设置为 JSP 文件的字符编码；如果 JSP 文件的字符编码未知（例如 ANSI），则 JSP 引擎自动使用 Tomcat 默认的 ISO-8859-1 解析 JSP 程序。

2.3 URL 路径

URL，全称 Uniform Resource Locator，译为统一资源定位符，它可以唯一标记互联网上的某个资源。URL 路径描述了浏览器上的网址和 Web 服务器上物理文件之间的映射关系。可以简单地将 URL 路径理解为浏览器地址栏中的网址，完整的 URL 路径语法格式如图 2-27 所示，相关说明如下。

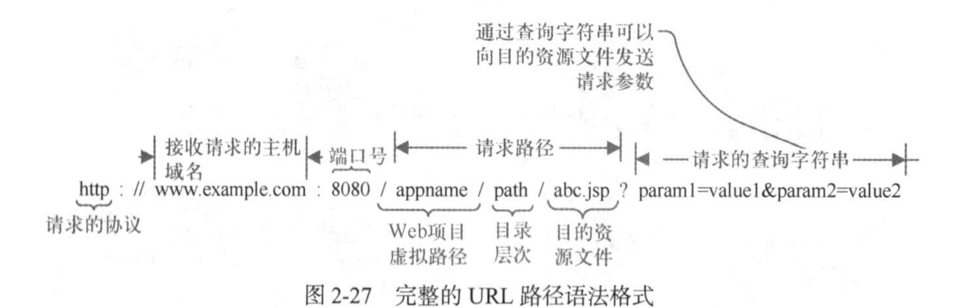

图 2-27　完整的 URL 路径语法格式

（1）请求的协议：若不指定，浏览器将默认采用 HTTP。

（2）接收请求的主机域名：不再赘述。

（3）端口号：若是 80，则可省略“:端口号”。

（4）请求路径：包含 3 部分内容，即 Web 项目虚拟路径、目录层次和目的资源文件。

Web 项目虚拟路径（/appname/）：Server.xml 配置文件中<Context docBase="get" path="/get" />的 path 参数值，配置了项目虚拟路径，必须以“/”开头。

资源文件的目录层次（path）：如果目的资源文件位于 WebContent 的子目录下时，需指定资源文件的目录层次。例如，假设 abc.jsp 位于 WebContent 的子目录 user 下，访问 abc.jsp 资源文件的 URL 路径则变为：http://localhost:8080/get/user/abc.jsp。

目的资源文件（abc.jsp）：即被访问的资源文件，对应 Web 服务器上的物理文件，通常是 JSP 动态页面和 HTML 静态页面，也可以是 Servlet 程序的 urlPatterns。

请求路径中的/appname/和 path 不是必需的；甚至目的资源文件也不是必需的，此时访问的是默认资源文件。

（5）英文问号？：用于说明其后是查询字符串。

查询字符串的格式，形如 param1=value1¶m2=value2 的字符串，目的是向目的资源文件发送 GET 请求参数，其形如“参数名=参数值”，参数之间通过&分隔。

2.4　过程分析：浏览器发送 GET 请求数据和 Web 服务器接收 GET 请求数据

本节主要从浏览器的角度分析浏览器发送 GET 请求数据的过程，以及从 Web 服务器的角度分析 Web 服务器接收 GET 请求数据的过程。

2.4.1　过程分析：浏览器向 Web 服务器发送 GET 请求数据

步骤 1　打开 Chrome，在浏览器地址栏输入如下 URL 路径。

http://localhost:8080/get/ABCServlet?name=张三&hobby=shopping&hobby=music

查询字符串包含 3 个参数，name 参数的参数值为中文字符，另外 2 个参数的参数名相同，都是 hobby。

步骤 2　按 Enter 键，浏览器自动将 URL 路径“封装”成 GET 请求数据。

步骤 3　浏览器主机与 Web 服务器建立网络连接（TCP/IP 连接）。

步骤 4　浏览器将“封装”好的 GET 请求数据发送到 Web 服务器。浏览器“静等”Web 服务器的响应，Web 服务器“繁忙”的时刻即将到来。

2.4.2　GET 请求数据的构成

浏览器自动将 URL 路径“封装”成 GET 请求数据，GET 请求数据由 3 部分构成：GET 请求行、GET 请求头列表和空行。GET 请求数据的构成如图 2-28 所示。

1. GET 请求行

GET 请求行由 3 部分构成，中间用空格分隔。

GET 请求行的格式如图 2-29 所示。

图 2-28 GET 请求数据的构成

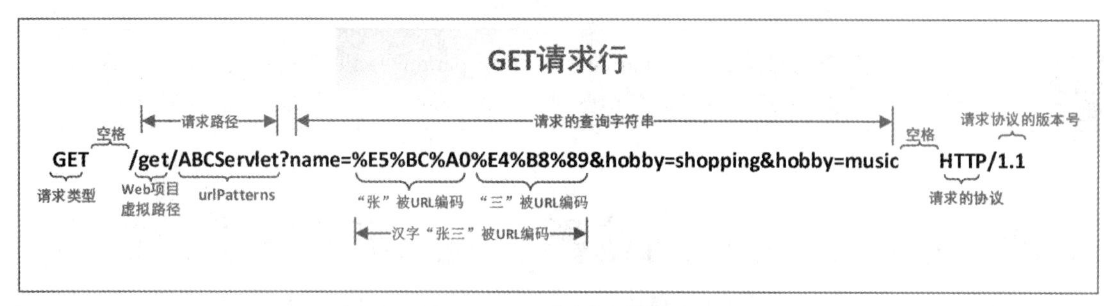

图 2-29 GET 请求行的格式

（1）请求类型：常见的请求类型是 GET 和 POST，本例为 GET 请求。

（2）请求路径：指定了要访问的目的资源文件，总是以"/"开头，表示 Web 服务器的根目录。

（3）被 URL 编码的请求的查询字符串。

（4）请求的协议及版本号。

浏览器封装 GET 请求数据时，会自动将 URL 查询字符串中的中文字符编码，简称 URL 编码。对于本例而言，浏览器自动将查询字符串中的中文字符"张三"编码成对应的 UTF-8 十六进制数编码"%E5%BC%A0%E4%B8%89"，再发送给 Web 服务器。浏览器这么做的意义是什么呢？

URL 规范明确要求 URL 路径必须使用 ASCII。ASCII 和 ISO-8859-1 编码兼容，都采用单字节方式编码。这就意味着 URL 路径中不能包含多字节字符（例如中文字符），这是 URL 路径需要进行字符编码的一个原因。

另外，查询字符串中有些特殊字符会导致歧义，必须将这些特殊字符编码后才能进行传输。查询字符串以"?"开始，格式形如"param1=value1¶m2=value2"。如果值（value）中包含了"?""&"或者"="等特殊字符，Web 服务器接收到参数后，会产生参数解析错误。因此必须将这些特殊字符重新编码，以防歧义。这是 URL 路径需要编码的另一个原因。

URL 编码通常也被称为百分号编码，将下面罗列的特殊字符编码成%格式。再将多字节字符（例如汉字）编码成对应的 UTF-8 十六进制数编码，每个字节使用%分隔。这样既可以通过 URL 实现特殊字符的无歧义传输，也可以通过 URL 实现中文字符的传输。

&对应%26（&的 ASCII 是十进制数 38，十六进制数 26）。

=对应%3D（=的 ASCII 是十进制数 61，十六进制数 3D）。

? 对应%3F（?的 ASCII 是十进制数 63，十六进制数 3F）。

空格符对应%20（空格符的 ASCII 是十进制数 32，十六进制数 20）。

总结：对于 URL 路径中的特殊字符和多字节字符，浏览器自动将它们通过 URL 编码成 UTF-8 码对应的十六进制数，每个字节使用%分隔。

2. GET 请求头列表

浏览器若想“享受”Web 服务器的服务，浏览器就有义务告知 Web 服务器，浏览器主机使用的操作系统类型、浏览器类型、浏览器版本等通知信息。这些通知信息被浏览器自动封装在 GET 请求头列表中。

GET 请求头列表的每一条通知信息由“请求头: 请求头值”组成（请求头大小写不敏感），每一条通知信息换行隔开，如图 2-30 所示。

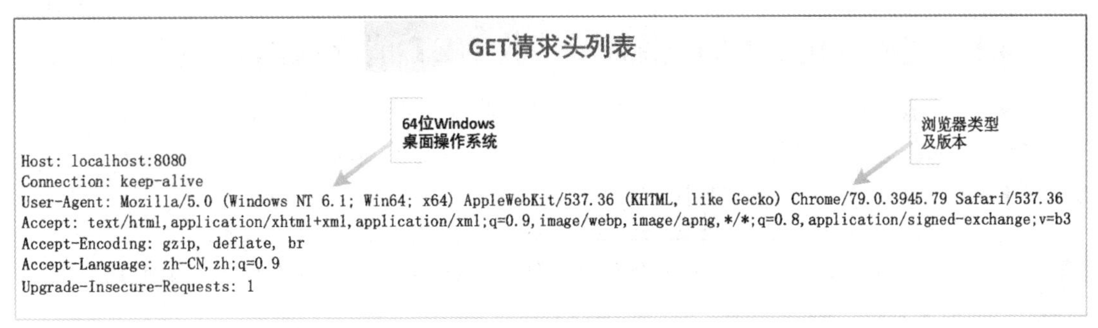

图 2-30　GET 请求头列表

常见的 GET 请求头及其含义如下。

（1）Host：Web 服务器的主机域名或者 IP 地址 +:+ 端口号。

（2）Connection：keep-alive 表示浏览器通知 Web 服务器，与服务器之间建立持久连接。

（3）User-Agent：浏览器通知 Web 服务器，发出请求的浏览器类型及版本、浏览器使用的操作系统及版本等信息。

（4）Accept：浏览器通知 Web 服务器，浏览器支持的 MIME。

（5）Accept-Encoding：gzip，deflate，br，表示浏览器通知 Web 服务器，浏览器支持的数据压缩方式是 gzip、deflate 和 br。

（6）Accept-Language：浏览器通知 Web 服务器，浏览器支持的语言种类。zh-CN,zh;q=0.9 表示浏览器支持中文（简体）和中文，q 是权重系数，范围 0≤q≤1，q 值越大，越倾向于前者。Accept-Language 的取值，取决于浏览器的语言设置，以 Chrome 为例，语言设置如图 2-31 所示。

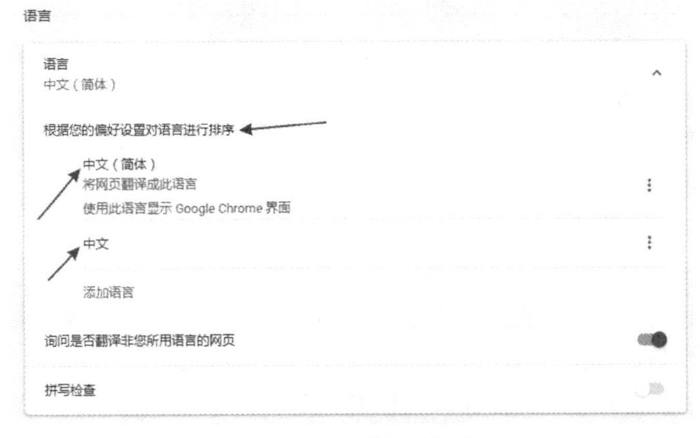

图 2-31　Chrome 的语言设置

（7）Upgrade-Insecure-Requests：1 表示浏览器通知 Web 服务器，浏览器支持自动升级请求功能。这样，HTTPS 请求的页面访问 HTTP 资源时，不再出现错误提示信息。

浏览器不同，相同 URL 路径的 GET 请求的请求头列表内容不同。

3. 空行

空行实际上是回车符+换行符，其目的是使浏览器通知 Web 服务器，请求头列表到此结束，不再有请求头。

2.4.3 过程分析：Web 服务器接收 GET 请求数据

步骤 1～步骤 4 在 2.4.1 小节中已有介绍，这里从步骤 5 开始讲述。

步骤 5 Web 服务器接收到 GET 请求数据后，自动将 GET 请求数据和网络连接等信息“封装”到 HttpServletRequest 请求对象中。

本步骤中，Web 服务器还会初始化 HttpServletResponse 响应对象，该对象的使用参考第 4 章的内容。

步骤 6 根据 GET 请求行中的请求路径，Tomcat 调用 ABCServlet 类的构造方法，创建 ABCServlet 类的实例化对象；接着调用 init()方法初始化该实例化对象（仅限于第一次请求）。如果 Web 服务器内存中存在 ABCServlet 的实例化对象，可跳过该步骤。

步骤 7 Web 服务器将步骤 5“封装”好的 HttpServletRequest 请求对象，作为参数传递给 ABCServlet 对象的 doGet()方法或者 doPost()方法。

步骤 5 初始化的 HttpServletResponse 响应对象，也会被作为参数传递给 ABCServlet 对象的 doGet()方法或者 doPost()方法。

步骤 8 本次请求是 GET 请求，触发执行 ABCServlet 对象的 doGet()方法。

如果是 POST 请求，则触发执行 ABCServlet 对象的 doPost()方法。

步骤 9 GET 请求会触发执行 ABCServlet 对象的 doGet()方法。doGet()方法通常需要依次完成 3 个功能。功能 1，获取 HTTP 请求数据。功能 2，调用业务逻辑代码，处理 HTTP 请求数据。功能 3，将处理结果封装成 HTTP 响应数据。本章的介绍重点为功能 1，使用 HttpServletRequest 请求对象获取 HTTP 请求数据。由于 ABCServlet 的 doGet()方法没有功能 3 的代码，因此 ABCServlet 的执行结果是一个空白页面。

步骤 10 浏览器接收 HTTP 响应数据，显示处理结果，浏览器与 Web 服务器之间完成了一次 HTTP 请求/HTTP 响应。Web 服务器“静等”新的 HTTP 请求，浏览器“蓄势待发”。

步骤 11 如果浏览器再次发出 HTTP 请求，新的请求数据再次“诞生”。注意，对于 Web 服务器而言，新的请求数据和上一次的请求数据没有任何关系，这就是 HTTP 的无状态性。对于浏览器而言，虽然发出新请求的还是原来的“我”；但 Web 服务器会把新请求当作另外一个“人”

发出的请求。HTTP 的无状态性导致浏览器和 Web 服务器没有记忆能力。

Web 开发人员需要借助技术手段，恢复浏览器和 Web 服务器的记忆能力。让浏览器和 Web 服务器拥有记忆能力，这就是会话控制技术。浏览器的记忆能力依靠 Cookie 实现，Web 服务器的记忆能力依靠 Session 实现，相关知识参考第 6 章内容。

步骤 12　浏览器与 Web 服务器之间如果没有数据传输，过段时间，它们之间的网络连接将被断开（网络连接是一个非常宝贵的资源，若长时间不用则被释放）。

步骤 13　Web 服务器停止服务时，调用 destroy()销毁 ABCServlet 对象。

浏览器向 Web 服务器发送 GET 请求数据和 Web 服务器接收 GET 请求数据的大致过程如图 2-32 所示。

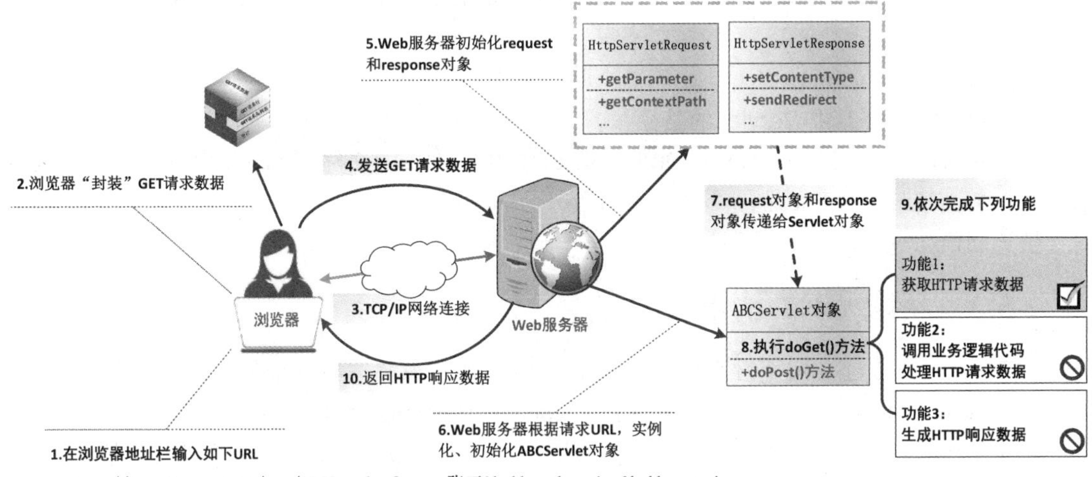

图 2-32　浏览器与 Web 服务器的 GET 请求数据交互

2.5　request 请求对象获取 GET 请求数据

前面的知识铺垫，都是为了 HttpServletRequest 请求对象的“闪亮登场”。HttpServletRequest 请求对象用于获取浏览器发送的 HTTP 请求数据，当浏览器通过 HTTP 访问 Web 服务器时，HTTP 请求中的所有信息（请求行、请求头，甚至网络连接信息）都被 Web 服务器封装在 HttpServletRequest 请求对象中。

理解了 GET 请求数据的构成，可以帮助我们更好地理解 HttpServletRequest 请求对象提供的方法。为便于描述，本书使用 request 作为 HttpServletRequest 的实例化对象，讲解 HttpServletRequest 的各种方法。事实上，JSP 中的 request 内置对象，就源自它。

HttpServletRequest 仅仅是 Servlet 规范定义的接口，具体实现交由各个 Web 服务软件供应商，Tomcat 也实现了该接口，实现类是 org.apache.catalina.connector.RequestFacade。本章所提到的 HttpServletResponse 也是 Servlet 规范定义的接口。事实上，Servlet 规范定义了很多这样的接口。

2.5.1 获取路径信息

1. 获取 Web 项目虚拟路径和 Web 项目的根目录

String request.getContextPath()：返回 Web 项目的虚拟路径。

String request.getServletContext().getRealPath(String path)：向该方法传递一个空字符串时，会返回 Web 项目的根目录。为便于描述，假设 Web 项目的根目录是 C:\a\，那么 request.getServletContext().getRealPath("/b/c/")的返回值就是 C:\a\b\c\（注意 c 是目录）；request.getServletContext().getRealPath("/b/c")的返回值是 C:\a\b\c（注意 c 是文件名）。

2. 获取请求 URL

String request.getRequestURI()：返回请求 URL 中的请求路径（项目的虚拟路径+目录层次+目的资源文件）。

StringBuffer request.getRequestURL()：返回请求 URL（除去问号和查询字符串）。

3. 获取请求 URL 中 Servlet 的路径

String request.getServletPath()：如果请求 URL 中目的资源文件是 Servlet，该方法返回以斜杠开头，后面紧跟该 Servlet 的路径。有一种例外，当 Servlet 的 URL Mappings 设置为“/*”时，该方法返回值为空字符串。

2.5.2 获取 GET 请求参数信息

GET 请求是通过查询字符串传递参数的。例如，若在浏览器地址栏输入下面的 URL：http://localhost:8080/get/ABCServlet?name=张三&hobby=shopping&hobby=music。

ABCServlet 的 doGet()方法，就可以利用下列 4 个方法，获取查询字符串中的参数信息。

String request.getParameter("name")：获取参数名是 name 的参数值。若参数名不存在，则返回 null。

String[] request.getParameterValues("hobby")：获取参数名是 hobby 的所有参数值，返回值类型是字符串数组 String[]。若参数名不存在，则返回 null。

java.util.Enumeration<String> request.getParameterNames()：获取请求参数所有的参数名。如果没有请求参数，返回空的 Enumeration 类型值。

java.util.Map<String,String[]> request.getParameterMap()：获取请求参数所有的参数名以及对应的参数值。

2.5.3 获取 GET 请求行信息

String request.getMethod()：返回浏览器发出请求时使用的数据发送方式，例如 GET、POST 等。

String request.getScheme()：返回浏览器发出请求时使用的协议，例如 HTTP、HTTPS 等。

String request.getProtocol()：返回浏览器发出请求时使用的协议版本，例如 HTTP/1.1。

String request.getQueryString()：返回浏览器发出请求时的查询字符串（被 URL 编码）。若无，则返回 null。

2.5.4 获取 GET 请求头信息

java.util.Enumeration<String> request.getHeaderNames()：返回请求头列表中的所有请求头名。如果请求中没有请求头，则返回空的 Enumeration 类型值。

String　request.getHeader(String headerName)：返回指定请求头 headerName 的请求头值。如果请求头列表中没有该请求头，则返回 null。

java.util.Enumeration<String>　request.getHeaders(String headerName)：返回指定请求头 headerName 的所有请求头值。

2.5.5　获取 Web 服务器主机和浏览器主机信息

String　request.getServerName()：返回 Host 请求头中冒号前面的字符串，一般是 URL 中接收请求的主机的域名（或者 IP 地址）。

int　request.getServerPort()：返回 Host 请求头中冒号后面的端口号（整数类型）；与 request.getServerName()成对使用。

String　request.getLocalAddr()：返回接收请求的主机的 IP 地址。

int　request.getLocalPort()：返回接收请求的主机的端口号，与 request.getLocalAddr()成对使用。

String　request.getLocalName()：返回接收请求的主机的主机名（或者域名）。

String　request.getRemoteAddr()：返回浏览器主机（或者最后一个发出请求的代理主机）的 IP 地址。

int　request.getRemotePort()：返回浏览器主机（或者最后一个发出请求的代理主机）发送 HTTP 请求时使用的端口号（整数类型），与 request.getRemoteAddr()方法成对使用。

String　request.getRemoteHost()：返回经过 DNS 查询到的浏览器主机（或者最后一个发出请求的代理主机）的实际主机名。

java.util.Locale　request.getLocale()：返回 Accept-Language 请求头中权重系数最高的语言种类。

java.util.Enumeration<java.util.Locale>　request.getLocales()：以降序返回 Accept-Language 请求头中的语言种类。通过该方法可以获取浏览器支持的语言的权重。

2.5.6　获取 URL Mappings 信息的方法

Servlet 4.0 新增了获取 Servlet 的 URL Mappings 信息的方法。

HttpServletMapping　request.getHttpServletMapping()：返回请求的 URL Mappings。

HttpServletMapping 是一个接口，该接口定义了另外 4 个方法，其具体使用方法可参考本章实践任务。

2.6　request 请求对象的请求派发功能

Tomcat 将接收到的 HTTP 请求数据封装在 request 请求对象后，request 请求对象就像接力赛中的接力棒一样，利用 RequestDispatcher，可以实现 request 请求对象在 Servlet 程序之间的派发功能。

2.6.1　RequestDispatcher

调用 request 请求对象的 getRequestDispatcher()方法，可以获取 RequestDispatcher 的实例化对象，通过 RequestDispatcher 可以实现 request 请求对象的派发功能。RequestDispatcher 只是一个接口，具体实现交由 Web 服务软件（例如 Tomcat）进行。

RequestDispatcher getRequestDispatcher(String path)：path：定义了 request 请求对象请求派发

的目的地址。

请求派发的目的地址 path，不能包含 Web 项目的虚拟路径，具体原因参考第 3 章内容。

RequestDispatcher 提供了两种请求派发，一种是请求转发（forward），另一种是请求包含（include）。本章只讲解请求转发。

参与请求转发或者请求包含的 Servlet 程序不仅需要在同一个 Web 服务器内，还需要在同一个 Web 项目内。读者可以这样理解：接力赛时，好几个跑道（好几个 Web 项目），但接力棒（request 请求对象）只能在同一个跑道（同一个 Web 项目）内进行派发，不能跨跑道（跨 Web 项目）派发。

2.6.2 请求派发的请求转发

以移动公司的服务为例，移动客户张三向客服甲拨打了求助电话，出于某种原因，客服甲告知“不要挂断电话，帮忙转接客服乙”，让客服乙为张三提供服务。此时客服甲将张三的请求转接给了客服乙。甚至，客服乙可以继续将张三的请求继续转接，直至最后一个客服解决问题，最后一个客服向张三返回响应，完成客户与移动公司之间的一次请求/响应。

整个过程中张三只拨打了一次求助电话，客服内部进行请求的相互转接，最后一个客服返回了响应。

Servlet 程序之间的请求转发与上述过程非常相似。Tomcat 接收到浏览器的 HTTP 请求后，将其封装为 request 请求对象，并将其作为参数传递给 Servlet1。Servlet1 利用 RequestDispatcher 再将 request 请求对象转发给 Servlet2……直至最后一个 Servlet*n*，Servlet*n* 返回响应，通知浏览器处理结果，这就是请求转发，如图 2-33 所示。

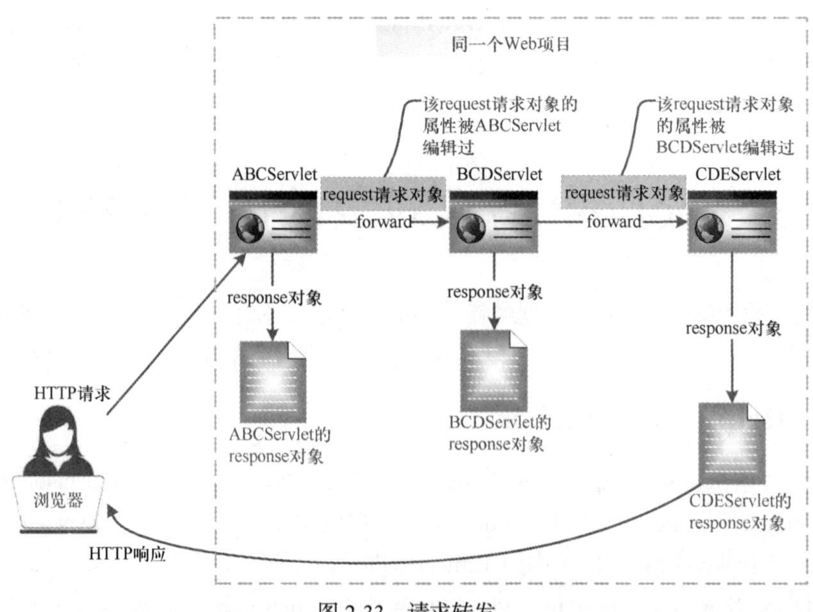

图 2-33 请求转发

请求转发本质上是服务器端技术。具体细节：浏览器只发出一次 HTTP 请求；参与请求转发的 Servlet 程序需位于同一个 Web 项目内；请求转发的是 request 请求对象，请求转发期间，封装在 request 请求对象的参数信息不会丢失；响应由最后一个 Servlet*n* 返回；浏览器地址栏始终显示第一次 HTTP 请求中的网址，请求转发的具体过程，浏览器用户并不知情。

2.6.3　请求转发的实现

在本章实践任务的任务 4 中，创建了 BCDServlet。浏览器请求访问 ABCServlet，Tomcat 将浏览器的 HTTP 请求封装成 request 请求对象，传递给 ABCServlet；ABCServlet 利用 RequestDispatcher 将 request 请求对象转发给 BCDServlet，继而实现请求转发功能。ABCServlet 中实现请求转发的核心代码如下。

```
request.getRequestDispatcher("/BCDServlet").forward(request, response);
```

说明　path 路径/BCDServlet 中的/可以省略，但仅限于本示例程序，具体原因，参考后续内容。

2.6.4　请求转发之间 Servlet 程序的数据共享

request 请求对象不仅可以存储 HTTP 请求的参数，还具有绑定属性、存储属性、解绑属性的能力，如图 2-34 所示。

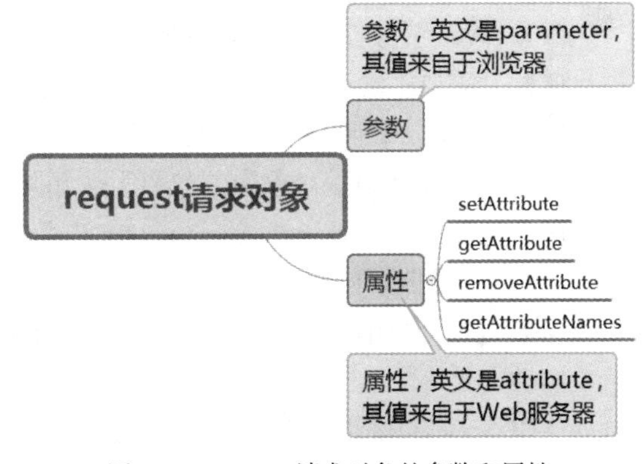

图 2-34　request 请求对象的参数和属性

request.setAttribute(String name, Object o)：向 request 请求对象绑定属性，属性值可以是任意类型的对象，该方法没有返回值。

request.getAttribute(String name)：返回 request 请求对象中绑定属性名的属性值，返回值是对象。使用该方法时，要注意强制类型转换。

request.removeAttribute(String name)：从 request 请求对象中解绑指定属性名的属性，该方法没有返回值。

java.util.Enumeration<String> request.getAttributeNames()：返回绑定到 request 请求对象所有的属性名。

说明　Java Web 开发中，具有绑定属性和解绑属性能力的对象，称为域对象（Domain Object）或范围对象（Scoped Object）。JSP 内置了 4 个域对象 page、request、session 和 application，这 4 个内置对象无须创建，可以直接在 JSP 程序中使用；Servlet 没有内置这 4 个对象，需要手动创建才能使用。

请求转发的两个 Servlet 程序，共享数据有以下两种方法（以 ABCServlet 请求转发到 BCDServlet 为例）。

1. 通过 request 请求对象的参数共享数据

请求转发过程中，request 请求参数不会丢失。例如：ABCServlet 可以使用如下代码，获取参数名是 name 的参数值，以及参数名是 hobby 的所有参数值。

```
request.getParameter("name");
request.getParameterValues("hobby");
```

ABCServlet 请求转发到 BCDServlet 后，BCDServlet 同样可以使用上述代码接收上述参数，获取参数名是 name 的参数值，获取参数名是 hobby 的所有参数值。

2. 通过向 request 请求对象绑定属性共享数据

ABCServlet 使用 setAttribute()方法向 request 请求对象绑定属性；BCDServlet 可以使用 getAttribute()方法，从 request 请求对象中获取该属性的属性值。从而实现两个 Servlet 程序之间的数据共享。

2.6.5 request 请求对象的属性和参数区别

区别 1：数据类型不同。

参数，英文为 parameter，参数由参数名和参数值组成，参数名是字符串类型，参数值是字符串类型。

属性，英文为 attribute，属性由属性名和属性值组成，属性名是字符串类型，属性值是对象类型，可以是任意对象。在 MVC 框架中，Servlet 控制器通常使用属性向视图传递数据，原因就是属性值可以是任意类型的对象（例如 List、Map、JavaBean）。

区别 2：自动设置和手动设置。

参数，Web 服务器自动将 HTTP 请求数据中的参数封装在 request 请求对象中，无须手动设置。

属性，需要手动调用 setAttribute()方法才能设置和绑定。

区别 3：无法删除和可以手动删除。

参数，request 请求对象中的参数无法删除，只要 request 请求对象存在，参数就一直存在。

属性，可以调用 removeAttribute()方法手动删除。

区别 4：功能不同。

参数，主要用于浏览器与 Web 服务器之间的数据传递。

属性，是一个范围变量（Scoped Variables），主要用于 Web 服务器内部程序之间的数据交互。例如 ABCServlet 绑定的属性（范围变量），请求转发或者请求包含到 BCDServlet 后，BCDServlet 可以获取它。

实践任务 Servlet 程序接收 GET 请求数据

1. 目的

了解 JSP 程序 page 指令 contentType 与 pageEncoding 的作用。

熟悉 Tomcat 集成到 Eclipse、Web 项目部署到 Eclipse 中的 Tomcat 的步骤。

熟悉 Eclipse 开发 Servlet 程序、JSP 程序的步骤。

掌握通过 URL Mappings 或者 urlPatterns 访问 Servlet 的方法。

熟练掌握 request 请求对象常用方法的使用。

掌握请求转发的使用。

2. 环境

Web 服务器主机：JDK 8、Tomcat 9。

集成开发环境：eclipse-jee-2018-09-win32。

浏览器：Chrome。

3. 说明

本章仅涉及 GET 请求，因此，所有代码都写在 Servlet 程序的 doGet()方法中。

任务 1　小露身手：使用 Eclipse 创建第一个 Servlet 程序（详细步骤请参考 2.1.6 节的内容）。

任务 2　小露身手：使用 Eclipse 编写 JSP 程序（详细步骤请参考 2.1.9 节的内容）。

任务 3　Servlet 程序中 request 请求对象的 doGet()方法的使用。

任务 3 步骤

（1）测试 ABCServlet 程序。

打开浏览器，在浏览器地址栏输入如下 URL，按 Enter 键，测试 ABCServlet.java 中的 doGet()方法是否能够成功运行，观察 Tomcat 控制台的执行结果。

http://localhost:8080/get/ABCServlet?name=张三&hobby=shopping&hobby=music

（2）向 ABCServlet 程序的 doGet()方法中新增如图所示的代码，获取路径信息，方框里的代码为新增代码。

```
protected void doGet(HttpServletRequest request, HttpServletResponse response)
        throws ServletException, IOException {
    System.out.println("执行ABCServlet的doGet()方法！");

    System.out.println("获取路径信息");
    System.out.println(request.getContextPath());
    System.out.println(request.getServletContext().getRealPath(""));
    System.out.println(request.getServletContext().getRealPath("/b/c"));
    System.out.println(request.getServletContext().getRealPath("/b/c/"));
    System.out.println(request.getServletContext().getRealPath("b/c"));
    System.out.println(request.getServletContext().getRealPath("/index.html"));
    System.out.println(request.getServletContext().getRealPath("index.html"));
    System.out.println(request.getRequestURI());
    System.out.println(request.getRequestURL());
    System.out.println(request.getServletPath());

    System.out.println("Web项目的根目录或部署后的绝对物理路径是" + request.getServletContext().getRealPath(""));
    System.out.println("ABCServlet的doGet()方法执行完毕！");
}
```

重新执行步骤（1），新增代码在 Tomcat 控制台的执行结果如图所示。

```
获取路径信息
/get
C:\workspace\.metadata\.plugins\org.eclipse.wst.server.core\tmp0\wtpwebapps\get\
C:\workspace\.metadata\.plugins\org.eclipse.wst.server.core\tmp0\wtpwebapps\get\b\c
C:\workspace\.metadata\.plugins\org.eclipse.wst.server.core\tmp0\wtpwebapps\get\b\c\
C:\workspace\.metadata\.plugins\org.eclipse.wst.server.core\tmp0\wtpwebapps\get\b\c
C:\workspace\.metadata\.plugins\org.eclipse.wst.server.core\tmp0\wtpwebapps\get\index.html
C:\workspace\.metadata\.plugins\org.eclipse.wst.server.core\tmp0\wtpwebapps\get\index.html
/get/ABCServlet
http://localhost:8080/get/ABCServlet
/ABCServlet
```

绝对路径末尾没有斜杠，表示访问的是文件；有斜杠，表示访问的是目录。

（3）向 ABCServlet 程序的 doGet()方法中新增如图所示的代码，通过参数名，获取该参数名对应的值。

```
System.out.println("最简单的方法是通过参数名，获取该参数名对应的值");
String name = request.getParameter("name");
String[] hobbies = request.getParameterValues("hobby");
System.out.println("你好，" + name);
System.out.println("你的兴趣爱好有：");
for (String hobby : hobbies) {
    System.out.println(hobby);
}
```

重新执行步骤（1），新增代码在 Tomcat 控制台的执行结果如图所示。

```
最简单的方法是通过参数名，获取该参数名对应的值
你好，张三
你的兴趣爱好有：
shopping
music
```

（4）向 ABCServlet 程序的 doGet()方法中新增如图所示的代码，使用 getParameterNames()方法获取所有参数名，再通过参数名，获取该参数名对应的所有参数值。

```
System.out.println("使用getParameterNames()方法获取所有参数名，再通过参数名，获取该参数名对应的所有参数值");
java.util.Enumeration<String> paramNames = request.getParameterNames();
while (paramNames.hasMoreElements()) {
    String paramName = paramNames.nextElement();
    String[] paramValues = request.getParameterValues(paramName);
    System.out.println("参数" + paramName + "有以下值");
    for (String paramValue : paramValues) {
        System.out.println(paramValue);
    }
}
```

重新执行步骤（1），新增代码在 Tomcat 控制台的执行结果如图所示。

```
使用getParameterNames()方法获取所有参数名，再通过参数名，获取该参数名对应的所有参数值
参数name有以下值
张三
参数hobby有以下值
shopping
music
```

（5）向 ABCServlet 程序的 doGet()方法中新增如图所示的代码，使用 getParameterMap()方法获取所有参数名，以及对应的所有参数值。

```
System.out.println("使用getParameterMap()方法获取所有参数名，以及对应的所有参数值");
java.util.Map<String, String[]> paramMap = request.getParameterMap();
for (java.util.Map.Entry<String, String[]> mapEntry : paramMap.entrySet()) {
    String paramName = mapEntry.getKey();
    System.out.println("参数" + paramName + "有以下值");
    String[] paramValues = mapEntry.getValue();
    for (String paramValue : paramValues) {
        System.out.println(paramValue);
    }

}
```

重新执行步骤（1），新增代码在 Tomcat 控制台的执行结果如图所示。

```
使用getParameterMap()方法获取所有参数名，以及对应的所有参数值
参数name有以下值
张三
参数hobby有以下值
shopping
music
```

（6）向 ABCServlet 程序的 doGet()方法中新增如图所示的代码，获取 GET 请求行信息。

```
System.out.println("获取" + request.getMethod() + "请求行信息");
System.out.println(request.getScheme());
System.out.println(request.getMethod());
System.out.println(request.getProtocol());
System.out.println(request.getQueryString());
String zhangSanURLEncodedString = java.net.URLEncoder.encode("张三", "UTF-8");
String zhangsan = java.net.URLDecoder.decode("%E5%BC%A0%E4%B8%89", "UTF-8");
System.out.println(zhangsan + "<->" + zhangSanURLEncodedString);
```

重新执行步骤（1），新增代码在 Tomcat 控制台的执行结果如图所示。

```
获取GET请求行信息
http
GET
HTTP/1.1
name=%E5%BC%A0%E4%B8%89&hobby=shopping&hobby=music
张三<->%E5%BC%A0%E4%B8%89
```

浏览器自动将查询字符串中的中文字符编码成对应的 UTF-8 十六进制数编码。

（7）向 ABCServlet 程序的 doGet()方法中新增如图所示的代码，获取 GET 请求头信息。

```java
System.out.println("获取" + request.getMethod() + "请求头信息");
String userAgentValue = request.getHeader("user-agent");
System.out.println("user-agent请求头的值是：" + userAgentValue);
java.util.Enumeration<String> headerNames = request.getHeaderNames();
while (headerNames.hasMoreElements()) {
    String headerName = headerNames.nextElement();
    java.util.Enumeration<String> headerValues = request.getHeaders(headerName);
    System.out.println("请求头：" + headerName + "，对应的请求头值有：");
    while (headerValues.hasMoreElements()) {
        String headerValue = headerValues.nextElement();
        System.out.println(headerValue);
    }
}
```

重新执行步骤（1），新增代码在 Tomcat 控制台的执行结果如图所示。

```
获取GET请求头信息
user-agent请求头的值是：Mozilla/5.0 (Windows NT 6.1; Win64; x64) AppleWebKit/537.36 (KHTML, like Gecko) Chrome/79.0.3945.79 Safari/537.36
请求头：host，对应的请求头值有：
localhost:8080
请求头：connection，对应的请求头值有：
keep-alive
请求头：cache-control，对应的请求头值有：
max-age=0
请求头：upgrade-insecure-requests，对应的请求头值有：
1
请求头：user-agent，对应的请求头值有：
Mozilla/5.0 (Windows NT 6.1; Win64; x64) AppleWebKit/537.36 (KHTML, like Gecko) Chrome/79.0.3945.79 Safari/537.36
请求头：sec-fetch-user，对应的请求头值有：
?1
请求头：accept，对应的请求头值有：
text/html,application/xhtml+xml,application/xml;q=0.9,image/webp,image/apng,*/*;q=0.8,application/signed-exchange;v=b3;q=0.9
请求头：sec-fetch-site，对应的请求头值有：
none
请求头：sec-fetch-mode，对应的请求头值有：
navigate
请求头：accept-encoding，对应的请求头值有：
gzip, deflate, br
请求头：accept-language，对应的请求头值有：
zh-CN,zh;q=0.9
请求头：cookie，对应的请求头值有：
UM_distinctid=16d9d395aec3e0-09802cc63258db-5b123211-144000-16d9d395aed382; CNZZDATA1277813388=607100165-1570296726-%7C1570345150
```

（8）向 ABCServlet 程序的 doGet()方法中新增如图所示的代码，获取 Web 服务器主机和浏览器主机信息。

```java
System.out.println("获取Web服务器主机以及浏览器主机信息");
System.out.println(request.getServerName());
System.out.println(request.getServerPort());
System.out.println(request.getLocalAddr());
System.out.println(request.getLocalPort());
System.out.println(request.getLocalName());
System.out.println(request.getRemoteAddr());
System.out.println(request.getRemotePort());
System.out.println(request.getRemoteHost());
java.util.Locale browserLocale = request.getLocale();
System.out.println(browserLocale + "*" + browserLocale.getCountry() + "*" + browserLocale.getISO3Country());
java.util.Enumeration<java.util.Locale> browserLocales = request.getLocales();
while (browserLocales.hasMoreElements()) {
    java.util.Locale locale = browserLocales.nextElement();
    System.out.println(locale + "#" + locale.getCountry() + "#" + locale.getISO3Country());
}
```

为了获得更好的演示效果，本步骤建议选择一台局域网内的其他主机（或者选择一部通过 Wi-Fi 接入该局域网的智能手机）作为浏览器主机。假设 Web 服务器主机的 IP 地址是 192.168.0.198，浏览器主机的 IP 地址是 192.168.0.157。打开浏览器主机的浏览器，在浏览器地址栏输入以下网址。

http://192.168.0.198:8080/get/ABCServlet?name=张三&hobby=shopping&hobby=music

Tomcat 控制台的执行结果如图所示。

```
获取Web服务器主机以及浏览器主机信息
192.168.0.198
8080
192.168.0.198
8080
192.168.0.198
192.168.0.157
50082
192.168.0.157
zh_CN*CN*CHN
zh_CN#CN#CHN
zh##
```

（9）向 ABCServlet 程序的 doGet()方法中新增如图所示的代码，获取 URL Mappings 信息。

```
System.out.println("获取URL Mappings信息");
javax.servlet.http.HttpServletMapping mapping = request.getHttpServletMapping();
String mapName = mapping.getMappingMatch().name();
String value = mapping.getMatchValue();
String pattern = mapping.getPattern();
String servletName = mapping.getServletName();
System.out.println("Servlet名是：" + servletName);
System.out.println("URL映射类型是：" + mapName);
System.out.println("URL匹配的值是：" + value);
System.out.println("URL匹配规则是：" + pattern);
```

刷新浏览器页面，新增代码在 Tomcat 控制台的执行结果如图所示。

```
获取URL Mappings信息
Servlet名是：controller.ABCServlet
URL映射类型是：EXACT
URL匹配的值是：ABCServlet
URL匹配规则是：/ABCServlet
```

任务 4　request 请求对象的请求转发功能

任务 4 准备工作

（1）复制 controller 包中的 ABCServlet.java，将新文件重命名为 BCDServlet.java。

（2）将 BCDServlet.java 代码中的“ABCServlet”全部替换成“BCDServlet”。

（1）准备工作结束后，BCDServlet 和 ABCServlet 的功能完全相同，不同之处在于它们的 URL Mappings 不同。BCDServlet 的 URL Mappings 是@WebServlet("/BCDServlet")。

（2）BCDServlet 与 ABCServlet 的 URL Mappings 不能相同，否则会导致 Tomcat 无法启动。

（3）手动重启 Tomcat。每次新建 Servlet 程序后，都需要手动重启 Tomcat。

（4）访问 BCDServlet 的方法是，在浏览器地址栏中输入如下网址。

http://localhost:8080/get/BCDServlet?name=张三&hobby=shopping&hobby=music

任务 4 步骤

（1）向 ABCServlet 程序的 doGet()方法中新增如图所示的代码，向 request 请求对象中绑定属性，然后将请求转发至 BCDServlet。

```
System.out.println("请求转发的基本使用");
java.util.Map<String, Object> map = new java.util.HashMap<String, Object>();
map.put("status", "1");
map.put("message", "登录成功");
java.util.ArrayList<String> list = new java.util.ArrayList<String>();
list.add("aaa");
list.add("bbb");
list.add("ccc");
map.put("list", list);
request.setAttribute("map", map);
System.out.println("请求转发的类型是：" + request.getDispatcherType());
request.getRequestDispatcher("BCDServlet").forward(request, response);
```

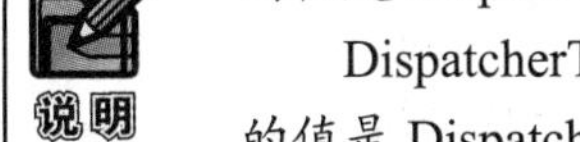

request.getDispatcherType()返回资源的访问方式，共有如下 5 种访问方式（枚举值）。

DispatcherType.REQUEST：通过浏览器直接请求访问资源时，DispatcherType 的值是 DispatcherType.REQUEST。

DispatcherType.FORWARD：通过请求转发的方式请求访问资源时，DispatcherType 的值是 DispatcherType.FORWARD。

DispatcherType.INCLUDE：通过请求包含的方式请求访问资源时，DispatcherType 的值是 DispatcherType.INCLUDE。

DispatcherType.ERROR：请求访问资源时，出现错误，例如请求访问资源后，响应状态码是 404 或者 500 时，DispatcherType 的值是 DispatcherType.ERROR。

DispatcherType.ASYNC：通过 Servlet 的异步子线程的方式请求访问资源时，DispatcherType 的值是 DispatcherType.ASYNC。

此处的异步子线程是 Servlet 开启的一个异步子线程，并不是指 AJAX 异步请求，有关 AJAX 异步请求的相关知识，参考第 5 章内容。

（2）向 BCDServlet 程序中的 doGet()方法中新增如图的代码，从 request 请求对象中获取属性值。

```
System.out.println("通过请求转发request请求对象读取共享的属性信息");
System.out.println("请求转发的类型是：" + request.getDispatcherType());
java.util.Map<String,Object> map = (java.util.Map<String,Object>)request.getAttribute("map");
String message = (String)map.get("message");
String status = (String)map.get("status");
java.util.ArrayList<String> list = (java.util.ArrayList<String>)map.get("list");
System.out.println("message：" + message);
System.out.println("status：" + status);
System.out.println("list：");
for(String l : list) {
    System.out.println(l);
}
```

（3）测试。

打开浏览器，在浏览器地址栏输入如下 URL，按 Enter 键，测试 ABCServlet.java 中的 doGet()方法是否将请求转发至 BCDServlet。注意观察 BCDServlet 程序在 Tomcat 控制台的执行结果。

```
http://localhost:8080/get/ABCServlet?name=张三&hobby=shopping&hobby=music
```

ABCServlet 程序的新增代码在 Tomcat 控制台的执行结果如图所示。

```
请求转发的基本使用
请求转发的类型是：REQUEST
```

浏览器发出请求，访问 ABCServlet 程序，因此 ABCServlet 程序的请求转发类型是 REQUEST。

BCDServlet 程序的新增代码在 Tomcat 控制台的执行结果如图所示。

```
通过请求转发request请求对象读取共享的属性信息
请求转发的类型是：FORWARD
message：登录成功
status：1
list：
aaa
bbb
ccc
```

ABCServlet 程序发出请求转发的请求，访问 BCDServlet 程序，因此 BCDServlet 程序的请求转发类型是 FORWARD。

ABCServlet 请求转发至 BCDServlet，触发 BCDServlet 的 doGet()方法执行，BCDServlet 的 doGet()方法可以输出 ABCServlet 的 request 请求对象的所有信息。

第 3 章 Servlet 接收 POST 请求数据

本章从 POST 请求数据的角度，带领读者重新认识 request 请求对象。本章将介绍 FORM 表单、URL 路径定位方法，讲解 application/x-www-form-urlencoded 与 multipart/form-data 的区别，并利用 request 请求对象实现多文件上传。通过本章的学习，读者将具备编程实现采集浏览器端 POST 请求数据的能力。

3.1 FORM 表单

FORM 表单已经成为 Web 开发人员知识图谱里的“标配”，Web 开发人员应该熟练掌握 FORM 表单的使用。FORM 表单由表单标签、表单控件和表单按钮 3 部分组成。

3.1.1 表单标签

外观上，表单标签类似于 Excel 工作表的虚框。虽无法在浏览器上显示，但它是表单控件和表单按钮的容器，定义了表单的边界。表单标签像编剧，虽然默默存在，却能够决定剧情。功能上，它定义了数据的发送方式、处理程序、数据的 MIME。表单标签的语法格式如下。

```
<form  method="post" action="处理程序"  enctype="multipart/form-data" >
这里是表单控件的代码和表单按钮的代码。
</form>
```

重点属性讲解如下。

method：设置 FORM 表单数据的发送方式，值为 get 或 post，默认为 GET。

action：设置 FORM 表单里输入的数据发送给哪个程序处理。若不设置，或者值为空字符串（即 action=""）时，表示表单数据发送给自己（当前程序）处理。action 设置出错，将导致 404 错误。

enctype：设置表单数据的内容格式（实际上是 MIME）。若不设置，默认值为 application/x-www-form-urlencoded。如果希望通过表单上传文件，enctype 必须设置为 multipart/form-data，并且 method 必须设置为 post。

3.1.2 表单控件

表单控件在浏览器上可见（隐藏域除外）。表单控件像演员，总是能够在观众面前华丽现身。功能上，它允许浏览器用户输入数据或者选择数据。表单控件包括单行文本框、密码框、隐藏域、复选框、单选按钮、文件上传框、多行文本框和下拉选择框等。

1. 单行文本框

示例代码	用户名：<input type="text" name="name" value="victor" id='ID 值'/>
显示效果	用 户 名：victor

重点属性讲解如下。

type="text"：定义单行文本输入框。

name：定义表单控件的名字，几乎所有的表单控件都有名字，Servlet 程序通过 name 的值区分各个表单控件。

value：定义初始值（或者默认值）。

id：设置了唯一标识符，唯一标记 HTML 页面上的元素。在同一个 HTML 页面上，必须确保 ID 值唯一，不能重复。

如果没有设置 type 属性，那么 type 的属性值默认为 text。

2. 密码框

示例代码	密码：<input type="password" name="password" value="1234"/>
显示效果	密 码：••••

重点属性讲解如下。

type="password"：定义密码框。

3. 隐藏域

隐藏域是一个穿了一件"隐身衣"的单行文本框。隐藏域在浏览器上不可见。

示例代码	<input type="hidden" name="userID" value="6" />
显示效果	无显示效果

重点属性讲解如下。

type="hidden"：定义隐藏域。

4. 复选框

复选框为浏览器用户提供若干选项。

示例代码	<input name="interest" type="checkbox" value="music" />音乐 <input name="interest" type="checkbox" value="game" checked />游戏 <input name="interest" type="checkbox" value="film" checked />电影
显示效果	☐音乐 ☑游戏 ☑电影

重点属性讲解如下。

type="checkbox"：定义复选框。

checked：表示该复选框默认被选中，该属性无须设置值。

5. 单选按钮

单选按钮为浏览器用户提供一个选项。

示例代码	<input name="sex" type="radio" value="male" checked />男 <input name="sex" type="radio" value="female" />女
显示效果	⊙男 ○女

重点属性讲解如下。

name：定义表单控件的名字。要想保持单选按钮之间相互“排斥”，必须保证单选按钮的 name 相同。

type="radio"：定义单选按钮。

checked：参考复选框的 checked。

6. 文件上传框

文件上传框是能够浏览本地文件的文本框，分为单选文件上传框（类似单选按钮）和多选文件上传框（类似复选框）。

示例代码	<input type="file" name="myFiles" multiple/>
显示效果	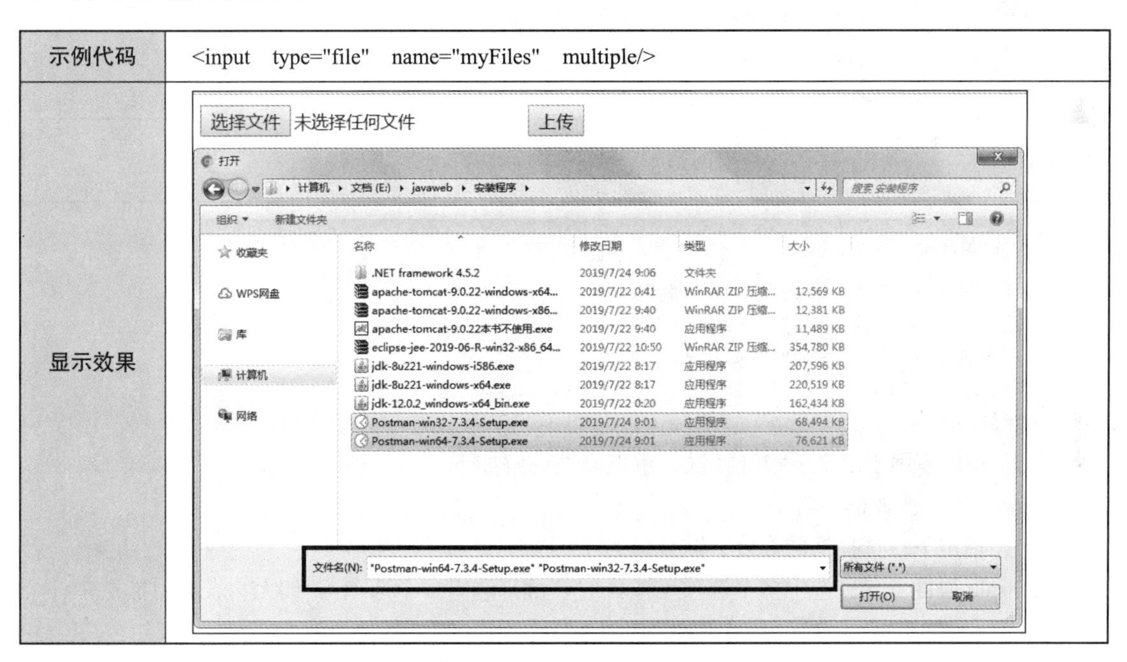

重点属性讲解如下。

type="file"：定义了文件上传框。

multiple：表示允许选中多个文件（按住 Ctrl 键来选中多个文件）。若无，表示只能选中一个文件。

表单标签<form>的 enctype 属性必须设置为 multipart/form-data，method 属性必须设置为 post，才能上传文件。

7. 多行文本框

多行文本框是能够编辑多行文本内容的文本框。

示例代码	备注：<textarea name="remark" cols="30" rows="4">示例代码</textarea>
显示效果	备注：[示例代码]

语法格式：<textarea name="…" cols="…" rows="…">content</textarea>

重点属性讲解如下。

cols：定义多行文本框的宽度（单位是 px）。

rows：定义多行文本框的高度（单位是 px）。

content：多行文本框默认显示的文字内容。

8. 下拉选择框

下拉选择框分为单选下拉选择框（类似单选按钮）和多选下拉选择框（类似复选框）。

示例代码	<select name="hobby" size="3" multiple> <option value="music" selected>音乐</option> <option value="game" selected>游戏</option> <option value="film">电影</option> </select>
显示效果	音乐 游戏 电影

语法格式：

```
<select name="…" size="…" multiple>
    <option value="…" selected>…</option>
    <option value="…">…</option>
    …
</select>
```

<select>标签用于定义下拉选择框，重点属性讲解如下。

name：下拉选择框的名字。

size：指定下拉选择框的高度，默认值为 1。

multiple 属性：允许选中多个选项（按住 Ctrl 键来选中多个选项）。如无，表示只能选中一个选项。

<option>标签用于定义下拉选择框的某个选项，重点属性讲解如下。

value：指定某个选项的值。若没有指定，则选项的值为<option>和</option>之间的内容。

selected：表示该选项默认被选中，该属性无须设置值。

3.1.3 表单按钮

表单按钮在浏览器上可见。表单按钮像导演，单击按钮后，触发执行 action 属性指定的处理程序。常用的表单按钮有提交按钮（submit）和重置按钮（reset）。

1. 提交按钮

提交按钮用于将 FORM 表单输入的数据发送到<form>标签 action 属性指定的处理程序。下面两种示例代码都可以创建提交按钮。

示例代码 1	<input type="submit" name="login" value="普通提交按钮" />
示例代码 2	<button type="submit" name="login">普通提交按钮</button>
显示效果	普通提交按钮

重点属性讲解如下。

type="submit"：定义提交按钮。

value：定义提交按钮上的显示文字。

示例代码 2 可以在提交按钮上显示一些特殊字符。

2. 重置按钮

重置按钮并不是将表单控件输入的信息清空，而是将表单控件恢复到初始值状态（或者默认状态），初始值由表单控件的 value 值决定。下面两种示例代码都可以创建重置按钮。

示例代码 1	<input type="reset" name="cancel" value="重新输入" />
示例代码 2	<button type="reset" name="login">重新输入</button>
显示效果	重新填写

重点属性解释如下。

type="reset"：定义重置按钮。

3.1.4　小露身手：利用 FORM 表单模拟发送 GET 请求数据

1. 准备工作

（1）在 Eclipse 中创建 Dynamic Web Project 项目 post（具体步骤参考第 2 章内容）。

（2）将 servlet-api.jar 包导入 Web 项目（若无错，此准备工作可跳过；若有错，参考第 2 章内容处理）。

2. 步骤

（1）在 WebContent 目录下创建 form0.jsp 程序，输入如下代码。

```
<%@ page language="java" contentType="text/html; charset=UTF-8" pageEncoding="UTF-8"%>
<!DOCTYPE html>
<html>
<head>
<meta charset="ISO-8859-1">
<title>Insert title here</title>
</head>
<body>
<form action="ABCServlet" method="get" >
用户名：<input type="text" name="name"  value="张三"/><br/>
兴趣爱好：<input type="checkbox"  name="hobby" value="shopping" checked>购物
<input type="checkbox"  name="hobby" value="music" checked>音乐<br/>
<input type="submit" value="发送"><input type="reset" value="重置">
</form>
</body>
</html>
```

注意 1：为了保证本程序与第 2 章 ABCServlet 程序的无缝对接，一定要注意<form>标签的 action 属性值、method 属性值，以及表单控件的 name 属性值。

注意 2：form0.jsp 程序的 contentType 设置为"text/html; charset=UTF-8"，pageEncoding 设置为 "UTF-8"。

为了演示 URL 路径问题，还会创建 form1.jsp、form2.jsp、form3.jsp 程序；为了演示 POST 请求和文件上传功能，还会创建 form4.jsp～form8.jsp 程序。

（2）将第 2 章 get 项目的 ABCServlet 程序和 BCDServlet 程序复制到 post 项目中。

具体步骤：打开 Project Explorer 视图→展开刚刚创建的 Web 项目→展开 Java Resources→右击 src→单击 Package→弹出 New Java Package 窗口。Java package 文本框处输入 controller。

然后将 get 项目的 ABCServlet 程序和 BCDServlet 程序复制到 post 项目的 controller 包中。

（3）在 Eclipse 中部署本项目，启动 Tomcat。

（4）打开浏览器，输入网址 http://localhost:8080/post/form0.jsp，执行 form0.jsp 程序，执行结果如图 3-1 所示。

图 3-1　执行结果

（5）单击“发送”按钮，触发 ABCServlet 的 doGet() 方法执行。

分析：form0.jsp 利用 FORM 表单向 ABCServlet 发送了 GET 请求，并且发送的数据与第 2 章直接在浏览器地址栏上输入 URL 发送的数据完全相同。因此，本次 Tomcat 控制台输出的信息几乎和第 2 章的完全相同（部分请求头信息不一样，例如请求中新增了 referer 请求头）。

3.2　URL 路径定位方法

问题的引入：ABCServlet.java 的 urlPatterns 是“/ABCServlet”，能不能将 form0.jsp 里<form>标签的 action 属性值“ABCServlet”修改成“/ABCServlet”呢？答案是不能，因为会导致出现 404 错误。Web 开发人员如何设置一个正确的路径，让一个程序能够访问另一个资源呢？本书从 URL 路径定位的角度，揭开问题的答案。

URL 路径定位，是指从 Web 开发的角度，程序 A 使用哪条路径可以访问资源 B。需要注意的是，这里提到的路径是指 URL 路径，并不是指磁盘上的物理路径。

为了方便描述，本书将 URL 路径分为 URL 绝对路径和 URL 相对路径，URL 相对路径又可以分为 server-relative 路径和 page-relative 路径，如图 3-2 所示。

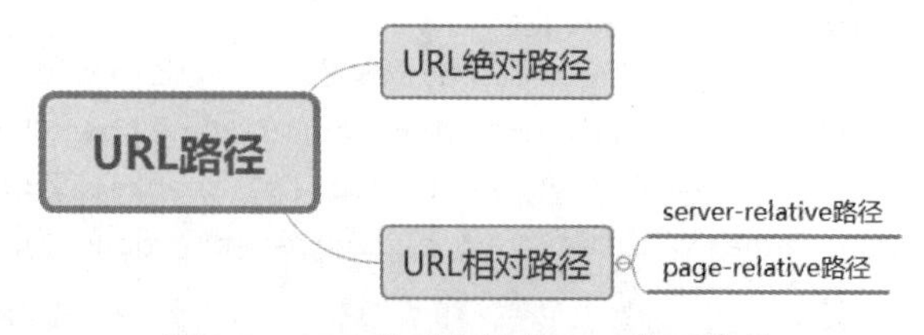

图 3-2　URL 绝对路径和 URL 相对路径

3.2.1　URL 绝对路径

URL 绝对路径是一个完整的 URL。URL 绝对路径能够唯一标记一个资源，无论身处何方（和起始目录无关），同一个 URL 绝对路径访问的肯定是同一个资源。

URL 绝对路径通常在访问系统外部资源时才使用，访问系统内部资源时一般使用 URL 相对路径。

3.2.2　URL 相对路径

URL 相对路径是与 URL 绝对路径不同的，因为对于不同的起始目录，即便 URL 相对路径相同，其最终访问的目的资源可能并不相同。例如，身处北京的张三和身处上海的李四拨打相同的电话号码“66666666”时，访问的不是同一个资源。这是因为他们两个人的“起始目录”不同，一个“起始目录”是 010，另一个“起始目录”是 021。

使用 URL 相对路径访问某个 Web 服务器的目的资源时，Web 开发人员必须弄清楚两个问题：起始目录是哪儿；目的资源在哪儿（目的路径）。知道了这两个问题的答案，才能计算出从起始目录到目的资源的目录层次。

为便于描述，本书将 URL 相对路径分为 server-relative 路径与 page-relative 路径。

1．server-relative 路径

server-relative 路径的典型特征是以“/”开头。“/”的含义又可以细分为如下两种情形。

情形 1：A 通过浏览器访问目的资源 B。

典型的有：通过表单<form>标签里的 action 属性、超链接<a>标签里的 href 属性、CSS 样式表<link>标签里的 href 属性、JavaScript<script>标签里的 src 属性、图片<img>标签的 src 属性、重定向 redirect、定时刷新 refresh，甚至直接在浏览器地址栏中输入目的资源的 URL。

该情形的共同特征是：A 通过浏览器访问 B。

该情形中的“/”：表示将 Web 服务器的根目录作为起始目录。例如本地 Web 服务器根目录对应的 URL 是 http://localhost:8080。

情形 1 举例：form0.jsp 中的 action 属性属于情形 1，应该怎么输入 server-relative 路径呢？

答：分 3 个步骤。第 1 步确定起始目录，第 2 步确定目的路径，第 3 步计算路径。

起始目录：“/”表示 Web 服务器的根目录，对应的 URL 是 http://localhost:8080。

目的路径：form0.jsp 中 FORM 表单 action 属性要访问的目的资源是 ABCServlet，而 ABCServlet 对应的 URL 是 http://localhost:8080/post/ABCServlet。

计算路径：http://localhost:8080/post/ABCServlet 相对于 http://localhost:8080 进行计算，实际上就是两条 URL 路径的减法运算。

计算结果：ABCServlet 相对于 Web 服务器根目录的目录层次是/post/ABCServlet。

知识汇总：本情形中，目录层次/post/ABCServlet 是 server-relative 路径，其中的/post 是 Web 项目的虚拟路径。A 通过浏览器访问目的资源 B 时，A 总是需要携带 Web 项目的虚拟路径，才能访问目的资源 B。

知识回顾：获取 Web 项目虚拟路径的方法是 request.getContextPath()。

情形 2：Web 项目的程序 A 直接访问该项目的目的资源 B。

典型的有请求转发和请求包含。

该情形的共同特征是：A 访问 B 是在 Web 项目内完成，与浏览器没有任何关系。

该情形的“/”：表示将 Web 项目的虚拟路径作为起始目录（Web 项目的虚拟路径对应 Web

项目的根目录，注意不是 Web 服务器的根目录）。

情形 2 举例：3.1.4 节中，ABCServlet 将 request 请求对象请求转发至目的资源 BCDServlet，属于情形 2。应该怎么输入 server-relative 路径呢？

答：分 3 个步骤。第 1 步确定起始目录，第 2 步确定目的路径，第 3 步计算路径。

起始目录："/" 表示 Web 项目的虚拟路径，对应的 URL 是 http://localhost:8080/post。

目的路径：ABCServlet 将请求转发至目的资源 BCDServlet，而 BCDServlet 对应的 URL 是 http://localhost:8080/post/BCDServlet。

计算路径：http://localhost:8080/post/BCDServlet 相对于 http://localhost:8080/post 进行计算，实际上就是两条 URL 路径的减法运算。

计算结果：BCDServlet 相对于 Web 项目虚拟路径的目录层次是/BCDServlet。

知识汇总：本情形中，目录层次/BCDServlet 是 server-relative 路径。A 请求转发或者请求包含访问目的资源 B，A 不能携带 Web 项目的虚拟路径。

对应生活中的例子，接力赛时，操场上有跑道、运动员、接力棒，以及场外助手等。读者可将操场看作 Web 服务器，操场的每条跑道看作 Web 服务器上部署的 Web 项目；跑道上的每名运动员看作 Servlet 程序，接力棒看作 request 请求对象，场外工作人员看作浏览器，如图 3-3 所示。操场上的每条跑道可以同时进行接力比赛，就像 Web 服务器可以同时部署多个 Web 项目；接力棒只能在同一个跑道内传递和接收，就像 request 请求对象只能在同一个 Web 项目内派发。

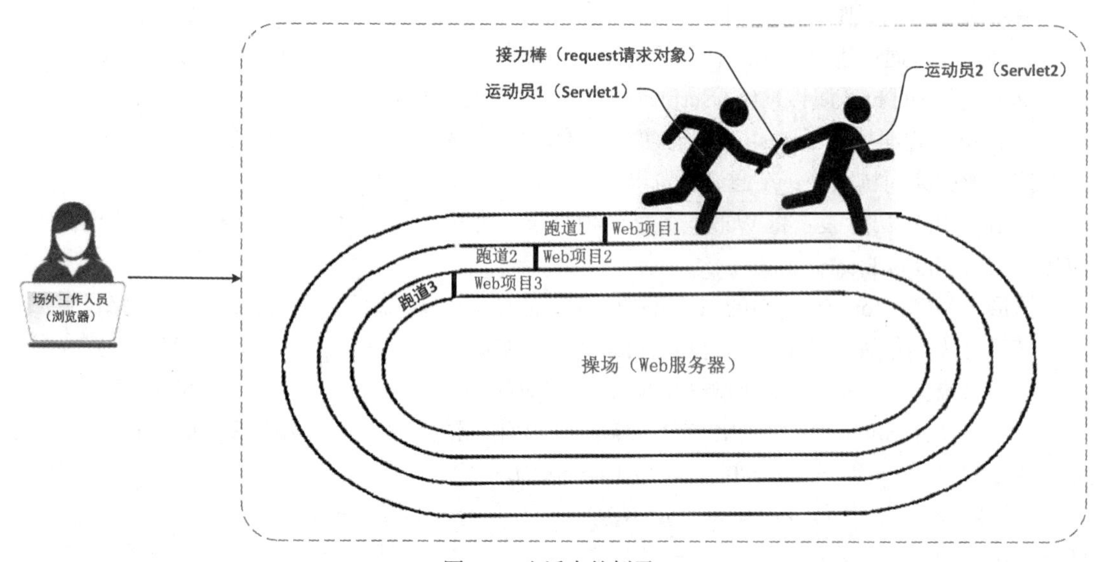

图 3-3 生活中的例子

赛前：场外工作人员（浏览器）是基于操场（Web 服务器）的，因此场外工作人员可以发放所有跑道的接力棒。类似于：浏览器是基于 Web 服务器的，浏览器可以访问 Web 服务器的所有 Web 项目。总结：浏览器端路径的开头的"/"表示 Web 服务器的根目录。

赛中：接力棒（request 请求对象）是基于跑道的，接力棒只能在同一个跑道内进行传递和接收，不能跨跑道传递和接收。类似于：请求转发中的 request 请求对象是基于同一个 Web 项目的，请求转发中的 request 请求对象只能在同一个 Web 项目的 Servlet 程序之间相互传递。总结：请求转发（以及请求包含）的开头的"/"表示 Web 项目的根目录。

server-relative 路径知识汇总：A 使用 server-relative 路径访问某个 Web 服务器的目的资源 B

时，A 不需要知道自己身处何方。这是因为起始目录要么从 Web 服务器根目录开始，要么从 Web 项目的根目录开始，与 A 当前所在的位置无关。

2. page-relative 路径

page-relative 路径将当前程序所在的 URL 路径作为起始目录，page-relative 路径的典型特征是不以“/”开头。

示例 1：form0.jsp 中的 action 属性应该怎么输入 page-relative 路径呢？

答：分 3 个步骤。第 1 步确定起始目录，第 2 步确定目的路径，第 3 步计算路径。

起始目录：form0.jsp 对应的 URL 路径是 http://localhost:8080/post/form0.jsp，因此 form0.jsp 文件的起始目录是 http://localhost:8080/post/。

目的路径：form0.jsp 中的 action 属性要访问的目的资源是 ABCServlet，而 ABCServlet 对应的 URL 路径是 http://localhost:8080/post/ABCServlet。

计算路径：http://localhost:8080/post/ABCServlet 相对于 http://localhost:8080/post/进行计算，实际上就是两条 URL 路径的减法运算。

计算结果：ABCServlet 相对于 form0.jsp 的目录层次是 ABCServlet。

form0.jsp 与 ABCServlet 实际上位于同一目录（如同位于同一层“楼”），使用 page-relative 路径时，它们之间可通过名称直接访问。

示例 2：ABCServlet 将请求转发至目的资源 BCDServlet，应该怎么输入 page-relative 路径呢？

答：分 3 个步骤。第 1 步确定起始目录，第 2 步确定目的路径，第 3 步计算路径。

起始目录：ABCServlet 程序对应的 URL 是 http://localhost:8080/post/ABCServlet，ABCServlet 程序的起始目录是 http://localhost:8080/post/。

目的路径：ABCServlet 将请求转发至目的资源 BCDServlet，BCDServlet 对应的 URL 路径是 http://localhost:8080/post/BCDServlet。

计算路径：http://localhost:8080/post/BCDServlet 相对于 http://localhost:8080/post/进行计算，实际上就是两条 URL 路径的减法运算。

计算结果：ABCServlet 相对于 BCDServlet 的目录层次是 BCDServlet。事实上，ABCServlet 与 BCDServlet 位于同一目录（如同位于同一层“楼”），使用 page-relative 路径时，它们之间可通过名称直接访问。

知识汇总：A 使用 page-relative 路径访问某个 Web 服务器的目的资源 B 时，A 的当前所在的目录非常重要。当前目录不同，访问 B 资源的目录层次不同。

3.2.3　page-relative 路径的技巧

技巧 1：使用目录分隔符时，尽量使用“/”（而不是“\”），这样更有利于程序在不同操作系统（Windows 和 Linux 等）间的移植。

技巧 2：可以使用“.”表示当前目录。

技巧 3：位于同一个目录的两个程序，“直呼其名”即可访问。

例如 http://localhost:8080/1/2/a.jsp（如 a.jsp 在 2 楼）访问 http://localhost:8080/1/2/b.jsp（如 b.jsp 也在 2 楼），a.jsp 可以直接定位“同楼层”的 b.jsp。因此 page-relative 路径是“b.jsp”，也可以写

成“./b.jsp”。

技巧 4：A 访问下级目录中的资源 B，直接指定下级目录层次和资源 B 的文件名即可。

例如 http://localhost:8080/1/a.jsp（如 a.jsp 在 1 楼）访问 http://localhost:8080/1/2/3/b.jsp（如 b.jsp 在 3 楼），a.jsp 先上“2 楼”再上“3 楼”（上楼表示访问下级目录）才能定位到 b.jsp。因此 a.jsp 访问 b.jsp 的 page-relative 路径是“2/3/b.jsp”，也可以写成“./2/3/b.jsp”。

技巧 5：可以使用“../”表示当前目录的上级目录。

技巧 6：A 访问上级目录中的资源 B，需要使用“../”。

例如，http://localhost:8080/1/2/3/b.jsp（如 b.jsp 在 3 楼）访问 http://localhost:8080/1/a.jsp（如 a.jsp 在 1 楼），b.jsp 需要先下到“2 楼”再下到“1 楼”（下楼表示访问上级目录）才能定位到 a.jsp。因此 b.jsp 访问 a.jsp 的 page-relative 路径是“../../a.jsp”。

注意

page-relative 路径不能以“/”开头，否则就变成 server-relative 路径了。

3.2.4 小露身手：URL 路径定位方法

场景 1 使用绝对路径，访问目的资源

场景 1 步骤

（1）复制 form0.jsp，将新文件命名为 form1.jsp。

（2）将 form1.jsp 中<body></body>标签中的代码，修改为如下代码。

```
<%
String contextPath = request.getContextPath();
String basePath = request.getScheme()+"://"+request.getHeader("host")+contextPath;
%>
<form action="<%=basePath %>/ABCServlet" method="get" >
用户名：<input type="text" name="name"  value="张三"/><br/>
兴趣爱好：<input type="checkbox"  name="hobby" value="shopping" checked>购物
<input type="checkbox"  name="hobby" value="music" checked>音乐<br/>
<input type="submit" value="发送"><input type="reset" value="重置">
</form>
```

说明 1：form1.jsp 的目的资源是 ABCServlet，而 ABCServlet 的 URL 绝对路径是 http://localhost:8080/post/ABCServlet，格式如下。

```
请求协议://接收请求的主机域名或者 IP 地址 + : + 端口号/虚拟路径/ABCServlet
```

说明 2：Java 变量 basePath 的值是一个封装了 ABCServlet 的 URL 绝对路径的字符串。

说明 3：代码片段“<%=basePath %>”的功能是，将 Java 变量 basePath 的值输出到当前页面。

（3）打开浏览器，在地址栏中输入网址 http://localhost:8080/post/form1.jsp，运行 form1.jsp。

（4）右击浏览器空白处，查看网页源代码，即可查看 action 的值。

（5）单击“发送”按钮，测试 URL 路径是否正确。

场景 2 通过浏览器，使用 server-relative 相对路径访问目的资源

场景 2 步骤

（1）复制 form0.jsp，将新文件命名为 form2.jsp。

（2）将 form2.jsp 中<body></body>标签中的代码，替换成如下代码。

```
<%
String contextPath = request.getContextPath();
%>
<form action="<%=contextPath %>/ABCServlet" method="get">
用户名：<input type="text" name="name"  value="张三"/><br/>
兴趣爱好：<input type="checkbox"  name="hobby" value="shopping" checked>购物
<input type="checkbox"  name="hobby" value="music" checked>音乐<br/>
<input type="submit" value="发送"><input type="reset" value="重置">
</form>
```

form2.jsp 的目的资源是 ABCServlet。server-relative 相对路径的起始目录是 Tomcat 根目录，对应的 URL 是 http://localhost:8080，目的资源 ABCServlet 所对应的 URL 路径是 http://localhost:8080/post/ABCServlet。因此，form2.jsp 使用路径“/post/ABCServlet”，即可访问 ABCServlet。

（3）打开浏览器，在地址栏中输入网址 http://localhost:8080/post/form2.jsp，运行 form2.jsp。

（4）右击浏览器空白处，查看网页源代码，即可查看 action 的值。

（5）单击“发送”按钮，测试 URL 路径是否正确。

结论：通过浏览器使用 server-relative 相对路径访问目的资源时，需要指定 Web 项目的虚拟路径 contextPath。

场景 3　使用 page-relative 路径，访问目的资源

场景 3 步骤

（1）复制 form0.jsp，将新文件命名为 form3.jsp。

（2）运行 form3.jsp，单击“发送”按钮，测试 URL 路径是否正确。

form3.jsp 对应的 URL 路径是 http://localhost:8080/post/form3.jsp，起始目录是 http://localhost:8080/post/。目的资源 ABCServlet 对应的 URL 路径是 http://localhost:8080/post/ABCServlet。form3.jsp 与目的资源 ABCServlet 位于同一目录。因此，form3.jsp 访问 ABCServlet 直接使用名称即可。

（3）将代码片段 action="ABCServlet"修改为 action="./ABCServlet"。

千万不要忽视“/”前面的“.”，若没有 “.”，访问路径就变成 server-relative 路径，变成了从 Tomcat 服务器根目录访问 ABCServlet。

（4）重新运行 form3.jsp，单击“发送”按钮，测试 URL 路径是否正确。

场景 4　浏览器端访问目的资源的方法比较

场景 4 步骤

（1）在 WebContent 目录下，新建 test 目录，步骤是：右击 WebContent 目录→New→Folder→Folder Name 处输入 test。

（2）将 form0.jsp～form3.jsp 这 4 个 JSP 程序，复制到 test 目录。

（3）打开浏览器，依次运行 test 目录中的 form0.jsp～form3.jsp 这 4 个 JSP 程序。

（4）单击“发送”按钮，测试 URL 路径是否正确。

结论：A 使用 page-relative 路径访问目的资源 B 时，如果 A 的当前目录发生了变化，目录层次也要跟着发生变化。考虑到项目移植，不建议使用 page-relative 路径访问目的资源。使用 URL 绝对路径和 server-relative 路径，不用在意自己所处的位置（和当前目录无关）。另外，由于 server-relative 路径简单明了，推荐使用 server-relative 路径访问目的资源 B。综上所述，建议使用场景 2 中 URL 路径定位的方法。

3.3 过程分析：浏览器发送 POST 请求数据和 Web 服务器接收 POST 请求数据

本节主要从 POST 请求与 GET 请求有所区别的角度，分析浏览器发送 POST 请求数据的过程和 Web 服务器接收 POST 请求数据的过程。

3.3.1 准备工作

若要让浏览器发出 POST 请求，需要借助 FORM 表单，准备工作如下。

（1）复制 form2.jsp，将新文件命名为 form4.jsp。

（2）将 form4.jsp 中的代码片段 method="get"修改为 method="post"。

（3）打开 Chrome，在浏览器地址栏输入如下网址，按 Enter 键，就可以看到 FORM 表单。

```
http://localhost:8080/post/form4.jsp
```

这是浏览器向 Web 服务器发送的第一次 HTTP 请求，该请求是 GET 请求，大致过程如图 3-4 所示。限于篇幅，这里不赘述。

第一次HTTP请求是GET请求

1.浏览器地址栏输入网址
http://localhost:8080/post/form4.jsp，
发出GET请求

2.查找form4.jsp

浏览器

form4.jsp

5.浏览器显示FORM表单

4.返回HTML页面

3.解释成静态页面

Web服务器

用户名：张三
兴趣爱好：购物 音乐
发送 重置

6.第一次GET请求和响应结束

图 3-4 第一次 HTTP 请求是 GET 请求

3.3.2　过程分析：浏览器向 Web 服务器发送 POST 请求数据

步骤 1　浏览器上显示了 form4.jsp 的 FORM 表单。

步骤 2　单击“发送”按钮，浏览器自动将 FORM 表单数据“封装”成 POST 请求数据（这是因为 FORM 表单的 method 设置为 post）。

步骤 3　浏览器主机与 Web 服务器建立网络连接（TCP/IP 连接）。

步骤 4　浏览器将“封装”好的 POST 请求数据发送到 Web 服务器。浏览器等待 Web 服务器的响应。

3.3.3　POST 请求数据的构成

浏览器将表单数据封装成 POST 请求数据。POST 请求数据由 4 部分构成：POST 请求行、POST 请求头列表、空行及 POST 请求体。POST 请求数据的构成如图 3-5 所示。

1. POST 请求行

POST 请求行的请求类型是 POST，如图 3-6 所示。而 GET 请求行的请求类型是 GET。

图 3-5　POST 请求数据的构成

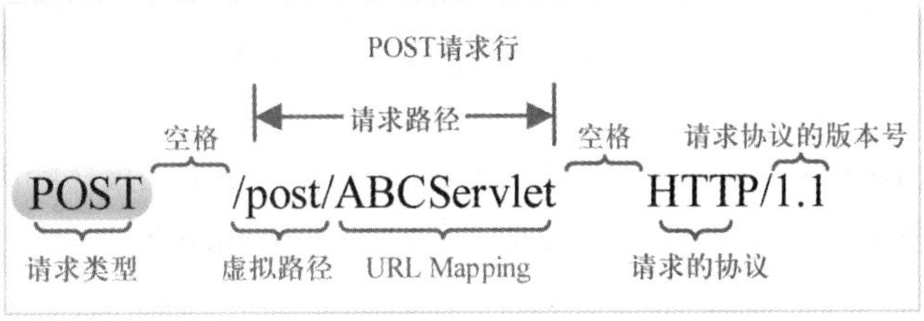

POST请求行
请求路径
空格
空格
请求协议的版本号
POST /post/ABCServlet HTTP/1.1
请求类型
虚拟路径
URL Mapping
请求的协议

图 3-6　POST 请求行

FORM 表单里输入的数据，没有放置在 POST 请求行中，而是放置在 POST 请求体中。而 GET 请求的请求参数放置在 GET 请求行中（GET 请求数据没有请求体）。

2. POST 请求头列表

相较于 GET 请求头列表，POST 请求头列表多了图 3-7 阴影部分所示的请求头。

POST请求头列表

```
Host: localhost:8080
Connection: keep-alive
Content-Length: 50
Cache-Control: max-age=0
Origin: http://localhost:8080
Upgrade-Insecure-Requests: 1
Content-Type: application/x-www-form-urlencoded
User-Agent: Mozilla/5.0 (Windows NT 6.1; Win64; x64) AppleWebKit/537.36 (KHTML, like Gecko) Chrome/79.0.3945.79 Safari/537.36
Accept: text/html,application/xhtml+xml,application/xml;q=0.9,image/webp,image/apng,*/*;q=0.8,application/signed-exchange;v=b3
Referer: http://localhost:8080/abc/form4.jsp
Accept-Encoding: gzip, deflate
Accept-Language: zh-CN,zh;q=0.9
Cookie: JSESSIONID=08A531C63381DAFD1F3F5E5F4696AEFC
```

图 3-7　POST 请求头列表

常见的 POST 请求头及其含义如下：

Content-Length：浏览器通知 Web 服务器，POST 请求体的长度（单位是字节）。POST 请求头必须有 Content-Length。如果 POST 请求数据中没有请求体，那么 Content-Length 的值为 0。

注意 1：POST 请求体的长度与字符编码有直接关系。同一个汉字，若采用 UTF-8 编码则占用 3 个字节；若采用 GBK 编码则占用 2 个字节。若没有指定字符集，目前大部分浏览器默认采用 UTF-8 编码。

注意 2：Content-Length 用于标记 POST 请求体的结束。

Cache-Control：max-age=0，表示若请求头中包含此内容，浏览器使用浏览器的缓存资源之前，先进行缓存资源是否有效的验证。

说明 1：浏览器地址栏中输入网址，按 Enter 键，浏览器不一定会向 Web 服务器发出请求。有时，为了缓解压力，Web 服务器可以控制浏览器，将浏览器上次访问的静态资源（例如 JavaScript 文件、CSS 文件、图片文件）缓存到浏览器本地磁盘。浏览器再次发出请求时，先自行判断这些本地资源是否在有效期内。若在有效期内，直接从本地获取即可，没有必要从 Web 服务器上重新下载这些静态资源。

说明 2：在请求头和响应头中，都可以定义 Cache-Control，但意义不同。

请求头中的 Cache-Control，浏览器发出 HTTP 请求时，浏览器用它判断是否使用本地缓存资源。

响应头中的 Cache-Control，Web 服务器用它控制浏览器，让浏览器设置缓存资源的有效期。

Origin：浏览器通知 Web 服务器，本次 HTTP 请求从哪里发起，其值仅包括协议、域名和端口号。

Content-Type：浏览器通知 Web 服务器，POST 请求体的内容格式（实际上是 MIME），要么是 application/x-www-form-urlencoded，要么是 multipart/form-data，取决于<form>标签 enctype 的值。

Content-Length 请求头和 Content-Type 请求头是 POST 请求数据所特有的，GET 请求数据没有这两个请求头。其他请求头，例如 Referer、Origin、Cache-Control 以及 Cookie，并不是 POST 请求数据所特有的，GET 请求数据也可以有这些请求头。

Referer：该词直译为引用页或者推荐人。浏览器通知 Web 服务器，本次 HTTP 请求来自哪个“推荐人”（URL）。Referer 主要用于统计访问本网站的用户来源或者用于防盗链。对于本例而言，POST 请求从 form4.jsp 程序的 FORM 表单发出，因此 Referer 请求头的值是：http://localhost:8080/post/form4.jsp。

Cookie：浏览器通知 Web 服务器，本次 HTTP 请求的 Cookie 信息，有关 Cookie 和 Session 的更多知识，参考第 6 章内容。

3. 空行

POST 请求数据的空行和 GET 请求数据的空行功能相同，不赘述。

4. POST 请求体

POST 请求数据可以没有 POST 请求体。如果有 POST 请求体，POST 请求体位于空行后面。

POST 请求体有两种内容格式，application/x-www-form-urlencoded 和 multipart/form-data，由<form>标签的 enctype 属性值决定。

3.3.4 POST 与 GET 请求数据对比小结

请求行对比：POST 请求类型是 POST，GET 请求类型是 GET。

请求头对比：POST 请求中特有 Content-Length 和 Content-Type 请求头。

请求参数对比：GET 请求的请求参数位于请求行，通过查询字符串发送到 Web 服务器，查询字符串被浏览器进行 URL 编码。POST 请求的请求参数位于 POST 请求体，POST 请求体有两种内容格式：application/x-www-form-urlencoded 和 multipart/form-data。

其他对比：GET 请求没有请求体；POST 请求可以有 POST 请求体，也可以没有 POST 请求体，若没有 POST 请求体，POST 请求头列表中需要提供值为 0 的 Content-Length 请求头。

3.3.5　过程分析：Web 服务器接收 POST 请求数据

FORM 表单发出 POST 请求数据后，Web 服务器接收 POST 请求数据的过程，与 2.4.3 节中步骤 5～步骤 13 的过程几乎一致，限于篇幅，这里不赘述。不同之处在于步骤 8 和步骤 9，POST 请求会触发执行 ABCServlet 对象的 doPost()方法。因此，Tomcat 控制台输出的信息如图 3-8 所示。

```
执行ABCServlet的doPost()方法!
ABCServlet的doPost()方法执行完毕!
```

图 3-8　触发执行 ABCServlet 对象的 doPost()方法

第二次 HTTP 请求：浏览器向 Web 服务器发送 POST 请求数据和 Web 服务器接收 POST 请求数据的大致过程如图 3-9 所示。

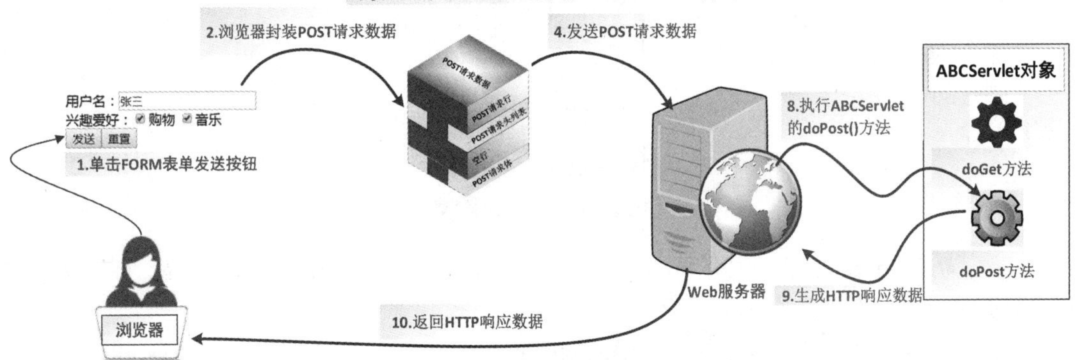

图 3-9　浏览器与 Web 服务器的 POST 请求数据交互（图中无编号步骤参考图 2-32）

3.4　小露身手：request 请求对象接收 application/x-www-form-urlencoded 格式的 POST 请求数据

准备工作

（1）向 ABCServlet 类的 doPost()方法中新增如下一行代码（粗体代码），通过调用 doGet()方法，将 POST 请求数据全部输出到 Tomcat 控制台上。

```
System.out.println("执行 ABCServlet 的 doPost()方法！");
doGet(request,response);
System.out.println("ABCServlet 的 doPost()方法执行完毕！");
```

（2）重新运行 form4.jsp，打开表单，单击“发送”按钮，POST 请求数据由 doGet()方法输出到 Tomcat 控制台上。

由于 form4.jsp 的<form>标签没有设置 enctype 属性，enctype 的值将采用默认值 application/x-www-form-urlencoded。FORM 表单发出的 POST 请求数据，内容格式也将是 application/x-www-form-urlencoded。

场景 1　GET 请求与 POST 请求的区别之乱码问题

场景 1 步骤

request 请求对象接收 GET 请求数据时，没有出现乱码问题；接收 POST 请求数据时，出现了乱码问题，如图 3-10 所示。

图 3-10　出现乱码问题

问题：为何 request 请求对象获取 GET 请求数据中的中文字符没有出现乱码问题，而获取 POST 请求数据时出现中文字符乱码问题呢？

GET 请求数据不会出现中文字符乱码的原因如下。

（1）从浏览器端发出的 GET 请求数据，其查询字符串的中文字符会被浏览器自动地 URL 编码成对应的 UTF-8 十六进制数编码。以汉字“中”为例，浏览器自动将 URL 中的汉字“中”编码成对应的 UTF-8 十六进制数编码“%E4%B8%AD”。

（2）汉字“中”传递给 Tomcat 后，Tomcat 处理 GET 请求数据时，默认按照 UTF-8 的规则将十六进制数编码“%E4%B8%AD”解码成汉字“中”。

浏览器编码方式和 Tomcat 服务器解码方式相同，因此，使用 request 请求对象获取 GET 请求数据时，不会出现中文字符乱码问题。

知识扩展 1：Tomcat 的配置参数 URIEncoding 配置了 request 请求对象获取 GET 请求数据时的解码方式。Tomcat 8 之前的版本，配置参数 URIEncoding 的默认值是 ISO-8859-1。从 Tomcat 8 开始，配置参数 URIEncoding 的默认值变成了 UTF-8，Tomcat 解码方式与浏览器的编码方式相同，避免了 GET 请求数据的乱码问题。对有关 Tomcat 的配置参数 URIEncoding 和 useBodyEncodingForURI 的内容感兴趣的读者，可自行搜索或查看 Tomcat 官方文档。

反观 POST 请求数据，POST 请求数据有两种内容格式，application/x-www-form-urlencoded 和 multipart/form-data。下面以 application/x-www-form-urlencoded 内容格式为例进行介绍。

当 JSP 程序中 contentType 的 charset 属性值是 UTF-8 时，单击“提交”按钮时，汉字“中”

被浏览器转换为对应的 UTF-8 十六进制数编码“%E4%B8%AD”，再将其发送到 Web 服务器。

但是，如果 JSP 程序中 contentType 的 charset 属性值是 GBK 时，单击“提交”按钮时，汉字“中”被浏览器转换为对应的 GBK 十六进制数编码“%D6%D0”，再将其发送到 Web 服务器，如图 3-11 所示。

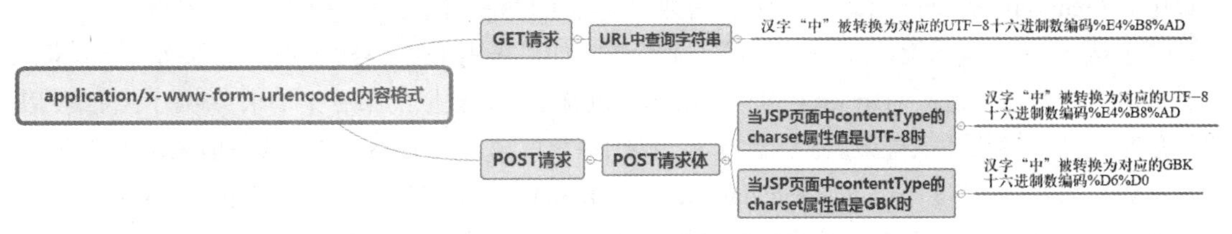

图 3-11　GET 请求与 POST 请求的字符编码

POST 请求体的字符编码并不是由浏览器决定的，而是由 JSP 程序中 contentType 的 charset 属性值决定的。POST 请求体的字符编码无法统一，造成了 Tomcat 无法采用统一的字符解码方案解码 POST 请求体里的中文字符。Tomcat 处理 POST 请求数据时，默认按照 ISO-8859-1 码解码 POST 请求体里的中文字符。故而，request 请求对象获取 POST 请求数据中的中文字符时出现了乱码问题。

解决方案：在 Servlet 程序中手动调用 request.setCharacterEncoding(String charset)，将接收到的 POST 请求体中的参数，按照 charset 值解码，解决中文字符乱码问题。

例如，向 ABCServlet 的 doPost()方法中，添加如下粗体代码，将 POST 请求体中的参数按照 UTF-8 编码解码，就可以解决中文字符乱码问题。

```
System.out.println("执行 ABCServlet 的 doPost()方法！");
request.setCharacterEncoding("UTF-8");
doGet(request,response);
System.out.println("ABCServlet 的 doPost()方法执行完毕！");
```

一定要在获取第一个 POST 请求参数前调用该代码。

问题：支持中文字符的字符集除了 UTF-8 外，还有 GBK，能不能将上述粗体代码替换成下面的代码？

```
request.setCharacterEncoding("GBK");
```

答案是：不能。

分析：form4.jsp 程序的第一行代码是 contentType="text/html; charset=utf-8"。单击 form4.jsp 程序里的“发送”按钮后，浏览器将 POST 请求体中的“张三”编码成对应的 UTF-8 十六进制数编码“%E5%BC%A0%E4%B8%89”，Servlet 程序自然不能将接收到的数据按照 GBK 编码解码。

如果将 form4.jsp 程序的第一行代码修改为如下的代码。

```
contentType="text/html; charset=gbk"
```

那么，ABCServlet 中 doPost()方法中就必须使用 request.setCharacterEncoding("GBK")，不能使用 UTF-8 了。此时，浏览器将“张三”编码为对应的 GBK 十六进制数编码“%D5%C5%C8%FD”，再发送给 Web 服务器；Web 服务器的 ABCServlet 程序接收到十六进制数编码“%D5%C5%C8%FD”后，自然需要按照 GBK 编码对其解码。

总结：JSP 程序 contentType 中的 charset 属性值决定了 Servlet 程序应该采用哪种字符集对中文字符进行解码。为了避免发生 POST 请求体的中文字符乱码问题，建议如下。

（1）JSP 程序的 charset 值，必须设置成支持中文字符的字符集，例如 UTF-8、GBK、GB2312 等。

（2）Servlet 程序调用 request.setCharacterEncoding(String charset)方法时，参数 charset 和 JSP 程序中 contentType 的 charset 属性值要保持兼容（尽量保持相同）。

（3）从 request 请求对象中获取的第一个参数，如果采用 ISO-8859-1 解码，那么接下来获取的其他所有的参数，也将采用 ISO-8859-1 解码。也就是说，获取的第一个请求参数的字符集，决定了后来的请求参数的字符集。这就意味着，必须在获取第一个 POST 请求参数前调用上述方法。

知识扩展 2：String request.getCharacterEncoding()返回 POST 请求体的字符集。如果没有指定，则返回 null。由于 GET 请求没有请求体，接收 GET 请求时，该方法返回 null。

场景 2　GET 请求与 POST 请求的区别之请求转发不同

说明 1：本场景延续场景 1，对 ABCServlet 程序进行修改。

说明 2：ABCServlet 的 doGet()方法的末尾，有如下请求转发代码。

```
request.getRequestDispatcher("BCDServlet").forward(request, response);
```

场景 2 步骤

（1）演示 GET 请求的请求转发。

在浏览器地址栏中输入 http://localhost:8080/post/form0.jsp，单击“发送”按钮，触发 ABCServlet 的 doGet()方法执行。注意观察 Tomcat 控制台输出的信息。

分析：ABCServlet 的 doGet()方法触发了 BCDServlet 的 doGet()方法执行！大致流程如图 3-12 所示。

（2）演示 POST 请求的请求转发。

在浏览器地址栏中输入 http://localhost:8080/post/form4.jsp，单击“发送”按钮，触发 ABCServlet 的 doPost()方法执行。注意观察 Tomcat 控制台输出的信息。

分析：ABCServlet 的 doPost()方法首先调用了 doGet()方法，doGet()方法将请求转发至 BCDServlet，触发了 BCDServlet 的 doPost ()方法执行！大致流程如图 3-13 所示。

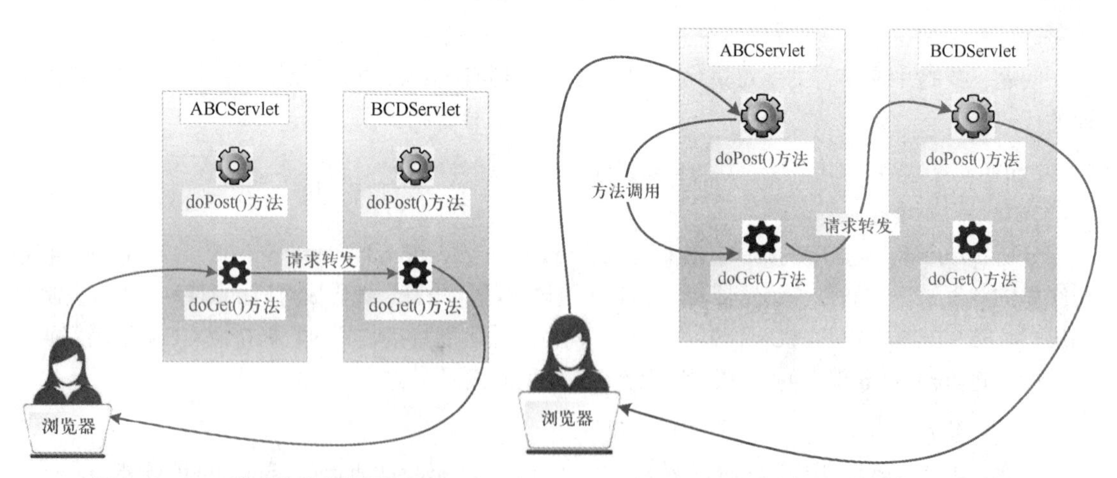

图 3-12　GET 请求的请求转发流程　　　　图 3-13　POST 请求的请求转发

结论：POST 请求的请求转发，触发 doPost()方法执行；GET 请求的请求转发，触发 doGet()方法执行。

场景 3　GET 请求与 POST 请求的区别之请求头不同

场景 3 步骤

（1）演示 GET 请求的请求头（重新执行场景 2 的步骤（1）即可，不赘述）。

（2）演示 POST 请求的请求头（重新执行场景 2 的步骤（2）即可，不赘述）。

（3）比较两次 Tomcat 控制台上输出的信息，就可以看出 GET 请求头和 POST 请求头的不同之处：Content-Length 请求头以及 Content-Type 请求头是 POST 请求所特有的，GET 请求没有这两个请求头。

（4）将 ABCServlet.java 的 doPost()方法修改为如下代码，注意粗体代码。

```
System.out.println("执行 ABCServlet 的 doPost()方法！");
request.setCharacterEncoding("UTF-8");
doGet(request,response);
System.out.println(request.getContentLength());
System.out.println(request.getContentType());
if("application/x-www-form-urlencoded".equals(request.getContentType())) {
    System.out.println("application/x-www-form-urlencoded 格式的数据接收完毕！");
    return;
}
System.out.println("ABCServlet 的 doPost()方法执行完毕！");
```

说明 1：下面的两个方法，仅对 POST 请求有效。

int　request.getContentLength()：返回 POST 请求体的长度，单位是 Byte。如果没有 POST 请求体，返回 0；如果是 GET 请求（GET 请求没有请求体），返回−1。

String　request.getContentType()：返回 POST 请求体的内容格式（实际上是 MIME）。可以是 application/x-www-form-urlencoded 或者 multipart/form-data。如果 POST 请求体的内容格式未知，则返回 null。

说明 2：上述代码中的 if 语句是为接下来讲解"multipart/form-data"内容格式做准备。

（5）重新执行场景 2 的步骤（2），注意观察 Tomcat 控制台的输出信息。

场景 4　request 接收 GET 和 POST 混合发送的请求数据

所谓 GET 和 POST 混合发送请求数据，是指 FORM 表单的数据发送方式 method 设置为 post，并且在 action 中添加查询字符串。FORM 表单将以 POST 和 GET 混合提交的数据发送方式，提交请求数据。

场景 4 准备工作

（1）复制 form2.jsp，将新文件命名为 form5.jsp。

（2）将<form>标签 action 属性以及 method 属性修改为如下代码，其他代码不变。

```
action="<%=contextPath %>/ABCServlet?hobby=gaming&hobby=study"  method="post"
```

场景 4 步骤

（1）打开浏览器，在地址栏中输入网址 http://localhost:8080/post/form5.jsp，单击"发送"按钮。

问题 1：触发执行 ABCServlet 的 doGet()方法，还是 doPost()方法？答案是 doPost()方法。因为表单数据的发送方式是 POST，并不是 GET。

问题 2：FORM 表单中存在两个名字为 hobby 的复选框；action 中定义了两个参数名为 hobby 的查询字符串。ABCServlet 接收的是 POST 请求体的 hobby 数据，还是 GET 请求参数中的 hobby 数据？

（2）输出到 Tomcat 控制台的信息，如图 3-14 所示。

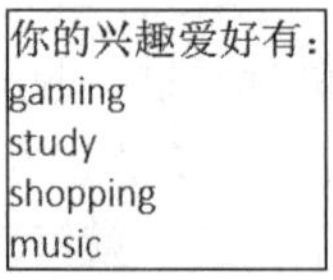

```
你的兴趣爱好有：
gaming
study
shopping
music
```

图 3-14　输出信息

结论：采用 GET 请求和 POST 请求混合发送时，request 请求对象能够接收所有的请求数据。

3.5　小露身手：向 Servlet 程序添加 multipart/form-data 支持

由于<form>标签 enctype 的默认值为 application/x-www-form-urlencoded，为了演示 multipart/form-data 格式的 POST 请求数据，需要进行如下准备工作。

准备工作

（1）复制 form2.jsp，将新文件命名为 form6.jsp。修改<form>标签为如下代码，添加 enctype 属性，并将数据发送方式修改为 POST，其他代码不变。

```
<form action="<%=contextPath %>/ABCServlet"
method="post"  enctype="multipart/form-data">
```

（2）运行 form6.jsp 程序，单击“发送”按钮，运行结果如图 3-15 所示（抛出空指针异常），ABCServlet 无法获取 POST 请求体内的参数。

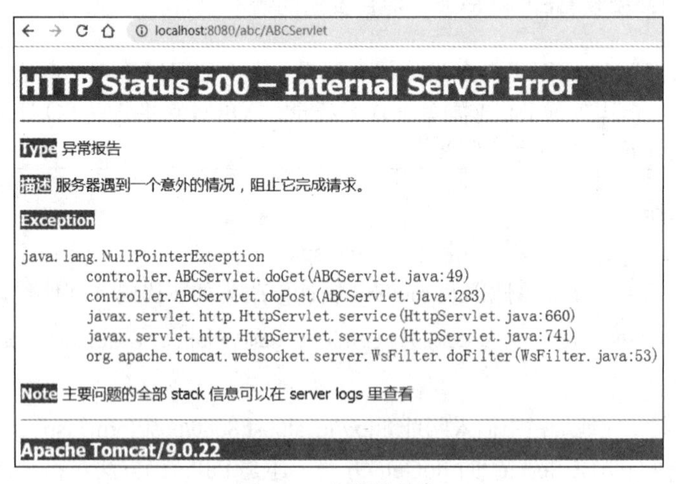

图 3-15　空指针异常

分析：form6.jsp 表单的内容格式设置为 multipart/form-data，单击“发送”按钮，浏览器直接将 FORM 表单数据编码成“字节流”发送给 Tomcat。此时，ABCServlet 的 doPost()方法就无法通过 request.getParameter()获取 POST 请求体的参数了。如何向 Servlet 程序添加 multipart/form-data

格式支持呢？有以下两种解决方案。

场景 1 向 Tomcat 添加 multipart/form-data 格式支持

从 Tomcat 7 开始，Tomcat 内置了 multipart/form-data 支持，支持 Servlet 程序通过 request 请求对象的 getParameter()方法获取 multipart/form-data 格式内容的参数。

场景 1 步骤

（1）修改 Eclipse 中集成的 Tomcat 配置。

具体步骤是：打开 Project Explorer 视图→展开 Servers 项目→双击 server.xml 配置文件，里面会有如下配置选项，该配置选项配置了 abc 项目的虚拟路径。

```
<Context docBase="post" path="/post" reloadable="true"
source="org.eclipse.jst.jee.server:post"/>
```

向配置选项中添加 allowCasualMultipartParsing="true"配置参数（如下粗体代码）。

```
<Context docBase="post" path="/post" reloadable="true" source="org.eclipse.jst.jee.
server:post" allowCasualMultipartParsing="true"/>
```

（2）重启 Tomcat 服务。

（3）重新运行 form6.jsp 程序，单击“发送”按钮，测试 ABCServlet 能否获取 POST 请求体内的参数。

场景 2 向 Servlet 添加 multipart/form-data 格式支持

从 Servlet 3.0 开始，支持使用注解@MultipartConfig，向 Servlet 添加 multipart/form-data 内容格式的支持。

场景 2 步骤

（1）向 ABCServlet 添加如下的注解@MultipartConfig，将 Servlet 标识为支持 multipart/form-data 内容格式的请求数据。

```
@WebServlet("/ABCServlet")
@javax.servlet.annotation.MultipartConfig
public class ABCServlet extends HttpServlet {
```

（2）重新运行 form6.jsp 程序，单击“发送”按钮，测试 ABCServlet 能否获取 POST 请求体内的参数。

两种解决方案的对比：采用场景 1 的方案的优点在于配置 Tomcat 后，该 Tomcat 上运行的所有 Servlet 程序都将支持 multipart/form-data 内容格式；场景 1 的方案的缺点在于需要配置 Tomcat，并且需要重启 Tomcat。采用场景 2 的方案的优点在于无须配置 Tomcat、无须重启 Tomcat。本书推荐使用场景 2 的方案，向 Servlet 程序添加 multipart/form-data 内容格式的支持。

场景 3 创建支持多文件上传的 FORM 表单

场景 3 步骤

（1）复制 form6.jsp，将新文件命名为 form7.jsp 程序，在<form>标签中添加如下的一行代码，为 FORM 表单添加一个支持多文件上传的文件上传框。

可以选择多个上传文件：<input type="file" name="myFiles" multiple/>
。

注意 1：<form>标签 method 必须设置为 post，enctype 必须设置为 multipart/form-data。

注意 2：为了演示多文件上传功能，form7.jsp 表单中的文件上传框添加了 multiple 属性，表示支持多文件选择。

（2）打开浏览器，输入网址 http://localhost:8080/post/form7.jsp，运行 form7.jsp 程序。

（3）单击"选择文件"按钮，选择 3 个文本文档（例如"啊.txt""波.txt"以及"次.txt"），执行结果如图 3-16 所示。

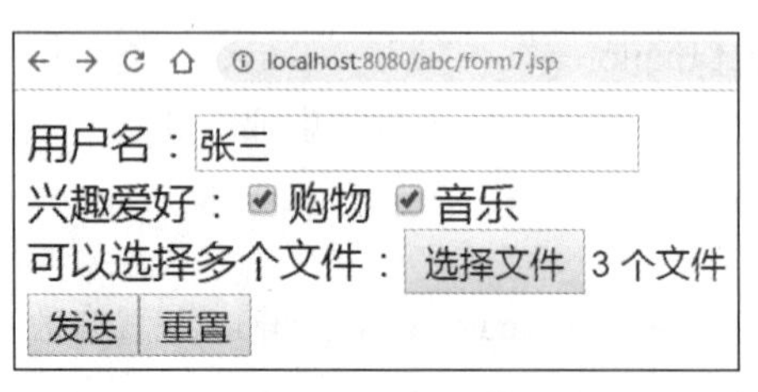

图 3-16 可以选择 3 个文件上传的 FORM 表单

3.5.1 application/x-www-form-urlencoded 与 multipart/form-data 的比较

上述场景中，如果单击"发送"按钮，浏览器如何封装 multipart/form-data 内容格式的 POST 请求数据呢？为了解答该问题，我们先来分析 application/x-www-form-urlencoded 与 multipart/form-data 的不同。

1. POST 请求头 Content-Type 不同

（1）application/x-www-form-urlencoded 的 Content-Type 请求头格式大致如下。

```
Content-Type: application/x-www-form-urlencoded
```

（2）multipart/form-data 的 Content-Type 请求头格式大致如下。

```
Content-Type: multipart/form-data; boundary=----WebKitFormBoundarynuEQfGAZjvgGiP0K
```

multipart/form-data 的 Content-Type 请求头里，定义了一个很重要的参数 boundary(表示分隔符)，它定义了 POST 请求体中"片段"的分隔边界，boundary 的值由浏览器自动产生。

2. POST 请求体的内容格式不同

（1）application/x-www-form-urlencoded 的 POST 请求体内容格式大致如下。

```
name=%E5%BC%A0%E4%B8%89&hobby=shopping&hobby=music
```

（2）multipart/form-data 的 POST 请求体内容格式大致如图 3-17 所示。浏览器以"片段"为单位组织 POST 请求体中的数据，每个数据对应一个"片段"。以 form7.jsp 为例，该 FORM 表单有 3 个普通表单控件，另外又选择了 3 个文本文档，还有一个"特殊片段"，即片段 7 用以标记 POST 请求体的结束，因此浏览器一共为 form7.jsp 的 FORM 表单生成 7 个"片段"。

有些表单控件（例如文件上传框）可以同时选择多个选项，所以一个表单控件可能对应多个"片段"。例如场景 3 中，一个文件上传框对应了 3 个片段。

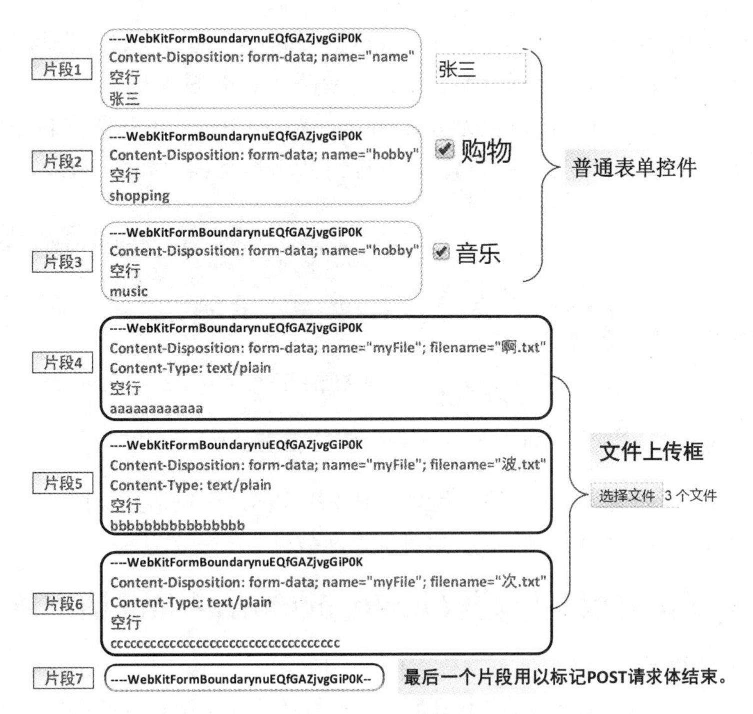

图 3-17　multipart/form-data 的 POST 请求体内容格式

3.5.2 理解 multipart/form-data 内容格式中的片段

浏览器以“片段”为单位组织 multipart/form-data 格式的 POST 请求数据。“片段”由片段行、片段头列表、空行和片段体 4 部分组成，相关说明如下。

（1）片段行：片段行的值取自 POST 请求头分隔符的值，片段行用于分隔各个“片段”。

（2）片段头列表：包含有若干片段头，具体分为如下两种情形。

情形 1：普通表单控件（如文本框、复选框等）生成的片段头列表中，只有一个片段头 Content-Disposition。

格式为：Content-Disposition: form-data; name="hobby"。

其中 hobby 来自表单控件的 name 的值。

情形 2：文件上传框控件生成的片段头列表中，有两个片段头，即 Content-Disposition 和 Content-Type，格式如下。

```
Content-Disposition: form-data; name="myFiles"; filename="啊.txt"
Content-Type: text/plain
```

其中 myFiles 来自文件上传框的 name 的值；filename 来自文件上传框中选择的上传文件名。Content-Type 则是由浏览器根据上传文件的扩展名，分析得出该文件的 MIME。如果上传文件类型未知或者上传文件没有扩展名，则 Content-Type 的值为 application/octet-stream，表示文件类型未知。

（3）空行：片段头列表的结束标记。

（4）片段体：传输的数据位于片段体。片段体的使用分为如下两种情形。

情形 1：片段体用于传递 POST 请求参数，例如张三、shopping、music。此情形中的片段体，将被浏览器编码成某种字符集对应的十六进制数。

以 form7.jsp 为例，由于 contentType="text/html; charset=UTF-8"，浏览器将 FORM 表单中的“张三”，编码成对应的 UTF-8 十六进制数编码，再发送到 Web 服务器。

假设，form7.jsp 的 contentType 设置为"text/html; charset=GBK"，浏览器将 FORM 表单中的“张三”，编码成对应的 GBK 十六进制数编码，再发送到 Web 服务器，如图 3-18 所示。

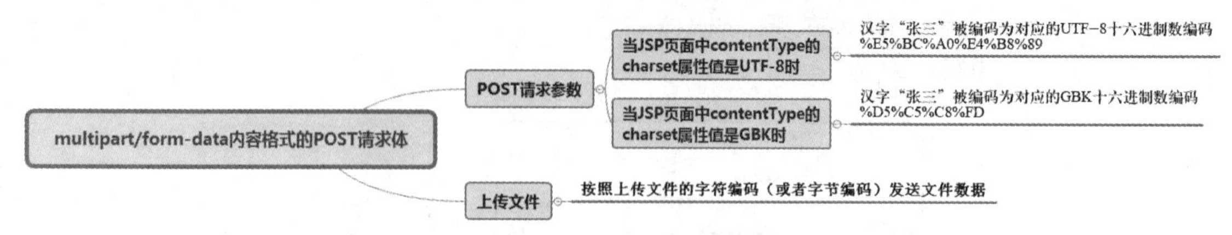

图 3-18　multipart/form-data 内容格式的 POST 请求体

情形 2：片段体用于传递上传文件。此情形中的片段体，浏览器直接按照上传文件在硬盘中的实际字符编码（或者字节编码）向 Web 服务器发送数据。

3.5.3　request 请求对象获取 multipart/form-data 请求体中的“片段”

Servlet 3.0 之前的版本，若要实现文件上传，一般需要借助第三方 JAR 包（例如 Apache 的 commons-fileupload.jar 包）。从 Servlet 3.0 开始，Servlet 提供了 getParts()和 getPart()方法，解决了 Servlet 程序上传文件难的问题。

浏览器将 multipart/form-data 的 POST 请求体封装成若干“片段”，再发送给 Tomcat 服务器。接收到一个个“片段”后，Tomcat 将其封装在一个个 Part 对象中。Servlet 程序通过操作每个 Part 对象，处理每个“片段”中的上传文件，继而实现文件上传功能。

request 请求对象提供了以下两个获取 Part 的方法。

java.util.Collection<Part> getParts()：返回 POST 请求体所有的“片段”，通常该方法用于多文件上传（也包括单文件上传）。

javax.servlet.http.Part getPart(String name)：返回指定名字的“片段”，通常该方法用于单文件上传。

所有有关 Part 对象的操作，被封装在 javax.servlet.http.Part 接口中，该接口定义的方法罗列如下。

String getName()：返回当前“片段”的表单控件的 name 的值。

long getSize()：返回当前“片段”的长度，单位是字节。

java.util.Collection<String> getHeaderNames()：返回当前“片段”的片段头列表。

String getHeader(String name)：返回当前“片段”指定片段头名的片段头值。

String getSubmittedFileName()：返回当前“片段”上传文件的文件名。如果当前“片段”没有上传文件，则返回 null[1]。

String getContentType()：返回当前“片段”上传文件的 MIME。如果当前“片段”没有上传文件，则返回 null。

void write(java.lang.String fileName)：将当前“片段”的浏览器主机上传的文件，写入 Web 服务器的本地磁盘，新文件名为 fileName。

void delete()：文件上传时，Tomcat 会在磁盘上生成上传文件对应的临时文件，该方法删除临时文件。

1 编者注：经过测试，单文件上传时，返回值为空字符串。

场景 4　使用 request 请求对象实现多文件上传

本场景是场景 3 的延续。

场景 4 步骤

（1）在 ABCServlet 的 doPost()方法的 if 语句后，添加如下代码，即可实现多文件上传。

```
String uploadDIR = "/upload/";
String uploadPath = request.getServletContext().getRealPath(uploadDIR);
java.util.Collection<javax.servlet.http.Part> parts = request.getParts();
for (javax.servlet.http.Part multipart : parts) {
    String multiFileName = multipart.getSubmittedFileName();
    //通过判断文件名，确保文件上传框中的文件，不会重复上传
    if (multiFileName !=null) {
        System.out.println("多文件上传的文件有：" + multiFileName);
        multipart.write(uploadPath + multiFileName);
        multipart.delete();
    }
}
```

确保 ABCServlet 添加了注解@javax.servlet.annotation.MultipartConfig。

上述代码提供了多文件上传功能的最简单实现，并没有考虑很多业务场景，例如多文件上传过程中，上传文件的大小不受限制，上传文件的类型不受限制，每次上传文件的数量不受限制等。

（2）创建存储上传文件的目录。

对于本场景而言，上传文件存储到 Web 项目部署后的绝对物理路径下的 upload 目录中。upload 目录的创建方法是：打开 Project Explorer 视图→展开 abc 项目→右击 Web Content 目录→新建文件夹→文件夹名为 upload。

实现文件上传或者文件下载功能时，通常使用绝对物理路径。

创建 upload 目录后，需在 Eclipse 中重新配置 Tomcat，否则 Tomcat 可能出现“系统找不到指定的路径”之类的错误。

（3）接着场景 3 最后一个步骤，单击“选择文件”按钮，选择 3 个文本文档。

（4）单击“发送”按钮，在 Web 项目的根目录或部署后的绝对物理路径下，查看文件上传是否成功。

对于 Servlet 3.0 而言，多文件上传的实现非常简单，实现流程如图 3-19 所示。

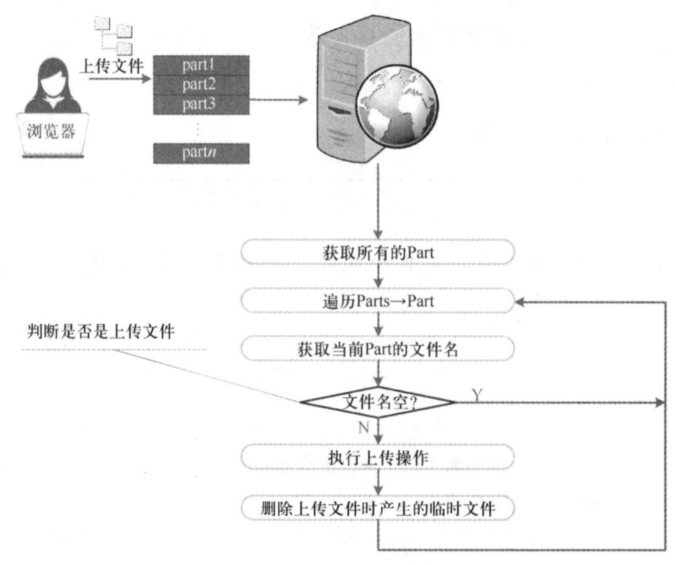

图 3-19　多文件上传的实现流程

实践任务　Servlet 接收 POST 请求数据

1. 目的

掌握 FORM 表单发送 GET 请求数据和 POST 请求数据的方法。

掌握 URL 路径定位的方法。

掌握获取 multipart/form-data 内容格式的 POST 请求体参数的方法。

掌握多文件上传的实现方法。

了解单文件和多文件混合上传的实现方法。

2. 环境

Web 服务器主机：JDK 8、Tomcat 9。

集成开发环境：eclipse-jee-2018-09-win32。

浏览器：Chrome。

任务 1　小露身手：利用 FORM 表单模拟发送 GET 请求数据（详细步骤请参考 3.1.4 节的内容）。

任务 2　小露身手：URL 路径定位方法（详细步骤请参考 3.2.4 节的内容）。

任务 3　小露身手：request 请求对象接收 application/x-www-form-urlencoded 格式的 POST 请求数据（详细步骤请参考 3.4 节的内容）。

任务 4　小露身手：向 Servlet 程序添加 multipart/form-data 支持（详细步骤请参考 3.5 节的内容）。

任务 5　使用 request 请求对象实现单文件和多文件混合上传。

本任务的难点在于，如何防止单个文件被上传两次。

任务 5 步骤

（1）复制 form7.jsp，将新文件命名为 form8.jsp。

（2）将 form8.jsp 中<body></body>标签中的代码，修改为如下代码。

```
<%
String contextPath = request.getContextPath();
%>
<form action="<%=contextPath %>/ABCServlet"
    method="post" enctype="multipart/form-data" >
用户名：<input type="text" name="name"  value="张三"/><br/>
兴趣爱好：<input type="checkbox"  name="hobby" value="shopping" checked>购物
<input type="checkbox"  name="hobby" value="music" checked>音乐<br/>
只能选择单个文件：<input type="file" name="myFile"  /><br/>
可以选择多个文件：<input type="file" name="myFiles"  multiple  /><br/>
<input type="submit" value="发送"><input type="reset" value="重置">
</form>
```

表单中包含了一个单文件上传框 myFile 和一个多文件上传框 myFiles。

（3）将 ABCServlet 的 doPost()方法，修改为如下代码。

```
protected void doPost(HttpServletRequest request, HttpServletResponse response)
            throws ServletException, IOException {
    System.out.println("执行 ABCServlet 的 doPost()方法！");
    request.setCharacterEncoding("UTF-8");
    doGet(request,response);
    System.out.println(request.getContentLength());
    System.out.println(request.getContentType());
    if("application/x-www-form-urlencoded".equals(request.getContentType())) {
        System.out.println("application/x-www-form-urlencoded 格式的数据接收完毕！");
    return;
    }
    String uploadDIR = "/upload/";
    String uploadPath = request.getServletContext().getRealPath(uploadDIR);
    javax.servlet.http.Part singlePart = request.getPart("myFile");
    String singleFileName = "";
    //确保单文件上传框中选择了文件
    if(singlePart != null) {
        singleFileName = singlePart.getSubmittedFileName();
        if (singleFileName !=null && !"".equals(singleFileName)) {
            System.out.println("单个上传的文件是：" + singleFileName);
            singlePart.write(uploadPath + singleFileName);
            singlePart.delete();
        }
    }
    java.util.Collection<javax.servlet.http.Part> parts = request.getParts();
    for (javax.servlet.http.Part multipart : parts) {
        String multiFileName = multipart.getSubmittedFileName();
        //通过判断文件名，确保单文件上传框中的文件，不会重复上传
        if (multiFileName !=null && !multiFileName.equals(singleFileName)) {
                System.out.println("多文件上传的文件有：" + multiFileName);
            multipart.write(uploadPath + multiFileName);
            multipart.delete();
        }
    }
    System.out.println("ABCServlet 的 doPost()方法执行完毕！");
}
```

（4）打开浏览器，在地址栏输入 http://localhost:8080/post/form8.jsp，选择本地上传文件，测试。注意观察 Tomcat 控制台的输出信息。

第 4 章 Servlet 生成 HTTP 响应数据

前几章从浏览器发出 GET 以及 POST 请求数据的角度，讲解了 request 请求对象接收 GET 以及 POST 请求数据的方法。本章将从 Web 服务器的角度，讲解使用 response 响应对象封装 HTTP 响应数据的方法、使用 response 响应对象实现文件下载和图片浏览的方法。通过本章的学习，读者将具备向浏览器返回各种响应数据的能力。

4.1 HTTP 响应数据与 HttpServletResponse 之间的关系

接收 HTTP 请求数据后，Web 服务器自动创建、并初始化 HttpServletRequest 请求对象以及 HttpServletResponse 响应对象，将它们作为参数传递给 Servlet 的 doGet()方法或者 doPost()方法。HttpServletResponse 响应对象伴随 HttpServletRequest 请求对象的诞生而诞生。Web 服务器从不主动向浏览器返回 HTTP 响应数据，Web 服务器返回的响应针对的都是浏览器发向 Web 服务器的 HTTP 请求。

Web 服务器负责接收 HTTP 请求数据，负责封装 HTTP 响应数据。HTTP 响应数据分为 4 部分：响应行、响应头列表、空行、响应体（可无），如图 4-1 所示。其中空行用于通知浏览器响应头列表结束。

图 4-1　HTTP 响应数据的构成

HTTP 响应数据与 HttpServletResponse 响应对象之间存在什么关系呢?

HttpServletResponse 响应对象提供了大量的 set 和 add 方法，用于设置或者生成 HTTP 响应数据所需的响应行以及响应头列表；另外还提供了字符输出流对象以及字节输出流对象，用于生成 HTTP 响应数据所需的响应体。Web 服务器负责将 HttpServletResponse 响应对象封装成 HTTP 响应数据，然后返回给浏览器，以便浏览器能够解析。

可见，HttpServletResponse 响应对象的主要功能是：在 Web 服务器端产生 HTTP 响应数据所需的响应行、响应头列表、响应体。为便于描述，本书使用 response 作为 HttpServletRequest 的实例化对象，讲解 HttpServletRequest 的各种方法。事实上，JSP 程序中的 response 内置对象，就源自它。

Web 开发人员的主要任务就是利用 response 响应对象设置响应行、响应头列表、响应体，再由 Web 服务器将 response 响应对象封装成 HTTP 响应数据，继而返回给浏览器，以便浏览器能够解析。

作为对比，request 请求对象提供了大量的 get 方法，用于获取 HTTP 请求数据（请求行、请求头、请求参数等）。request 请求对象的 set 方法并不多，目前只有 setAttribute()和 setCharacterEncoding()两个。

4.2　HTTP 响应行

HTTP 响应行的格式形如：HTTP/1.1　200　OK。

HTTP 响应行由 3 部分构成，分别是 HTTP 版本（例如 HTTP/1.1）、响应状态码（例如 200），以及状态码对应的简要描述（例如 OK）。其中响应状态码格外重要。

4.2.1　响应状态码

响应状态码：针对当前 HTTP 请求，Web 服务器通知浏览器处理当前 HTTP 请求的状态码。响应状态码由 3 位数字构成，其中首位数字定义了状态码的类型。响应状态码一共分为 5 种类型，分别是 100+、200+、300+、400+和 500+，这些类型的状态码大致含义如图 4-2 所示。

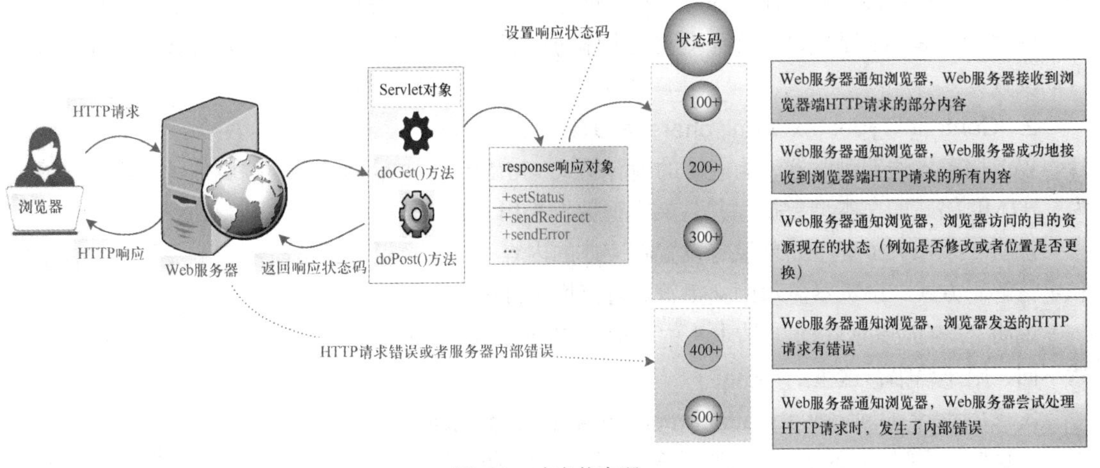

图 4-2　响应状态码

常见的响应状态码有 200（表示响应成功）、302（表示重定向）、404（表示未找到请求资源）、500（表示服务器内部错误）等，Servlet 支持 40 多种响应状态码。

4.2.2　使用 response 响应对象设置响应状态码

针对当前的 HTTP 请求，调用 response 响应对象的 setStatus()和 sendError()方法，可以设置当前 HTTP 请求对应的响应状态码。

void response.setStatus(int)：设置响应状态码。

void response.sendError(int,"状态码对应的信息")：设置响应状态码并设置简要描述。

说明 1：大多数情况下，Web 开发人员没有必要记住这些响应状态码，也无须手动设置响应状态码。这是因为，Web 服务器会根据 Servlet 程序的运行结果，自动设置响应状态码。

说明 2：response 响应对象提供了如下获取当前 Servlet 程序的响应状态码的方法。

```
int response.getStatus()
```

4.3 HTTP 响应头列表

针对当前的 HTTP 请求，Web 服务器有义务通知浏览器：返回的响应体采用哪种内容格式（MIME）、响应体若是文本型数据应采用哪种字符集编码；返回的响应体长度是多少字节。甚至有义务通知浏览器：返回的数据有没有必要缓存到浏览器主机、缓存多长时间等。这些通知信息全部封装在 HTTP 响应头列表中。

HTTP 响应头列表由若干条通知信息组成，每一条通知信息形如“响应头:响应头值”（响应头对英文字母大小写不敏感），通知信息之间用换行符隔开。

4.3.1 常见的响应头

1. Content-Length: 80

Web 服务器通知浏览器，响应体的长度，单位是字节。

说明 1：Content-Length 必须和响应体的真实长度保持一致。如果 Content-Length 设置过短，则会导致浏览器只接收响应体的部分数据，响应体被截断；如果过长，则会导致浏览器等待超时。

说明 2：Servlet 程序如果没有设置响应体的长度，Web 服务器则会根据响应体的实际长度，自动设置。

2. Content-Type: text/html; charset=UTF-8

Web 服务器通知浏览器，响应体的内容格式（MIME）。本示例代码将响应体的内容格式设置为：HTML 格式的文本型数据，并且文本型数据采用 UTF-8 编码。

说明 1：Servlet 程序如果没有设置响应体的内容格式，浏览器将自行决定响应体的内容格式和字符解码方式，浏览器显示中文字符时可能产生乱码问题。

说明 2：响应头和 POST 请求头中都存在 Content-Length 和 Content-Type 响应头，但意义显然不同，限于篇幅，这里不再赘述。

3. Content-Disposition: attachment; filename=aaa.zip

Web 服务器通知浏览器，以文件下载的方式下载响应体内容。示例代码将下载文件命名为 aaa.zip。

Servlet 程序通过 Content-Disposition 响应头向浏览器指定下载的文件名，该响应头由 HTTP 定义。HTTP 要求响应头和请求头必须是 ASCII 文本，因此若下载的文件名中包含中文字符，需要将文件名转换成 ASCII，否则将出现下载的文件名乱码问题。下面的代码的功能是：先将文件名按照 UTF-8 编码解码成字节码，再将字节码用 ISO-8859-1 重新编码，得到 ISO-8859-1 编码后的文件名（ASCII 与 ISO-8859-1 兼容，都用于描述单字节字符）。

```
String newFileName = new String(fileName.getBytes("UTF-8"), "ISO-8859-1" );
```

4. Transfer-Encoding: chunked

Web 服务器通知浏览器，将响应体分隔成若干数据块，分块传输到浏览器。

例如，使用 response 响应对象实现文件下载功能时，Web 服务器无法确定下载文件的真实长度，无法将 Content-Length 响应头写入 HTTP 响应头列表。Web 服务器会自动向 HTTP 响应头列表中添加一个 Transfer-Encoding 响应头，目前 Transfer-Encoding 响应头的值只能是 chunked（分块编码）。

若响应头列表中加入 Transfer-Encoding: chunked，就代表该响应体采用了分块编码。响应头 Transfer-Encoding 和 Content-Length 是互斥的，不会同时出现在同一个 HTTP 响应头列表中。

5. Location: https://www.baidu.com

Web 服务器通知浏览器，重定向到 Location 指定的网址。

Location 响应头需要和 302 响应状态码配合使用，才能实现重定向功能。

6. Refresh: 10

Web 服务器通知浏览器，每隔 10s，刷新一次页面（即定时刷新功能）。

Refresh 响应头还提供了“类似于”重定向的功能，语法格式如下。

```
Refresh: 10;url=https://www.baidu.com
```

示例代码通知浏览器，10s 后打开百度首页。

7. Set-Cookie: cookie=value

Web 服务器通知浏览器，将响应头中的 Cookie 信息保存到浏览器主机内存或者外存，有关 Cookie 的更多知识，参考第 6 章内容。

同一个 Servlet 程序可以添加多个 Set-Cookie 响应头。

8. Connection: keep-alive

Web 服务器通知浏览器，Web 服务器和浏览器之间的连接状态。

keep-alive 表示保持连接，close 表示关闭连接。

9. Date:Tue, 31 Dec 2019 04:25:57 GMT

Web 服务器通知浏览器，HTTP 响应数据的生成时间。

Date 描述的时间表示世界标准时，该时间和时区相关。

10. Content-Encoding: gzip

Web 服务器通知浏览器，响应体数据的压缩类型。

11. Content-Language: zh-cn

Web 服务器通知浏览器，响应体的语言。zh-cn 表示简体中文。

4.3.2 使用 response 响应对象设置、添加响应头

response 响应对象提供了两种设置、添加响应头的方法，一种是通用方法，另一种是便捷方法。

1. 使用通用方法设置、添加响应头

通用方法能够设置、添加浏览器支持的所有响应头，通用方法介绍如下。

void addDateHeader(String name, long date)：添加时间格式的响应头，响应头值是长整数。

void addHeader(String name, String value)：添加字符串格式的响应头，响应头值是字符串。

void addIntHeader(String name, int value)：添加整数格式的响应头，响应头值是整数。

void setDateHeader(String name, long date)：设置时间格式的响应头，响应头值是长整数。

void setHeader(String name, String value)：设置字符串格式的响应头，响应头值是字符串。

void setIntHeader(String name, int value)：设置整数格式的响应头，响应头值是整数。

说明 1：HTTP 响应头列表中，有些响应头，例如 Content-Length，若其存在，则只能存在一个。有些响应头，例如 Set-Cookie，若存在，可以存在多个。Set 方法用于设置响应头，add 方法用于添加响应头，它们的区别在于：使用 set 方法设置响应头时，如果响应头已经存在，新响应头值将覆盖已有的响应头值。使用 add 方法添加响应头，则会继续添加，不会覆盖。

技巧：HTTP 响应头列表中，响应头若能够重复，则使用 add 方法；若不能重复，则使用 set 方法。例如，同一个响应头列表中，Content-Length 响应头只能有一个，因此建议使用 set 方法设置 Content-Length 响应头；又因为 Content-Length 表示响应头长度，值是整数。因此建议使用 setIntHeader()方法设置，示例代码如下。

```
response.setIntHeader("Content-Length", 0);
```

例如，同一个响应头列表中，Set-Cookie 响应头可以有多个。因此建议使用 add 方法添加 Set-Cookie 响应头；又因为 Set-Cookie 响应头值是字符串，因此建议使用 addHeader("Set-Cookie")方法添加 Set-Cookie 响应头。下面两行示例代码，向 HTTP 响应数据中添加了两个 Set-Cookie 响应头。

```
response.addHeader("Set-Cookie", "userName=zhangsan; Path=/; HttpOnly");
response.addHeader("Set-Cookie", "password=123456; Path=/; HttpOnly");
```

问题 1：分析下列 3 行示例代码，向 HTTP 响应数据中添加了几个 Set-Cookie 响应头。

```
response.addHeader("Set-Cookie", "userName=zhangsan; Path=/; HttpOnly");
response.addHeader("Set-Cookie", "password=123456; Path=/; HttpOnly");
response.addHeader("Set-Cookie", "confirmPassword=123456; Path=/; HttpOnly");
```

答案：上述 3 行代码，向 HTTP 响应数据中添加了 3 个 Set-Cookie 响应头。同一个响应头列表中，Set-Cookie 响应头可以有多个。

问题 2：分析下列 3 行示例代码，向 HTTP 响应数据中添加了几个 Set-Cookie 响应头。

```
response.setHeader("Set-Cookie", "userName=zhangsan; Path=/; HttpOnly");
response.setHeader("Set-Cookie", "password=123456; Path=/; HttpOnly");
response.setHeader("Set-Cookie", "confirmPassword=123456; Path=/; HttpOnly");
```

答案：虽然同一个响应头列表中，Set-Cookie 响应头可以有多个。但上述 3 行代码，只向 HTTP 响应数据中添加了最后一个 Set-Cookie 响应头，前面两个 Set-Cookie 响应头被最后一个 Set-Cookie 响应头覆盖。

说明 2：response 提供了若干获取当前 Servlet 程序响应头的方法，列举如下。

boolean containsHeader(String name)：判断 HTTP 响应头列表中是否存在响应头名为 name 的响应头。

String getHeader(String name)：返回响应头名为 name 的响应头。若不存在，返回 null。

java.util.Collection<String> getHeaderNames()：返回 HTTP 响应头列表中所有的响应头名。

java.util.Collection<String> getHeaders(String name)：由于响应头名可以重名，该方法返回响应头名为 name 的所有响应头值。

2. 使用便捷方法设置、添加响应头

便捷方法只能设置个别常用的响应头。

（1）Web 服务器通知浏览器，设置响应体的长度，代码如下。

```
response.setContentLength(0);
```

等效于如下通用方法。

```
response.setIntHeader("Content-Length", 0);
```

（2）Web 服务器通知浏览器，设置响应体的 MIME 和字符集，代码如下。

```
response.setContentType("text/html;charset=UTF-8");
```

等效于如下通用方法。

```
response.setHeader("Content-Type","text/html;charset=UTF-8");
```

（3）Web 服务器通知浏览器，添加 Cookie 响应头，代码如下。

```
Cookie cookie = new Cookie("userName", "zhangsan");//创建一个键值对表示的 Cookie 对象
cookie .setMaxAge(60*60*24*7);//设置 cookie 的生命周期
response.addCookie(cookie );//添加到 response 中
```

上述 3 行代码等效于如下通用方法（笔者在 2019 年 9 月 29 日运行了上述 3 行代码）。

```
response.addHeader("Set-Cookie", "userName=zhangsan; Max-Age=604800; Expires=Sun, 29-Sep-2019 14:21:24 GMT");
```

（4）Web 服务器通知浏览器，设置重定向响应头，代码如下。

```
response.sendRedirect("https://www.baidu.com");
```

等效于如下通用方法（两行代码）。

```
response.setStatus(302);
response.setHeader("Location","https://www.baidu.com");
```

第二行代码不会导致重定向的发生，这是因为，第二行代码产生的响应状态码是 200。第一行代码，保证了重定向的发生，第二行代码，指明了重定向的网址。

4.3.3 重定向、定时刷新和请求转发的比较

重定向、定时刷新和请求转发，它们即有共同点，又有区别。

共同点 1：请求访问的是 A，但看的是 B 的内容。

共同点 2：它们的后续代码会继续执行。有时会造成歧义：如同上一位运动员已经将接力棒交接给下一位运动员，但上一位运动员却继续在跑道上前行。通常情况下，重定向、定时刷新和请求转发代码后面要紧跟 return 语句，防止后续代码继续执行。

1. 重定向与定时刷新的区别

（1）定时刷新有“定时”功能；重定向没有定时功能。

（2）定时刷新到新页面前，可以在当前页面输出数据（第一次响应结束后）；严格来讲，重定向不可以。

（3）重定向 Location 必须和响应状态码（例如 302）一起使用。定时刷新的响应状态码是 200。

（4）定时刷新时，浏览器和 Web 服务器之间需要建立两次 TCP/IP 连接（最为耗时）；重定向可能只需要建立一次 TCP/IP 连接。如果重定向前、后访问的是同一个 Web 服务器的两个 Servlet 程序，此时重定向只需建立一次 TCP/IP 连接。在这一次 TCP/IP 连接中，浏览器向 Web 服务器发送了两次 HTTP 请求（相对省时）。实际开发过程中，如果不使用定时功能，尽量使用重定向。

2. 请求转发与重定向的区别

请求转发与重定向的本质区别如下。

请求转发后，HTTP 请求尚未处理完成，需要交由下一个 Servlet 程序继续处理 HTTP 请求，直至最后一个 Servlet 程序返回响应。

重定向后，若第一次 HTTP 响应是状态码 302 的重定向响应，则第一次 HTTP 请求/响应完成。只不过，第一次请求/响应结束后，浏览器又发出第二次请求。

从具体细节来看，有如下区别。

（1）请求转发必须在同一个 Web 项目内进行请求的转发和呼应，就好比接力棒只能在同一个跑道内传送和接收一样。重定向可以将 Location 设置为任意网址。

如果请求转发和重定向都是在同一个 Web 项目内进行，它们还有什么区别呢？

（2）请求次数和响应次数不一样。

请求转发期间，浏览器只发送了一次 HTTP 请求，HTTP 请求就像接力赛的接力棒一样在 Servlet 程序之间相互转发和响应，直到最后一个 Servlet 程序返回处理结果。

因此，请求转发的流程：请求 A→请求转发至 B→B 做出响应→请求/响应结束。

重定向期间，浏览器先发送了第一次 HTTP 请求，Web 服务器向浏览器返回 302 状态码以及 Location 响应头（第一次 HTTP 请求和 HTTP 响应结束）；收到 Location 响应头后，浏览器再向 Location 指定的网址发出第二次 HTTP 请求。

因此，重定向的流程：第一次请求 A→A 做出第一次响应→第一次请求/响应结束→第二次请求 B（GET 请求）→B 做出第二次响应→第二次请求/响应结束。

对应生活中的例子，请求转发就是："不要挂断电话，帮忙转接中"。浏览器发送一次请求，用户只需要拨打一次号码。重定向就是："您打错电话了，他换新电话号码了，我把他的新电话号码给您，您再次拨打吧"。第一次请求/响应结束；接着浏览器"拨打新电话号码"，向"新电话号码"发出新的请求（注意新请求一定是 GET 请求）；因此重定向时，浏览器一共发出两次请求（并且第二次请求肯定是 GET 请求）。

（3）第一次响应的时机不一样。

在请求转发前生成的 HTTP 响应数据，是要被 response 对象的缓存延时发送到浏览器端的。直至最后的 Servlet 程序向浏览器返回运行结果，第一次响应结束（且是唯一的一次）。

在重定向前生成的 HTTP 响应数据，会随着 Location 响应头和 302 状态码，返回到浏览器，第一次响应结束。

重定向和请求转发第一次响应时机的不同，导致了它们在有关 Cookie 的使用上存在很大的区别。

（4）表单重复提交问题不一样。

请求转发，意味着请求尚未结束，浏览器地址栏中不会变化。请求转发期间，由于浏览器误认为请求尚未结束，若刷新浏览器页面，可能会导致表单数据重复提交问题。

重定向，第一次请求和第一次响应结束后，浏览器地址栏中变更为新的 Location 指定的网址。由于第一次响应已经结束，即便刷新浏览器页面，也不会导致表单数据重复提交问题。

（5）如果需要将 POST 请求转变成 GET 请求，必须使用重定向。

请求方式一旦确定，请求转发期间，请求类型就无法改变。

重定向后的第二次请求一定是 GET 请求。

如果第一次是 POST 请求，第二次请求需要转变成 GET 请求，必须使用重定向。

（6）数据共享方式不同。

重定向：重定向的两个程序，通常借助查询字符串实现数据的共享，也可以通过 Cookie 或者 Session 实现数据的共享。

请求转发：除了可以使用上述方法实现数据共享外，请求转发的两个程序，还可以通过请求参数以及 request 请求对象上绑定的属性，实现数据的共享。尤其是 request 请求对象的属性可以存放任意对象，如果需要共享 ArrayList、HashMap、JavaBean 等类型的对象数据，需要使用请求转发。

（7）URL 路径定位方式不同。

重定向：由于重定向后，新的 HTTP 请求来自浏览器，因此重定向的 Location 若使用 server-relative 路径，必须包含 Web 项目的虚拟路径。

请求转发：若使用 server-relative 路径，不能包含 Web 项目的虚拟路径。

4.4　使用 response 响应对象生成 HTTP 响应体

使用 response 响应对象既可以将文本型数据封装到 HTTP 响应体中，也可以将二进制数据封装到 HTTP 响应体。但需要注意，HTTP 响应体中的数据要么是文本型数据，要么是二进制数据，不能是文本型数据和二进制数据的混合体。

4.4.1　response 响应对象的缓存

代码 response.getWriter().writer("数据
")，负责向浏览器返回文本型数据“测试
”。需要注意，Web 服务器并不会立即将文本型数据“测试
”发往浏览器，而是先将“测试
”写入 response 响应对象的缓存中，Web 服务器“择机”将缓存中的数据，按照响应行、响应头列表、空行、响应体的格式，封装成 HTTP 响应数据，再返回给浏览器，如图 4-3 所示。

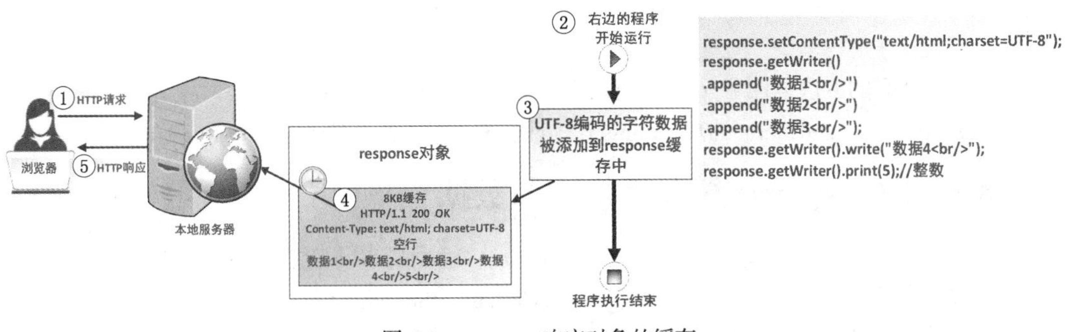

图 4-3　response 响应对象的缓存

HTTP 响应状态码、HTTP 响应头列表应该比 HTTP 响应体提前到达浏览器，以便提前告知浏览器响应的状态信息、HTTP 响应体的长度以及内容格式（MIME）。

说明 1：为便于描述，本书将 response 响应对象的缓存简称为 response 缓存。

说明 2：调用 response.getBufferSize()方法，可以获取的 response 缓存大小，默认为 8KB。

说明 3：择机的“机”是指当 response 缓存中的数据达到设置的缓存大小时，或者 Servlet 程序执行结束时，详细说明如下。

（1）Servlet 程序生成的响应数据如果不超过 8KB，Servlet 程序执行结束后，response 缓存中的数据被封装成 HTTP 响应数据，一次性地被发送到浏览器。

（2）Servlet 程序执行过程中，生成的响应数据如果超过 8KB，响应数据将被分隔成若干数据块（chunked），由 Web 服务器将其分批写入 response 缓存；response 缓存中的数据达到设置的缓存大小后，Web 服务器再将 response 缓存中的数据块封装成 HTTP 响应数据，返回给浏览器；Web 服务器清空 response 缓存；再将下一个数据块写入 response 缓存；周而复始，直至响应数据全部返回给浏览器。

说明 4：通常情况下，Web 开发人员无须人工维护 response 缓存，Web 服务器内置的缓存管理机制可以自动维护它。

4.4.2 向 response 缓存添加文本型数据

java.io.PrintWriter response.getWriter()：返回可以将文本型数据添加到 response 缓存的 PrintWriter 对象。

使用 PrintWriter 对象的 write()、print()、println()或者 append()方法，可以将文本型数据添加到 response 缓存。其中，write()只能添加字符串；print()可以将各种类型的数据转换成字符串后，再添加到 response 缓存，例如可以添加对象、整数等；println()在字符串后加了回车符和换行符，不过回车符和换行符对于 HTML 来说，将被解析成一个空格字符；append()支持方法连缀。

说明 1：默认情况下，PrintWriter 将文本型数据编码成对应的 ISO-8859-1 编码数据后，再添加到 response 缓存中。但是由于 ISO-8859-1 不支持中文字符，会导致中文字符乱码问题。

说明 2：建议调用如下代码，使得 PrintWriter 将文本型数据编码为 UTF-8 码对应的数据后，再添加到 response 缓存中，避免中文字符乱码问题。

```
response.getCharacterEncoding("UTF-8")
```

必须在第一次向 response 缓存中添加文本型数据前设置文本型数据的字符编码。

说明 3：下面的方法返回 response 缓存中的文本型数据的字符编码。

String response.getCharacterEncoding()：返回 null 时，表示默认值 ISO-8859-1。

4.4.3 向 response 缓存添加字节数据

ServletOutputStream response.getOutputStream()：返回可以将字节数据（例如图片数据、音频数据、文本数据）添加到 response 缓存的 ServletOutputStream 对象。

使用 ServletOutputStream 对象的 write()方法，可以将字节数据添加到 response 缓存。

说明 1：向 response 缓存添加字节数据前，需要提前设置响应头 Content-Type，提前告知浏览器，字节数据的内容格式（MIME）。

说明 2：如果字节数据全部是文本型数据，可在 Content-Type 响应头中设置 charset，指定字节数据的字符编码；如果字节数据中包含了图片、音频等二进制数据，就无须在 Content-Type 响应头中设置 charset。

response 的 response.getWriter()方法用于向 response 缓存添加文本型数据，response.getOutputStream()方法用于向 response 缓存添加字节数据。response 缓存中不能同时包含文本型数据和字节数据。

4.4.4　response 响应对象“一石三鸟”的代码

（1）向 response 缓存添加数据前，务必提前设置数据的内容格式（MIME），示例代码如下。

```
response.setContentType("text/html")
```

下面的方法返回 response 缓存数据的内容格式。

String　response.getContentType()：若未指定内容格式，该方法返回 null，表示由浏览器决定响应数据的内容格式。

（2）如果向 response 缓存添加的数据是文本型数据，在文本型数据添加到 response 缓存前，务必提前设置 response 缓存的字符编码方式，示例代码如下。

```
response.setCharacterEncoding("UTF-8")
```

（3）设置浏览器解析 HTTP 响应数据的解码方式。

浏览器接收到文本型数据后，Web 服务器有义务告知浏览器：解析文本型数据时，应该采用何种字符集解码文本型数据。如果没有告知，浏览器可能按照 GBK 编码解码，也可能按照 UTF-8 编码解码。然而，response 缓存中文本型数据的编码方式，如果和浏览器解析响应数据的解码方式不兼容，会导致浏览器显示中文字符时出现乱码问题。

（4）“一石三鸟”的代码。

以下代码可实现“一石三鸟”。第一，将文本型数据编码成 UTF-8 编码的数据后，添加到 response 缓存；第二，通知浏览器，HTTP 响应数据是 HTML 格式的文本型数据；第三，通知浏览器，按照 UTF-8 编码解码 HTTP 响应数据。

```
response.setContentType("text/html;charset=UTF-8")
```

如果 Servlet 程序向浏览器返回的 HTTP 响应数据是文本型数据，以上代码，可以有效避免中文字符乱码问题的发生。

response 缓存中所有数据的字符编码都是一致的。也就是说，向 response 缓存中添加第一条数据的字符编码如果是 GBK，那么接下来所有数据被编码成 GBK 编码后，再添加到 response 缓存。

结论：response 缓存中第一条数据的字符编码决定了后来的数据的字符编码。必须在第一次向 response 缓存中添加文本型数据前设置文本型数据的字符编码，之后设置是无效的。

实践任务　Servlet 生成 HTTP 响应数据

1. 目的

了解使用 response 响应对象设置响应状态码的方法。

掌握使用 response 响应对象设置响应头列表的方法。

了解重定向、定时刷新和请求转发的区别。

掌握使用 content-type 响应头控制浏览器端字符集的方法。

掌握使用 response 响应对象将文本型数据封装到响应体的方法。

掌握使用 response 响应对象将字节数据封装到响应体的方法。

掌握使用 response 响应对象显示图片或者下载图片的方法。

2. 环境

Web 服务器主机：JDK 8、Tomcat 9。

集成开发环境：eclipse-jee-2018-09-win32。

浏览器：Chrome、UC 以及 Firefox。

场景 1　准备工作

场景 1 步骤

（1）使用 Eclipse 创建动态 Web 项目，项目名称是 response。

（2）打开 Project Explorer 视图→展开刚刚创建的 Web 项目→展开 Java Resources→右击 src→单击 Servlet→弹出 Create Servlet 窗口。Java package 文本框处输入 controller，Class name 文本框处输入 CBAServlet，单击“完成”按钮。

（3）精简代码，只保留 CBAServlet.java 的 doGet()方法，并将代码修改为如下代码，为浏览器用户提供各种功能。

```
protected void doGet(HttpServletRequest request, HttpServletResponse response) throws ServletException, IOException {
    String action = request.getParameter("action");
    if(action == null || "".equals(action)) {
        response.setContentType("text/html;charset=UTF-8");
        response.getWriter()
        .append("本页面是程序首页，为浏览器用户提供了若干功能<br/>")
        .append("在URL后添加<font color='red'>查询字符串</font>，测试response各功能<br/>")
        .append("?action=statusCode 测试响应状态码，在Tomcat控制台查看本程序的响应状态码<br/>")
        .append("?action=header 注意使用F12，打开浏览器使用开发者工具<br/>")
        .append("?action=refresh 查看Tomcat控制台，refresh后的代码是否执行<br/>")
        .append("?action=redirect 查看Tomcat控制台，redirect后的代码是否执行<br/>")
        .append("?action=forward  查看Tomcat控制台，请求转发后的代码是否执行<br/>")
        .append("?action=include  查看Tomcat控制台，请求包含后的代码是否执行<br/>")
        .append("?action=contentType 不指定浏览器解码方式，出现乱码了吗？<br/>")
        .append("?action=chars 字符数据里不能掺杂字节数据，否则异常<br/>")
        .append("?action=bytes 字节数据里不能掺杂字符数据，否则异常<br/>")
        .append("?action=picture&fileName=学习强国.jpg 通过response预览图片<br/>")
        .append("?action=picture&subAction=download&fileName=学习强国.jpg 通过response下载图片文件<br/>")
        .append("?action=img&fileName=学习强国.jpg 使用<img>标签预览图片<br/>")
        .append("?action=imgServlet&fileName=学习强国.jpg 使用<img>标签和response的结合预览图片<br/>")
        ;
        return;
    }
    System.out.println("开始测试"+action+"功能");
    //所有新增的功能代码添加到此处
    //通知浏览器用户，更多功能尚待开发。
    response.setContentType("text/html;charset=UTF-8");
    response.getWriter().print("该功能尚未提供，期待您的开发升级！<br/>");
}
```

所有功能的代码全部封装在 if 语句中；为了保持代码格式统一，代码中没有使用 else 语句；为了防止 if 语句块后的语句继续执行，每个 if 语句块最后要有 return 语句。

（4）浏览器地址栏输入网址：http://localhost:8080/response/CBAServlet。运行结果如图所示。

本页面是程序首页，为浏览器用户提供了若干功能
在URL后添加查询字符串，测试response各功能
?action=statusCode 测试响应状态码，在Tomcat控制台查看本程序的响应状态码
?action=header 注意使用F12，打开浏览器使用开发者工具
?action=refresh 查看Tomcat控制台，refresh后的代码是否执行
?action=redirect 查看Tomcat控制台，redirect后的代码是否执行
?action=forward 查看Tomcat控制台，请求转发后的代码是否执行
?action=include 查看Tomcat控制台，请求包含后的代码是否执行
?action=contentType 不指定浏览器解码方式，乱码了吗？
?action=chars 字符数据里不能掺杂字节数据，否则异常
?action=bytes 字节数据里不能掺杂字符数据，否则异常
?action=picture&fileName=学习强国.jpg 通过response预览图片
?action=picture&subAction=download&fileName=学习强国.jpg 通过response下载图片文件
?action=img&fileName=学习强国.jpg 使用<img>标签预览图片
?action=imgServlet&fileName=学习强国.jpg 使用<img>标签和response的结合预览图片

本实践任务编写的 CBAServlet 程序，可以根据不同的参数，产生不同的处理结果。关键技巧是向 Servlet 的 doGet()方法传递 action 查询字符串，action 参数控制了 Servlet 程序的运行流程。读者务必掌握该技巧。

场景 2　使用 response 响应对象设置响应状态码

场景 2 步骤

（1）向 Servlet 程序的 doGet()方法新增如下代码。

```
//所有新增的功能代码添加到此处
if(action.equals("statusCode")) {
    System.out.println("设置前的状态码是：" + response.getStatus());
    response.sendError(404, "您访问的页面"跑到火星上去"了!");
    System.out.println("设置后的状态码是：" + response.getStatus());
    return;
}
```

（2）浏览器地址栏输入如下网址，运行结果如图所示。

http://localhost:8080/response/CBAServlet?action=statusCode。

HTTP Status 404 – 未找到

Type Status Report

消息 您访问的页面“跑到火星上去”了!

描述 源服务器未能找到目标资源的表示或者是不愿公开一个已经存在的资源表示。

Apache Tomcat/9.0.29

技巧 1：如果发生错误，有必要向浏览器用户返回一个友好的错误提示页面，告诉浏览器用户发生了什么，同时，也可以避免给入侵者看到 Web 项目的敏感技术信息。

技巧 2：在 Web 部署描述符文档（web.xml 配置文件）配置“错误页面”，这样，出错后，浏览器用户看到的不再是 Web 服务器提供的默认错误页面。

（3）创建 Web 部署描述符文档（web.xml 配置文件）。

web.xml 配置文件应该位于 WEB-INF 目录下，如果该目录中没有 web.xml 配置文件，就右击

Web 项目名，选择 Java EE Tools，单击 Genertate Deployment Descriptor Stub，即可在 WEB-INF 目录下创建 web.xml 配置文件。

（4）在 web.xml 配置文件中配置友好的 404 错误提示页面。

打开 web.xml 配置文件，添加如图所示的 404 错误页面配置选项。

```
<?xml version="1.0" encoding="UTF-8"?>
<web-app xmlns:xsi="http://www.w3.org/2001/XML
  <display-name>abc</display-name>
  <welcome-file-list>
    <welcome-file>index.html</welcome-file>
    <welcome-file>index.htm</welcome-file>
    <welcome-file>index.jsp</welcome-file>
    <welcome-file>default.html</welcome-file>
    <welcome-file>default.htm</welcome-file>
    <welcome-file>default.jsp</welcome-file>
  </welcome-file-list>

  <error-page>
  <error-code>404</error-code>
  <location>/404.jsp</location>
  </error-page>

</web-app>
```

（5）创建友好的 404 错误提示页面 404.jsp。

打开 Project Explorer 视图→展开 abc 项目→右击 WebContent 目录→选择 New→单击 JSP File→File Name 文本框处输入 404.jsp→单击 Next 按钮→使用默认模板→单击 Finish 按钮→在 WebContent 目录下创建 404.jsp 程序。将该程序代码修改为如下代码。

```
<%@ page language="java" contentType="text/html; charset=UTF-8"
   pageEncoding="UTF-8"%>
<html>
<head>
<title>不要着急……</title>
</head>
<body>
    <center>
        <h1>对不起，您访问的页面暂时丢失了。</h1>
    </center>
</body>
</html>
```

（6）重启 Tomcat 服务。

web.xml 配置文件一旦创建、修改，需要重启 Tomcat，新配置才能生效。

（7）重新执行步骤（2），执行结果如图所示。

场景 3　使用 response 响应对象设置响应头列表

场景 3 步骤

（1）向 Servlet 程序的 doGet()方法新增如下代码。

```
if(action.equals("header")) {
    response.setHeader("Content-Type","text/html;charset=UTF-8");
    response.setIntHeader("Content-Length", 0);
    response.setDateHeader("Date", System.currentTimeMillis());
    System.out.println("包含Set-Cookie响应头吗？" + response.containsHeader("Set-Cookie"));
```

```
        response.addHeader("Set-Cookie", "username=zhangsan; Path=/; HttpOnly");
        response.addHeader("Set-Cookie", "password=123456; Path=/; HttpOnly");
        System.out.println("包含Set-Cookie响应头吗？" + response.containsHeader("Set-Cookie"));
        System.out.println("Set-Cookie响应头是：" + response.getHeader("Set-Cookie"));
        java.util.Collection<java.lang.String> headerNames = response.getHeaderNames();
        for(String headerName : headerNames) {
            System.out.print(headerName + "是：");
            java.util.Collection<java.lang.String> headerValues = response.getHeaders(headerName);
            for(String headerValue:headerValues) {
                System.out.println(headerValue);
            }
        }
        return;
    }
```

（2）打开浏览器，按 F12 键打开浏览器开发者工具，选择 Network（或者网络）。浏览器地址栏输入网址 http://localhost:8080/response/CBAServlet?action=header，按 Enter 键。选择程序、单击 Headers，可以看到响应头列表，如图所示（Set-Cookie 响应头有两个）。

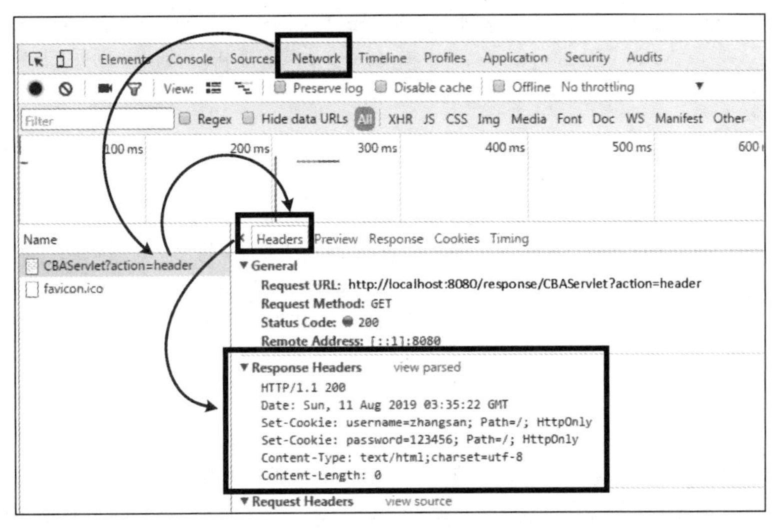

（3）Tomcat 控制台的输出效果如图所示（Set-Cookie 响应头有两个）。

```
包含Set-Cookie响应头吗？false
包含Set-Cookie响应头吗？true
Set-Cookie响应头是：username=zhangsan; Path=/; HttpOnly
Date是：Sun, 11 Aug 2019 03:56:35 GMT
Set-Cookie是：username=zhangsan; Path=/; HttpOnly
password=123456; Path=/; HttpOnly
Set-Cookie是：username=zhangsan; Path=/; HttpOnly
password=123456; Path=/; HttpOnly
```

场景 4　重定向、定时刷新、请求转发、请求包含等的使用

场景 4 步骤

（1）将第 3 章实践任务中的 form0.jsp，复制到本 Web 项目的 WebContent 目录。

（2）向 Servlet 程序的 doGet()方法新增如下代码。

```
if(action.equals("refresh")) {
    response.setHeader("Content-Type","text/html;charset=UTF-8");
    String url = request.getContextPath() + "/" + "form0.jsp";
    response.getWriter().append("观察 refresh 前的字符串是否输出到网页上！");
    response.setHeader("refresh", "5;url=" + url);
```

```
        response.getWriter().append("观察 refresh 后的字符串是否输出到网页上！");
        System.out.println("refresh 后的语句");
        return;
    }
    if(action.equals("redirect")) {
        String url = request.getContextPath() + "/" + "form0.jsp";
        response.getWriter().append("观察 redirect 前的字符串是否输出到网页上！");
        response.sendRedirect(url);
        response.getWriter().append("观察 redirect 后的字符串是否输出到网页上！");
        System.out.println("redirect 后的语句");
        return;
    }
    if(action.equals("forward")) {
        response.setHeader("Content-Type","text/html;charset=UTF-8");
        response.getWriter().append("观察 forward 前的字符串是否输出到网页上！");
        request.getRequestDispatcher("/form0.jsp").forward(request, response);
        response.getWriter().append("观察 forward 后的字符串是否输出到网页上！");
        System.out.println("forward 后的语句");
        return;
    }
    if(action.equals("include")) {
        response.setHeader("Content-Type","text/html;charset=UTF-8");
        response.getWriter().append("观察 include 前的字符串是否输出到网页上！");
        request.getRequestDispatcher("/form0.jsp").include(request, response);
        response.getWriter().append("观察 include 后的字符串是否输出到网页上！");
        System.out.println("include 后的语句");
        return;
    }
```

注意 1：重定向和定时刷新，都是从浏览器端发出的 HTTP 请求，因此 server-relative 路径需要携带 Web 项目的虚拟路径。请求转发与请求包含是在 Web 项目内进行，因此 server-relative 路径中不能携带 Web 项目的虚拟路径。

注意 2：重定向不需要设置字符编码，原因是重定向过程中的第一次响应仅包含 Location 响应头和 302 响应状态码，第一次响应里没有 HTTP 响应体。因此无须设置字符编码。定时刷新需要设置字符编码，原因是第一次响应可以包含 HTTP 响应体。请求转发（或者请求包含），必须在第一次向 response 缓存中添加文本型数据前，设置文本型数据的字符编码，之后设置是无效的。response 缓存中第一条数据的字符编码决定了其后的数据的字符编码。

说明 1：为避免中文字符乱码问题，定时刷新、请求转发和请求包含的代码中，需使用 response 响应对象“一石三鸟”的代码。

说明 2：有关请求包含的相关知识，参考第 6 章的内容。

说明 3：HTTP 响应头应该早于 HTTP 响应体到达浏览器。response 缓存确保了 HTTP 响应头早于 HTTP 响应体到达浏览器。

（3）浏览器地址栏分别输入如下网址，注意观察浏览器和 Tomcat 控制台的输出信息。

```
http://localhost:8080/response/CBAServlet?action=refresh
http://localhost:8080/response/CBAServlet?action=redirect
http://localhost:8080/response/CBAServlet?action=forward
http://localhost:8080/response/CBAServlet?action=include
```

场景 5　若不使用 content-type 控制浏览器字符集，浏览器会产生乱码

场景 5 步骤

（1）向 Servlet 程序的 doGet()方法新增如图代码。

```
if(action.equals("contentType")) {
    System.out.println("response.getCharacterEncoding默认值是：" + response.getCharacterEncoding());
    System.out.println("response.getContentType默认值是：" + response.getContentType());
    response.setCharacterEncoding("UTF-8");
    response.getWriter().print("<font color='red'>测试数据</font>");//可以打印对象
    return;
}
```

默认情况下，response 缓存中的文本型数据采用 ISO-8859-1 编码。

（2）在 Chrome 地址栏输入如下网址，运行结果如图所示（注意观察 Tomcat 控制台的输出信息）。

```
http://localhost:8080/response/CBAServlet?action=contentType
```

localhost:8080/response/CBAServlet?action=contentType

娴嬭瘯鏁版嵁

（3）在 UC 的运行结果如图所示。

localhost:8080/response/CBAServlet?action=contentType

测试数据

（4）在 Firefox 的运行结果如图所示。

localhost:8080/response/CBAServlet?action=contentType

æµ‹è¯•æ•°æ®

结论：当 HTTP 响应数据是文本型数据时，不能将字符解码的选择主动权交给浏览器。

场景 6　使用 response 响应对象，将文本型数据封装到响应体

场景 6 步骤

（1）向 Servlet 程序的 doGet()方法新增如图代码。

```
if(action.equals("chars")) {
    response.setContentType("text/html;charset=UTF-8");
    response.getWriter().write("write数据");
    response.getWriter().print(2020);//整数
    response.getWriter().print("print数据");//可以打印对象
    java.util.List<String> l = new java.util.ArrayList<String>();
    l.add("test");
    response.getWriter().print(l);//对象
    response.getWriter().println("println数据");
    response.getWriter().append("append数据1").append("append数据2").append("append数据3");
    String data = "使用OutputStream将字节数据封装到响应体<br/>";
    byte[] dataByteArray = data.getBytes("UTF-8");
    response.getOutputStream().write(dataByteArray);//字节数据封装到响应体后，不能再封装字符数据
    return;

}
```

（2）浏览器地址栏输入如下网址，运行结果如图所示（注意 println 数据后有空格）。

```
http://localhost:8080/response/CBAServlet?action=chars
```

localhost:8080/response/CBAServlet?action=chars

write数据2020print数据[test]println数据 append数据1append数据2append数据3

（3）右击浏览器，查看网页源代码，如图所示。

view-source:localhost:8080/response/CBAServlet?action=chars

```
1 write数据2020print数据[test]println数据
2 append数据1append数据2append数据3
```

Tomcat 控制台出现异常，异常的原因是，文本型数据和字节数据不能共存于 response 缓存。

场景 7　使用 response 响应对象，将字节数据封装到响应体

场景 7 步骤

（1）向 Servlet 程序的 doGet()方法新增如下代码。

```
if(action.equals("bytes")) {
    response.setContentType("text/html;charset=UTF-8");
    String data = "使用OutputStream将字节数据封装到响应体<br/>";
    byte[] dataByteArray = data.getBytes("UTF-8");
    response.getOutputStream().write(dataByteArray);
    response.getOutputStream().write(dataByteArray, 0, dataByteArray.length);
    response.getWriter().write("write数据");//字节数据封装到响应体后，不能再封装字符数据
    return;
}
```

（2）浏览器地址栏输入网址，运行结果如图所示。

```
http://localhost:8080/response/CBAServlet?action=bytes
```

localhost:8080/response/CBAServlet?action=bytes

使用OutputStream将字节数据封装到响应体
使用OutputStream将字节数据封装到响应体

Tomcat 控制台出现异常，异常的原因是，字节数据和文本型数据不能共存于 response 缓存。

场景 8　使用 Servlet 的 response 响应对象，在浏览器的页面中显示图片或者下载图片

使用 response 响应对象，在浏览器的页面中显示图片或者下载图片，可以概括为如图所示的步骤。可以看到，两个功能非常相似，它们之间唯一的区别在于，是否设置了 HTTP 响应数据的 Content-Disposition 响应头。

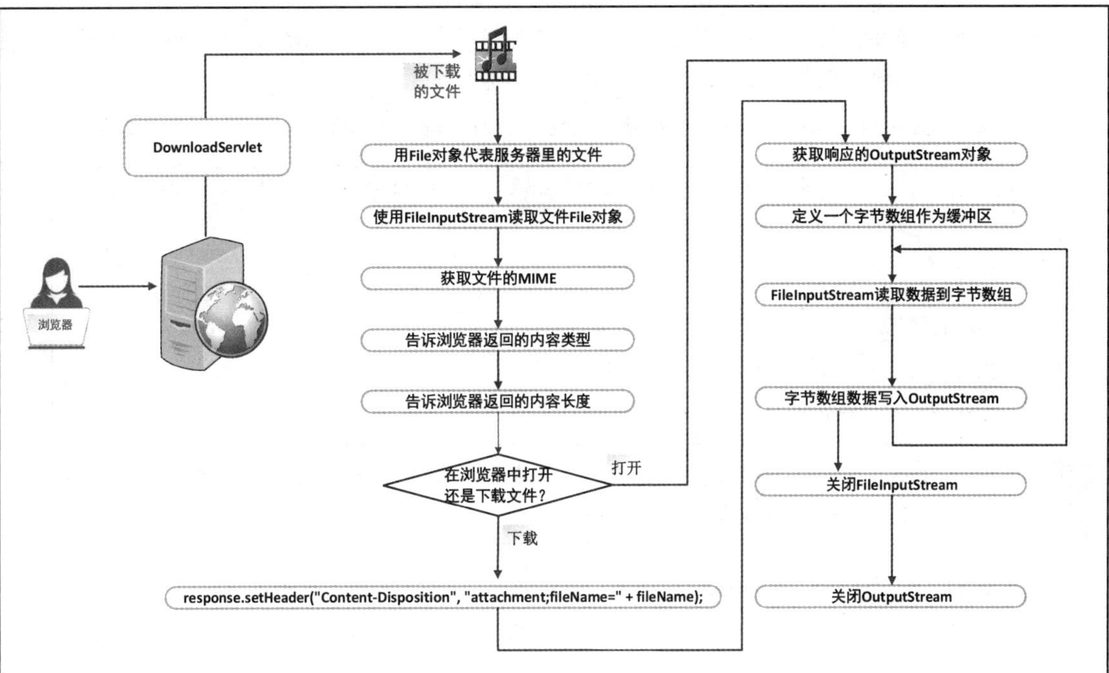

场景 8 步骤

（1）向 Servlet 程序的 doGet()方法新增如下代码。

```
if(action.equals("picture")) {
    String fileName = request.getParameter("fileName");
    String path=this.getServletContext().getRealPath("download/"+fileName);
    java.io.File file = new java.io.File(path);
    java.io.FileInputStream fis = new java.io.FileInputStream(file);
    String mime = request.getServletContext().getMimeType(fileName);
    if (mime == null) {
        mime = "application/octet-stream";
    }
    response.setContentType(mime);
    response.setContentLength((int)file.length());
    String subAction = request.getParameter("subAction");
    if(subAction!=null && subAction.equals("download")) {
        System.out.println("开始测试"+subAction+"功能");
        //解决文件下载时 文件名乱码问题
        String newFileName = new String(fileName.getBytes("UTF-8"), "ISO-8859-1" );
        response.setHeader("Content-Disposition", "attachment;fileName=" + newFileName);
    }
    javax.servlet.ServletOutputStream sos = response.getOutputStream();
    byte[] bytes = new byte[1024*4];
    int len = 0;
    while( (len = fis.read(bytes))!=-1 ) {
        sos.write(bytes, 0, len);
    }
    fis.close();
    sos.close();
    return;
}
```

说明 1：代码 String mime = request.getServletContext().getMimeType(fileName)的功能是，根据文件的扩展名获取文件的 MIME。

说明 2：实现文件上传和文件下载功能时，通常使用绝对物理路径。

说明 3：必须提前准备一个存储下载文件的文件夹（例如 download 文件夹）以及测试文件。步骤是打开 Project Explorer 视图→展开 abc 项目→右击 Web Content 目录→新建文件夹→文件夹名为 download。并在该文件夹中，放置一张包含中文字符文件名的“JavaEE 开发.jpg”测试图片。

（2）在浏览器地址栏输入如下网址，显示图片，运行结果如图所示。

```
http://localhost:8080/response/CBAServlet?action=picture&fileName=JavaEE 开发.jpg
```

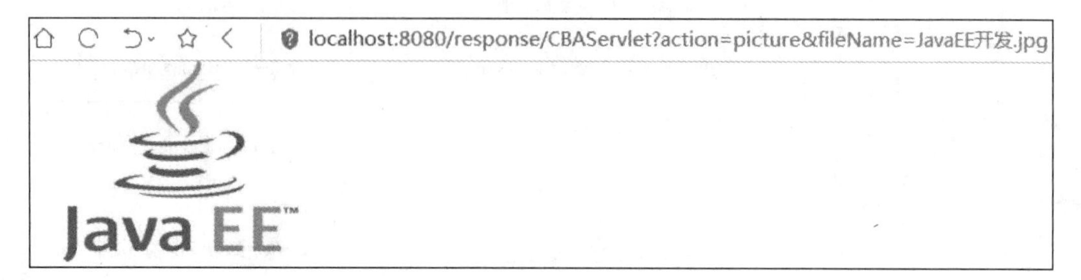

“Java EE 开发.jpg”通过 GET 请求的查询字符串传递给 Servlet 程序，因此，request 请求对象无须设置字符集。

（3）在 UC 浏览器地址栏输入如下网址，下载图片，运行结果如图所示。

```
http://localhost:8080/response/CBAServlet?action=picture&subAction=download&fileName=JavaEE 开发.jpg
```

网址中的中文字符被 URL 编码。

场景 9　使用<img>标签，在浏览器的页面中显示图片

通过在 HTML 的<img>标签中指定 src 属性，也可以在浏览器的页面中显示图片。

场景 9 步骤

（1）向 Servlet 程序的 doGet()方法新增如下代码。

```
if(action.equals("img")) {
    String fileName = request.getParameter("fileName");
    String contextPath = request.getContextPath();
    String src = contextPath + "/download/" + fileName;
    String img = "<img src='" + src + "' />";
    response.setContentType("text/html;charset=UTF-8");
    response.getWriter().append("图片可以和文字并存：<br/>")
    .append(img);
    return;
}
```

注意　<img>标签的 src 指定了图片的路径。由于<img>标签是浏览器端的代码，使用 server-relative 路径拼接 src 路径时，需要携带 Web 项目的虚拟路径。

（2）浏览器地址栏输入如下网址，显示图片，运行结果如图所示。

```
http://localhost:8080/response/CBAServlet?action=img&fileName=JavaEE开发.jpg
```

问题：使用<img>标签可以在浏览器的页面上显示图片；向 response 缓存中添加图片的字节数据，也可以在浏览器上的页面显示图片。这两种方法有什么区别呢？

区别 1：HTTP 响应的 MIME 不同、请求次数不同。

使用 response 缓存显示图片：向 response 缓存中添加图片的字节数据时，需要提前设置响应数据的内容格式（MIME）是 image/*，这就导致了图片数据和文本型数据不能同时显示在同一个 HTML 页面中。浏览器接收到图片数据后，按照指定的内容格式解析字节数据，并显示图片。整个过程是一次 HTTP 请求、一次 HTTP 响应。

使用<img>标签显示图片：response 响应对象首先向浏览器输出一个<img src=' '>的文本型数据，注意此时响应数据的内容格式是 HTML 格式（text/html），这个过程是第一次 HTTP 请求和第一次 HTTP 响应。浏览器接收到<img>标签后，解析<img>标签，浏览器向 src 指向的图片资源发出第二次 HTTP 请求。由于该请求访问的是一张图片，属于静态资源，Web 服务器直接将图片资源返回给浏览器，第二次 HTTP 请求由浏览器自动发出，第二次 HTTP 响应由 Web 服务器自动返回，并且 Web 服务器自动将第二次响应内容的 MIME 设置为图片类型。

因此，使用<img>标签的 src 属性显示图片时，图片数据和文本型数据可以同时显示在同一个 HTML 页面中。使用 response 缓存显示图片时，不能同时显示文本型数据。

区别 2：使用<img>标签显示图片时，图片资源的物理位置受到限制。

使用<img>标签的 src 属性显示 Web 服务器上的图片资源时，图片必须位于 Web 服务器 WebContent 目录下（Web 项目的根目录下），本场景的测试图片位于 WebContent 目录的 download 目录下。

使用 Servlet 和 response 响应对象则无此限制，Web 项目在 C 盘，图片资源可以位于 D 盘，甚至可以位于通过网络连接的另外一台文件服务器主机。

场景 10　<img>标签结合 response 缓存，在浏览器中显示图片

场景 10 步骤

（1）向 Servlet 程序的 doGet()方法新增如下代码。

```
if(action.equals("imgServlet")) {
    String fileName = request.getParameter("fileName");
    String contextPath = request.getContextPath();
    String servletURLPattern = request.getHttpServletMapping().getPattern();
    String src = contextPath + servletURLPattern + "?action=picture&fileName=" + fileName;
    String img = "<img src='" + src + "' />";
    response.setContentType("text/html;charset=UTF-8");
    response.getWriter().append("图片可以和文字并存，并且图片的物理路径可以是任意位置：<br/>")
    .append(img);
    return;
}
```

本示例程序既可以解决图片数据和文本型数据不能在同一个页面内并存显示的问题，又可以解决图片资源的物理位置受到限制的问题。

分析：本示例程序返回了 UTF-8 编码的文本型数据，并且文本型数据中包含了<img>标签。浏览器接收到<img>标签后，紧接着向 CBAServlet 程序发送第二次请求，显示图片，第二次请求的 URL 是“/response/CBAServlet?action=picture&fileName=JavaEE 开发.jpg”。

（2）浏览器地址栏输入如下网址，显示图片，运行结果如图所示。

```
http://localhost:8080/response/CBAServlet?action=imgServlet&fileName=JavaEE 开发.jpg
```

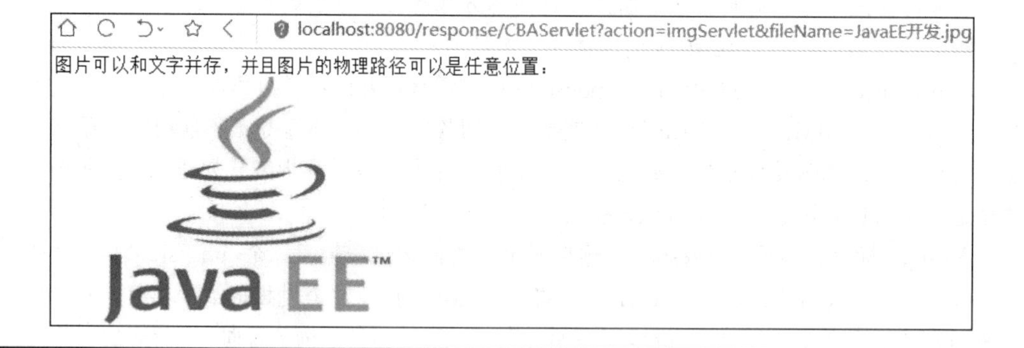

第 5 章 异步请求和异步响应

前面介绍了浏览器和 Web 服务器之间的请求与响应是同步的，本章介绍异步的请求和响应。本章讲解 HTML、CSS 和 JavaScript 的基础知识、JavaScript 操作 HTML 元素的常用方法；介绍利用 XMLHttpRequest 对象发起异步的 HTTP 请求和获取响应的方法。通过本章的学习，读者能够开发异步请求和响应的 Web 程序。

5.1 Web 前端技术

HTML、JavaScript 和 CSS 是 Web 开发人员必须了解的 Web 前端技术。HTML 定义了网页的内容；CSS 和 JavaScript 都是为了渲染 HTML，CSS 能够让 HTML 页面外观更好看，JavaScript 能够让 HTML 页面具备行为。

5.1.1 HTML 简介

一个 HTML 页面是包含多个 HTML 元素的文本文档，HTML 元素指的是从开始标签到结束标签的所有 HTML 代码，HTML 元素的内容是开始标签与结束标签之间的内容。以 HTML 元素“<textarea>多行文本框</textarea>”为例，“<textarea>”是开始标签，“</textarea>”是结束标签，“多行文本框”就是该 HTML 元素的内容。

HTML 元素通常包含若干属性，用于向 HTML 元素提供附加信息，这些附加信息可能会影响 HTML 元素的外观，也可能影响 HTML 元素的行为（例如可以添加鼠标单击或者双击事件等）。以图 5-1 所示的 HTML 元素“<font color='red'>学习强国</font>”为例，“学习强国”就是该 HTML 元素的内容，color 是“<font>”标签的属性，影响了“学习强国”在浏览器上显示的外观（以红色显示）。

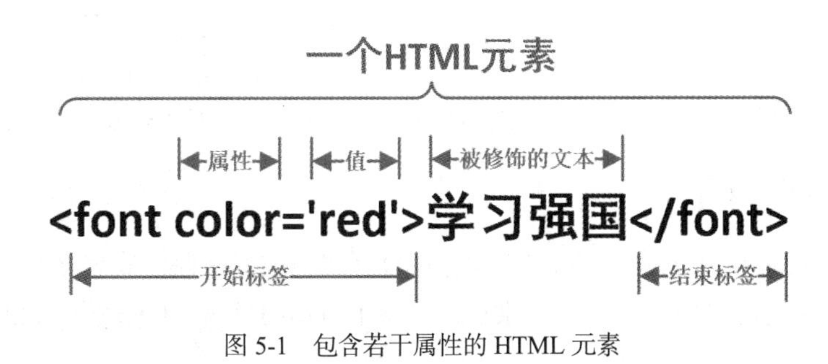

图 5-1　包含若干属性的 HTML 元素

说明 1：有些 HTML 元素不允许包含内容，例如<img />、
，这些元素称为空元素。

说明 2：HTML 元素中的属性可以以任意顺序出现，标签名、属性名不区分大小写。

5.1.2 HTML 元素的属性

按照属性的类型，本书将 HTML 元素的属性分为核心属性、事件属性以及外观属性。例如下面<input />标签定义了一个“外观较丑”的单行文本框。

```
<input style="text-align:center;color:red;font-size:20px;border:10px solid blue;"
onblur="alert(this.value)" type='text' name="userName" id="userName" value=""/>
```

核心属性：id、name、type 和 value 等属性，是 HTML 元素的核心属性。

外观属性：外观属性使用 CSS 样式代码，定义了 HTML 元素的外观。例如：代码“text-align:center;color:red;font-size:20px;”定义了输入单行文本框中的文字，以“居中、红色、20px”的 CSS 样式显示。

HTML 元素的 style 属性定义了 HTML 元素的行内 CSS 样式，HTML 元素的 class 属性为当前的 HTML 元素应用一个或者多个 CSS 样式类（多个 CSS 样式类使用空格隔开即可）。

事件属性：利用鼠标或者键盘操作 HTML 元素时，事件属性定义了触发 HTML 元素的哪些行为，而行为通过 JavaScript 代码定义。例如，onblur 属性就是一个事件属性，代码 onblur="alert(this.value)" 的功能是：向单行文本框中输入文字（例如 abcd），当单行文本框失去焦点时，触发执行 onblur 事件属性定义的行为“alert(this.value)”。而 alert(this.value)负责弹出一个对话框，对话框上显示单行文本框里输入的内容，如图 5-2 所示。

图 5-2 包含事件属性的 HTML 元素

this 对象等效于本 HTML 元素，this.value 则是指本 HTML 元素的 value 属性值。

HTML 元素常用的事件属性举例如下。

<body>标签常用的事件属性是 onload，表示 HTML 页面加载到浏览器后，触发执行 onload 属性定义的行为。

单行文本框<input>标签（type='text'）常用的事件属性是 onblur，当单行文本框元素失去焦点时，触发执行 onblur 事件属性定义的行为。

事件属性 onchange，当内容改变且失去焦点时，触发执行 onchange 属性定义的行为。

事件属性 onclick，当 HTML 元素上发生单击事件时，触发执行 onclick 属性定义的行为。

事件属性 ondbclick，当 HTML 元素上发生双击事件时，触发执行 ondbclick 属性定义的行为。

5.1.3 CSS 简介

CSS 是 Cascading Style Sheets 的缩写，叫作层叠样式表或者级联样式表。CSS 用于描述 HTML 元素如何被浏览器渲染，控制 HTML 元素在浏览器中显示的外观。CSS 第一版的标准于 1996 年制定，最新版为 CSS3，于 1999 年制定。

所谓层叠（或者级联），是一种“冲突”的解决方案。这是因为，一个 HTML 元素可能同时被多个“外观属性”修饰，当多个“外观属性”出现冲突时，以优先级高的为准（覆盖），最后再将所有“外观属性”叠加，形成该 HTML 元素的最终“外观”。

5.1.4 小露身手：理解 CSS 中层叠的含义

1. 目的

理解 CSS 中层叠的含义。

2. 准备工作

（1）在 Eclipse 中创建 Dynamic Web Project 项目 ajax。

（2）将 servlet-api.jar 包导入 Web 项目（若无错，此准备工作可跳过）。

3. 步骤

（1）在 WebContent 目录下创建 css.html 静态页面程序。具体步骤是：打开 Project Explorer 视图→展开项目→右击 WebContent 目录→选择 New→单击 HTML File→File Name 文本框处输入 css.html→单击 Next 按钮→使用默认模板→单击 Finish 按钮。将代码修改为如下所示。

```
<!DOCTYPE html>
<html>
<head>
<title>层叠特性</title>
<style type="text/css">
p{            /* 这是一个标签选择器，本样式适用于所有<p>标签 */
    color:green;
}
.redColor{    /* 这是一个类选择器，用.定义，本样式适用于所有 class='redColor'的标签 */
    color:red;
}
.blackColor{  /* 这是一个类选择器，用.定义，本样式适用于所有 class='blackColor'的标签 */
    color:black;
}
#line3{       /* 这是一个 ID 选择器，用#定义，本样式适用于所有 id='line3'的标签 */
    color:blue;
}
</style>
</head>
<body>
    <p>第 1 行绿色文本</p>
    <p class="redColor">第 2 行红色文本</p>
    <p id="line3" class="redColor">第 3 行蓝色文本</p>
    <p style="color:orange;" id="line3">第 4 行橙色文本</p>
    <p class="blackColor redColor">第 5 行黑色文本</p>
    <p class="redColor blackColor">第 6 行黑色文本</p>
</body>
</html>
```

说明 1：如果 Web 页面只包含 HTML 标签、CSS 代码或者 JavaScript 代码，而没有 Java 代码或 JSP 代码，该页面就可以作为静态页面，扩展名可选用.html 或者.htm。

说明 2：简单的 CSS 代码可以直接编写在 HTML 元素的 style 属性中。复杂的 CSS 代码需要借助<style/>标签嵌入 HTML 页面中，<style/>标签通常情况下写在 HTML 页面的<head/>元素中。

（2）打开浏览器，在地址栏输入网址 http://localhost:8080/ajax/css.html，观察每个<p>标签显示的颜色。

分析如下。

第 1 行<p>标签，没有出现“冲突”问题，显示标签选择器 p 中定义的绿色。

第 2 行<p>标签，<p>标签使用 class 属性定义了本元素的类名为 redColor，此时产生了“冲突”。类选择器优先级大于标签选择器，因此以“.redColor”定义的样式为准，显示红色。

第 3 行<p>标签，既有 ID 选择器，又有类选择器（同时还有标签选择器），此时产生了“冲突”。ID 选择器优先级大于类选择器，因此以“#line3”定义的样式为准，显示蓝色。

第 4 行<p>标签，既有行内样式，又有 ID 选择器，此时产生了“冲突”。行内样式优先级大于 ID 选择器，因此以 style="color:orange;"定义的样式为准，显示橙色。

第 5 行和第 6 行<p>标签，使用了两个类选择器，并且两个类选择器都定义了 color 属性，此时产生了“冲突”。blackColor 类选择器的优先级大于 redColor，因此显示黑色。

结论 1：一个 HTML 元素可以被赋予多个 class，这么做可以把若干个 CSS 类选择器合并到一个 HTML 元素，产生“层叠”效果。

结论 2：类选择器的优先级是按照 CSS 样式表的顺序决定的，后面的样式覆盖前面的样式。

5.1.5 JavaScript 简介

JavaScript 诞生于 1995 年（和 Java 同一年诞生），JavaScript 代码在浏览器端执行，因此 JavaScript 是浏览器端的一种语言。JavaScript 早期的主要功能是验证 FORM 表单数据的合法性。如今，JavaScript 可实现更多的功能，例如可以使用 JavaScript 发送异步请求、接收异步响应；已经演变出可以在服务器端运行的 Node.js。当然，在本章中，我们将 JavaScript 视为浏览器端技术，通过 JavaScript 发送异步请求、接收异步响应。

另外，请不要将 JavaScript 脚本语言与 Java 编程语言混淆，虽然“JavaScript”在命名上借鉴了“Java”，它们也在同一年诞生，都是一种面向对象语言，但是这两种语言在语法、语义与用途方面有很大不同。

HTML 的核心是 HTML 元素，HTML 元素定义了 HTML 页面的内容。

CSS 定义了 HTML 元素在浏览器上显示的外观（例如样式、布局等），例如使用 CSS 的 font 属性可以定义字体的字号、粗细、是否倾斜等外观。

5.2 JavaScript 入门

HTML 元素可拥有事件属性。通过鼠标或者键盘操作 HTML 元素时，可以在 HTML 元素上产生事件；事件可以触发 HTML 元素的“行为”，“行为”实际上对应的是一段 JavaScript 代码或者一个 JavaScript 函数。例如，当用户单击某个 HTML 元素时，可以触发 onclick 事件，继而触发执行 onclick 事件属性对应的 JavaScript 代码。

5.2.1 JavaScript 基础知识

1. JavaScript 代码的编写位置

简单的 JavaScript 代码可以直接编写在 HTML 元素的事件属性中。

复杂的 JavaScript 代码需要借助<script />标签嵌入 HTML 页面中，<script />标签可以写在 HTML 页面的任意位置，不过通常情况下写在<head />元素中、</body>结束标签前或者</body>结束标签后。

2. HTML 元素以及 JavaScript 呈现的顺序

加载 HTML 页面时，浏览器按照 HTML 页面中 HTML 元素和 JavaScript 出现的先后顺序一一呈现，最终呈现出整个页面。

3. JavaScript 的 document 对象

HTML 页面被加载到浏览器后，整个 HTML 页面将被映射为 JavaScript 的 document 对象。document 对象就是整个 HTML 页面，整个 HTML 页面就是 document 对象。JavaScript 通过操作 document 对象，继而可以操作整个 HTML 页面。

document 对象提供了很多属性，用于获取整个 HTML 页面的特征信息，例如 characterSet、contentType、title、URL、cookie、lastModified、referrer 等属性。

document 对象还提供了很多方法，例如，document.write('字符串')方法将字符串输出到当前 HTML 页面。

HTML 页面加载到浏览器后，不能再使用 document.write('字符串')方法将字符串输出到当前 HTML 页面，否则会覆盖整个 HTML 页面。

4. JavaScript 每条语句以“;”结束，使用“+”可以将两个字符串拼接成一个字符串

5. 声明变量

JavaScript 声明变量的语法格式如下。

```
var age;
```

说明 1：关键字 var 之后紧跟着的，就是一个变量名。

说明 2：JavaScript 是弱类型语言，声明 JavaScript 变量时，无须指定变量的数据类型。

例如：下面两条 JavaScript 语句为变量 age 赋值，先赋值为整数，再赋值为字符串。

```
age = 20;
age = '2000-1-1';
```

说明 3：阅读其他 JavaScript 代码时，可能会遇到省略 var 关键字的变量声明（参考下面的代码），但本书建议使用 var 关键字声明 JavaScript 变量。

```
birthday = '2000-1-1';
```

6. 声明函数

JavaScript 中声明函数的语法格式如下，其中 myFunction 是函数名。

```
var myFunction = function (myArgs) {
    // 编写代码
}
```

声明函数和声明变量语法格式类似，这是因为，对于 JavaScript 而言，函数名和变量名本质上是一样的。

7. 调用函数

函数名后紧跟括号（括号内可以有参数），表示对函数进行调用。调用函数的语法格式如下。

```
myFunction(args);
```

5.2.2 小露身手：演示 HTML 元素和 JavaScript 呈现的顺序

1. 目的

（1）熟悉 HTML 元素的核心属性、事件属性和外观属性等。

（2）在 HTML 元素的事件属性中定义 JavaScript 代码，利用 JavaScript 读取 HTML 元素的属性。

（3）演示 HTML 元素和 JavaScript 呈现的顺序。

2. 步骤

（1）在 WebContent 目录下创建 js.html 静态页面程序，将代码修改为如下所示。

```
<!DOCTYPE html>
<html>
<head>
<title>层叠特性</title>
<script>
    document.write("<h1>title 标签中的 JavaScript 代码</h1>");
    document.write("<h2>" + document.url + "</h2>");
    document.write("<h2>" + document.URL + "</h2>");
    document.write("<h2>" + document.characterSet + "</h2>");
    document.write("<h2>" + document.contentType + "</h2>");
</script>
</head>
<body>
    <h1>body 代码</h1>
    <input   style="text-align:center;color:red;font-size:20px;border:10px  solid
blue;"
onblur="alert(this.value)"  type='text'  name="userName"  id="userName" value="" />
<script>
    document.write("<h1>body 结束标签前的 JavaScript 代码</h1>");
</script>
</body>
</html>
```

（2）打开浏览器，在地址栏输入网址 http://localhost:8080/ajax/js.html，执行结果如图 5-3 所示。

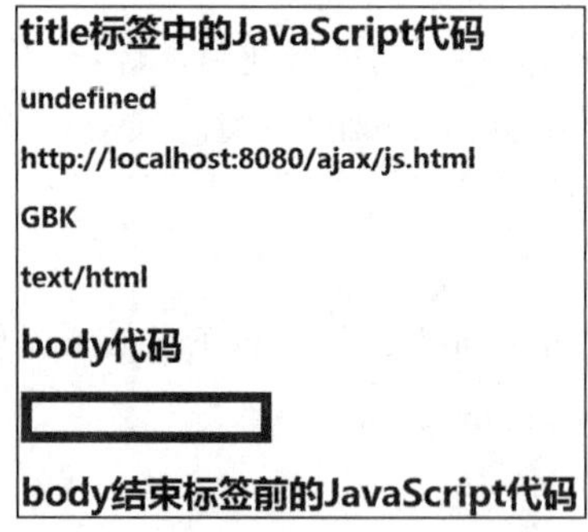

图 5-3 演示 HTML 元素和 JavaScript 呈现的顺序

说明：在单行文本框中输入文字，单行文本框失去焦点时，将弹出对话框。

JavaScript 变量名对大小写敏感。document.URL 用于获取当前 HTML 页面的 URL。document 对象不存在 url 属性，因此 document.url 的返回值是 undefined，表示变量未初始化。

5.2.3　通过 JavaScript 的 document 对象操作 HTML 元素

JavaScript 定义了 HTML 元素的行为。JavaScript 既可以动态修改 HTML 元素，例如可以使用 JavaScript 向网页动态增加或者删除 HTML 元素；又可动态修改 HTML 元素里的内容；甚至还可以动态修改 HTML 元素的 CSS 属性，改变 HTML 元素在浏览器上显示的外观。

要想操作 HTML 元素，首先必须通过 JavaScript 的 document 对象定位该 HTML 元素。

1. 通过 JavaScript 的 document 对象定位 HTML 元素

只有先定位 HTML 元素，才能操作该 HTML 元素。定位 HTML 元素时，通常需要借助 HTML 元素的 id 属性或者 name 属性。

（1）通过 HTML 元素的 id 属性定位 HTML 元素。

```
document.getElementById("userName")
```

功能：返回“id=userName”的 HTML 元素。

由于同一 HTML 页面上，HTML 元素的 id 属性唯一，因此通过 id 属性通常可以定位到唯一的 HTML 元素。

（2）通过 HTML 元素的 name 属性定位 HTML 元素。

```
document.getElementsByName("interest")
```

功能：返回所有“name=interest”的 HTML 元素的数组，而不是一个 HTML 元素。

由于同一 HTML 页面上，HTML 元素的 name 属性可能不唯一（例如单选按钮、复选框等表单控件），因此通过 name 属性可能定位到多个 HTML 元素。

当然，定位 HTML 元素还有其他方法，例如 document.getElementsByTagName(tagName)，该方法按照 HTML 元素的标签名定位 HTML 元素。本书主要使用前面两种方法定位 HTML 元素。

2. 读取或设置 HTML 元素的内容

前文介绍：HTML 元素的内容是开始标签与结束标签之间的内容，有些 HTML 元素有内容，有些 HTML 元素没有内容。如果某个 HTML 元素有内容，JavaScript 可以通过操作当前 HTML 元素的 innerHTML 属性，读取或设置当前 HTML 元素的内容。

（1）设置 HTML 元素内容的代码格式如下。

```
document.getElementById(id).innerHTML = new text or new HTML element;
```

（2）读取 HTML 元素内容的代码格式如下。

```
var id = document.getElementById(id).innerHTML;
```

3. 读取或设置 HTML 元素属性的值

（1）设置 HTML 元素属性的值，代码格式如下。

```
document.getElementById(id).attribute = new value
```

（2）读取 HTML 元素属性的值，代码格式如下。

```
var attribute = document.getElementById(id).attribute;
```

4. innerHTML 和 innerText 的使用和区别

使用属性 innerHTML 或者属性 innerText，都可以读取或设置当前 HTML 元素的内容，它们之间的区别如下。

（1）innerHTML 用于读取或者设置当前 HTML 元素所包含的 HTML 标签和文本信息；innerText 用于读取或者设置当前 HTML 元素所包含的文本信息（不包含 HTML 标签）。

（2）所有浏览器都支持 innerHTML 属性；部分浏览器支持 innerText 属性。

5. 设置 HTML 元素 style 属性的属性值

设置 HTML 元素 style 属性的属性值，代码格式如下。

```
document.getElementById(id).style.样式名="样式值"//添加 style 样式或者修改 style 样式
document.getElementById(id).style.样式名=""//删除 style 样式
```

5.2.4 小露身手：通过 JavaScript 的 document 对象操作 HTML 元素内容

1. 目的

（1）只使用 JavaScript 实现功能：不重新加载当前 HTML 页面，判断用户名是否被占用。

（2）只使用 JavaScript 实现功能：不重新加载当前 HTML 页面，显示图片。

2. 准备工作

需要提前准备一个存储图片的文件夹（例如 pictures 文件夹）。步骤是打开 Project Explorer 视图→展开 abc 项目→右击 WebContent 目录→新建文件夹→文件夹名输入 pictures。并且，在该文件夹中，放置一张文件名为“JavaEE 开发.jpg”的测试图片。

3. 步骤

（1）在 WebContent 目录下创建 js.jsp 程序，将代码修改为如下所示。

```
<%@ page language="java" contentType="text/html; charset=UTF-8"
   pageEncoding="UTF-8"%>
<!DOCTYPE html>
<html>
<head>
<meta charset="ISO-8859-1">
<title>Insert title here</title>
<script>
var showMessage = function (input){
     var userName = input.value.trim();
     var userNameMessage = document.getElementById("userNameMessage");
     if(userName==""){
          userNameMessage.style.color = "red";
          userNameMessage.innerHTML = "用户名不能为空！";
          return;
     }
     if(userName == "zhangsan"){
          userNameMessage.style.color = "red";
          userNameMessage.innerHTML = "用户名已经被占用！";
     }else{
          userNameMessage.style.color = "green";
          userNameMessage.innerHTML = "用户名可以使用！";
     }
}
function showPicture(){
     document.getElementById("show").innerHTML=
     "<img width=200 src='<%= request.getContextPath() %>/pictures/JavaEE 开发.jpg'>";
}
</script>
</head>
```

```
<body>
<input  onblur="showMessage(this)"  type='text' /><span id='userNameMessage'></span>
<br/>
<input type="submit" onclick="showPicture()" value="加载图片"><span id="show"></span>
</body>
</html>
```

说明 1：代码 onblur="showMessage()"，表示该 HTML 元素失去焦点后，执行 showMessage()函数。

说明 2：pictures 目录必须位于 Web Content 目录下，具体原因参考第 4 章的知识。

说明 3：<span></span>标签通常用来组合 HTML 页面中的行内元素。

说明 4：行内元素、块级元素与行内块级元素的比较如下。

行内元素的特点：相邻的行内元素不换行，设置的宽度和高度无效，外边距 margin 和内边距 padding 仅在水平方向有效，垂直方向无效。块级元素的特点，能够自动换行开启新的一行，能够设置宽高，外边距 margin 和内边距 padding 对上、下、左、右 4 个方向的设置均有效。行内块级元素的特点：元素排列在一行，不会自动换行，宽度的设置、高度的设置、外边距 margin 和内边距 padding 对上、下、左、右 4 个方向的设置均有效。

常见的行内元素有<span>、<img>、<a>、<big>、<small>、<strong>、<u>等。常见的块级元素有<div>、<p>、<h1>～<h6>、<table>、<ul>、<li>、<ol>等以及 HTML5 新增的属性<header>、<section>、<aside>、<footer>等。

行内元素、块级元素以及行内块级元素可以通过如下 CSS 代码相互转换。

```
display: inline;               //转为行内元素
display: block;                //转为块级元素
display: inline-block;         //转为行内块级元素
```

（2）打开浏览器，在地址栏输入网址 http://localhost:8080/ajax/js.jsp。在单行文本框中输入“zhangsan”，单行文本框失去焦点后，执行结果如图 5-4 所示。

在单行文本框中输入“zhangsan”以外的文字，单行文本框失去焦点后，单击“加载图片”按钮，执行结果如图 5-5 所示。

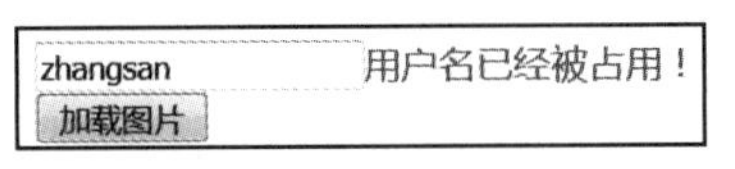

图 5-4　判断用户名是否被占用

图 5-5　加载图片

5.3　异步请求和异步响应

之前，我们在不重新加载当前页面的前提下，仅通过 JavaScript，实现了 HTML 页面的局部刷新，貌似解决了判断“用户名是否被占用”问题。但是，仅依靠 JavaScript 是无法判断用户名是否被占用的。这是因为，一个 Web 项目的注册用户信息，通常保存在数据库中，而 JavaScript 仅是浏览器端技术，无法直接访问数据库中的数据。Web 服务器中的 Servlet 程序，可以访问数据库中的数据。只有让 JavaScript 向 Web 服务器中的 Servlet 程序发送“异步的 HTTP 请求”，并获取“异步的 HTTP 响应”，才能真正解决在不重新加载当前页面的前提下，判断“用户名是否被占用”的问题。

5.3.1 异步请求和同步请求概述

在不重新加载当前页面的前提下，实现 HTML 页面的局部刷新，这种技术称为 AJAX 技术，即“Asynchronous Javascript And XML”，译作异步 JavaScript 和 XML。事实上，AJAX 并不是一种新技术，AJAX 是一种异步的 JavaScript 技术。

异步请求：允许多个请求同时发出，在执行下一个操作之前，不需要等待上一个操作返回的执行结果。现在，越来越多的浏览器用户和 Web 开发人员喜欢这种异步请求，因为它可以防止 HTML 页面在等待上一个操作返回的执行结果时被挂起。通常情况下，异步请求会缩短 HTML 页面的加载时间，如图 5-6 所示。

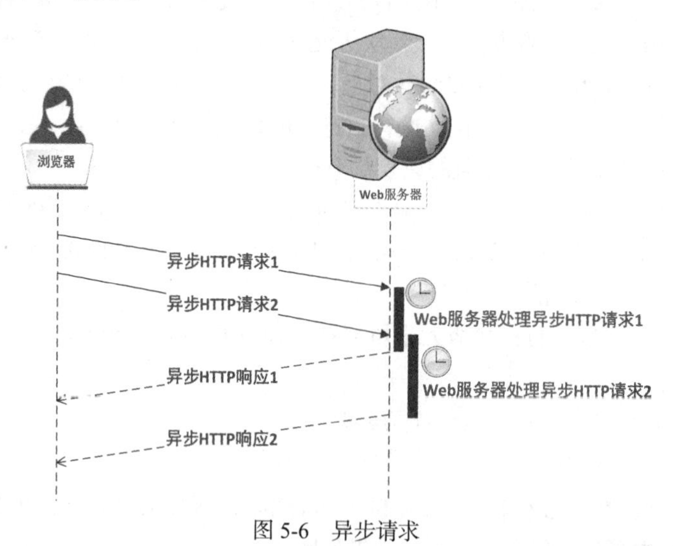

图 5-6　异步请求

同步请求：早期的 HTML 页面，大多数是按照同步的顺序发出 HTTP 请求。这可能会导致 HTML 页面的加载时间较长，因为下一个操作在上一个操作返回执行结果之前无法开始，如图 5-7 所示。

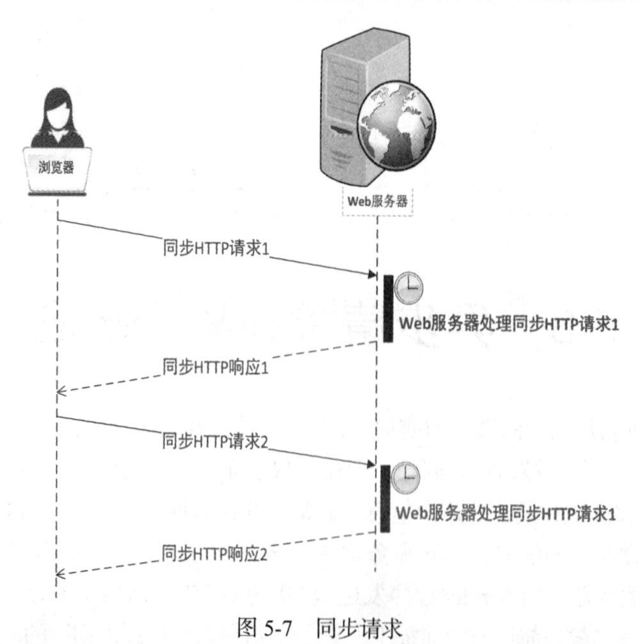

图 5-7　同步请求

5.3.2 XMLHttpRequest 异步请求对象

XMLHttpRequest 异步请求对象是实现 AJAX 技术的核心。如今，几乎所有的主流浏览器都内建了 XMLHttpRequest 异步请求对象。在不重新加载当前页面的前提下，JavaScript 可以利用 XMLHttpRequest 异步请求对象向 Web 服务器中的 Servlet 发送异步的 HTTP 请求，并利用 XMLHttpRequest 异步请求对象获取异步的 HTTP 响应。

JavaScript 创建 XMLHttpRequest 异步请求对象的代码如下。

```
var request = new XMLHttpRequest();
```

低版本 IE 浏览器（IE6 及以下）不支持 XMLHttpRequest 对象。可以通过如下代码创建异步请求对象。

```
var request=new ActiveXObject("Microsoft.XMLHTTP"); //IE5 或者 IE6
```

1. XMLHttpRequest 异步请求对象的辅助函数

为便于描述，假设 request 是一个 XMLHttpRequest 异步请求对象的实例化对象，request 有如下 3 个辅助函数。

request.setRequestHeader(header : String, value : String)：设置异步请求的请求头。

request.getAllResponseHeaders()：返回异步响应的响应头列表，返回字符串类型的数据。

request.getResponseHeader(header : String)：返回异步响应中指定响应头的响应头值。

说明 1：对比 Servlet，Servlet 既要接收 HTTP 请求，又要返回 HTTP 响应，因此 Servlet 中既存在 request 请求对象，又存在 response 响应对象。JavaScript 毕竟是浏览器端的技术，必须模拟浏览器发出 HTTP 请求和接收 HTTP 响应，异步的 JavaScript 的核心是使用 request 异步请求对象模拟浏览器发出 HTTP 请求，使用 request 异步请求对象模拟接收 HTTP 响应。

说明 2：异步的响应依赖于异步的请求。

2. XMLHttpRequest 异步请求对象的核心函数

request 的核心函数有两个，分别是 request.open()和 request.send()，具体如下。

（1）request.open()函数的语法格式。

request.open(method : String, URL: String, async = true : Boolean)：该函数没有返回值。

request.open()函数的功能是：method 设置请求的数据发送方式（通常是 get 或者 post）；URL 设置请求访问的 URL。参数 async 的默认值是 true，表示请求为异步请求。通常情况下，最好使用异步请求，以便浏览器在请求时保持响应。

（2）request.send()函数的语法格式。

request.open()设置了数据的发送方式和请求访问的 URL，只有调用 request.send()函数，请求数据才被发送出去。request.send()函数没有返回值，该函数有以下几种语法格式。

request.send()：通常用于发送 GET 请求（没有请求体）；当然，也可以用于发送 POST 请求，表示该 POST 请求没有请求体。

request.send(data : FormData)：发送 data 数据，通常用于发送 POST 请求。该函数自动将 FormData 数据 data 封装到 POST 请求体中。并且默认情况下，POST 请求体中的数据采用 multipart/form-data 编码。

request.send(data : String)：发送 data 字符串类型数据，通常用于发送 POST 请求。该函数自动将字符串类型数据 data 封装到 POST 请求体中。data 字符串类型数据的格式类似于查询字符串，并且 data 字符串类型数据中不能存在中文字符，如果存在中文字符，需要调用 JavaScript 的 encodeURI()函数，将中文字符编码成对应的 UTF-8 十六进制数编码。此时，Web 服务器端的 Servlet 程序需要对接收过来的数据，先按照 ISO-8859-1 编码解码成字节码，再将字节码用 UTF-8 编码重新编码。

例如，JavaScript 代码示例如下。

```
var userName = encodeURI("张三丰");
var data = "action=checkUserName&userName=" + userName;
request.setRequestHeader("Content-Type", "application/x-www-form-urlencoded");
```

将请求数据封装到 POST 请求体前，需提前指定 POST 请求体的内容格式（MIME）。

Web 服务器端的 Servlet 程序中，解码的示例代码如下。

```
String userName = request.getParameter("userName");
userName = new String((userName.getBytes("ISO-8859-1")),"UTF-8");
```

3. FormData 对象

FormData 对象需要与 request.send(data : FormData)函数一起使用，可将异步请求的数据“伪装成”一个 multipart/form-data 内容格式的表单数据。创建 FormData 对象的代码如下。

```
var form = new FormData();
```

FormData 对象的核心函数是 append()，该函数以“name/value”对的方式将异步请求的数据附加到 FormData 对象，该函数没有返回值。

假设 form 变量是一个 FormData 对象，form.append()函数的语法格式如下。

```
form.append(name:String, value:String)
```

4. XMLHttpRequest 异步请求对象的核心属性

XMLHttpRequest 异步请求对象的核心属性有 readyState、responseType、responseText 和 status。

（1）request.readyState：表示当前异步请求的状态。每一次异步请求都要经历 0、1、2、3、4 等 5 种状态，分别对应 request 对象的常量 UNSENT、OPENED、HEADERS_RECEIVED、LOADING 以及 DONE。异步请求的 5 种状态意义如下。

0：UNSENT。request 异步请求对象刚被创建，但还未指定请求的 URL 和数据发送方式。

1：OPENED。request 异步请求对象被指定了请求的 URL 和数据发送方式，但 request.send()函数还未被调用。

2：HEADERS_RECEIVED。request.send()函数被调用，发送异步请求数据，Web 服务器接收到异步请求并返回响应状态码和响应头列表，并且浏览器接收到了响应状态码和响应头列表。

3：LOADING。浏览器正在加载响应体数据。

4：DONE。浏览器成功加载所有响应体数据，响应体中的数据处于就绪状态。

（2）request.responseType：主要用于设置响应数据的数据类型。响应数据的数据类型共有 5 种，分别是 text、arrayBuffer、blob、document、json，默认值是 text 类型。下面的代码将响应数据的数据类型设置为 text 型。

```
request.responseType = 'text';
```

必须在异步请求状态是 LOADING 之前，设置响应数据的数据类型。

（3）request.responseText：主要用于获取响应的文本型数据。当响应数据的数据类型被设置为文本型数据时，可以使用 request.responseText 获取响应的文本型数据。

（4）request.status：主要用于获取响应状态码，参考第 4 章内容。

技巧：异步请求的状态码等于 4，并且响应状态码等于 200 时，再获取响应的文本型数据。

上面 4 个核心属性中，readyState、status、responseText 都是只读属性，Web 开发人员通过读取它们的值，可以判断当前异步请求处于什么状态、当前的响应处于什么状态、响应的结果是什么等。

5. XMLHttpRequest 异步请求对象的事件监听

onreadystatechange 事件用于监听 readyState 属性值的变化。当异步请求 readyState 的属性值发生变化时，就会触发 onreadystatechange 事件。Web 开发人员可以定义 onreadystatechange 事件，继而执行不同的任务。onreadystatechange 事件常见用法如下。

```
request.onreadystatechange = function(){
        if(request.readyState==1){
            do sth...
        }
        if(request.readyState==2){
            do sth...
        }
        if(request.readyState==3){
            do sth...
        }
        if(request.readyState==4){
            do sth...
        }
};
```

异步请求和异步响应的大致流程，如图 5-8 所示。

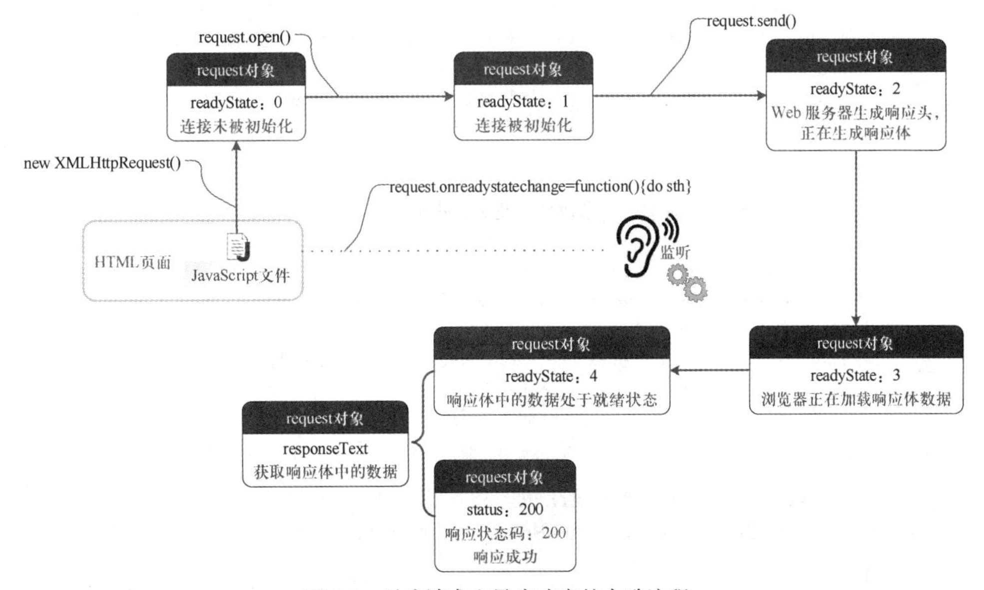

图 5-8　异步请求和异步响应的大致流程

如果想学习更多有关异步请求和异步响应的知识，读者可以深入了解快速、简洁的JavaScript 框架 jQuery。jQuery 设计的宗旨是“Write Less，Do More”，这和本书所倡导的理念“less is more”基本一致。jQuery 封装了 JavaScript 常用功能的代码，可以写更少的代码，处理 HTML 的鼠标和键盘事件、发送异步请求、进行 AJAX 交互等。本书在项目实训中，会使用 jQuery 知识。

5.3.3 小露身手：了解 GET 异步请求和异步响应的执行流程

1．目的

发送异步的 GET 请求，通过输出请求状态码、响应状态码、响应头列表和响应数据等，了解异步请求和异步响应的执行流程。

2．步骤

（1）打开 Project Explorer 视图→展开刚刚创建的 Web 项目→展开 Java Resources→右击 src→单击 Servlet→弹出 Create Servlet 窗口。在 Java package 文本框处输入 controller，在 Class name 文本框处输入 XHRServlet，单击完成按钮。

（2）将 XHRServlet.java 的 doGet()方法，修改为如下代码。

```
String action = request.getParameter("action");
if("测试 XHR".equals(action)) {
    System.out.println("获取" + request.getMethod() + "请求行信息");
    System.out.println(request.getScheme());
    System.out.println(request.getMethod());
    System.out.println(request.getProtocol());
    System.out.println(request.getQueryString());
    System.out.println("获取" + request.getMethod() + "请求头信息");
    String userAgentValue = request.getHeader("user-agent");
    System.out.println("User-Agent 请求头的值是: " + userAgentValue);
    java.util.Enumeration<String> headerNames = request.getHeaderNames();
    while (headerNames.hasMoreElements()) {
        String headerName = headerNames.nextElement();
        java.util.Enumeration<String> headerValues = request.getHeaders(headerName);
        System.out.println("请求头: " + headerName + ", 对应的请求头值有: ");
        while (headerValues.hasMoreElements()) {
            String headerValue = headerValues.nextElement();
            System.out.println(headerValue);
        }
    }
    System.out.println("获取所有参数名以及对应的所有参数值");
    java.util.Enumeration<String> paramNames = request.getParameterNames();
    while(paramNames.hasMoreElements()) {
        String paramName = paramNames.nextElement();
        String[] paramValues = request.getParameterValues(paramName);
        System.out.println("参数" + paramName + "有以下值");
        for(String paramValue : paramValues) {
            System.out.println(paramValue);
        }
    }
    response.setContentType("text/html;charset=UTF-8");
    response.getWriter().write("XHRServlet 的响应");
}
```

doGet()方法有两个功能：（1）在 Tomcat 控制台输出异步请求的请求行数据、请求头数据和请求参数数据等；（2）返回 UTF-8 编码、HTML 格式的文本响应数据。

（3）在 WebContent 目录下创建 xhr0.jsp 程序，将代码修改为如下所示。

```
<%@ page language="java" contentType="text/html; charset=UTF-8"
   pageEncoding="UTF-8"%>
<!DOCTYPE html>
<html>
<head>
<meta charset="ISO-8859-1">
<title>Insert title here</title>
<script type="text/javascript">
var testXHR = function (){
    var request = new XMLHttpRequest();
    request.onreadystatechange = function(){
        if(request.readyState==1){
            var result = request.responseText;
            alert("请求状态码 1 时，响应状态码是" + request.status + "响应数据" + result);
            alert("响应头是: " + request.getAllResponseHeaders());
        }
        if(request.readyState==2){
            var result = request.responseText;
            alert("请求状态码 2 时，响应状态码是" + request.status + "响应数据" + result);
            alert("响应头是: " + request.getAllResponseHeaders());
        }
        if(request.readyState==3){
            var result = request.responseText;
            alert("请求状态码 3 时，响应状态码是" + request.status + "响应数据" + result);
            alert("响应头是: " + request.getAllResponseHeaders());
        }
        if(request.readyState==4){
            var result = request.responseText;
            alert("请求状态码 4 时，响应状态码是" + request.status + "响应数据" + result);
            alert("响应头是: " + request.getAllResponseHeaders());
            var xhr = document.getElementById("xhr");
            xhr.innerHTML = result;
        }
    };
    alert("open()执行前的请求状态码" + request.readyState + "响应状态码" + request.
status);
    request.open("get","<%= request.getContextPath()%>/XHRServlet?action=测试xhr");
    alert("open()执行后 send()执行前请求状态码" + request.readyState + "响应状态码" +
request. status);
    request.send();
    alert("send()执行后的请求状态码" + request.readyState + "响应状态码" + request.
status);
}
</script>
</head>
<body>
<input type="submit" onclick="testXHR()" value="测试 XHR"><span id="xhr"></span>
</body>
</html>
```

（4）打开浏览器，在地址栏输入网址 http://localhost:8080/ajax/xhr0.jsp，执行结果如图 5-9 所示。

（5）单击“测试 XHR”按钮，读者务必仔细观察浏览器端弹出的对话框和 Tomcat 控制台输出的数据。篇幅所限，具体执行过程，这里不再展示。

图 5-9　执行结果

结论：通过 JavaScript 的 XMLHttpRequest 异步请求对象，可以模拟浏览器向 Web 服务器发送 HTTP 请求，并可以模拟浏览器接收 Web 服务器返回的 HTTP 响应。XMLHttpRequest 异步请求对象和浏览器的请求/响应过程的不同之处在于，使用 XMLHttpRequest 异步请求对象请求访问 Web 服务器的程序时，需要做如下操作。

① 需要手动创建 XMLHttpRequest 异步请求对象。

② 需要手动封装请求体。

③ 需要手动发出 HTTP 请求，且默认情况下，该 HTTP 请求是异步请求。

④ 需要编写 onreadystatechange 监听事件：

- 手动监听 HTTP 请求的请求状态码，手动监听 HTTP 请求的响应状态码；
- 手动获取响应体中的数据（可能是文本型数据，也可能是 JSON 数据）；
- 手动显示响应体中的数据。

⑤ 还可能需要手动设置异步请求的请求头。

5.3.4　小露身手：使用 XMLHttpRequest 发送异步的 POST 请求

1. 目的

（1）发送异步的 POST 请求，实现功能：不重新加载当前 HTML 页面，判断用户名是否被占用。

（2）POST 请求体采用 application/x-www-form-urlencoded 内容格式（MIME）。

2. 步骤

（1）在 Web Content 目录下创建 xhr1.jsp 程序，将其中的代码修改为如下所示。

```
<%@ page language="java" contentType="text/html; charset=UTF-8"
   pageEncoding="UTF-8"%>
<!DOCTYPE html>
<html>
<head>
<meta charset="UTF-8">
<title>Insert title here</title>
<script type="text/javascript">
var showMessage = function (input){
    var userName = encodeURI(input.value.trim());
    if(userName==""){
        userNameMessage.style.color = "red";
        userNameMessage.innerHTML = "用户名不能为空！";
        return;
    }
    var request = new XMLHttpRequest();
    request.open("POST","<%= request.getContextPath()%>/XHRServlet");
    var data = "action=checkUserName&userName=" + userName;
    request.setRequestHeader("Content-Type", "application/x-www-form-urlencoded");
    request.send(data);
    request.onreadystatechange = function(){
        if(request.readyState==4 && request.status == 200){
            var userNameMessage = document.getElementById("userNameMessage");
            var text = request.responseText;
            userNameMessage.innerHTML = text;
        }
    }
}
```

```
</script>
</head>
<body>
<input  onblur="showMessage(this)"  type='text' /><span id='userNameMessage'></span>
</body>
</html>
```

说明 1：为了防止中文字符乱码问题，下面的 JavaScript 代码用于将单行文本框中的数据编码成对应的 UTF-8 十六进制数编码。

```
var userName = encodeURI(input.value.trim());
```

说明 2：下面的 JavaScript 代码，将异步 POST 请求数据的内容格式设置为 application/x-www-form-urlencoded。

```
request.setRequestHeader("Content-Type", "application/x-www-form-urlencoded");
```

（2）将 XHRServlet.java 的 doPost()方法，修改为如下所示。

```
request.setCharacterEncoding("UTF-8");
String action = request.getParameter("action");
if("checkUserName".equals(action)) {
    response.setContentType("text/html;charset=UTF-8");
    String userName = request.getParameter("userName");
    if(userName==null || "".equals(userName.trim())) {
        response.getWriter().append("<font color='red'>用户名不能为空</font>");
        return;
    }
    userName = new String((userName.getBytes("ISO-8859-1")),"UTF-8");
    System.out.println(userName);
    java.util.ArrayList<String> userNames = new java.util.ArrayList<String>();
    userNames.add("zhangsan");
    userNames.add("lisi");
    userNames.add("wangwu");
    if(userNames.contains(userName)) {
        response.getWriter().append("<font color='red'>该用户名已经被占用</font>");
    }else {
        response.getWriter().append("<font color='green'>该用户名可以使用</font>");
    }
}
```

说明 1：XHRServlet.java 的 doPost()方法中，当 action 等于 checkUserName 时，实现的功能是，判断“用户名是否被占用”，然后返回 UTF-8 编码、HTML 格式的文本型数据。

说明 2：为了防止中文字符乱码问题，下面的 Java 代码，将接收的数据，先按照 ISO-8859-1 解码成字节码，再将字节码用 UTF-8 重新编码。

```
userName = new String((userName.getBytes("ISO-8859-1")),"UTF-8").trim();
```

说明 3：doPost()方法定义了 3 个已注册的虚拟账户：“zhangsan”“lisi”和“wangwu”。

（3）测试。打开浏览器，在地址栏输入网址 http://localhost:8080/ajax/xhr1.jsp。向单行文本框中，输入“zhangsan”“lisi”和“wangwu”，测试用户名是否被占用。

5.3.5　小露身手：使用 XMLHttpRequest 和 FormData 异步上传、显示图片

1. 目的

在不重新加载当前 HTML 页面的情况下，实现两个功能：上传图片、显示图片。

2. 步骤

（1）为了让 Servlet 程序支持文件上传操作，必须确保向 Servlet 程序添加如下注解。

```
@javax.servlet.annotation.MultipartConfig
```

（2）在 Web Content 目录下创建 xhr2.jsp 程序，将代码修改为如下所示。

```
<%@ page language="java" contentType="text/html; charset=UTF-8"
    pageEncoding="UTF-8"%>
<!DOCTYPE html>
<html>
<head>
<meta charset="UTF-8">
<title>Insert title here</title>
<script type="text/javascript">
var uploadPicture = function (file){
    var form = new FormData();
    form.append("picture",file.files[0]);//上传的文件也被传入 FormData
    form.append("action","uploadPicture");
    var request = new XMLHttpRequest();
    request.open("POST","<%= request.getContextPath()%>/XHRServlet");
    request.send(form);
    request.onreadystatechange = function(){
        if(request.readyState==4 && request.status == 200){
            var text = request.responseText;
            var picture = document.getElementById("picture");
            picture.innerHTML = text;
        }
    }
}
</script>
</head>
<body>
<input type="file" onchange="uploadPicture(this)" /><span id="picture"></span>
</body>
</html>
```

说明 1：文件上传框定义了一个事件属性 onchange。

说明 2：本任务仅演示单文件上传的功能。由于文件上传框支持多文件上传，代码“file.files[0]”获取的是文件上传框的第一个文件。

（3）向 XHRServlet.java 的 doPost()方法，新增如下代码。

```
if("uploadPicture".equals(action)) {
    request.setCharacterEncoding("UTF-8");
    String pictureDIR = "/pictures/";
    String userName = "001";
    String picturePath = request.getServletContext().getRealPath(pictureDIR);
    javax.servlet.http.Part singlePart = request.getPart("picture");
    response.setContentType("text/html;charset=UTF-8");
    if(singlePart != null) {
        String singleFileContentType = singlePart.getContentType();
        if(singleFileContentType.contains("image/")) {
            String singleFileName = singlePart.getSubmittedFileName();
            if (singleFileName !=null && !"".equals(singleFileName)) {
                String suffix = singleFileName.substring(singleFileName.
lastIndexOf("."));
                singleFileName = userName + suffix;
                System.out.println("上传的文件是: " + picturePath + singleFileName);
                singlePart.write(picturePath + singleFileName);
```

```
                    singlePart.delete();
                    String contextPath = request.getContextPath();
                    long time = System.currentTimeMillis();
                    String  src  =  contextPath  +  "/XHRServlet?action=showPicture&
fileName=" + singleFileName + "&" + time;
                    response.getWriter().append("<img height=150 src=" + src + "    />");
                    return;
                }
            }
        }
        response.getWriter().append("没有选择文件，或者选择的文件不是图片，或者图片上传失败了");
    }
```

说明 1：上传文件时，必须采用 POST 请求，并且 POST 请求体必须采用 multipart/form-data 内容格式（MIME）。使用 FormData 发送异步的 POST 请求体中的数据时，POST 请求体中的数据默认采用“multipart/form-data”编码。

说明 2：XHRServlet 的 doPost()方法中，当 action 等于 uploadPicture 时，实现的功能是，上传图片文件，然后将文件上传的结果以 UTF-8 编码、HTML 格式的文本型数据返回给浏览器。

说明 3：本示例程序将上传后的文件名指定为“userName+扩展名”。这样设计程序有两个目的。一个目的是限制头像的数量。一般而言，浏览器用户的头像只能有一个，要么是网站提供的默认头像，要么是自行设置的头像。另一个目的是有效避免中文文件名的乱码问题。本示例程序将 userName 设置为固定值 001。

说明 4：上传的文件存储在 pictures 目录下，必须提前创建该目录。

说明 5：下面的代码片段用于判断浏览器用户选择的文件是否为图片。若不是图片，则不再上传文件。

```
String singleFileContentType = singlePart.getContentType();
if(singleFileContentType.contains("image/")) {...
```

说明 6：显示上传图片使用的技术是：利用<img />标签中的 src 属性，向 Servlet 程序发出异步的 GET 请求。

说明 7：下面的代码片段，构造了<img/>标签的 src 属性值。由于浏览器具有缓存图片的功能，为了避免浏览器访问浏览器缓存中的图片，在 src 中加入时间戳。在<img/>标签的 src 属性中加入时间戳，这种技巧经常使用，例如在第 6 章中，通过“刷新验证码”生成新的验证码图片时，也会使用该技巧。

```
long time = System.currentTimeMillis();
String src = contextPath + "/XHRServlet?action=showPicture&fileName=" + singleFileName
+ "&" + time;
```

（4）向 XHRServlet.java 的 doGet()方法，新增如下代码。

```
if("showPicture".equals(action)) {
    String fileName = request.getParameter("fileName");
    String path=this.getServletContext().getRealPath("/pictures/"+fileName);
    java.io.File file = new java.io.File(path);
    java.io.FileInputStream fis = new java.io.FileInputStream(file);
    String mime = request.getServletContext().getMimeType(fileName);
    response.setContentType(mime);
    response.setContentLength((int)file.length());
    javax.servlet.ServletOutputStream sos = response.getOutputStream();
    byte[] bytes = new byte[1024*4];
    int len = 0;
    while( (len = fis.read(bytes))!=-1 ) {
```

```
            sos.write(bytes, 0, len);
        }
        fis.close();
        sos.close();
    }
```

本示例程序实现的功能是。返回内容格式为图片的响应数据。

（5）测试。打开浏览器，在地址栏输入网址 http://localhost:8080/ajax/xhr2.jsp。单击“选择文件”按钮，选择本地图片后，图片自动上传，并自动显示在右边区域，如图 5-10 所示。

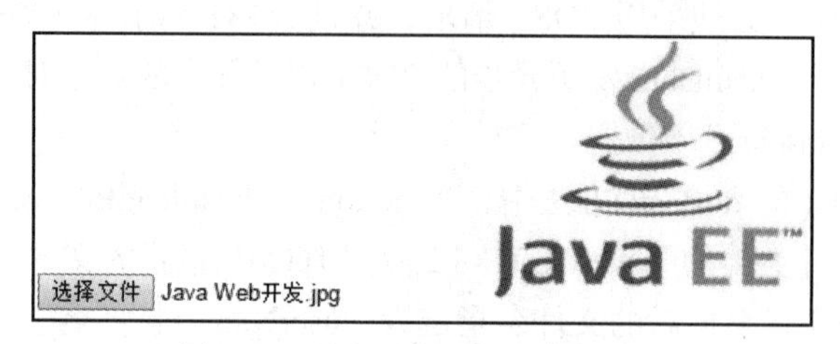

图 5-10　异步上传图片并显示图片

实践任务　异步请求和异步响应

1. 目的

参考本章每个小露身手的目的。

2. 环境

Web 服务器主机：JDK 8、Tomcat 9。

集成开发环境：eclipse-jee-2018-09-win32。

浏览器：Chrome。

任务 1　小露身手：掌握 CSS 中层叠的含义（详细步骤请参考 5.1.4 节的内容）。

任务 2　小露身手：演示 HTML 元素以及 JavaScript 呈现的顺序（详细步骤请参考 5.2.2 的内容）。

任务 3　小露身手：通过 JavaScript 的 document 对象操作 HTML 元素内容（详细步骤请参考 5.2.4 节的内容）。

任务 4　小露身手：了解 GET 异步请求和异步响应的执行流程（详细步骤请参考 5.3.3 节的内容）。

任务 5　小露身手：使用 XMLHttpRequest 发送异步的 POST 请求（详细步骤请参考 5.3.4 节的内容）。

任务 6　小露身手：使用 XMLHttpRequest 和 FormData 异步上传、显示图片（详细步骤请参考 5.3.5 节的内容）。

第 6 章 会话控制技术：Cookie 与 Session

本章讲解如何使用 Cookie 和 Session“跟踪”用户，主要内容包括 Cookie 和 Session 的工作原理，Cookie 和 Session 的本质与核心，cookie 对象和 session 对象的创建、使用、删除等。通过本章的学习，读者将具备使浏览器端保持会话和 Web 服务器端保持会话的能力。

6.1 会话控制技术概述

HTTP 是无状态的。同一个浏览器用户接连向同一个网站发出两次 HTTP 请求，网站会认为：这两次请求是两个不同用户发出的独立请求，两次请求互不关联、没有任何关系。这就会导致如下两种乱象。

乱象 1：浏览器无法实现“记住密码”和“自动登录”功能。每次登录一个网站，都需要重新输入用户名和密码。

乱象 2：已成功登录网站后，在访问该网站的其他页面时，居然让用户重新登录。

上述两种乱象，都与“网站无法跟踪用户”有关，这两种乱象都会阻碍网站的发展。

为了解决这两种乱象，亟须引入新的技术，实现跟踪用户的功能，这种新的技术就是会话控制技术。简单来讲，会话控制技术实现了跟踪用户的功能，Web 开发中的会话控制技术有 Cookie 会话控制技术和 Session 会话控制技术两种。

Cookie 是浏览器端的会话控制技术，目的是让浏览器拥有记忆能力，主要解决乱象 1。

Session 是 Web 服务器端的会话控制技术，目的是让 Web 服务器拥有记忆能力，主要解决乱象 2。

6.2 Cookie 会话控制技术

Cookie 信息通过 HTTP 响应头“Set-Cookie”和 HTTP 请求头“Cookie”，往返于浏览器与 Web 服务器之间。HTTP（协议）规定请求头和响应头只能是 ASCII 文本数据，这就要求，Cookie 信息必须是字符串类型数据，并且必须是 ASCII 字符串类型数据。

Cookie 是浏览器端的会话控制技术，Cookie 信息保存于浏览器主机的外存或内存。

6.2.1 Cookie 的工作原理

Cookie 的工作原理，如图 6-1 所示。

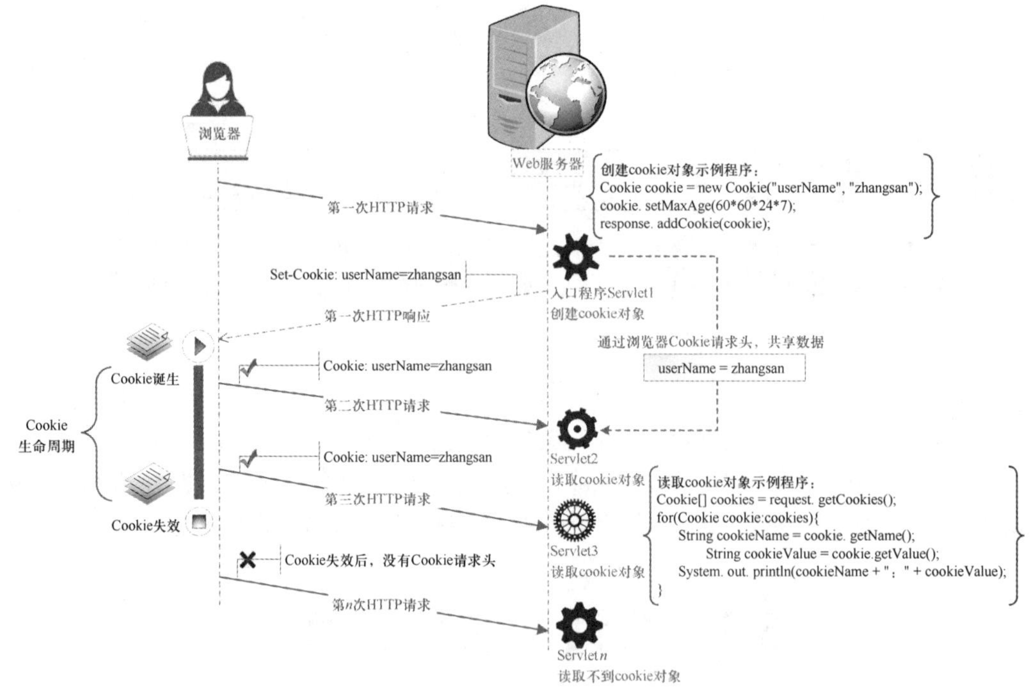

图 6-1　Cookie 的工作原理

重要的时间节点，说明如下。

（1）入口程序 Servlet1 创建 cookie 对象：浏览器发出第一次 HTTP 请求，访问 Web 项目的入口程序 Servlet1；入口程序 Servlet1 创建 cookie 对象；Web 服务器则将 Cookie 信息添加到 HTTP 响应头中；Web 服务器将包含有 Set-Cookie 响应头的响应返回给浏览器。

（2）Cookie 诞生：浏览器接收到包含有 Set-Cookie 响应头的响应后，浏览器自动将 Cookie 信息以“键值对”的方式存储到浏览器端（浏览器主机内存，或浏览器主机外存），Cookie 就此“诞生”（注意 Cookie 诞生于浏览器端）。

（3）Cookie 会话：Cookie 诞生于浏览器端，最终也将会失效于浏览器端。从 Cookie 诞生到失效的这段时间，同一个浏览器使用已有 Cookie 的过程，称为 Cookie 会话。

所谓使用已有 Cookie 是指从 Cookie 诞生到 Cookie 失效的这段时间，同一个浏览器发出第二次 HTTP 请求访问其他 Servlet 程序（包括入口程序 Servlet1）时，浏览器自动将 Cookie 信息封装到 HTTP 请求头列表中（Cookie 请求头），其他 Servlet 程序（包括入口程序 Servlet1）可以从 HTTP 请求头列表中获取 Cookie 信息。

（4）Cookie 失效：按照 Cookie 到期时间的不同，可以将 Cookie 分为会话 Cookie 和持久 Cookie。

① 会话 Cookie 是指 Cookie 信息保存在浏览器端内存中，关闭浏览器，Cookie 立即失效。如果没有为 cookie 对象设置到期时间，那么该 Cookie 就是会话 Cookie。例如下面的 cookie 对象是会话 Cookie。浏览器一旦关闭，该 Cookie 在浏览器端立即失效。

```
Cookie cookie = new Cookie("userName", "zhangsan");
response.addCookie(cookie );
```

② 持久 Cookie 是指 Cookie 信息保存在浏览器端外存，关闭浏览器后，Cookie 是否失效，取决于 Cookie 的到期时间（Expiration Time），到期时间以 s 为单位进行计算。例如下面的 cookie

对象是持久化 Cookie，到期时间为 7 天。7 天内，该浏览器再次访问 Web 项目时，Cookie 依然有效；7 天后，该 Cookie 在浏览器端失效。

```
Cookie cookie = new Cookie("userName", "zhangsan");
cookie.setMaxAge(60*60*24*7);
response.addCookie(cookie );
```

6.2.2　Cookie 的本质与核心

根据 Cookie 的工作原理，可得出如下结论。

（1）入口程序 Servlet1 返回 Set-Cookie 响应头。

（2）浏览器端诞生 Cookie、保存 Cookie 信息。

（3）浏览器再次访问 Web 项目的其他 Servlet 程序（包括入口程序 Servlet1）时，首先判断 Cookie 是否失效。如果没有失效，浏览器自动将 Cookie 封装到 Cookie 请求头中；其他 Servlet 程序（包括入口程序 Servlet1）可以从 Cookie 请求头中获取 Cookie 信息，继而实现跟踪用户的目的。如果失效，浏览器不会将 Cookie 封装到请求头，其他 Servlet 程序（包括入口程序 Servlet1）无法获取 Cookie 信息。

因此，Cookie 的本质是：Set-Cookie 响应头+开启了 Cookie 功能的浏览器+Cookie 请求头（注意先后顺序）。

默认情况下，浏览器都是开启 Cookie 功能的。当然，浏览器用户可以手动关闭 Cookie 功能（虽然不建议）。

Cookie 的核心是：使用浏览器端技术，实现 Cookie 会话期间，多次响应/请求之间的数据共享。注意先后顺序：Servlet 程序先响应、浏览器再产生 Cookie、最后浏览器发出包含 Cookie 的请求。

会话 Cookie 的典型应用是实现 Session 会话控制技术（参考 6.3 节）。

持久 Cookie 的典型应用是实现 Web 项目的免密登录功能，如图 6-2 所示。登录页面通常是 Web 项目的入口程序，浏览器用户为了享受 Web 项目的更多服务，需要打开登录页面，并且登录成功。为了便于浏览器用户下次登录，可以为登录页面提供“记住密码”功能。成功登录后，下次再访问该 Web 项目的登录页面时，会自动输入用户名和密码。

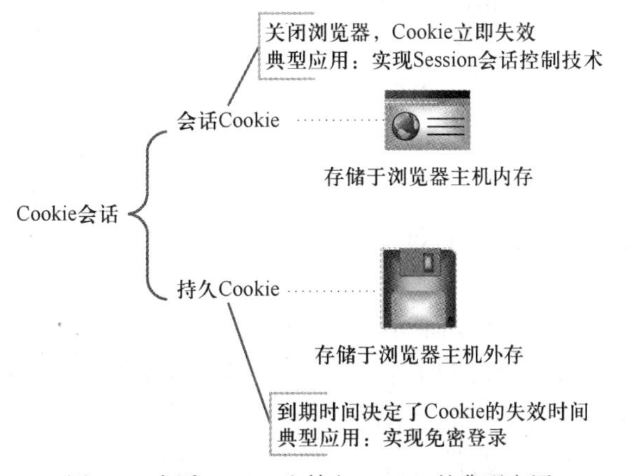

图 6-2　会话 Cookie 和持久 Cookie 的典型应用

6.2.3 创建 Cookie

创建 Cookie 是指 Servlet 程序产生 Set-Cookie 响应头。创建 Cookie 有两种方法，一种是调用 response 响应对象的 addHeader()方法，示例代码如下。

```
response.addHeader("Set-Cookie", "userName=zhangsan; Path=/; HttpOnly");
```

不要使用 response.setHeader()方法创建 Cookie。

采用上述方法，Servlet 程序直接向 HTTP 响应头列表中添加了 Set-Cookie 响应头。

本节主要讲解另外一种创建 Cookie 的方法：先在 Web 服务器内存中创建 cookie 对象，接着设置 cookie 对象的可选属性，最后将 cookie 对象添加到 HTTP 响应头列表中。

1. 创建 cookie 对象

利用如下 javax.servlet.http.Cookie 类的构造方法，创建 cookie 对象。

```
Cookie cookie = new Cookie(String name, String value)
```

该构造方法需要两个参数，分别是 Cookie 名和 Cookie 值，并且 Cookie 名和 Cookie 值都是字符串类型数据。示例代码如下。

```
Cookie cookie = new Cookie("username", "zhangsan");
```

Cookie 值中不要包含特殊字符和多字节字符（例如中文字符），也不要包含如空格符、分号等特殊字符，否则将出现图 6-3 所示的错误。

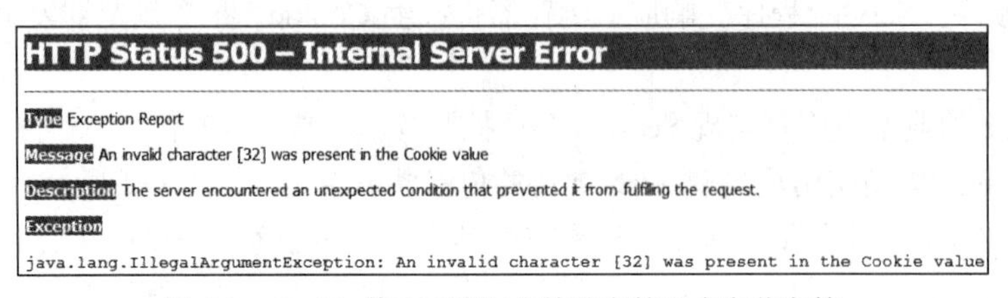

图 6-3　Cookie 值中不能包含特殊字符和多字节字符

2. 设置 cookie 对象的可选属性（可跳过）

除了 Cookie 名和 Cookie 值这两个必备属性外，还可以设置下面几个 Cookie 的可选属性。

（1）设置 cookie 对象的到期时间 maxAge，单位是 s。

方法为 public void setMaxAge(int maxAge)，示例代码如下。

```
cookie.setMaxAge(60*60*24*7);
```

注意 1：若跳过此设置，或者将 cookie 对象的到期时间设置为负数（通常是−1），则此 Cookie 为会话 Cookie。

注意 2：若将 cookie 对象的到期时间设置为正数，则此 Cookie 为持久 Cookie。

注意 3：若将 cookie 对象的到期时间设置为 0，浏览器接收 Set-Cookie 响应头后，浏览器会删除浏览器端的 Cookie，使得 Cookie 手动失效。

（2）设置 cookie 对象的有效路径 path。

方法为 public void setPath(String path)，示例代码如下。

```
cookie.setPath(request.getServletContext().getContextPath()+"/");
```

设置 cookie 对象的有效路径后，只有当浏览器访问有效路径下的 Servlet 程序时，浏览器才会将 Cookie 信息加入 Cookie 请求头。

通过设置 cookie 对象的有效路径，可以实现同一个 Web 服务器下不同 Web 项目之间的 Cookie 共享。

（3）设置 cookie 对象的有效域名 domain。

方法为 public void setDomain(String domain)，示例代码如下。

```
cookie.setDomain(".baidu.com");
```

设置 cookie 对象的有效域名后，只有当浏览器访问该域名下的 Servlet 程序时，浏览器才会将 Cookie 信息加入 Cookie 请求头。

通过设置 Cookie 的有效域名，可以实现不同 Web 服务器之间的 Cookie 共享。

（4）设置 cookie 对象是否支持 HTTPS 协议。

方法为 public void setSecure(boolean flag)，示例代码如下。

```
cookie.setSecure(false);
```

参数的默认值为 false，表示 Cookie 只有使用 HTTP 向 Web 服务器发送请求时，才将 Cookie 信息加入 Cookie 请求头中。值为 true 时，表示 Cookie 只有使用 HTTPS 向 Web 服务器发送请求时，才将 Cookie 信息加入 Cookie 请求头中。

（5）设置 cookie 对象是否 httpOnly。

```
public void setHttpOnly(boolean httpOnly)，示例代码如下。
cookie.setHttpOnly(true)
```

设置了 cookie 对象的 httpOnly 后，JavaScript 脚本将无法读取到 Cookie 信息，这样能有效地防止 XSS 攻击，让 Web 项目更加安全。

6.2.4　将 cookie 对象添加到 HTTP 响应头列表中

只有将 cookie 对象添加到 HTTP 响应头列表中，HTTP 响应数据才会添加 Set-Cookie 响应头，浏览器才会诞生 Cookie。将 cookie 对象添加到 HTTP 响应头列表中的方法如下。

```
void  response.addCookie(Cookie cookie)
```

示例程序如下。

```
response.addCookie(cookie);
response.addCookie(otherCookie);
```

说明 1：创建 cookie 对象和将 cookie 对象添加到 HTTP 响应头列表中，这两个操作是必需的，设置 cookie 对象的可选属性是可选操作。

说明 2：可以将多个 cookie 对象添加到 HTTP 响应头列表中，也就是说，同一个 HTTP 响应头列表可以包含多个 Set-Cookie 响应头。

说明 3：创建了 cookie 对象，将 cookie 对象添加到 HTTP 响应头列表后，浏览器端的 Cookie

并没有诞生。直到浏览器接收到 Set-Cookie 响应头后，浏览器端才诞生 Cookie。

6.2.5 读取 Cookie

读取 Cookie 是指 Servlet 程序从 Cookie 请求头中获取 Cookie 信息。

request 请求对象提供的 getCookies()可以获取所有 Cookie 请求头的方法，该方法返回 Cookie 数组，示例代码如下。

```
Cookie[] cookies = request.getCookies();
```

说明

如果 HTTP 请求中没有 Cookie 请求头，该方法返回 null，而不是空数组。

若要读取 Cookie 中的信息，需要遍历 cookies 数组。遍历 cookies 数组前，首先判断 cookies 是否为 null。如果不为 null，则可以遍历得到每个 cookie 对象。接着利用 cookie 对象提供的下列方法，便可以获取 Cookie 的 name、value、path、maxAge、domain、secure、httpOnly 等属性值。

```
String   cookie.getName()
String   cookie.getValue()
int      cookie.getMaxAge()
String   cookie.getPath()
String   cookie.getDomain()
boolean  cookie.getSecure()
boolean  cookie.isHttpOnly()
```

示例代码如下。

```
Cookie[] cookies = request.getCookies();
if(cookies != null){
    for(Cookie cookie:cookies){
        if(cookie != null){
            String cookieName = cookie.getName();
            if("userName".equals(cookieName)){
                userName = cookie.getValue();
            }else if("password".equals(cookieName)){
                password = cookie.getValue();
            }
        }
    }
}
```

6.2.6 使 Cookie 手动失效

若要使浏览器的某个 cookie 手动失效，步骤如下。

（1）从 Cookie 请求头中读取该 Cookie，并将它存储在 cookie 对象中。

（2）调用 cookie 对象的 setMaxAge()方法，设置 cookie 对象的到期时间为 0。

（3）将该 cookie 对象添加到 HTTP 响应头列表。

示例代码如下。

```
Cookie[] cookies = request.getCookies();
if(cookies != null){
    for(Cookie cookie:cookies){
        String cookieName = cookie.getName();
        if("userName".equals(cookieName)){//读取 cookie 对象
```

```
                cookie.setMaxAge(0);//设置 cookie 对象的到期时间为 0
                response.addCookie(cookie);//将该 cookie 对象添加到 HTTP 响应头列表
            }
        }
}
```

6.2.7　小露身手：Cookie 的综合运用

1. 目的

（1）掌握会话 Cookie 和持久 Cookie 的创建方法。

（2）掌握会话 Cookie 与持久 Cookie 的区别。

（3）掌握 Cookie 有效路径 path 的用法。

（4）掌握使 Cookie 手动失效的方法。

（5）掌握重定向时，查询字符串中文字符乱码问题的解决方法。

（6）掌握重定向和请求转发中有关 Cookie 使用的区别。

2. 准备工作

（1）在 Eclipse 中创建 Dynamic Web Project 项目 cas；（其中 cas 意指 Cookie and Session）。

（2）将 servlet-api.jar 包导入 Web 项目（若无错，此准备工作可跳过）。

（3）将 cas 项目部署到 Eclipse 的 Tomcat 中。

步骤

（1）在 WebContent 目录下创建登录页面程序 login_cookie.jsp，然后将代码修改为如下代码。

```
<%@ page language="java" contentType="text/html; charset=UTF-8"
   pageEncoding="UTF-8"%>
<!DOCTYPE html>
<html>
<head>
<meta charset="ISO-8859-1">
<title>Insert title here</title>
</head>
<body>
<%
String userName = "";
String password = "";
Cookie[] cookies = request.getCookies();
if(cookies != null){
    for(Cookie cookie:cookies){
        if(cookie != null){
            String cookieName = cookie.getName();
            if("userName".equals(cookieName)){
                userName = cookie.getValue();
            }else if("password".equals(cookieName)){
                password = cookie.getValue();
            }
        }
    }
}
String msg = (String)request.getParameter("msg");
if(msg != null){
    response.getWriter().print("<font color='red'>" + msg + "</font><br/>");
}
String contextPath = request.getContextPath();
%>
```

```
<form action="<%=contextPath%>/CASServlet?action=cookie" method="post">
用户名: <input type="text" name="userName" value="<%=userName %>" /><br/>
密码: <input type="password" name="password" value="<%=password %>" /><br/>
持久 Cookie: <input type="radio" name="rememberMe" value="120" checked /><br/>
会话 Cookie: <input type="radio" name="rememberMe" value="-1"  /><br/>
删除 Cookie: <input type="radio" name="rememberMe" value="0"  /><br/>
```

仅对当前 Web 项目有效：

```
<input type="radio" name="path" value="<%=contextPath%>" checked /><br/>
```

对当前 Web 服务器部署的所有 Web 项目有效：

```
<input type="radio" name="path" value="/" /><br/>
<input type="submit" value="登录" />
</form>
</body>
</html>
```

说明 1：登录页面程序 login_cookie.jsp 提供了 3 个功能。具体包括：读取浏览器端持久 Cookie，实现免密登录功能；显示登录失败或者登录成功的消息；提供若干功能，分别包括持久 Cookie、会话 Cookie、删除 Cookie、仅对当前 Web 项目有效，以及对当前 Web 服务器部署的所有 Web 项目有效。

说明 2：为了利用持久 Cookie 实现免密登录功能，登录页面 login_cookie.jsp 首先从请求头中获取名字为“userName”的 Cookie 值以及名字为“password”的 Cookie 值；然后将其分别输入用户名单行文本框中以及密码框中，实现免密登录功能。如果请求头没有名字为“userName”的 Cookie 和名字为“password”的 Cookie，则将空字符串分别输入用户名单行文本框中和密码框中。

说明 3：登录页面 login_cookie.jsp 中的 FORM 表单数据，以 method=post 的数据发送方式，向 CASServlet 程序传递“action=cookie”的查询字符串，控制 CASServlet 程序的运行流程。

（2）打开浏览器，在地址栏输入网址 http://localhost:8080/cas/login_cookie.jsp，程序的运行效果如图 6-4 所示。

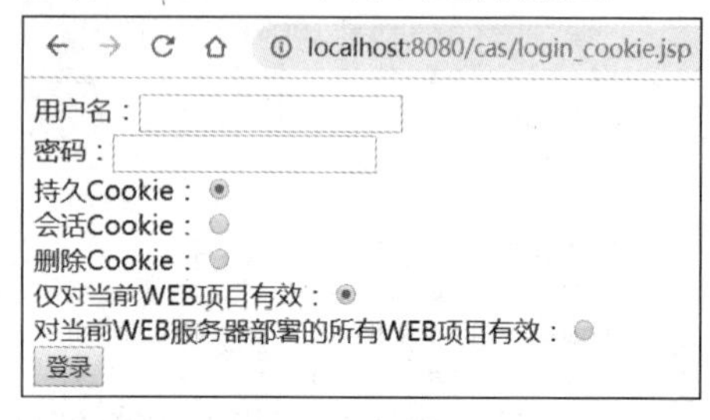

图 6-4 Cookie 的综合运用运行效果

（3）打开 Project Explorer 视图→展开刚刚创建的 Web 项目→展开 Java Resources→右击 src→单击 Servlet→弹出 Create Servlet 窗口。Java package 文本框处输入 controller，Class name 文本框处输入 CASServlet，单击“完成”按钮。将 doPost()方法修改为如下代码。

```
    protected void doPost(HttpServletRequest request, HttpServletResponse response)
throws ServletException, IOException {
        request.setCharacterEncoding("UTF-8");
        String action = request.getParameter("action");
        if("cookie".equals(action)) {
            String userName = request.getParameter("userName").trim();
            String password = request.getParameter("password").trim();
            int maxAge = Integer.parseInt(request.getParameter("rememberMe"));
            String path = request.getParameter("path");
            String msg = "用户名和密码错误! ";
            if(userName!=null && !"".equals(userName) && userName.equals(password)) {
                Cookie cookieUserName = new Cookie("userName",userName);
                Cookie cookiePassword = new Cookie("password",password);
                cookieUserName.setMaxAge(maxAge);
                cookieUserName.setPath(path);
```

```
                cookieUserName.setHttpOnly(true);
                cookiePassword.setMaxAge(maxAge);
                cookiePassword.setPath(path);
                cookiePassword.setHttpOnly(true);
                response.addCookie(cookieUserName);
                response.addCookie(cookiePassword);
                msg = "登录成功！";
            }
            msg = java.net.URLEncoder.encode(msg,"UTF-8");
            response.sendRedirect(request.getContextPath()  +  "/login_cookie.jsp?msg=
"+msg);
            return;
        }
    //新增代码放在此处
    //通知浏览器用户，更多功能尚待开发。
        response.setContentType("text/html;charset=UTF-8");
        response.getWriter().print("该功能尚未提供，期待您的开发升级！<br/>");
    }
```

说明 1：通过 action 的不同取值，控制了 CASServlet 程序的运行流程。

说明 2：当 action 等于 cookie 时，CASServlet 程序的主要功能是创建 cookie 对象、设置 cookie 对象，并将 cookie 对象添加到 HTTP 响应头列表中。

说明 3：为了用最少的代码演示 Cookie 的各种用法，这里简化了登录程序的逻辑，即当输入的用户名和密码相等，且不是空字符串时，表示登录成功。

说明 4：只有登录成功时，才创建 Cookie，并设置 Cookie 的有效路径和 Cookie 的到期时间，以便创建会话 Cookie、创建持久 Cookie 或者删除 Cookie。

说明 5：无论登录成功，还是登录失败，都将页面“重定向”到登录页面 login_cookie.jsp。登录成功时，向登录页面 login_cookie.jsp 传递一个“登录成功”的 msg 查询字符串；否则传递一个“登录失败”的 msg 查询字符串。

技巧：重定向时，Location 中的查询字符串的中文字符乱码问题的解决方案如下。

重定向时，如果 Location 中的查询字符串存在中文字符，可使用下面的代码，将中文字符 URL 编码成对应的 UTF-8 十六进制数编码，再放置到查询字符串中，使中文字符能够通过 URL 在浏览器和 Web 服务器之间传输，避免出现中文字符乱码问题。

```
msg = java.net.URLEncoder.encode(msg,"UTF-8");
```

另外，请求转发或者请求包含的 path 中，如果包含查询字符串，并且查询字符串存在中文字符，也可使用该技巧。

（4）打开浏览器，在地址栏输入网址 localhost:8080/cas/login_cookie.jsp，选择不同的功能，实现 Cookie 的创建、删除等功能。

说明 1：模拟会话 Cookie 的各种功能时，需要关闭浏览器，然后重新执行步骤 3。

说明 2：如何查看 HTTP 响应头列表中的 Set-cookie 响应头。以 Chrome 为例，按 F12 键打开浏览器开发者工具，选择 Network（或者网络），选择程序，单击 Headers，可以看到 HTTP 响应头列表，如图 6-5 所示（本示例产生两个 Set-Cookie 响应头）。

说明 3：如何查看 HTTP 请求头列表中的 Cookie 请求头。Cookie 有效期内，重新打开浏览器，在地址栏输入网址 http://localhost:8080/cas/login_cookie.jsp。按 F12 键打开浏览器开发者工具，然后刷新浏览器页面。选择 Network（或者网络），选择程序，单击 Headers，可以看到 HTTP 请求头列表，如图 6-6 所示。

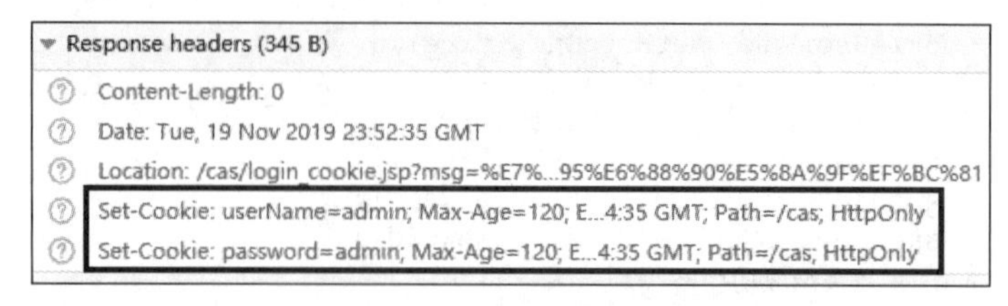

图 6-5　查看 Set-Cookie 响应头

Request headers (617 B)
Accept: text/html,application/xhtml+xm...plication/xml;q=0.9,*/*;q=0.8
Accept-Encoding: gzip, deflate
Accept-Language: en-US,en;q=0.5
Cache-Control: max-age=0
Connection: keep-alive
Cookie: JSESSIONID=16814A58F33336F79CC...serName=admin; password=admin
Host: 10.114.250.251:8080
Referer: http://10.114.250.251:8080/cas...%95%E6%88%90%E5%8A%9F%EF%BC%81
Upgrade-Insecure-Requests: 1
User-Agent: Mozilla/5.0 (Windows NT 6.1; W...) Gecko/20100101 Firefox/70.0

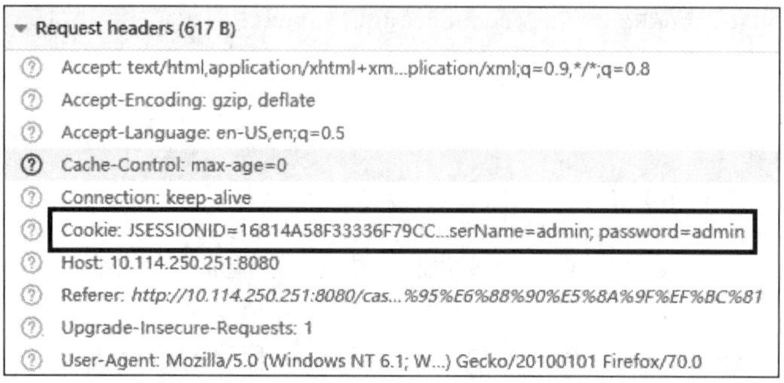

图 6-6　查看 Cookie 请求头

说明 4：验证 Cookie 能否跨 Web 项目有效时，可以新建一个 Web 项目 test，然后将登录页面程序 login_cookie.jsp 复制在新建的 Web 项目的 WebContent 目录下，并将新建的 Web 项目和本章的 Web 项目部署在同一个 Tomcat 服务器上。最后打开浏览器，在地址栏输入网址 localhost:8080/test/login_cookie.jsp，测试 Cookie 能否跨 Web 项目有效。

说明 5：安全起见，对于有实际应用的 Web 项目，浏览器端的 Cookie 不能存储密码的明文，应该存储密码的密文，具体方案参考第 13 章内容。

6.2.8　重定向和请求转发关于 Cookie 使用的区别

6.2.7 节所述案例是一种“教科书式”的场景：login_cookie.jsp 提供了 FORM 登录表单，单击“登录”按钮后，POST 请求数据提交给了 CASServlet；CASServlet 创建了 Cookie 后，又重定向给了读取该 Cookie 的 login_cookie.jsp 程序，如图 6-7 所示。

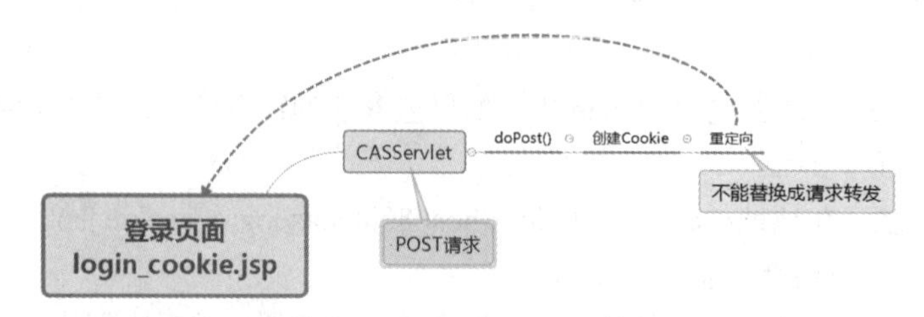

图 6-7　“教科书式”的场景

本例中的重定向不能替换成请求转发。原因在于：CASServlet 程序接收到浏览器发送的 POST 请求数据后，CASServlet 程序如果将 POST 请求请求转发至 login_cookie.jsp，login_cookie.jsp 程序的运行结果会被立即返回给浏览器；而 CASServlet 程序向响应中添加的 Set-Cookie 响应头，会被“延时”发送到浏览器（因为 response 对象存在缓存），导致 login_cookie.jsp 程序的运行结果已经返回，但 CASServlet 程序添加的 Set-Cookie 响应头，还没有在浏览器端生效，如图 6-8 所示。login_cookie.jsp 就无法读取浏览器端的 Cookie 信息（除非刷新浏览器页面）。

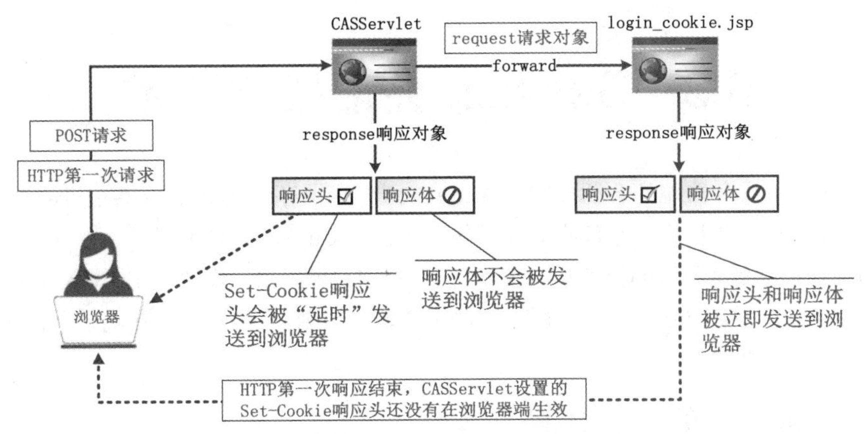

图 6-8　不要在请求转发中使用 Cookie

使用重定向则无上述问题。CASServlet 程序的 doPost()方法将 POST 请求“重定向”至 login_cookie.jsp，CASServlet 程序添加的 Set-Cookie 响应头、Location 响应头（包括响应状态码 302），会立即返回浏览器，浏览器端立即生成 Cookie，第一次响应结束。浏览器再向 login_cookie.jsp 发送第二次请求时，浏览器端已经存在 CASServlet 程序设置的 Cookie，如图 6-9 所示。

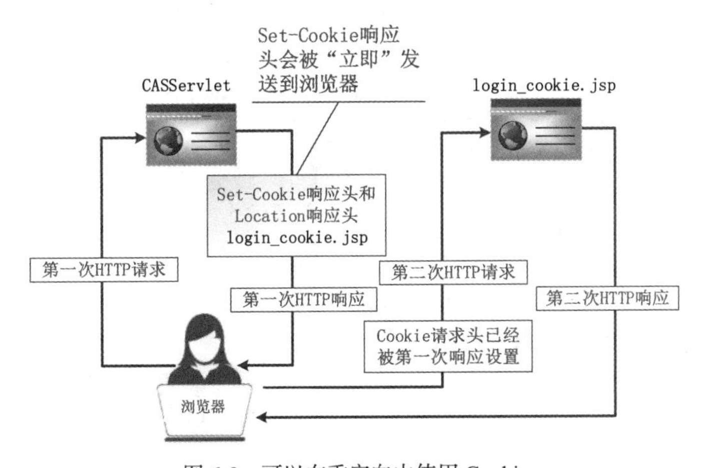

图 6-9　可以在重定向中使用 Cookie

注意 1：由于 Cookie 属于浏览器端技术，Web 服务器返回 Set-Cookie 响应头，浏览器端接收到该响应头后，Cookie 才生效。请求转发后的 Servlet 程序，无法读取请求转发前创建（或者删除）的 Cookie，除非刷新浏览器页面。而重定向不存在短暂性失效问题。这就是重定向和请求转发关于 Cookie 使用的区别。

注意 2：请求转发时，CASServlet 产生的 HTTP 响应头列表会被发送到浏览器，但 CASServlet 产生的响应体不会被发送到浏览器。

注意 3：两个相同名字的 Cookie，如果一个 Cookie 的有效路径是“/”，另一个 Cookie 的有效路径是“/cas”，那么它们不是同一个 Cookie。删除其中一个 Cookie，不会对另外一个 Cookie 造成影响。也就是说，下面两个 Cookie 是两个不同的 Cookie，虽然它们的名字都是“userName=admin”。

```
    Set-Cookie: userName=admin; Max-Age=120; Expires=Wed, 28-Aug-2019 14:23:52 GMT; Path=/cas; HttpOnly
    Set-Cookie: userName=admin; Max-Age=120; Expires=Wed, 28-Aug-2019 14:25:19 GMT; Path=/; HttpOnly
```

6.3 Session 会话控制技术

Session 是 Web 服务器端的会话控制技术，Session 信息保存于 Web 服务器主机的外存或内存，并且 Session 中存储的数据可以是任意对象的数据，这和 Cookie 明显不同。

另外，Cookie 是浏览器端的会话控制技术，浏览器用户可以禁用浏览器的 Cookie 功能。Session 是 Web 服务器端的会话控制技术，即便浏览器用户禁用了浏览器的 Cookie 功能，浏览器用户依然无法禁用 Session 功能。

6.3.1 Session 的工作原理

Session 的工作原理如图 6-10 所示。

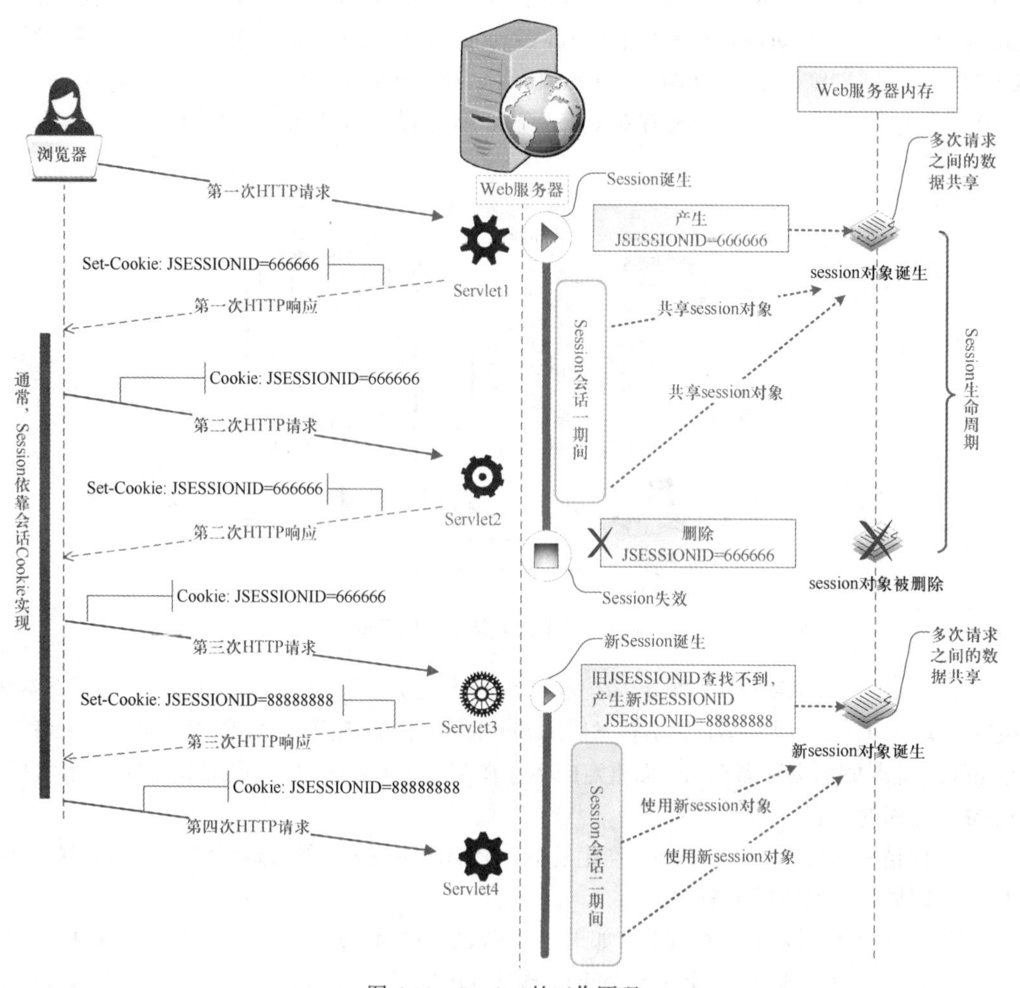

图 6-10 Session 的工作原理

重要的时间节点，说明如下。

（1）Session 诞生：浏览器发出第一次 HTTP 请求，访问 Web 项目的入口程序 Servlet1，Servlet1 程序开启 Session，Session 就此诞生（Session 诞生于 Web 服务器，且诞生时间早于 Cookie）。

说明

Servlet1 程序开启 Session，Web 服务器要做 3 件事情。第一，创建一个唯一的 JSESSIONID（例如"666666"）；第二，创建一个与 JSESSIONID 对应的 session 对象，以便同一 Session 会话、不同请求之间能够共享数据；第三，创建一个如"Set-Cookie: JSESSIONID=666666"的 Set-Cookie 响应头。

（2）Session 会话：Session 诞生于 Web 服务器内存，最终也将会失效于 Web 服务器内存。从 Session 诞生到失效的这段时间，同一个浏览器使用已有 session 对象的过程，称为 Session 会话。

说明

所谓使用已有 session 对象，是指从 Session 诞生到 Session 失效的这段时间，同一个浏览器发出第二次 HTTP 请求访问其他 Servlet 程序（包括入口程序 Servlet1）时，浏览器自动将"cookie: JSESSIONID=666666"的 Cookie 信息封装到 HTTP 请求头列表中；其他 Servlet 程序接收 JSESSIONID 的 Cookie 请求信息，并在内存中找到 JSESSIONID=666666 对应的已有 session 对象；其他 Servlet 程序则可以继续操作该已有 session 对象。

（3）Session 失效：Web 服务器的内存太过宝贵，session 对象不能无休止地占用 Web 服务器的内存。Session 失效的时机有两种情形。情形 1：浏览器用户单击"注销"或者"退出"按钮，可手动删除 Web 服务器内存中的 Session，Session 失效。情形 2：Web 服务器定期清理内存中的"僵尸"session 对象。每个 session 对象都有一个属性 maxInactiveInterval（最大非活动时间间隔），在这个时间间隔内，如果浏览器用户没有重用该 session 对象，Web 服务器将主动清理超过这个时间间隔的"僵尸"session 对象，session 对象定期失效。

（4）Session 失效后，新 Session 诞生：浏览器再次请求（即图 6-10 所示的第三次 HTTP 请求）访问 Servlet3 程序，浏览器自动将"cookie: JSESSIONID=666666"的 Cookie 信息封装到 HTTP 请求头列表中。Web 服务器接收 JSESSIONID，在内存中却找不到已经失效的 666666 对应的 session 对象。然后，Web 服务器开启新 Session（Web 服务器做的 3 件事情，这里不赘述）。

6.3.2　Session 的本质与核心

根据 Session 的工作原理，可得出如下结论。

（1）浏览器第一次发出 HTTP 请求，访问 Servlet1 程序时，Servlet1 程序开启 Session（Web 服务器自动创建唯一 JSESSIONID、创建与 JSESSIONID 对应的 session 对象、将 JSESSIONID 放入 Set-Cookie 响应头）。

（2）浏览器收到 Web 服务器的响应后，自动创建会话 Cookie 保存 JSESSIONID。

（3）浏览器再次请求访问其他 Servlet 程序（包括入口程序 Servlet1）时，自动将 JSESSIONID 封装到 Cookie 请求头中。

（4）其他 Servlet 程序自动获取 Cookie 请求头中的 JSESSIONID，在 Web 服务器内存查找 JSESSIONID 对应的 session 对象。若查找到，则使用已有的 session 对象（这个过程称为 Session 会话）；若查找不到，说明旧的 session 对象已经失效，Web 服务器开启新 Session，服务浏览器用户。

因此，Session 的本质是 JSESSIONID、与 JSESSIONID 对应的 session 对象，以及往返于浏览器和 Web 服务器之间的 JSESSIONID。

Session 的本质中，并不包括 Cookie，浏览器的 Cookie 功能可以被禁用，却无法禁用 Session。如果将 JSESSIONID 比作通行证的话，用 Cookie 携带通行证，使其往返于浏览器与 Web 服务器之间，所有往返操作由浏览器和 Web 服务器自动完成。如果浏览器的 Cookie 功能被禁用，Web 开发人员依然可以借助 response 对象的 encodeURL(path) 方法。将 JSESSIONID 附加在 path 后，让 path 携带通行证，让其往返于浏览器和 Web 服务器，最终也能实现 Session 会话，并且这种方法不受制于浏览器。

Session 的核心是：使用 Web 服务器端技术，实现 Session 会话期间，多次 HTTP 请求/响应之间的数据共享。

Session 的典型应用是 Servlet 程序发放 JSESSIONID 通行证，在 Session 会话期间，其他 Servlet 程序利用浏览器持有的 JSESSIONID 通行证，验证浏览器用户身份。使用 Session 可以实现身份验证、验证码的验证以及表单重复提交验证等功能。

6.3.3 开启 Session 和获取已有的 session 对象

开启 Session 和获取已有的 session 对象，使用的是 request 请求对象的同一个方法，如下所示，该方法返回 HttpSession 接口。

```
HttpSession session = request.getSession();
```

request.getSession()方法的大致执行流程如下。

（1）判断 Cookie 请求头中的 JSESSIONID，能否在 Web 服务器内存中找到。

（2）若找不到，说明此次请求是一次新 Session 会话，Web 服务器则开启 Session。

（3）若找到，说明此次会话是一次已有会话，Web 服务器直接返回与 JSESSIONID 对应的已有 session 对象。

简而言之，request.getSession()方法要么返回新的 session 对象，要么返回已有的 session 对象。

6.3.4 Servlet 开启 Session 的区别和 JSP 开启 Session 的区别

JSP 程序内置了 session 对象，因此，默认情况下，浏览器用户请求访问 JSP 程序时，JSP 程序会自动开启 Session。Servlet 没有内置 session 对象，因此 Servlet 需要调用 request.getSession() 方法，手动开启 session。

JSP 程序 page 指令指定的 session 属性值为 false 时，JSP 程序不再自动开启 Session。此时，JSP 程序若要开启 Session，需要手动调用 request.getSession()方法。

6.3.5 session 对象的使用

获取 session 对象后，session 对象的使用非常简单。和 request 请求对象一样，session 对象也是一个域对象，session 对象提供了下列方法，实现了 Session 会话期间，多次请求之间的数据共享。

```
void      session.setAttribute(String name, Object value)
Object    session.getAttribute(String name)
void      session.removeAttribute(String name)
java.util.Enumeration <String> session.getAttributeNames()
```

除此之外，session 对象还提供了下列方法，用于获取或者设置 session 的相关信息。

String　　session.getId()：获取当前 Session 的 JSESSIONID 值。

boolean　session.isNew()：用于判断当前 Session 是不是新开启的 Session。

Long　session.getCreationTime()：获取当前 Session 的创建时间。

long　session.getLastAccessedTime()：获取当前 Session 的最后一次访问时间。

int　session.getMaxInactiveInterval()：获取当前 Session 的最大非活动时间间隔，单位是 s。默认是 1800s，即 30min。

void　session.setMaxInactiveInterval(int interval)：设置当前 Session 的最大非活动时间间隔，单位是 s，该方法无返回值。

6.3.6　删除 Session 或者使 Session 失效

所谓删除 Session 是指将开启 Session 过程中产生的 JSESSIONID、session 对象以及 Set-Cookie 响应头删除。删除 Session 有两种方法，一种是 Web 服务器定期清理僵尸 Session；一种是手动删除 Session。这里主要介绍手动删除 Session 的方法，具体如下。

void　session.invalidate()：删除 Session，该方法无返回值。

6.3.7　小露身手：Session 的综合使用

目的

（1）掌握 Session 的典型应用：模拟实现购物车功能。

（2）理解表单的重复提交问题。

（3）掌握禁用浏览器 Cookie 后，使用 response.encodeURL()方法实现 Session 会话的方法。

（4）掌握使用重定向避免表单重复提交的方法。

（5）掌握使用 Session 避免请求转发的表单重复提交的方法。

（6）掌握使用 Session 实现简单权限控制的方法。

（7）掌握局部刷新图片的方法和生成验证码图片的方法。

场景 1　使用 Session 会话模拟实现购物车功能

场景 1 步骤

（1）在 WebContent 目录下创建购物车页面程序 cart.jsp，将代码修改为如下代码。

```
<%@ page language="java" contentType="text/html; charset=UTF-8"
   pageEncoding="UTF-8"%>
<!DOCTYPE html>
<html>
<head>
<meta charset="ISO-8859-1">
<title>Insert title here</title>
</head>
<body>
<form action="<%=request.getContextPath()%>/CASServlet?action=cart" method="post">
商品名：<input type="text" name="newGoodsName" />
<input type="submit" value="添加新商品" />
</form>
<hr/>
<%
String msg = request.getParameter("msg");
if(msg != null){
    out.print("<font color='red'>" + msg + "</font><br/>");
```

```
    }
    String goods = (String)session.getAttribute("goods");
    if(goods != null){
        out.print(goods);
    }else{
        out.print("购物车暂无商品<br/>");
    }
    %>
    </body>
    </html>
```

说明 1：购物车页面 cart.jsp 提供了 3 个功能。具体是，提供“添加新商品”的 FORM 表单；显示商品是否添加成功的消息；显示 session 对象中的所有商品。

说明 2：购物车页面 cart.jsp 中的 FORM 表单数据，以 method=post 的数据发送方式，向 CASServlet 程序传递了“action=cart”的查询字符串，控制 CASServlet 程序的运行流程。

说明 3：本场景使用 JSP 的内置对象 out，显示商品信息以及成功消息。out 内置对象的功能与 response.getWriter()的功能相似，但执行流程不同，具体区别参考 8.3.1 节内容。

（2）打开浏览器，在地址栏输入网址 http://localhost:8080/cas/cart.jsp，首次运行效果如图 6-11 所示。

图 6-11　首次运行效果

（3）向 CASServlet 程序的 doPost()方法新增如下代码。

```
if("cart".equals(action)) {
    javax.servlet.http.HttpSession session = request.getSession();
    String msg = "商品添加成功! ";
    String oldGoods = (String)session.getAttribute("goods");
    if(oldGoods == null) {
        oldGoods = "";
    }
    String newGoodsName = request.getParameter("newGoodsName").trim();
    String newGoods = newGoodsName + " " + System.currentTimeMillis() + "<br/>";
    session.setAttribute("goods", newGoods + oldGoods);
msg = java.net.URLEncoder.encode(msg,"UTF-8");
    request.getRequestDispatcher("/cart.jsp?msg="+msg).forward(request, response);
    return;
}
```

新增代码提供的功能包括，从 session 对象中获取原有的商品信息；将新商品附加到原有的商品之前；将全部商品放入 session 对象；将请求转发到购物车页面程序 cart.jsp，并向该程序传递查询字符串等。

（4）添加一个“手机”商品，执行结果如图 6-12 所示。至此，使用 Session 模拟了购物车功能。

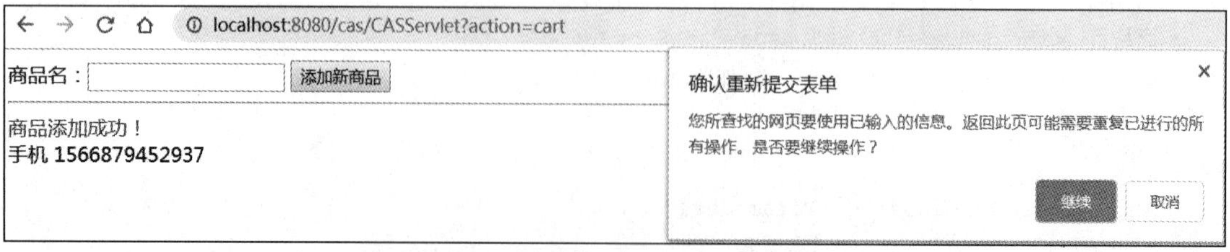

localhost:8080/cas/CASServlet?action=cart
商品名：
添加新商品
商品添加成功！
手机 1566879452937
确认重新提交表单
您所查找的网页要使用已输入的信息。返回此页可能需要重复已进行的所有操作。是否要继续操作？
继续
取消

图 6-12　使用 Session 会话模拟实现购物车

本场景存在一个功能缺陷，步骤（4）时，若刷新浏览器页面，提示“确认重新提交表单”。若单击“继续”按钮，则又添加“手机”商品，如图 6-13 所示，每次刷新浏览器页面，都可能重复添加“手机”商品。

图 6-13　表单重复提交问题

分析如下。

一般而言，刷新浏览器页面，浏览器向 Web 服务器发送的 HTTP 请求是 GET 请求。但本场景较为特殊，特殊之处在于：刷新浏览器页面后，浏览器误认为上次 POST 请求没有结束，继续向 Web 服务器发出 POST 请求，继而产生表单的重复提交问题。

产生表单重复提交问题的必备条件有两个。一个是提交完表单以后，发生请求转发；另一个是请求转发后，不做其他操作，直接刷新浏览器页面。

解决方案一：将请求转发替换成重定向。

使用重定向可以避免刷新页面带来的表单重复提交问题，这是因为，浏览器被重定向后，意味着第一次请求和第一次响应结束。此时刷新浏览器页面，浏览器则发出新的 HTTP 请求，并且新请求和第一次请求无关。读者可以尝试将下面的代码。

```
request.getRequestDispatcher("/cart.jsp?msg="+msg).forward(request, response);
```

替换为下面的代码，解决表单重复提交的问题。

```
response.sendRedirect(request.getContextPath() + "/cart.jsp?msg="+msg);
```

解决方案二：使用 Session 避免请求转发的表单重复提交。

场景 2　使用重定向解决表单重复提交问题

说明 1：本场景展示了两个功能。功能 1 是使用重定向解决表单重复提交问题；功能 2 是禁用浏览器 Cookie，借用 response.encodeURL(String path)实现 Session 会话。

说明 2：浏览器 Cookie 如果被禁用，那么 response.encodeURL(String path)方法在 path 后追加 JSESSIONID；否则不追加。

场景 2 步骤

（1）禁用浏览器 Cookie。

以 Chrome 为例，禁用 Cookie 的步骤是，设置→高级→隐私设置和安全性→网站设置→Cookie，如图 6-14 所示，关闭 Cookie。

（2）重新运行购物车页面程序 cart.jsp，添加新商品到购物车后，旧商品将丢失。

（3）复制 cart.jsp 程序，新文件命名为 cart_encode_URL.jsp。将<form />标签的代码修改为如下代码，其他代码保持不变。

```
<%
String path = request.getContextPath()+"/CASServlet?action=encodeURL";
String action = response.encodeURL(path);
```

```
%>
<form action="<%=action%>" method="post">
```

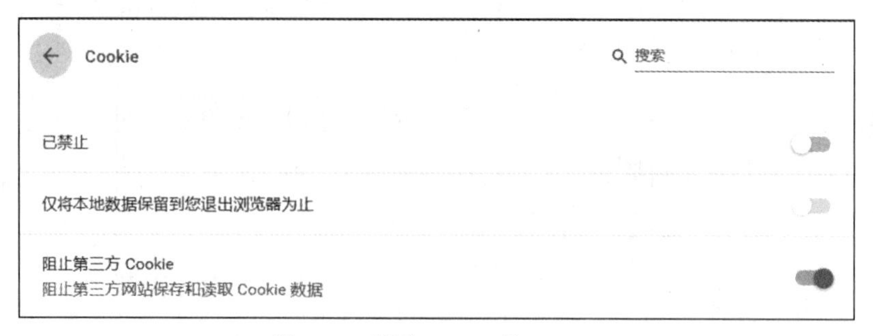

图 6-14　禁用 Chrome 的 Cookie

（4）向 CASServlet 程序的 doPost()方法新增如下代码。

```
if("encodeURL".equals(action)) {
    javax.servlet.http.HttpSession session = request.getSession();
    String msg = "商品添加成功！";
    String oldGoods = (String)session.getAttribute("goods");
    if(oldGoods == null) {
        oldGoods = "";
    }
    String newGoodsName = request.getParameter("newGoodsName").trim();
    String newGoods = newGoodsName + " " + System.currentTimeMillis() + "<br/>";
    session.setAttribute("goods", newGoods + oldGoods);
    msg = java.net.URLEncoder.encode(msg,"UTF-8");
    String path = request.getContextPath() + "/cart_encode_URL.jsp?msg="+msg;
    response.sendRedirect(response.encodeURL(path));//使用重定向避免表单重复提交
    return;
}
```

response.encodeURL(path)方法首先判断是否禁用了浏览器的 Cookie 功能，若禁用了，则在 path 后附加 JSESSIONID。

（5）打开浏览器，在地址栏输入网址 http://localhost:8080/cas/cart_encode_URL.jsp，添加一个“手机”商品，执行结果如图 6-15 所示。由于浏览器禁用了 Cookie，response 对象的 encodeURL(path)方法，自动向 path 附加了“;jsessionid=JSESSIONID”，在浏览器地址栏中携带 JSESSIONID，实现了让 JSESSIONID 往返于浏览器与 Web 服务器。

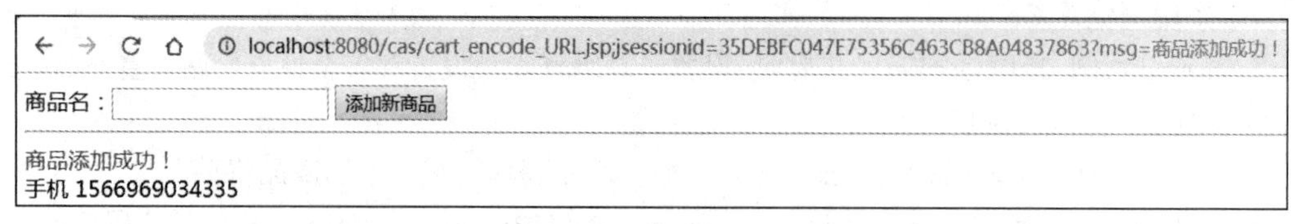

图 6-15　使用重定向解决表单重复提交问题

（6）刷新浏览器页面，测试使用重定向是否可以避免刷新页面带来的表单重复提交问题。

（7）开启浏览器 Cookie 功能（以便进行接下来的实验）。

场景 3　使用 Session 避免请求转发的表单重复提交（开启浏览器 Cookie 功能）

分析：CASServlet 程序处理了“添加新商品”提交的 POST 请求数据后，将请求转发到购物车页面 cart.jsp。注意，本次请求的数据的发送方式是 POST，并且请求中包含了上次单行文本框中输入的“手机”。此时刷新浏览器页面，实际上是向 CASServlet 程序重新发送 POST 请求，并将上次单行文本框中输入的“手机”再次提交给了 CASServlet 程序，最终导致表单的重复提交，如图 6-16 所示。

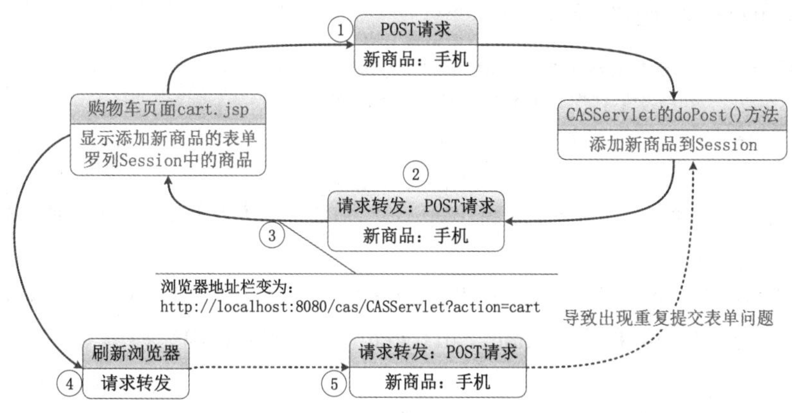

图 6-16　表单重复提交问题分析

解决方案：购物车页面 cart.jsp 生成一个随机值 token 存放到 session 对象和隐藏域中。CASServlet 获取请求参数和 Session 中的 token，比较是否相等。若相等，则为首次提交，删除 Session 中的 token，使 Session 中的 token 失效。刷新浏览器页面时，由于 Session 中的 token 已经删除，再次比较时不相等，则为重复提交。解决方案如图 6-17 所示。避免重复提交的关键是：请求转发中的参数 token 不会丢失，而 Session 中的 token 可以手动删除。

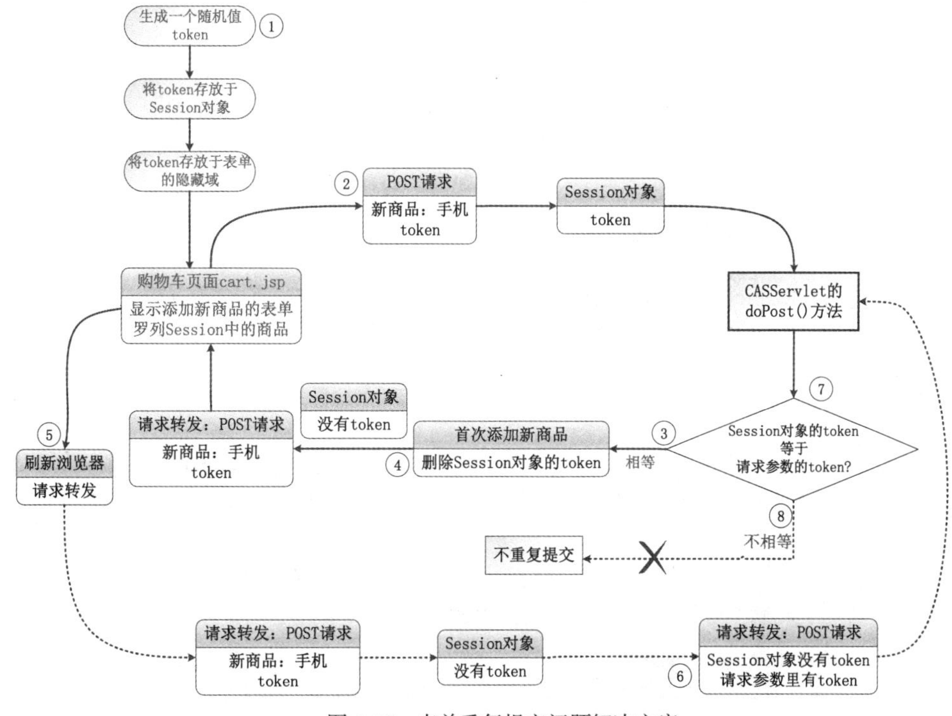

图 6-17　表单重复提交问题解决方案

场景 3 步骤

（1）复制 WebContent 目录下购物车页面程序 cart.jsp，新购物车页面程序名修改为 cart_token.jsp。

（2）修改 cart_token.jsp 程序中的<form>标签的代码为如下代码。

```
<form action="<%=request.getContextPath()%>/CASServlet?action=cartToken" method="post">
<%
String token = System.currentTimeMillis() + "";
session.setAttribute("token", token);
%>
<input type="hidden" name="token" value='<%=token%>'>
商品名：<input type="text" name="newGoodsName" />
<input type="submit" value="添加新商品" />
</form>
```

说明 1：购物车页面 cart_token.jsp 将 Web 服务器的时间作为 token，存放到 session 对象和隐藏域中。

说明 2：购物车页面 cart_token.jsp 中的 FORM 表单数据，以 method=post 的数据发送方式，向 CASServlet 程序传递了“action=cartToken”的查询字符串，控制 CASServlet 程序的运行流程。

（3）向 CASServlet 程序的 doPost()方法新增如下代码。

```
if("cartToken".equals(action)) {
    javax.servlet.http.HttpSession session = request.getSession();
    String tokenParam = request.getParameter("token");
    String tokenSess = (String)session.getAttribute("token");
    String msg = "商品添加成功！";
    if(tokenParam.equals(tokenSess)) {
        session.removeAttribute("token");
        String oldGoods = (String)session.getAttribute("goods");
        if(oldGoods == null) {
            oldGoods = "";
        }
        String newGoodsName = request.getParameter("newGoodsName").trim();
        String newGoods = newGoodsName + " " + System.currentTimeMillis() + "<br/>";
        session.setAttribute("goods", newGoods + oldGoods);
    }else {
        msg = "禁止表单重复提交！";
    }
 msg = java.net.URLEncoder.encode(msg,"UTF-8");
    request.getRequestDispatcher("/cart_token.jsp?msg="+msg).forward(request,
response);
    return;
}
```

（4）打开浏览器，在地址栏输入网址 http://localhost:8080/cas/cart_token.jsp，添加一个“手机”商品。若此时刷新浏览器页面，执行结果如图 6-18 所示，提示“禁止表单重复提交！”。

图 6-18　禁止表单重复提交

场景 4　使用 Session 实现身份验证（开启浏览器 Cookie 功能）

说明 1：存在一个个人简介页面，只有成功登录的浏览器用户才可以浏览其内容，否则提示用户进行登录。

说明 2：本场景的入口程序是 index.jsp 程序。

说明 3：本场景一共使用了 6 个 JSP 程序（JSP 程序对应 MVC 框架中的视图）；6 个 JSP 程序中，首页 index.jsp 负责整合其他 5 个 JSP 程序，如图 6-19 所示。

说明 4：首页 index.jsp 分成 3 部分 header.jsp、profile.jsp、footer.jsp。header.jsp 又包含登录页面 login_session.jsp 或者注销页面 logout.jsp。profile.jsp 是个人简介页面。footer.jsp 是版权页面。

说明 5：单击登录页面 login_session.jsp 的登录按钮，触发执行 CASServlet 的 doPost()方法；单击注销页面的“注销”超链接，触发执行 CASServlet 的 doGet()方法。

说明 6：本场景编写的 Servlet 程序，负责接收浏览器的 GET 请求和 POST 请求，并处理请求的数据，将处理结果转发到 index.jsp 程序（Servlet 程序对应 MVC 框架中的控制器）。

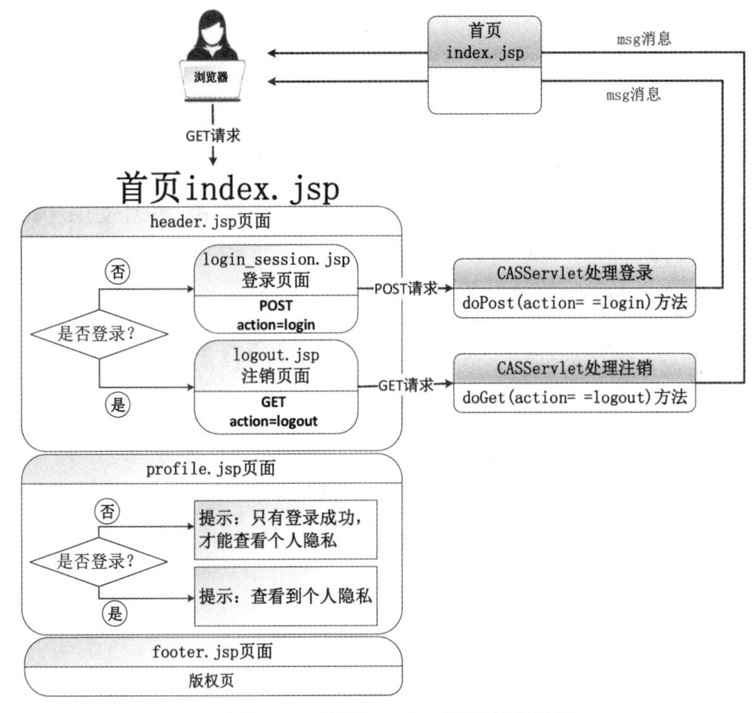

图 6-19　使用 Session 实现身份验证

场景 4 步骤

（1）编写登录页面 login_session.jsp，添加如下代码。

```
<%@ page language="java" contentType="text/html; charset=UTF-8"
    pageEncoding="UTF-8"%>
<%
String userName = (String)session.getAttribute("userName");
if(userName != null){
     return;
}
%>
<form action="<%=request.getContextPath()%>/CASServlet?action=login"
method="post" style="display: inline">
```

```
<input type="text" name="userName" placeholder="用户名" />
<input type="password" name="password"  placeholder="密码" />
<input type="submit" value="登录" />
</form>
```

说明 1：只有在用户没有成功登录时，才显示登录表单。

说明 2：FORM 表单的 style 属性 display: inline，使<form />元素前后没有换行符。

说明 3：FORM 表单以 POST 方式发送数据到 CASServlet 程序，并且使用“action=login”查询字符串，控制 CASServlet 程序 doPost()方法的运行流程。

（2）编写注销页面 logout.jsp，添加如下代码。

```
<%@ page language="java" contentType="text/html; charset=UTF-8"
   pageEncoding="UTF-8"%>
<%
String userName = (String)session.getAttribute("userName");
if(userName == null){
    return;
}
%>
欢迎<%= userName%>!
<a href='<%= request.getContextPath()%>/CASServlet?action=logout'>注销! </a>
```

说明 1：只有用户成功登录时，才显示注销超链接。

说明 2：超链接<a />以 GET 方式发送数据到 CASServlet 程序，并且使用“action=logout”查询字符串，控制 CASServlet 程序 doGet()方法的运行流程。

（3）编写头部页面 header.jsp 程序，添加如下代码。

```
<%@ page language="java" contentType="text/html; charset=UTF-8"
   pageEncoding="UTF-8"%>
<%
String userName = (String)session.getAttribute("userName");
if(userName == null){
    request.getRequestDispatcher("/login_session.jsp").include(request, response);
}else{
    request.getRequestDispatcher("/logout.jsp").include(request, response);
}
String msg = request.getParameter("msg");
if(msg != null){
    out.print("<font color='red'>" + msg + "</font>");
}
%>
<hr />
```

说明 1：如果成功登录，header.jsp 程序请求包含注销页面；如果没有成功登录，header.jsp 程序请求包含登录页面。

说明 2：header.jsp 程序显示登录成功、注销成功、登录失败等提示信息。

（4）编写个人简介页面程序 profile.jsp，代码如下。

```
<%@ page language="java" contentType="text/html; charset=UTF-8"
   pageEncoding="UTF-8"%>
<%
String userName = (String)session.getAttribute("userName");
if(userName == null){
    out.print("个人简介页面，请登录后查看");
}else{
```

```
        out.print("您正在看的，是" + userName + "的隐私信息！");
    }
%>
```

用户成功登录时，显示隐私信息；用户没有成功登录时，提示用户登录。

（5）编写页脚页面程序 footer.jsp，代码如下。

```
<%@ page language="java" contentType="text/html; charset=UTF-8"
    pageEncoding="UTF-8"%>
<hr />
版权所有
```

（6）编写首页 index.jsp 程序，代码如下。

```
<%@ page language="java" contentType="text/html; charset=UTF-8"
    pageEncoding="UTF-8"%>
<!DOCTYPE html>
<html>
<head>
<meta charset="ISO-8859-1">
<title>Insert title here</title>
</head>
<body>
<%
request.getRequestDispatcher("/header.jsp").include(request, response);
request.getRequestDispatcher("/profile.jsp").include(request, response);
request.getRequestDispatcher("/footer.jsp").include(request, response);
%>
</body>
</html>
```

首页 index.jsp 程序请求包含 header.jsp、profile.jsp、footer.jsp 3 个页面。

（7）修改 CASServlet 程序的 doPost()方法，添加登录处理功能，新增代码如下。

```
if("login".equals(action)) {
    javax.servlet.http.HttpSession session = request.getSession();
    String userName = request.getParameter("userName").trim();
    String password = request.getParameter("password").trim();
    String msg = "用户名和密码错误！";
    if(userName!=null && !"".equals(userName) && userName.equals(password)) {
        session.setAttribute("userName", userName);
        msg = "登录成功！";
    }
msg = java.net.URLEncoder.encode(msg,"UTF-8");
    response.sendRedirect(request.getContextPath() +"/index.jsp?msg=" + msg);
    return;
}
```

为了用最少的代码展示“使用 Session 实现简单的权限控制功能”，这里简化了登录处理程序的逻辑：当输入的用户名和密码相等，且不是空字符串时，表示登录成功。

（8）修改 CASServlet 程序的 doGet()方法，添加注销处理功能，doGet()方法代码如下。

```
javax.servlet.http.HttpSession session = request.getSession();
String action = request.getParameter("action");
if("logout".equals(action)) {
    session.invalidate();
    String msg = "成功注销! ";
    msg = java.net.URLEncoder.encode(msg,"UTF-8");
    response.sendRedirect(request.getContextPath() +"/index.jsp?msg=" + msg);
    return;
}
//新增代码放在此处
//通知浏览器用户，更多功能尚待开发
response.setContentType("text/html;charset=UTF-8");
response.getWriter().print("该功能尚未提供，期待您的开发升级! <br/>");
```

（9）打开浏览器，在地址栏输入网址 http://localhost:8080/cas/，运行结果如图 6-20 所示。

图 6-20　袖珍版本的身份验证系统

至此，通过 Session 完成了一个袖珍版本的身份验证系统。

知识扩展：请求包含与请求转发的比较

以 ABCServlet 请求包含 BCDServlet 和 CDEServlet 为例。当浏览器请求访问 ABCServlet 时，当前的 HTTP 请求被 ABCServlet 封装成 request 请求对象后，ABCServlet 将 request 请求对象转发给 BCDServlet 和 CDEServlet。ABCServlet 将 ABCServlet 的 HTTP 响应，连同 BCDServlet 和 CDEServlet 的 HTTP 响应，封装在一起形成新的 HTTP 响应，由 ABCServlet 返回浏览器。

请求包含的响应由第一个 Servlet 程序负责返回，响应体的内容格式（MIME）以及字符集由第一个 Servlet 程序设置。对比请求转发，请求转发响应由最后一个 Servlet 程序负责返回，响应体的内容格式（MIME）以及字符集通常由最后一个 Servlet 程序设置，如图 6-21 所示。

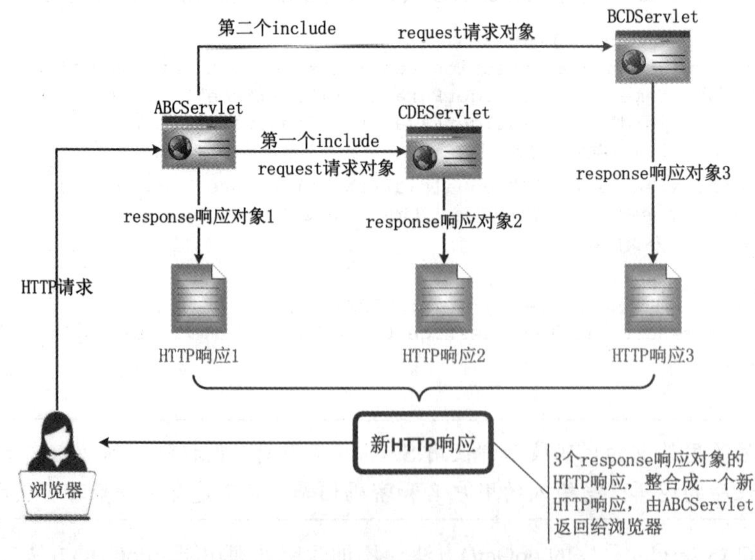

图 6-21　请求包含与请求转发的比较

场景 5　使用 Session 实现验证码的验证（开启浏览器 Cookie 功能）

验证码的原理和避免表单重复提交的原理几乎相同。以登录页面为例，实现验证码的大致过程是，Servlet 程序生成一个随机数 random；将 random 存放到 session 对象；将 random 写入图片，并将图片作为 HTTP 响应数据写入 HTML 页面；浏览器用户在单行文本框中手动输入验证码图片上的随机数；提交数据后，Servlet 程序判断手动输入的数和 session 对象的 random 是否相同；若不相同则重定向到登录页面，并提示“验证码错误”信息；若相同则用户成功登录，删除 session 对象中的验证码，使 session 对象中旧的验证码失效。

场景 5 步骤

（1）向 CASServlet 的 deGet()方法，新增如下代码，将验证码图片写入响应体中。

```
if("checkCodeImg".equals(action)) {
    response.setContentType("image/jpeg");
    java.util.Random random = new java.util.Random();
    int checkCode = random.nextInt(9000)+1000;
    session.setAttribute("checkCode", checkCode);
    int width = 80, height = 25;
    java.awt.image.BufferedImage image =
new java.awt.image.BufferedImage(width,height,java.awt.image.BufferedImage.TYPE_INT_BGR);
    java.awt.Graphics pen = image.getGraphics();
    pen.fillRect(0, 0, width, height);
    pen.setColor(java.awt.Color.BLACK);
    pen.setFont(new java.awt.Font("楷体",java.awt.Font.BOLD,height-5));
    pen.drawString(checkCode+"",width/5,height-5);
    javax.imageio.ImageIO.write(image, "jpeg", response.getOutputStream());
    return;
}
```

新增代码实现的功能有，①设置响应 MIME 为 image/jpeg；②生成 4 位随机数字 random；③将随机数 random 存放于 session 对象；④创建一个宽 80px、高 25px 的缓存图片对象 image；⑤在该对象上获取一个画笔 pen；⑥使用画笔 pen 在缓存图片对象 image 上绘制一个矩形区域；⑦将画笔设置为黑色、加粗、楷体，然后使用画笔将随机数 random 绘制到缓存图片对象 image 上；⑧将缓存图片对象 image 以字节流方式写入 response 缓存中。

（2）为保留学习成果，备份 login_session.jsp 文件。

步骤是：复制 login_session.jsp 程序，新文件命名为 login_session_bak.jsp。

（3）将登录页面 login_session.jsp 的代码修改为如下代码。

```
<%@ page language="java" contentType="text/html; charset=UTF-8"
   pageEncoding="UTF-8"%>
<script type="text/javascript">
var change = function(img){
    var date = new Date().getTime();
    img.src = "<%=request.getContextPath()%>/CASServlet?action=checkCodeImg&" + date;
}
</script>
<%
String userName = (String)session.getAttribute("userName");
if(userName != null){
```

```
        return;
    }
    %>
    <form action="<%=request.getContextPath()%>/CASServlet?action=login_checkCode"
    method="post" style="display: inline">
    <input type="text" name="userName" placeholder="用户名" />
    <input type="password" name="password"  placeholder="密码" />
    <input type="text" name="checkCode"  placeholder="验证码" />
    <img  id='checkCodeImg'  onclick="change(this)"
    src="<%=request.getContextPath()%>/CASServlet?action=checkCodeImg" />
    <input type="submit" value="登录" />
    </form>
```

说明 1：新增 JavaScript 代码实现的功能是，单击登录页面的验证码图片，触发 CASServlet 的 doGet()方法生成新的验证码图片，并将图片写入当前登录页面，实现验证码图片的局部刷新。

说明 2：由于验证码图片会被缓存至浏览器，单击登录页面的验证码图片时，为避免浏览器访问浏览器缓存中的验证码图片，在<img />标签的 src 属性中，添加了浏览器的当前时间。

（4）打开浏览器，在地址栏输入网址 http://localhost:8080/cas/，运行结果如图 6-22 所示。

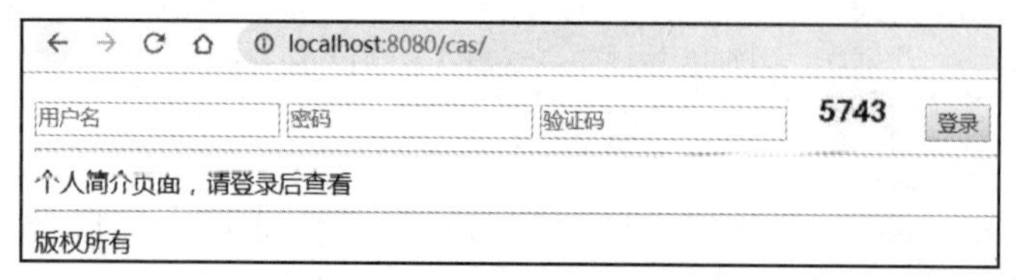

图 6-22　身份验证和验证码验证

（5）向 CASServlet 的 dePost()方法，新增如下代码，处理登录数据和验证码数据。

```
    if("login_checkCode".equals(action)) {
        javax.servlet.http.HttpSession session = request.getSession();
        String userName = request.getParameter("userName").trim();
        String password = request.getParameter("password").trim();
        String msg = "用户名和密码错误！";
        String codeParam = request.getParameter("checkCode").trim();
        String codeSession = session.getAttribute("checkCode").toString();
        if(codeSession == null || !codeSession.equalsIgnoreCase(codeParam)) {
            msg = "验证码错误";
            msg = java.net.URLEncoder.encode(msg,"UTF-8");
            response.sendRedirect(request.getContextPath() +"/index.jsp?msg=" + msg);
            return;
        }
        if(userName!=null && !"".equals(userName) && userName.equals(password)) {
            session.removeAttribute("code");
            session.setAttribute("userName", userName);
            msg = "登录成功！";
        }
    msg = java.net.URLEncoder.encode(msg,"UTF-8");
        request.getRequestDispatcher("/index.jsp?msg="+msg).forward(request,
response);
        return;
    }
```

若 session 对象的验证码为 null 或者 session 对象的验证码不等于 FORM 表单单行文本框中手动输入的验证码，那么程序重定向到首页。若成功登录，删除 session 对象中的验证码，使 session 对象中的验证码失效。

至此，通过 Session 完成了一个袖珍版的具有身份验证以及验证码验证功能的 Web 项目。

实践任务　会话控制技术：Cookie 与 Session

1. 目的

参考本章每个小露身手的目的。

2. 环境

Web 服务器主机：JDK 8、Tomcat 9。

集成开发环境：eclipse-jee-2018-09-win32。

浏览器：Chrome。

任务 1　小露身手：Cookie 的综合运用（详细步骤请参考 6.2.7 节的内容）。

任务 2　小露身手：Session 的综合运用（详细步骤请参考 6.3.7 节的内容）。

第 7 章 过滤器和监听器

Servlet、过滤器（Filter）和监听器（Listener）构成了 Java Web 的三大组件，之前讲解了 Servlet 的使用，本章主要讲解 Servlet 规范的另外两个组件：过滤器和监听器。通过本章的学习，读者将具备利用过滤器实现权限访问控制和表单验证的能力，具备利用监听器 Listener 统计网站在线人数的能力。

7.1 过滤器

2000 年 10 月 20 日，SUN 公司发布了 Servlet 2.3 规范，相较之前的版本，最大的变化是 Servlet 2.3 规范增加了 Filter 和 Listener。

过滤器的主要功能是向被访问的资源加一层“外壳”，主要有两个作用：请求到达资源前的“请求的预处理器”；响应离开资源后的“响应的后处理器”。

这里所提到的资源不仅可以是 Web 服务器上的 JSP 程序、Servlet 程序，还可以是 Web 服务器上的 CSS 文件、JavaScript 文件、图片、HTML 页面，甚至“一个不存在的资源”或“外壳”都是资源。在“外壳”的基础上再增加一层“外壳”，就形成了资源的“过滤器链”（FilterChain），如图 7-1 所示。

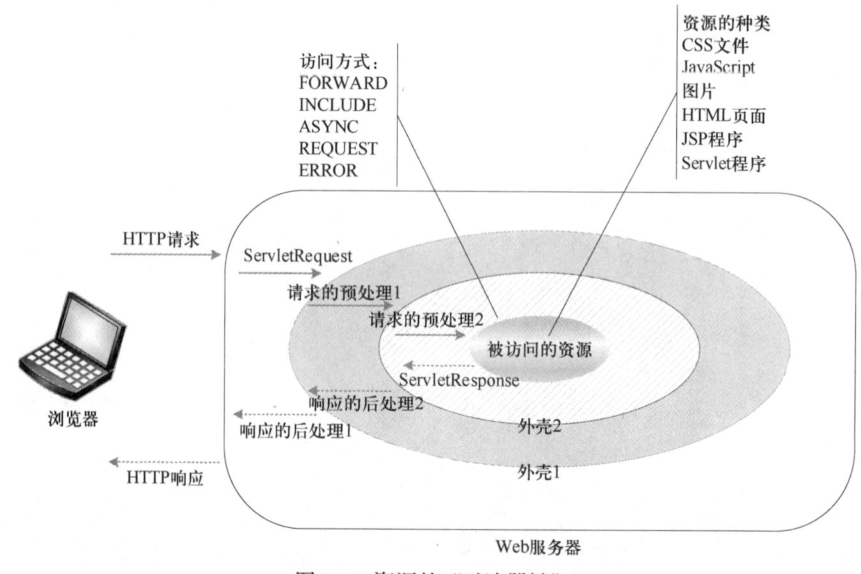

图 7-1 资源的“过滤器链”

可以看到，Servlet 和过滤器之间的关系是：Servlet 负责接收过滤器预处理后的请求、并返回响应，而过滤器并不会产生真正的响应，真正的响应由 Servlet 产生，过滤器只会在 Servlet 产生的响应上做些“手脚”。

前文曾经提到 Web 服务器的资源共有 5 种访问方式，分别是 ASYNC、ERROR、FORWARD、INCLUDE 以及 REQUEST（其中来自浏览器的 REQUEST 访问方式最为常用）。

这就意味着，理论上讲，一个资源可以有 5 种过滤器。由于 REQUEST 访问方式最常用，默认情况下，Filter 只对 REQUEST 访问方式进行“过滤”。限于篇幅，本书主要介绍 REQUEST 访问方式的过滤器。

Filter 是在“资源”外面加一层“外壳”，所以，应该提前准备资源，才能演示 Filter 的使用。由于“一个不存在的资源”也是一个资源，本章先从请求访问一个不存在的资源，快速上手 Filter。

7.1.1 小露身手：创建最简单的过滤器 ABCFilter

1. 目的

设计一个最简单的过滤器 ABCFilter。

2. 准备工作

（1）在 Eclipse 中创建 Dynamic Web Project 项目 fal（fal 指 Filter and Listener）。

（2）将 servlet-api.jar 包导入 Web 项目（若无错，此准备工作可跳过）。

步骤

（1）打开 Project Explorer 视图→展开刚刚创建的 Web 项目→展开 Java Resources→右击 src→单击 Filter→弹出 Create Filter 窗口。Java package 文本框处输入 filter，Class name 文本框处输入 ABCFilter，如图 7-2 所示。

（2）单击 Next 按钮，进入过滤器部署界面，如图 7-3 所示，留意一下 ABCFilter 的 Filter mappings，保持默认值。

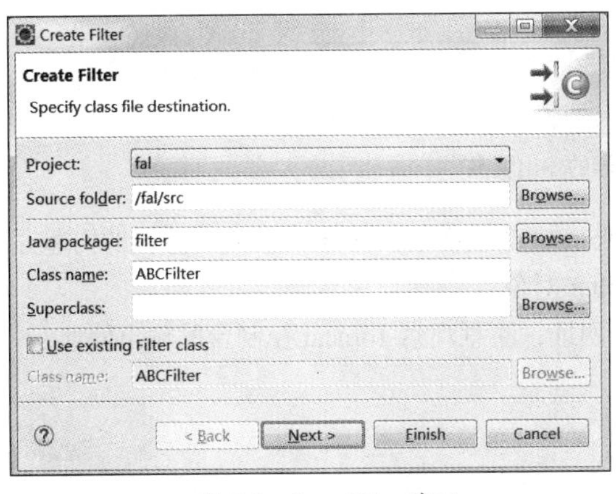

图 7-2 Creat Filter 窗口

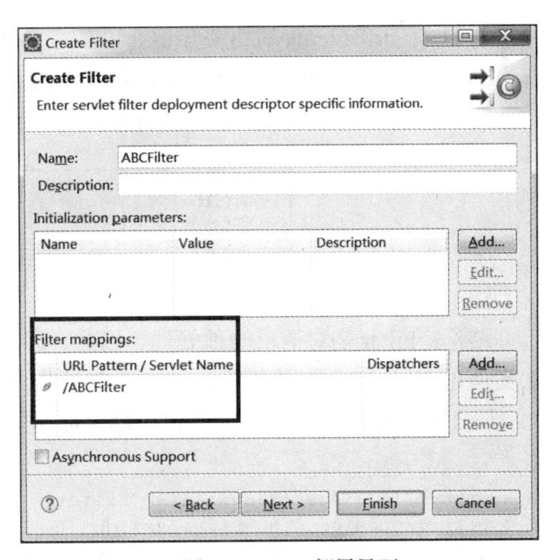

图 7-3 Filter 部署界面

Filter mappings 的相关知识，可参考第 2 章中 Servlet 的 URL Mappings 的内容。

（3）篇幅所限，精简代码。

删除所有注释语句。在 ABCFilter.java 类的每个方法中添加一条 Tomcat 控制台打印语句，并将注解@WebFilter("/ABCFilter")，修改为如下注解。

```
@WebFilter(filterName="ABCFilter",urlPatterns= {"/ABCFilter","*.do","/test/*",})
package filter;
import java.io.IOException;
import javax.servlet.Filter;
import javax.servlet.FilterChain;
import javax.servlet.FilterConfig;
import javax.servlet.ServletException;
import javax.servlet.ServletRequest;
import javax.servlet.ServletResponse;
import javax.servlet.annotation.WebFilter;

@WebFilter(filterName="ABCFilter",urlPatterns= {"/ABCFilter","*.do","/test/*"})

public class ABCFilter implements Filter {
    public ABCFilter() {
        System.out.println("执行ABCFilter的构造方法");
    }
    public void destroy() {
        System.out.println("执行ABCFilter的destroy()方法");
    }
    public void doFilter(ServletRequest request, ServletResponse response, FilterChain chain)
            throws IOException, ServletException {
        System.out.println("执行ABCFilter的doFilter()之前的代码");
        chain.doFilter(request, response);
        System.out.println("执行ABCFilter的doFilter()之后的代码");
    }
    public void init(FilterConfig fConfig) throws ServletException {
        System.out.println("执行ABCFilter的init()方法");
    }
```

说明 1：filterName 用于配置过滤器的名字，在 web.xml 配置文件中配置过滤器链的顺序时，会使用过滤器的名字 filterName。

说明 2：本书设置的过滤器的名字，与 Filter 的类名相同。

说明 3：urlPatterns 的相关知识，可参考第 2 章中 urlPatterns 的内容。

（4）将 Web 项目部署到 Eclipse 中的 Tomcat 中。

（5）启动 Tomcat，Tomcat 控制台的输出信息如图 7-4 所示。

```
信息: Starting Servlet engine: [Apache Tomcat/9.0.22]
执行ABCFilter的构造方法
执行ABCFilter的init()方法
十月 12, 2019 3:25:07 下午 org.apache.coyote.AbstractProtocol start
```

图 7-4　创建过滤器的输出信息

结论：Filter 是对请求的预处理，因此，启动 Tomcat 的过程中，Tomcat 调用过滤器的构造方法实例化 Filter 对象，并调用 init()方法初始化该 Filter 对象。

（6）打开浏览器，在地址栏依次输入如下 4 个网址，注意观察 Tomcat 控制台的输出信息。

```
http://localhost:8080/fal/xxx.jsp
http://localhost:8080/fal/ABCFilter
http://localhost:8080/fal/xxx.do
http://localhost:8080/fal/test/xxx.jsp
```

说明 1：第一个网址请求的 URL 与过滤器的 urlPatterns 不匹配，不会触发 ABCFilter 的 doFilter()方法执行；其余 3 个网址请求的 URL 与过滤器的 urlPatterns 匹配，会触发 ABCFilter 的 doFilter()方法执行。

说明 2：在浏览器地址栏输入上述网址后，浏览器上都会显示 404 错误，这就意味着，最终都访问到了目的资源（因为目的资源都不存在，因此显示 404 错误）。

说明 3：过滤器是否执行，与请求的访问方式、请求的 URL 是否与过滤器的 urlPatterns 匹配有关，与目的资源是否存在无关。

（7）停止 Tomcat 服务，Tomcat 控制台的输出信息如图 7-5 所示。

```
信息: Stopping service [Catalina]
执行ABCFilter的destroy()方法
十月 12, 2019 3:27:53 下午 org.apache.coyote.AbstractProtocol stop
```

图 7-5　销毁过滤器对象的输出信息

结论：Tomcat 停止过程中，调用过滤器的 destroy()方法，销毁过滤器对象。

（8）删除 ABCFilter.java 类 doFilter()方法中的语句：chain.doFilter(request, response)。

（9）重启 Tomcat 服务。

（10）重复第 6 个步骤，4 个网址中，注意观察浏览器是否都显示了 404 错误。

结论：过滤器过滤 HTTP 请求时，语句 chain.doFilter(request, response)的主要作用是将“路经”该过滤器的 request 请求对象和 response 响应对象“向前传至”目的资源。如果没有执行 chain.doFilter(request, response)，请求将不会被“向前传至”目的资源，此时浏览器将显示一个空白页面（Content-Length=0 的页面是空白页面）。

7.1.2　过滤器总结

过滤器类必须实现 Filter 接口，Filter 接口的 3 个方法 init()、doFilter()以及 destroy()定义了过滤器的生命周期，如图 7-6 所示。

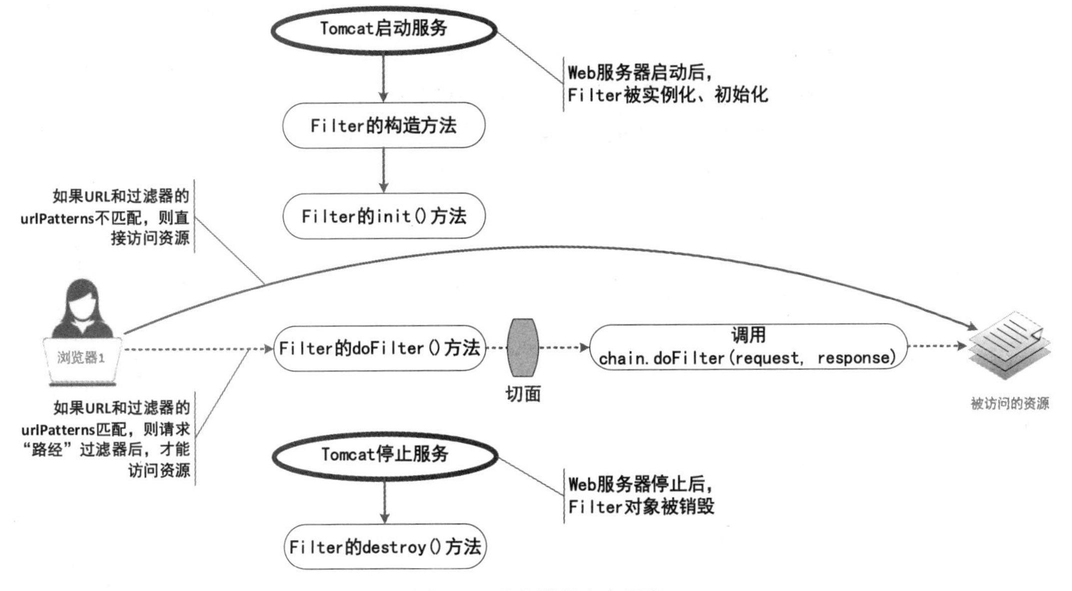

图 7-6　过滤器的生命周期

Web 服务器启动后，Web 服务器实例化过滤器对象，并调用 init()方法初始化过滤器对象。当有请求访问资源时，Web 服务器根据请求类型和请求的 URL 是否与过滤器的 urlPatterns 匹配，判断是否触发过滤器的 doFilter()方法。

如果执行了 chain.doFilter(request, response)语句，则将请求“继续向前传递”给目的资源；如果没有执行 chain.doFilter(request, response)语句，则请求“不再继续向前”。

Web 服务器停止服务后，调用过滤器的 destroy()方法，销毁 Filter 对象。

以 ABCFilter 为例，Filter 的生命周期可以简要描述为：

ABCFilter()→init()→doFilter()→doFilter()→doFilter()→destroy()。

过滤器中另一个重要接口是 FilterChain，它只提供了一个方法 doFilter(ServletRequest request, ServletResponse response)，功能是将 request 请求对象和 response 响应对象“向前传至”目的资源（或者下一个过滤器）。

Java Web 开发中，如果多个 Servlet 存在功能相同或者相近的代码，可将这些相同或者相近的代码抽取出来，封装成一个“切面”，添加在过滤器的 chain.doFilter(request, response)语句之前。“切面”的典型应用有，实现 URL 级别的权限访问控制、过滤敏感词汇、日志管理、字符集编码处理、数据库连接对象的管理、事务的管理、浏览器缓存处理、表单验证等。本书在项目实训中，利用 Filter 实现 URL 级别的权限访问控制、数据库连接对象的管理、事务管理，以及表单验证等功能。

chain.doFilter(request, response)与请求转发不同，请求转发只是将 request 请求对象“向前传至”目的资源，而过滤器中的 chain.doFilter(request, response)将 request 请求对象和 response 响应对象“向前传至”目的资源。

7.1.3 小露身手：过滤器链的使用

1. 目的

掌握过滤器链的使用。

2. 步骤

（1）向 ABCFilter.java 类的 doFilter()方法添加 7.1.1 节删除的语句：chain.doFilter(request, response)。

（2）复制 filter 包中的 ABCFilter.java，新文件重命名为 BCDFilter.java。

（3）将 BCDFilter.java 代码中的“ABCFilter”全部替换成“BCDFilter”。

（4）创建 Web 部署描述符文档 web.xml 配置文件，步骤是右击 Web 项目名，找到 Java EE Tools，单击 Genertate Deployment Descriptor Stub，即可在 WEB-INF 目录下创建 web.xml 配置文件。

（5）打开 web.xml 配置文件，配置过滤器链的顺序。添加如下所示的过滤器配置选项。

```
<?xml version="1.0" encoding="UTF-8"?>
<web-app xmlns:xsi="http://www.w3.org/2001/XMLSche
    xmlns="http://xmlns.jcp.org/xml/ns/javaee"
    xsi:schemaLocation="http://xmlns.jcp.org/xml/n
    id="WebApp_ID" version="4.0">
    <display-name>fal</display-name>
    <welcome-file-list>
        <welcome-file>index.html</welcome-file>
        <welcome-file>index.htm</welcome-file>
        <welcome-file>index.jsp</welcome-file>
        <welcome-file>default.html</welcome-file>
        <welcome-file>default.htm</welcome-file>
        <welcome-file>default.jsp</welcome-file>
    </welcome-file-list>
    <filter-mapping>
        <filter-name>BCDFilter</filter-name>
        <url-pattern>*.action</url-pattern>
    </filter-mapping>
    <filter-mapping>
        <filter-name>ABCFilter</filter-name>
        <url-pattern>*.action</url-pattern>
    </filter-mapping>

</web-app>
```

web.xml 配置文件中，<filter-mapping>中的<filter-name>的值必须与@WebFilter 注解中的 filterName 相同。

（6）重启 Tomcat 服务。

（7）打开浏览器，在地址栏输入如下网址。

```
http://localhost:8080/fal/xxx.action
```

Tomcat 控制台的输出信息如图 7-7 所示。

```
执行BCDFilter的doFilter()之前的代码
执行ABCFilter的doFilter()之前的代码
执行ABCFilter的doFilter()之后的代码
执行BCDFilter的doFilter()之后的代码
```

图 7-7　输出信息

结论：如果某个请求 URL 匹配了多个 Filter，按照<filter-mapping>在 web.xml 配置文件中出现的先后顺序，过滤器按“从外到内的顺序”组装成一条过滤器链。本步骤过滤器的“组装”顺序如图 7-8 所示，BCDFilter 位于资源的最外层，ABCFilter 过滤器位于内层。

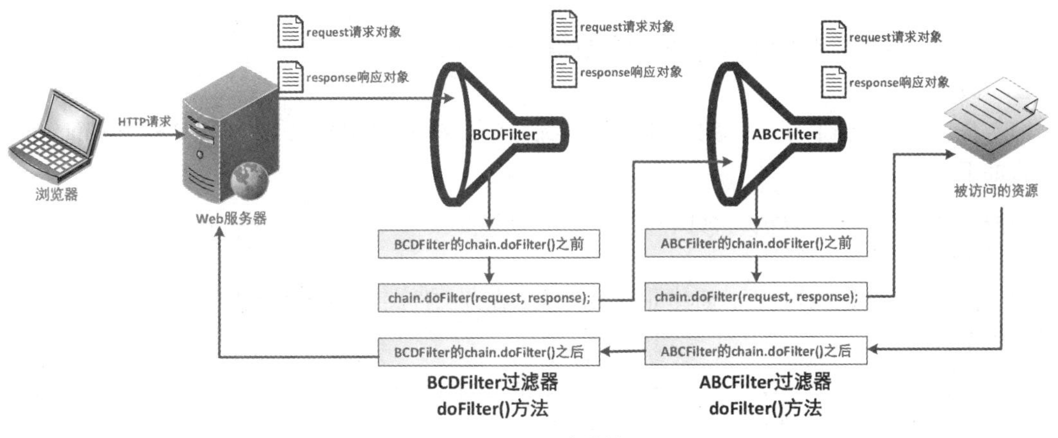

图 7-8　过滤器链

通过注解@WebFilter 并不能配置过滤器链的先后顺序。如果 web.xml 配置文件中没有使用<filter-mapping>定义过滤器链的顺序，那么过滤器链的先后顺序将按照过滤器类名在 ASCII 表出现的先后顺序配置。

7.1.4　过滤器的综合应用 1：URL 级别的权限访问控制

权限访问控制是对资源安全保护的一种重要手段。通常情况下，为了保护资源（例如 JSP 程序或者 Servlet 程序），权限访问控制的代码需要编写在受保护的资源文件中（例如 JSP 程序或者 Servlet 程序中）。导致的结果就是 JSP 程序或者 Servlet 程序既要包含业务逻辑的代码，又要包含权限访问控制的代码，非常不利于代码的维护工作。

为了让 JSP 程序或者 Servlet 程序只专注于业务逻辑，可将 JSP 程序或者 Servlet 程序中权限访问控制的代码“抽取出来”，放置在 Filter 中。本书使用过滤器实现最简单的权限访问控制，URL 级别的权限访问控制，对资源进行安全保护。

若要实现 URL 级别的权限访问控制，需要对受保护资源文件的 URL 路径重新分类。就像整理衣柜里的衣服时，或按照季节对衣服进行分类，或按照归属（自己的、家人的）进行分类，或按照衣着的场合（工作服、家居服、运动装）进行分类。如何对受保护资源文件的 URL 路径重新分类呢？下列分类原则，仅供参考。

（1）划分角色。例如某 Web 项目有 3 种类型的用户角色，分别是管理员角色（admin）、注册用户角色（user）、游客角色（visitor）。

（2）按照“不同的角色，能够访问不同的资源”，为受保护的资源文件分配 URL 路径。

① 如果受保护的资源是 JSP 程序，同一种角色的受保护 JSP 程序，放置在同一个文件夹中；不同角色的受保护 JSP 程序，放置在不同的文件夹中。例如任何浏览器用户都可以访问登录页面 login.jsp，可将其存放在项目根目录下；admin.jsp 是 admin 的受保护资源文件，可将其存放在项目根目录下的 admin 文件夹中；user.jsp 是 user 的受保护资源文件，可将其存放在项目根目录下的 user 文件夹中。

② 如果受保护的资源是 Servlet 程序，同一种角色的受保护 Servlet 程序的 urlPatterns 相同（或者兼容）；不同角色的受保护 Servlet 程序，设置为不同的（或者不兼容的）urlPatterns。

7.1.5 小露身手：使用过滤器实现 URL 级别的权限访问控制

1. 目的

掌握使用过滤器实现 URL 级别的权限访问控制的方法。

2. 步骤

（1）在 WebContent 目录下，新建 admin 文件夹，在该文件夹中创建受保护的 JSP 程序 admin.jsp，并输入如下代码。

```
<%@ page language="java" contentType="text/html; charset=UTF-8" pageEncoding="UTF-8"%>
<h3>这是管理员隐私页面</h3>
```

（2）在 WebContent 目录下，新建 user 文件夹，在该文件夹中创建受保护的 JSP 程序 user.jsp，并输入如下代码。

```
<%@ page language="java" contentType="text/html; charset=UTF-8" pageEncoding="UTF-8"%>
<h3>这是注册用户隐私页面</h3>
```

（3）在 WebContent 目录下，创建登录表单程序 login.jsp，并输入如下代码。

```
<%@ page language="java" contentType="text/html; charset=UTF-8" pageEncoding="UTF-8"%>
<%
String contextPath = request.getContextPath();
if(session.getAttribute("msg")!=null){
    String msg = (String)session.getAttribute("msg");
    out.println(msg + "<br/>");
    session.removeAttribute("msg");
}
%>
<form action="<%=contextPath%>/LoginServlet" method="post">
用户名：<input type="text" name="userName" /><br/>
密码：<input type="password" name="password" /><br/>
<input type="submit" value="登录" />
</form>
```

登录表单程序 login.jsp 有两个功能，一是从 session 对象中获取消息、显示消息、删除 session 对象中的消息；二是显示登录表单。

（4）创建 controller 包，并在该 controller 包中创建 Servlet 程序 LoginServlet.java，处理登录表单提交的用户数据，只保留 doPost()方法即可，代码如下。

```
    protected void doPost(HttpServletRequest request, HttpServletResponse response)
throws ServletException, IOException {
        String userName = request.getParameter("userName");
        String password = request.getParameter("password");
        response.setContentType("text/html;charset=UTF-8");
        if("admin".equals(userName) && "admin".equalsIgnoreCase(password)) {
            request.getSession().setAttribute("role", "admin");
            response.getWriter().append("admin 登录成功");
        } else if("user".equals(userName) && "user".equalsIgnoreCase(password)) {
            request.getSession().setAttribute("role", "user");
            response.getWriter().append("user 登录成功");
        } else {
            request.getSession().setAttribute("role", null);
            response.getWriter().append("登录失败");
        }
    }
```

说明 1：为了简化登录处理程序的逻辑，管理员角色的账户名为 admin，密码是 admin；注册用户角色的账户名为 user，密码是 user。

说明 2：LoginServlet 的 urlPatterns 保持默认值即可，即@WebServlet("/LoginServlet")。

说明 3：登录成功则将用户的角色 role 存入 session 中；登录失败则将 null 存入 session 中。

（5）在 filter 包中创建过滤器程序 PermissionFilter，实现受保护资源的权限访问控制，代码如下。

```
    @WebFilter(urlPatterns= {"/user/*","/admin/*"})
    public class PermissionFilter implements Filter {
        public void doFilter(ServletRequest request, ServletResponse response,
FilterChain chain) throws IOException, ServletException {
            HttpServletRequest httpServletRequest = (HttpServletRequest)request;
            HttpServletResponse httpServletResponse = (HttpServletResponse)response;
            HttpSession session = httpServletRequest.getSession();
            Object o = session.getAttribute("role");
            String contextPath = httpServletRequest.getContextPath();
            if(o == null) {
                session.setAttribute("msg", "受保护资源，请先登录！");
                httpServletResponse.sendRedirect(contextPath + "/login.jsp");
                return;
            }
            String role = (String)o;
            String requestURI = httpServletRequest.getRequestURI();
            if(requestURI.contains("/admin") && !"admin".equals(role)) {
                session.setAttribute("msg", "admin 的受保护资源，请先登录！");
                httpServletResponse.sendRedirect(contextPath + "/login.jsp");
                return;
            }
            if(requestURI.contains("/user") && !"user".equals(role)) {
                session.setAttribute("msg", "user 的受保护资源，请先登录！");
                httpServletResponse.sendRedirect(contextPath + "/login.jsp");
                return;
            }
            chain.doFilter(request, response);
        }
    }
```

过滤器程序 PermissionFilter.java 的功能是：若出现“越权访问”问题，将“越权访问的消息”绑定到 session 中，并将页面重定向到登录页面 login.jsp；若没有“越权访问”，则将 request 请求对象和 response 响应对象“向前传至”目的资源。

（6）重启 Tomcat，测试。

打开浏览器，在浏览器地址栏中输入网址 http://localhost:8080/fal/user/user.jsp，访问受保护的 JSP 程序 user.jsp，测试过滤器的权限访问控制功能是否生效。

然后输入网址 http://localhost:8080/fal/admin/admin.jsp，访问受保护的 JSP 程序 admin.jsp，测试过滤器的权限访问控制功能是否生效。

使用正确的账号登录后，测试是否能够访问对应的 admin.jsp 和 user.jsp 程序。

7.1.6　过滤器的综合应用 2：使用过滤器实现表单验证

按照 B/S 架构的划分方法，可将表单验证分为两种级别：JavaScript 级别的表单验证、Web 应用程序级别的表单验证。其中 JavaScript 级别的表单验证属于第一道防线，Web 应用程序级别的表单验证属于第二道防线。

默认情况下，浏览器的 JavaScript 功能是开启的，但浏览器用户可以禁用浏览器的 JavaScript 功能。浏览器的 JavaScript 功能一旦禁用，JavaScript 级别的表单验证将会彻底失效。由于第一道防线很容易被浏览器用户突破，为了实现表单验证，Web 项目必须构筑第二道防线：Web 应用程序级别的表单验证，

通常情况下，为了实现 Web 应用程序级别的表单验证，表单验证的代码需要编写在 Servlet 程序中。导致的结果就是：Servlet 程序既要包含业务逻辑的代码，又要包含表单验证的代码，非常不利于代码的维护工作。

为了让 Servlet 程序只专注于业务逻辑，可将 Servlet 程序中表单验证的代码“抽取出来”，放置在过滤器中。使用过滤器实现表单验证的大致思路是：过滤器对表单数据进行先行验证，只有通过表单验证的请求，可以继续“前行”，否则将其按原路径返回，并提示错误信息。

7.1.7　小露身手：使用过滤器实现表单验证

1．目的

掌握使用过滤器实现表单验证的方法。

2．步骤

（1）在 filter 包中创建登录表单验证过滤器程序 LoginValidatorFilter.java，代码如下。

```
@WebFilter("/LoginServlet")
public class LoginValidatorFilter implements Filter {
    public void doFilter(ServletRequest request, ServletResponse response, 
FilterChain chain) throws IOException, ServletException {
        HttpServletRequest req = (HttpServletRequest)request;
        HttpServletResponse res = (HttpServletResponse)response;
        HttpSession session = req.getSession();
        String userName = req.getParameter("userName");
        String password = req.getParameter("password");
        String msg = "";
        if(userName != null) {
            if(userName.trim().length() > 20 || userName.trim().length() < 4 ){
                msg = msg + "用户名长度 4～20 位<br/>";
            }
```

```
        }
        if(password != null) {
            if(password.trim().length() > 20 || password.trim().length() < 4 ){
                msg = msg + "密码长度 4～20 位<br/>";
            }
        }
        if("".equals(msg)) {
            chain.doFilter(req, res);
        }else {
            session.setAttribute("msg", msg);
            res.sendRedirect(req.getHeader("referer"));
        }
    }
}
```

技巧：代码 request.getHeader("referer")用于获取本次 HTTP 请求来自哪个 URL，代码 res.sendRedirect(req.getHeader("referer"))的目的是。将请求按原路径返回。

（2）重启 Tomcat，测试。

打开浏览器，在浏览器地址栏中输入网址 http://localhost:8080/fal/login.jsp，测试表单验证过滤器是否生效（用户名的有效长度是 4～20 位，密码的有效长度 4～20 位）。

7.2　监听器

监听器用于监听被监听对象的状态，还可以用于监听被监听对象的属性。Servlet 2.3 规范定义了两个可以被监听的对象 ServletContext 和 HttpSession，Servlet 2.4 规范新增了可以被监听的对象 ServletRequest。

当被监听对象的状态发生变化时，会触发状态监听器程序运行，对象的状态变化主要包括对象的创建和销毁两种。Java Web 开发中，状态监听器有 ServletContextListener、ServletRequestListener 和 HttpSessionListener 等。

当被监听对象的属性发生变化时，会触发属性监听器程序运行，属性的变化主要包括属性的添加、修改和删除。Java Web 开发中，属性监听器有 ServletContextAttributeListener、ServletRequestAttributeListener、HttpSessionAttributeListener 等。

简而言之：被监听对象 ServletContext、HttpSession、ServletRequest 中，每个对象有一个状态监听器和一个属性监听器，共计 6 个监听器。另外，Servlet 3.1 规范又为被监听对象 HttpSession 新增了 HttpSessionIdListener，如图 7-9 所示。图 7-9 中虚线框圈起来的是“事件处理器”，“事件处理器”是一个方法，该方法定义了事件发生后执行的代码块。被监听对象的“事件”发生后，“事件”会触发与事件关联的“事件处理器”运行。

状态监听器共定义了两个“事件处理器”，分别是对象初始化事件处理器和对象销毁事件处理器。

属性监听器共定义了 3 个“事件处理器”，分别是属性添加事件处理器、属性修改事件处理器以及属性删除事件处理器。

另外，HttpSession 对象还有 HttpSessionBindingListener 和 HttpSessionActivationListener 两个监听器，限于篇幅，对于这两个监听器，本书不进行讲解。目前，Servlet 4 规范定义了 9 个监听器。

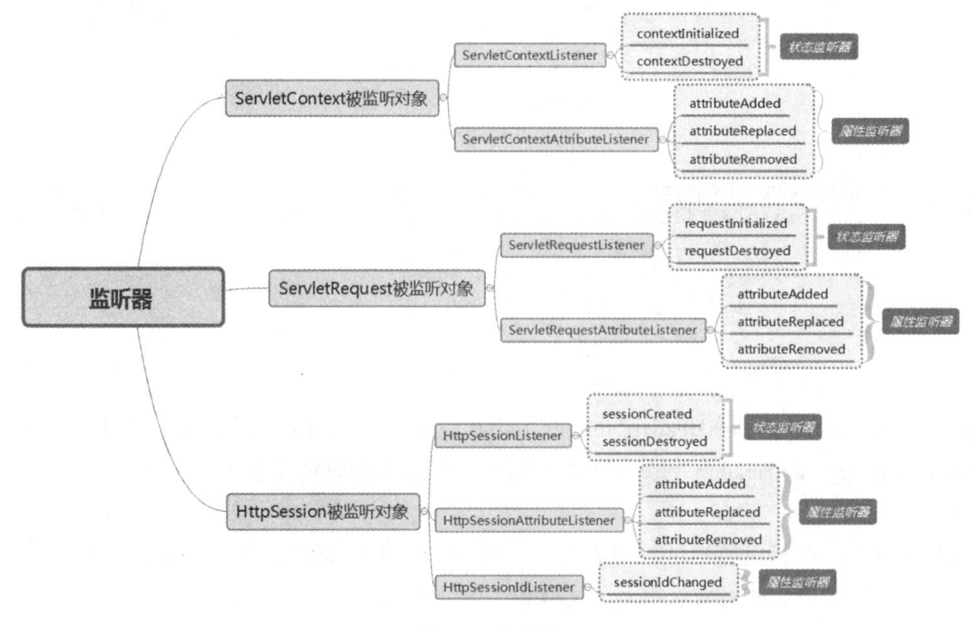

图 7-9　监听器

7.2.1　小露身手：演示 Java Web 状态监听器和属性监听器

1. 目的

掌握 Java Web 状态监听器和属性监听器的基本使用。

2. 步骤

（1）打开 Project Explorer 视图→展开刚刚创建的 Web 项目→展开 Java Resources→右击 src→单击 Listener→弹出 Create Listener 窗口。Java package 文本框处输入 listener，Class name 文本框处输入 ABCListener。

（2）单击 Next 按钮，选择监听器监听的事件，除了 Session migration、Object binding 和 Async events 外，选择其余复选框，如图 7-10 所示。

图 7-10　选择监听的事件

（3）单击 Finish 按钮，将生成的 ABCListener .java 代码修改为如下代码。

```
    @WebListener
    public class ABCListener implements ServletContextListener, ServletContextAttri-
buteListener,
    HttpSessionListener, HttpSessionAttributeListener, HttpSessionIdListener,
ServletRequestListener,
    ServletRequestAttributeListener {
        public ABCListener() {
            System.out.println("TestListener构造方法运行了");
        }
        public void contextInitialized(ServletContextEvent sce)  {
            System.out.println("ServletContext 全局对象被 Web 服务器初始化了");
        }
        public void contextDestroyed(ServletContextEvent sce)  {
            System.out.println("ServletContext 全局对象被 Web 服务器销毁了");
    }
    //ServletContextAttributeListener
        public void attributeAdded(ServletContextAttributeEvent scae)  {
            System.out.println("向 ServletContext 对象绑定名是"+scae.getName() +"，值是" +
scae.getValue()+"的属性");
        }
        public void attributeReplaced(ServletContextAttributeEvent scae)  {
            System.out.println("ServletContext 的属性" + scae.getName() + "的值改变了，原
来的值是" + scae.getValue());
        }
        public void attributeRemoved(ServletContextAttributeEvent scae)  {
            System.out.println("ServletContext 的属性" + scae.getName()+"被解除绑定");
        }
        //ServletRequestListener
        public void requestInitialized(ServletRequestEvent sre)  {
            System.out.println("来自" + sre.getServletRequest().getRemoteAddr() + "的
request 请求对象被创建了");
        }
        public void requestDestroyed(ServletRequestEvent sre)  {
            System.out.println("来自" + sre.getServletRequest().getRemoteAddr() + "的
request 请求对象被删除了");
        }
        //ServletRequestAttributeListener
        public void attributeAdded(ServletRequestAttributeEvent srae)  {
            System.out.println("向 request 请求对象绑定名是"+srae.getName() +"，值是" +
srae.getValue()+"的属性");
        }
        public void attributeReplaced(ServletRequestAttributeEvent srae)  {
            System.out.println("request 请求对象的属性" + srae.getName() + "的值改变了，原来
的值是" + srae.getValue());
        }
        public void attributeRemoved(ServletRequestAttributeEvent srae)  {
            System.out.println("request 请求对象的" + srae.getName() + "属性被解除绑定了");
        }
        //HttpSessionListener
        public void sessionCreated(HttpSessionEvent se)  {
            System.out.println(se.getSession().getId()+"的 Session 被创建");
        }
        public void sessionDestroyed(HttpSessionEvent se)  {
            System.out.println(se.getSession().getId()+"的 Session 被删除");
```

```
        }
        //HttpSessionAttributeListener
        public void attributeAdded(HttpSessionBindingEvent se) {
            System.out.println("向 session 绑定了属性名是" + se.getName() + "的属性");
        }
        public void attributeReplaced(HttpSessionBindingEvent se) {
            System.out.println("session 属性"+ se.getName() +"的值改变了，原来的值是" +
se.getValue());
        }
        public void attributeRemoved(HttpSessionBindingEvent se) {
            System.out.println("session 的属性" + se.getName() + "被解绑了");
        }
        //HttpSessionIdListener
        public void sessionIdChanged(HttpSessionEvent arg0, String arg1) {
            System.out.println(arg0.getSession().getId()+"的 SessionID 被修改为:" + arg1);
        }
    }
```

说明 1：上述 7 个监听器共提供了 16 个“事件处理器”。这些监听器的功能较为简单，限于篇幅，不再赘述。

说明 2：上述 7 个监听器中的任意一个监听器，都必须使用注解@WebListener 定义（也可以在 web.xml 配置文件中定义）。

（4）在 controller 包中创建 Servlet 程序 ABCListenerServlet.java，并修改其代码如下。

```
    @WebServlet("/TestServlet")
    public class ABCListenerServlet extends HttpServlet {
        public ABCListenerServlet() {
            System.out.println("执行 TestServlet 的构造方法！");
        }
        public void init(ServletConfig config) throws ServletException {
            System.out.println("执行 TestServlet 的 init()方法！");
        }
        public void destroy() {
            System.out.println("执行 TestServlet 的 destroy()方法！");
        }
        protected void doGet(HttpServletRequest request, HttpServletResponse response)
throws ServletException, IOException {
            ServletContext sc= request.getServletContext();
            sc.setAttribute("scName", "scValue1");//添加属性
            sc.setAttribute("scName", "scValue2");//修改属性
            sc.removeAttribute("scName");//删除属性

            request.setAttribute("requestName", "requestValue1");
            request.setAttribute("requestName", "requestValue2");
            request.removeAttribute("requestName");

            HttpSession session = request.getSession();
            session.setMaxInactiveInterval(5);
            session.setAttribute("sessionName", "sessionValue1");
            session.setAttribute("sessionName", "sessionValue2");
            session.removeAttribute("sessionName");
            request.changeSessionId();
            session.invalidate();
        }
    }
```

（5）重启 Tomcat，Tomcat 控制台的输出信息如图 7-11 所示。

```
TestListener构造方法运行了
ServletContext全局对象被WEB服务器初始化了
执行BCDFilter的构造方法！
执行BCDFilter的init()方法！
执行ABCFilter的构造方法！
执行ABCFilter的init()方法！
```

图 7-11　输出信息

（6）打开浏览器，在地址栏输入网址 http://localhost:8080/fal/TestServlet，Tomcat 控制台的输出信息如图 7-12 所示。

```
来自127.0.0.1的request请求对象被创建了
执行TestServlet的构造方法！
执行TestServlet的init()方法！
request请求对象的属性org.apache.catalina.ASYNC_SUPPORTED的值改变了，原来的值是true
向ServletContext对象绑定名是scName，值是scValue1的属性
ServletContext的属性scName的值改变了，原来的值是scValue1
ServletContext的属性scName被解除绑定
向request请求对象绑定名是requestName，值是requestValue1的属性
request请求对象的属性requestName的值改变了，原来的值是requestValue1
request请求对象的requestName属性被解除绑定了
5525EC98659EFD109F9AE628926E18D1的Session被创建
向session绑定了属性名是sessionName的属性
session属性sessionName的值改变了，原来的值是sessionValue1
session的属性sessionName被解绑了
99ED2DCF17C22D6D80370959C0364041的SessionID被修改为：5525EC98659EFD109F9AE628926E18D1
99ED2DCF17C22D6D80370959C0364041的Session被删除
来自127.0.0.1的request请求对象被删除了
```

图 7-12　输出信息

（7）停止 Tomcat，Tomcat 控制台的输出信息如图 7-13 所示。

```
执行TestServlet的destroy()方法！
执行BCDFilter的destroy()方法！
执行ABCFilter的destroy()方法！
ServletContext全局对象被WEB服务器销毁了
```

图 7-13　输出信息

结论 1：Web 服务启动的过程中，先实例化监听器；接着初始化 ServletContext 全局对象；然后实例化过滤器、初始化过滤器。

结论 2：当浏览器请求访问 Servlet 程序时，Web 服务器首先实例化 request 请求对象；接着实例化 Servlet，并对 Servlet 初始化；默认情况下，Web 服务器开启 request 请求对象的异步子线程功能；请求/响应结束后，request 请求对象被删除。

结论 3：Web 服务器关闭的过程中，首先销毁内存的 Servlet 对象；接着销毁内存中的过滤器对象；最后销毁内存中的 ServletContext 全局对象。

简而言之，Web 服务器中的内存对象，按照产生时间的顺序排序，监听器对象>ServletContext 对象>过滤器对象>request 请求对象>Servlet 对象>Session（“>”表示早于）。

7.2.2　小露身手：利用 HttpSessionListener 统计在线人数

1．目的

掌握利用 HttpSessionListener 统计在线人数的方法。

2．步骤

（1）打开 Project Explorer 视图→展开刚刚创建的 Web 项目→展开 Java Resources→右击 src→单击 Listener→弹出 Create Listener 窗口。Java package 文本框处输入 listener，Class name 文本框

处输入 OnlineListener。

（2）单击 Next 按钮，选择 HttpSessionListener。

（3）单击 Finish 按钮，将生成的 HttpSessionListener .java 代码修改为如下代码。

```
@WebListener
public class OnlineListener implements HttpSessionListener {
    public void sessionCreated(HttpSessionEvent se)  {
        Object o = se.getSession().getServletContext().getAttribute("onLineNum");
        if(o==null) {
            se.getSession().getServletContext().setAttribute("onLineNum", 1);
        } else {
            int onLineNum = (int) o;
            se.getSession().getServletContext().setAttribute("onLineNum", onLineNum + 1);
        }
    }
    public void sessionDestroyed(HttpSessionEvent se)  {
        int onLineNum = (int)se.getSession().getServletContext().getAttribute("onLineNum");
        se.getSession().getServletContext().setAttribute("onLineNum", onLineNum - 1);
    }
}
```

将在线人数存放到 ServletContext 全局变量中。

（4）在 WebContent 目录下创建 index.jsp 程序，修改为如下代码。

```
<%@ page language="java" contentType="text/html; charset=UTF-8" pageEncoding="UTF-8"%>
在线人数是：<%=request.getSession().getServletContext().getAttribute("onLineNum") %>
```

（5）同时打开多个浏览器（例如 UC、Firefox、Chrome），输入网址 http://localhost:8080/fal/index.jsp，运行 index.jsp 程序，执行结果如图 7-14 所示。

图 7-14 统计在线人数

实践任务 过滤器和监听器

1. 目的

参考本章每个小露身手的目的。

2. 环境

Web 服务器主机：JDK 8、Tomcat 9。

集成开发环境：eclipse-jee-2018-09-win32。

浏览器：Chrome。

任务 1 小露身手：创建最简单的过滤器 ABCFilter（详细步骤请参考 7.1.1 节的内容）。

任务 2 小露身手：过滤器链的使用（详细步骤请参考 7.1.3 节的内容）。

任务 3 小露身手：使用过滤器实现 URL 级别的权限访问控制（详细步骤请参考 7.1.5 节的内容）。

任务 4 小露身手：使用过滤器实现表单验证（详细步骤请参考 7.1.7 节的内容）。

任务 5 小露身手：演示 Java Web 状态监听器和属性监听器（详细步骤请参考 7.2.1 节的内容）。

任务 6 小露身手：利用 HttpSessionListener 统计在线人数（详细步骤请参考 7.2.2 节的内容）。

第 8 章 MVC 和 JSTL

前面主要讲解了控制器 Servlet 的使用方法。本章将知识范围扩展到视图和模型，并以视图为重点，讲解 JSP 程序如何使用 EL 和 JSTL 展示域对象中的数据，并为读者展示一个相对完整的 MVC 案例。通过本章的学习，读者将具备采用 MVC 组织程序的能力。

8.1 MVC

MVC 全称是 Model-View-Controller，即模型（Model）-视图（View）-控制器（Controller），它是一种代码结构组织规范。

8.1.1 MVC 的历史与简介

在软件开发的早期阶段，单个代码文件既包含用户界面代码，又包含业务逻辑代码。这种代码组织方式导致了用户界面代码和业务逻辑代码深度耦合，带来的弊端就是：用户界面代码的修改会引起业务逻辑代码的修改，业务逻辑代码的修改也会引起用户界面代码的修改。随着应用程序规模的不断扩大，修改越发复杂，维护代码所耗费的时间成本越来越高、工作量也越来越大。

后来，用户界面代码与业务逻辑代码分离的理念逐渐盛行，20 世纪 70 年代后期，MVC 的概念应运而生。采用 MVC 设计的应用程序，代码结构被拆分成 3 个概念单元，分别是模型层（Model 层）、视图层（View 层）和控制器层（Controller 层）。Model 代表了业务逻辑，View 代表了用户界面，Controller 负责在视图和模型之间居中协调，如图 8-1 所示。

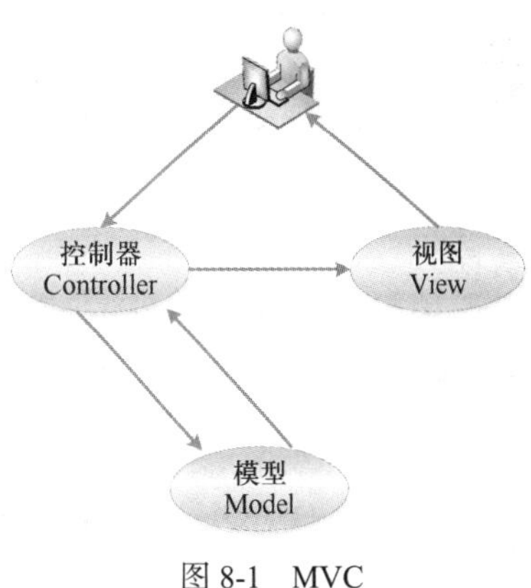

图 8-1　MVC

有些资料将 MVC 称为一种软件设计模式（Software Design Pattern，SDP），还有些资料将其称为框架（Framework），或者架构（Architecture）。其实 MVC 是一种代码组织的设计理念，本质上是一种组织代码的编程范式（类似于数据库中的 3NF）。MVC 的核心是引入控制器代码，将用户界面的代码和业务逻辑的代码隔离（解耦）。

8.1.2 MVC 与 Web 开发之间的关系

MVC 诞生于 20 世纪 70 年代，HTTP 诞生于 1991 年，Java 诞生于 1995 年。从诞生的年份就可以看出，MVC 并不是为了迎合 Web 开发或 Java Web 开发专门设计出来的编程范式。MVC 适用于所有包含用户界面应用程序的软件项目，包括 Java Web 开发、Android 开发、iOS 开发等。为了迎合不同种类的用户界面应用程序的开发需求，MVC 衍生出多个变种，例如 Hierarchical Model-View-Controller（HMVC）、Model-View-Presenter（MVP）、Model-View-Adapter（MVA）以及 Model-View-ViewModel（MVVM）等。

不得不承认，Web 程序的广泛应用将 MVC 的设计与开发发挥到极致，可以说，在 Web 开发领域，MVC 的设计理念无所不在。如今的 MVC，不仅影响了整个 Web 应用程序的代码组织结构，还影响了控制器层的代码组织结构、模型层的代码组织结构，甚至影响到了视图层的代码组织结构。例如，采用 MVC，重新组织视图层 JavaScript 代码的结构，成就了经典的 JavaScript 框架 AngularJS；采用 MVC，重新组织控制器层 Servlet 代码的结构，成就了经典的 Servlet 框架 Struts、JSF、SpringMVC。甚至，还可以采用 MVC，重新组织模型层 Java 代码的结构。

总之，MVC 的出现，给基于 Web 开发的应用程序的代码组织结构注入了一剂“强心剂”。

8.1.3 MVC 与 Java Web 的关系

随着 Java Web 应用程序复杂度的增加，Model 既要持有业务数据，又要处理业务数据，还要使用 SQL 语句操作数据库，Model 的代码越来越“臃肿”，有必要重新组织模型层的代码结构。

例如，可以采用 MVC 的设计理念，将 Model 细分为业务模型（Service）、数据访问模型（DAO）、数据模型（JavaBean）。其中 Service 代表业务逻辑；JavaBean 负责持有业务数据；DAO 代表数据库的相关操作。具体说明如下。

（1）将模型层有关业务逻辑的代码“抽取出来”，放入 Service 类，让 Service 类代表业务模型。

有些资料将业务逻辑称为 service、business、甚至 biz（business 的俚语），本书统一使用 service 表示业务模型。

（2）将模型层有关业务数据的代码“抽取出来”，放入 JavaBean 类，让 JavaBean 类持有业务数据。

（3）将模型层有关数据库操作的代码“抽取出来”，放入 DAO 类，让 DAO 类代表数据库的相关操作。

DAO，全称为 Data Access Object，译作数据访问对象，专门用于封装数据库操作。

经此分解，一个基于 MVC 设计理念的 Java Web 代码组织结构映入眼帘，如图 8-2 所示。

可以从以下 3 种角度理解基于 MVC 的 Java Web 代码组织结构。

（1）浏览器、Web 服务器和数据库服务器物理位置的角度。浏览器、Web 服务器和数据库服务器通常位于 3 台计算机，这就构成了典型的 B/S 三层架构，具体说明如下。

① 浏览器：负责发出 HTTP 请求和接收 HTTP 响应。

② Web 服务器：和浏览器恰恰相反，负责接收 HTTP 请求，处理 HTTP 请求数据，最后返回 HTTP 响应。

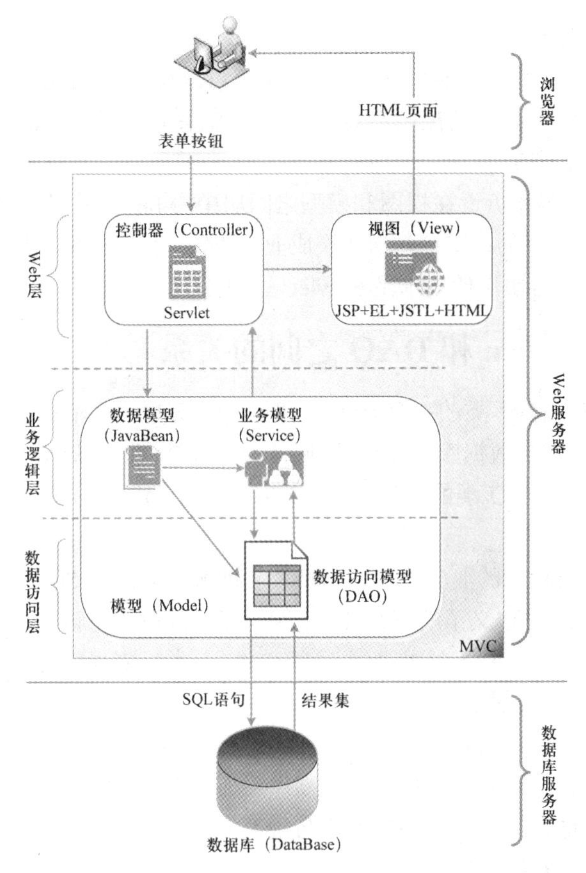

图 8-2　基于 MVC 设计理念的 Java Web 代码组织结构

③ 数据库服务器：用于存储业务数据，为 Web 服务器提供数据支持。

（2）Web 服务器的角度。Web 服务器的 Java 代码可以分为 Web 层、业务逻辑层、数据访问层，具体说明如下。

① Web 层：与浏览器交互频繁，Web 层代码的典型特征是，Web 层代码与 HTTP 请求、HTTP 响应深度耦合。由于视图层代码以及控制器代码与 HTTP 请求、HTTP 响应密切相关，通常将视图（JSP+EL+JSTL+HTML）以及控制器（Servlet+过滤器）归为 Web 层。

② 业务逻辑层：与业务逻辑密切相关，业务逻辑层代码的典型特征是，业务逻辑层负责持有业务数据，并对业务数据进行业务处理。可将 Service 类和 JavaBean 类归为业务逻辑层。

③ 数据访问层：与数据库密切相关，数据访问层代码的典型特征是，数据访问层代码与 SQL 语句深度耦合。可将 DAO 类归为数据访问层。

（3）MVC 的角度。具体说明如下。

① Model：模型，由业务模型（Service）、数据访问模型（DAO）以及数据模型（JavaBean）组成。

业务模型代表业务逻辑，对应 Service 类，通用技术是 Java SE。业务模型主要使用 Java 处理业务数据（数据模型）。

数据访问模型代表数据库的相关操作，通用技术是 DAO（DAO 的通用技术是 JDBC）。

数据模型负责持有业务数据，通用技术是 JavaBean。

数据模型既要负责持有 FORM 表单中的数据，又要负责持有数据库表中的数据。例如，通常使用 FormBean 持有 FORM 表单的数据，使用 EntityBean 持有数据库表中的数据，FormBean 和

EntityBean 都属于 JavaBean。

② View：视图，代表用户界面。浏览器用户不仅可以在 View 上进行操作（例如单击表单的提交按钮），还可以在视图上看到控制器返回的执行结果。视图通用的技术是 JSP+EL+JSTL+HTML（包括 JavaScript+CSS）。

③ Controller：控制器，负责在视图和模型之间居中协调。一方面，控制器将浏览器用户在 View 的操作（例如单击表单的提交按钮）转换成业务逻辑；另一方面，控制器将业务逻辑层的执行结果发送给视图。控制器通用的技术是 Servlet+过滤器。

8.1.4 理解 Service 和 DAO 之间的关系

一个业务逻辑对应 Service 类的一个方法。有时，为了完成一个业务逻辑需要执行多个数据库访问操作，为了将业务逻辑与数据库操作解耦，通常的做法是，在 Service 与数据库之间引入 DAO，数据库的访问操作封装在 DAO 类的方法中，Service 类调用 DAO 类的方法完成数据库的访问操作，继而实现业务逻辑。

本书以实现用户注册功能的业务为例，帮助读者理解业务模型 Service 和数据访问模型 DAO 之间的关系。UserService 类定义了所有与 User 用户相关的业务逻辑，例如，用户注册、用户登录、密码重置等。以用户注册业务逻辑为例，UserService 类需要提供用户注册业务逻辑对应的方法 register(User user)，该方法的大致代码如下。

UserService 类：public void register(User user){...}

用户注册过程中，要进行两个数据库访问操作。

（1）由于用户名不能重名，首先判断用户名是否重名。

（2）若不重名，则执行数据库表的插入操作。

这两个数据库访问操作对应的方法需要定义在 UserDAO 类中，两个方法的大致代码如下。

```
UserDAO类：public boolean selectByUserName(String userName){...}
UserDAO类：public void insert(User user){...}
```

UserService 类的 register(User user)方法若要实现用户注册业务逻辑，需要首先调用 UserDAO 类的 selectByUserName()判断用户名是否已经存在，如果不存在再调用 UserDAO 类的 insert()方法，将用户信息插入用户表中。引入 DAO 层后，成功地将业务逻辑与数据库解耦，避免了业务逻辑直接访问数据库。UserService 类与 UserDAO 类之间的关系如图 8-3 所示。

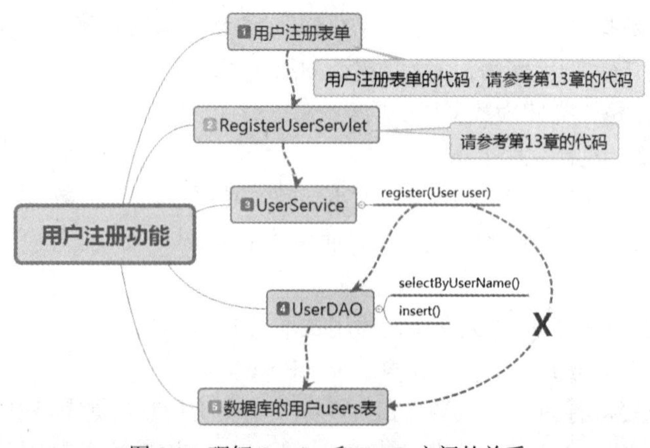

图 8-3 理解 Service 和 DAO 之间的关系

技巧 1：设计 DAO 的基本原则是，DAO 只封装了增、删、改、查等最基本的数据库元操作，DAO 中不会包含与业务逻辑相关的代码。

技巧 2：设计 Service 的基本原则是，Service 通常需要调用多个 DAO 才能完成一个业务逻辑。

8.2　JavaBean

JavaBean 是一种代码编写规范，任何一个 Java 类，只要遵循了这种代码编写规范，就可以称作 JavaBean。

8.2.1　JavaBean 简介

JavaBean 的核心是命名属性（Named Property），JavaBean 由若干命名属性构成。可将 JavaBean 视为命名属性的集合，就像数据库表中的表结构由若干个字段构成。

JavaBean 这种只专注于命名属性的特性，非常适合存储数据，使得 JavaBean 成为 MVC 中的数据模型。Java Web 项目中，JSP 程序经常使用 EL 和 JSTL 读取 JavaBean 的命名属性，继而为浏览器用户展示 Web 服务器内存中的对象数据。

property 和 attribute 都译作属性，property 是 JavaBean 中的命名属性；attribute 是 request、session、pageContext，以及 ServletContext 等域对象中的属性。

8.2.2　JavaBean 代码编写规范

任何 Java 类都可以成为 JavaBean，只要它遵循如下代码编写规范。

（1）JavaBean 的命名属性是私有成员变量。

（2）提供公用的 getter 方法，以便外部类获取命名属性的值，getter 方法没有参数，具体如下所示。

```
public type getName(){
  ...
}
```

（3）提供公用的 setter 方法，以便外部类设置命名属性的值，setter 方法只有一个参数且没有返回值，具体如下所示。

```
public void setName(type value){
  ...
}
```

（4）有一个公用的无参构造方法（可选）。

（5）命名规则。setter 方法和 getter 方法中，在“get”或“set”后，命名属性的第一个字母必须大写。

注意 1：JavaBean 命名属性可以是 read/write、read-only 或者 write-only。也就是说，JavaBean 的命名属性可以是可读/可写的、只读的或者只写的。这就意味着命名属性可以只实现 getter 方法或者 setter 方法。

注意 2：通常情况下，JavaBean 至少需要提供命名属性的 getter 方法，用于获取命名属性的值。

注意 3：JavaBean 的命名属性的数据类型可以是任意 Java 类。

注意 4：作为一种特殊情况，获取布尔属性的值时，可以使用 is 方法代替 getter 方法，具体如下所示。

```
public boolean isChecked(){
  ...
}
```

8.2.3 JavaBean 命名属性的特殊情况

1. 命名属性的惰性计算

所谓惰性计算，是指利用缓存等记忆化特性，暂存程序的运行结果，以便今后使用。某些命名属性的属性值，需要进行复杂的运算才能获取。例如，需要访问数据库才能获取所有的用户名列表，用户名列表命名属性 userNames 的 getter 方法可以设计为惰性计算，具体如下所示。

```
private List userNames = null;
public List getUserNames() {
    if (userNames == null)
        userNames = fetchUserNamesFromDatabase();
    return userNames;
}
```

这样，第一次调用 getter 方法时，需要从数据库中提取数据。时间成本较高；但第二次调用 getter 方法时，直接返回第一次的缓存结果（惰性计算），降低了时间成本。

2. 合成属性

一般情况下，JavaBean 中的命名属性就是 JavaBean 的私有成员变量，但也有例外，合成属性是 JavaBean 命名属性的另一种特殊形式。所谓合成属性，是指 JavaBean 提供了命名属性的 getter 方法，却没有定义该命名属性对应的成员变量。合成属性的值，通常由其他命名属性的值计算得出。

例如 Person 类是一个 JavaBean，身份证号既是该类的私有成员变量，又是该类的命名属性。由于根据身份证号，就可以推断出生日期和性别，根据出生日期还可以计算出年龄，因此 Person 类可以进行如下构建。

```
class Person{
    private String IDNumber;
    public String getIDNumber() {
        return IDNumber;
    }
    public void setIDNumber(String IDNumber) {
        IDNumber = IDNumber;
    }
    public Date getBirthday() {
        //通过 this.IDNumber 确定出生日期的算法
        return birthday;
    }
    public boolean isFemale() {
        //通过 this.IDNumber 确定性别的算法
        return sex;
    }
    public int getAge() {
        //通过 this.getBirthday()计算年龄的算法
        return age;
    }
}
```

该 Person 类是一个 JavaBean，定义了 1 个 IDNumber 命名属性和 3 个合成属性（birthday、sex、age）。

结论：仅通过无参的 getter 方法或者 is 方法，就可以定义 JavaBean 的命名属性。

8.2.4　小露身手：在 Eclipse 中创建数据模型 JavaBean 和业务逻辑 Service

1. 目的

（1）设计一个 JavaBean 用户类 User，包含 4 个只读命名属性 userID、userName、birthday、admin（是否是管理员）；以及一个合成属性 age。

（2）设计一个业务逻辑 UserService，提供 3 个静态方法：返回一个 User 对象；返回一个用户列表；返回一个 Map。

2. 说明

本任务暂时没有引入 DAO 层。

3. 准备工作

（1）在 Eclipse 中创建 Dynamic Web Project 项目 jstl。

（2）将 servlet-api.jar 包导入 Web 项目。

（3）将 jstl 项目部署到 Eclipse 的 Tomcat 中。

4. 步骤

（1）打开 Project Explorer 视图→展开刚刚创建的 Web 项目→展开 Java Resources→右击 src→选择 Class→弹出 New Java Class 窗口。Java package 文本框处输入 bean，Class name 文本框处输入 User，单击完成按钮。

（2）为 User 添加 4 个私有成员变量 userID、userName、birthday、admin，数据类型分别是 int、String、String、boolean。代码如下所示。

```
private int userID;
private String userName;
private String birthday;
private boolean admin;
```

（3）为 User 类添加带有参数的构造方法。右击代码空白区域，选择 Source→Generate Constructor using Fields constructor，选中所有的成员变量，单击确定按钮。构造方法的代码如下所示。

```
public User(int userID, String userName, String birthday, boolean admin) {
    super();
    this.userID = userID;
    this.userName = userName;
    this.birthday = birthday;
    this.admin = admin;
}
```

（4）将成员变量定义为只读命名变量，只添加 4 个成员变量的 getter 方法。右击代码空白区域，选择 Source→Generate getters and setters，选中 4 个成员变量的 getter 方法和 is 方法，单击确定按钮。4 个只读命名变量的 getter 方法和 is 方法代码如下所示。

```
public int getUserID() {
    return userID;
}
```

```
    public String getUserName() {
        return userName;
    }
    public String getBirthday() {
        return birthday;
    }
    public boolean isAdmin() {
        return admin;
    }
```

（5）添加合成属性 age 的 getter 方法，通过出生日期计算年龄。代码如下所示。

```
    public int getAge() throws Exception {
        java.text.SimpleDateFormat dateFormat = new java.text.SimpleDateFormat("yyyy-
MM-dd");
        java.util.Date date = null;
        date = dateFormat.parse(birthday);
        java.util.Calendar cal = java.util.Calendar.getInstance();
        int yearNow = cal.get(java.util.Calendar.YEAR); // 当前年份
        int monthNow = cal.get(java.util.Calendar.MONTH); // 当前月份
        int dayOfMonthNow = cal.get(java.util.Calendar.DAY_OF_MONTH); // 当前日期
        cal.setTime(date);
        int yearBirth = cal.get(java.util.Calendar.YEAR);
        int monthBirth = cal.get(java.util.Calendar.MONTH);
        int dayOfMonthBirth = cal.get(java.util.Calendar.DAY_OF_MONTH);
        int age = yearNow - yearBirth; // 计算整岁
        if (monthNow <= monthBirth) {
            if (monthNow == monthBirth) {
                if (dayOfMonthNow < dayOfMonthBirth)
                    age--;// 当前日期在生日之前，年龄减一
            } else {
                age--;// 当前月份在生日之前，年龄减一
            }
        }
        return age;
    }
```

至此创建了一个名字为 User 的 JavaBean。

（6）打开 Project Explorer 视图→展开刚刚创建的 Web 项目→展开 Java Resources→右击 src→选择 Class→弹出 New Java Class 窗口。Java package 文本框处输入 service，Class name 文本框处输入 UserService，单击完成按钮。在 UserService 类中，输入如下代码。

```
    package service;
    import bean.User;
    public class UserService {
        public static User createRandomUser() {
            java.util.Random random = new java.util.Random();
            int rand = random.nextInt(9000)+1000;
            User user = new User(rand, "用户名"+rand, "2008-8-8", false);
            return user;
        }
        public static java.util.List<User> getUserList() {
            java.util.List<User> userList = new java.util.ArrayList<User>();
            for(int i=0;i<=10;i++) {
                User user = createRandomUser();
                userList.add(user);
            }
```

```
        User admin = new User(1, "admin", "2000-8-8", true);
        userList.add(admin);
        return userList;
    }
    public static java.util.Map<String,User> getUserMap() {
        java.util.Map<String,User> userMap = new java.util.HashMap<String,User>();
        for(int i=0;i<=10;i++) {
            User user = createRandomUser();
            userMap.put(Integer.toString(user.getUserID()), user);
        }
        User admin = new User(1, "admin", "2000-8-8", true);
        userMap.put("1",admin);
        return userMap;
    }
}
```

至此创建了一个业务逻辑模型 UserService，以备视图层（JSP+EL+JSTL）测试使用。

8.2.5 JavaBean 的分类

Java Web 开发中，按照功能进行划分，可将 JavaBean 分为 FormBean 和 EntityBean。

（1）FormBean：FormBean 中的 Form 来自 HTML 的标签<form>，即表单 JavaBean。FormBean 用于接收 FORM 表单传递到 Servlet 程序的请求参数。使用 FormBean 后，Servlet 从表单中获取请求参数时，不再需要调用 request.getParameter()方法，直接调用 FormBean 的 getter 方法即可。

FormBean 的显著特点如下。

① FormBean 通常提供一组表单验证的方法（validate()）。

② FormBean 的成员变量通常与 FORM 表单的表单控件一一对应。例如浏览器用户在用户注册页面输入数据时，既要输入密码（password），还要输入确认密码（confirmPasswordInput），甚至还要输入验证码（checkCodeInput）。那么与用户注册页面对应的 FormBean（例如 UserForm），就需要提供 password、confirmPasswordInput 以及 checkCodeInput 这 3 个成员变量。

FormBean 可借助第三方 MVC 架构实现，例如 Spring MVC、Struts、JSF 等。

（2）EntityBean：EntityBean 中的 Entity 来自关系数据库中的实体（Entity），即实体 JavaBean。EntityBean 提供了一种“内存对象”与“外存关系数据”的对象关系映射（Object Relational Mapping，ORM）。有了 EntityBean，Java 程序操作内存中的 EntityBean 对象，等同于执行了 EntityBean 对象对应的数据库表的 SQL 语句，等效于操作了外存关系数据库表中的记录。也就是说，有了 EntityBean，关系数据库的操作就可以转化成内存对象的操作。

EntityBean 的显著特点如下。

① EntityBean 的成员变量通常和数据库表中的字段一一对应。

② 由于数据库中的实体与实体之间存在一对一、一对多、多对多关系，EntityBean 需要提供 EntityBean 与 EntityBean 之间的一对一、一对多、多对多的映射关系。

EntityBean 可借助第三方 ORM 架构实现，例如 Hibernate、MyBatis 等。

8.3 JSP 的内置对象

JSP 一共提供了 9 个内置对象，无须创建这些内置对象，即可在 JSP 程序中直接使用它们。其中内置对象 request、response 以及 session，前面的章节已经详细讲解，这里不赘述。本章再介绍另外 3 个常用的内置对象，out、application、pageContext。

8.3.1 内置对象 out

out 内置对象的功能与 response.getWriter()的功能非常相似，都是将文本型数据输出到 HTML 页面，但 out 与 response.getWriter()的执行流程不同。

以 response.getWriter().print()方法与 out.print()方法为例。

response.getWriter().print()方法的执行流程：将字符数据直接添加到 response 缓存中。

out.print()方法的执行流程：首先将字符数据写入 out 内置对象的缓存中，out 内置对象缓存中的数据再“择机”写入 response 缓存中（这里提到的“择机”，可参考第 4 章的内容）。

例如下面的程序。

```
<%@ page language="java" contentType="text/html; charset=UTF-8"
    pageEncoding="UTF-8"%>
    <%="a"%>
    b
    <%
        out.write("c");
    %>
    <%
        response.getWriter().write("d");
    %>
```

程序的执行结果并不是“a b c d”，而是“d a b c”。原因在于，按照程序的执行流程：a、b 和 c 这 3 个字符数据首先被添加到 out 内置对象的缓存中；“d”被直接添加到 response 缓存中；out 内置对象缓存中 a、b 和 c 最后再被添加到 response 缓存中；最终 response 缓存的字符数据是“d a b c”，执行流程如图 8-4 所示。

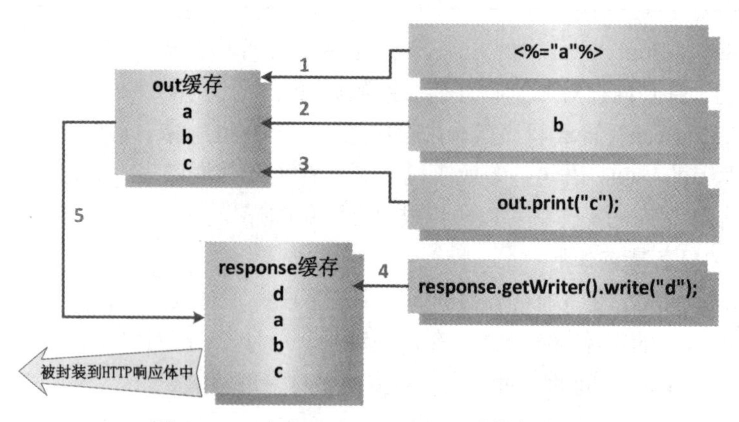

图 8-4 out 与 response.getWriter()的执行流程

当然，我们可以通过 out.flush()方法控制缓存的“刷新”时间，继而控制字符数据的输出顺序。

下面的程序在 3 个文本型数据 a、b 和 c 后，各添加了一个 out.flush()方法，程序的执行结果是“a b c d”。a、b 和 c 这 3 个字符数据，通过采用 3 次强制刷新的方法，虽然可以控制字符数据的输出顺序，但 out 缓存中的数据要被刷新 3 次，效率较低。

```
<%@ page language="java" contentType="text/html; charset=UTF-8"
    pageEncoding="UTF-8"%>
    <%="a"%>
    <% out.flush(); %>
    b
    <% out.flush(); %>
    <%
        out.write("c");
        out.flush();
    %>
    <%
        response.getWriter().write("d");
    %>
```

8.3.2 内置对象 application 和 Servlet 中的 ServletContext

JSP 的内置对象 application 实际上是 Servlet 中 ServletContext 类的实例化对象。一个 Web 项目存在且仅存在一个 ServletContext 实例化对象，内置对象 application 和 ServletContext 实例化对象实际上是同一个对象，如图 8-5 所示。图中的 Servlet1 程序、Servlet2 程序、JSP 页面 1 和 JSP 页面 2，访问的是同一个 ServletContext 实例化对象。读者可将 ServletContext 对象可看作 Web 项目的全局对象。

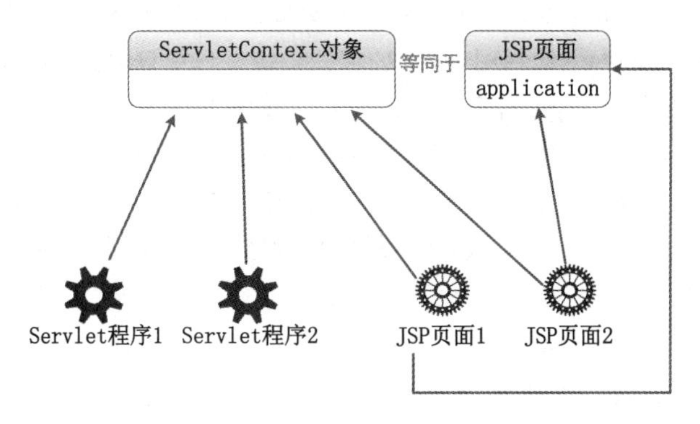

图 8-5 application 和 ServletContext

ServletContext 实例化对象常用的功能有如下两个。

功能 1：获取 Web 项目部署后的绝对物理路径。

在 Servlet 程序或者 JSP 程序中，使用 request.getServletContext().getRealPath("")方法可以获取 Web 项目部署后的绝对物理路径。其中，request.getServletContext()返回的就是 ServletContext 实例化对象。

说明

JSP 程序中，除了可以使用上述方法获取 Web 项目部署后的绝对物理路径外，还可以通过内置对象 application 获取，方法是 application.getRealPath("")。

功能 2：作为域对象。

ServletContext 是一个域对象。

（1）向 ServletContext 对象绑定属性。

Servlet 程序或者 JSP 程序向 ServletContext 对象绑定属性，方法如下。

```
request.getServletContext().setAttribute(name, object)
```

说明 1：由于 ServletContext 是一个全局域对象，对整个 Web 项目有效，因此，绑定在 ServletContext 对象的属性会全局共享。

说明 2：JSP 程序中，还可以使用 application 内置对象，向 ServletContext 对象绑定属性的方法是 application.setAttribute(name, object)。

（2）获取 ServletContext 对象绑定的属性。

Servlet 程序或者 JSP 程序获取 ServletContext 对象绑定的属性，方法如下。

```
request.getServletContext().getAttribute(name)
```

JSP 程序中，还可以使用 application 内置对象，获取 ServletContext 对象绑定的属性的方法是 application.getAttribute(name)。

8.3.3 内置对象 pageContext

JSP 的内置对象 pageContext 提供了当前 JSP 页面的容器。内置对象 pageContext 常用的功能有两个。

功能 1：通过内置对象 pageContext，获取当前 JSP 页面如下其他内置对象。

pageContext.getServletContext()：返回当前 JSP 页面的 application 内置对象。

pageContext.getSession()：返回当前 JSP 页面的 session 内置对象。

pageContext.getRequest()：返回当前 JSP 页面的 request 内置对象。

pageContext.getResponse()：返回当前 JSP 页面的 response 内置对象。

pageContext.getOut()：返回当前 JSP 页面的 out 内置对象。

功能 2：pageContext 内置对象还可以作为域对象绑定属性、解绑属性，只不过默认情况下，在 pageContext 内置对象上绑定的属性仅对当前 JSP 页面有效。

至此，本书已经讲解了 4 个域对象，分别是 pageContext、request、session、application，它们的作用范围从小到大逐渐扩大。

pageContext 域对象绑定的属性仅在当前 JSP 页面内有效，作用范围最小。pageContext 的典型应用是：使用 JSTL 遍历集合（Collection 或者 Map）时，遍历过程中产生的当前元素作为属性被绑定在 pageContext 域对象上。

request 针对当前请求有效，作为域对象时，主要用于请求转发和请求包含两种情形。

session 针对当前 session 会话有效，作为域对象时，主要用于权限控制（对登录和注销有效）。

application 域对象针对整个 Web 项目有效，作用范围最大，统计在线人数时经常使用。

8.4 EL

Expression Language，译作表达式语言，简写为 EL。早期的 JSP 版本中，EL 并不属于 JSP 规范的一部分。那时，若要在 JSP 中使用 EL，必须首先导入 JSTL（当时，EL 内嵌在 JSTL 中）。

从 JSP 2.0 开始，EL 从 JSTL 中独立出来，成为 JSP 规范的一部分。新版 JSP 页面中无须导入 JSTL，即可直接使用 EL。

8.4.1 EL 简介

EL 的语法格式：以$开头，表达式的内容包括在“{”以及“}”中。

EL 的功能：在 JSP 页面中，获取并输出对象的属性值（attribute 属性或者 JavaBean 的 property 命名属性）。通过：“.”运算符或“[]”运算符获取。

例如：假设 user 对象是 User 类 JavaBean 的实例化对象，userName 是该 JavaBean 的命名属性，EL 可以使用下列两种方法获取并输出 user 对象的 userName 命名属性的值。

.运算符：${user.userName}

[]运算符：${user["userName"]}

注意 1：使用“[]”运算符时，userName 两边的引号不能省略（可以是单引号，也可以是双引号）。

注意 2：“.”运算符后的属性名，必须符合 Java 变量名的命名规范，否则必须使用“[]”运算符。

8.4.2 EL 的功能和优点

EL 作为 JSP 规范的一部分，通常用于获取变量的值并输出变量的值，而不用于设置变量值。例如实现功能：以红色字体的格式，显示 session 会话中的用户名。

在 JSP 中，可以将 HTML 标签与 Java 代码编写在一起实现该功能，示例代码如下。

```
<font color='red'>
<%
String userName = (String)session.getAttribute("userName");
if(userName == null){
    userName = "";
}else{
    userName = (String)session.getAttribute("userName");
}
out.print(userName);
%>
</font>
```

上述功能，如果替换成 EL，只需一行代码，示例代码如下。

```
<font color='red'>${sessionScope.userName}</font>
```

${sessionScope.userName}会自动判断 session 会话中是否绑定属性 userName，若没有绑定，直接将空字符串输出到 HTML 页面；若绑定，获取该属性值，将数据类型从 Object 自动转换为 String，最后输出到 HTML 页面。

可见，EL 的核心功能在于：获取变量的值、判断是否为 null、强制类型转换为字符串、最后输出到 HTML 页面。EL 将一系列操作“融为”一个形如“${}”的“标签”。EL 将 JSP 中的 Java 代码标签化，使得“Java 代码”能更好地与 HTML 标签融为一体。

注意

不要在 EL 中试图调用对象的方法，EL 的核心功能是获取变量值、强制类型转换为字符串、输出变量值，而不是调用对象的方法。

8.4.3 EL 的内置对象

EL 提供了 11 个内置对象，按照功能可将其分为 4 类，分别是域对象、HTTP 请求对象、pageContext 对象、intiParam 对象，如图 8-6 所示。

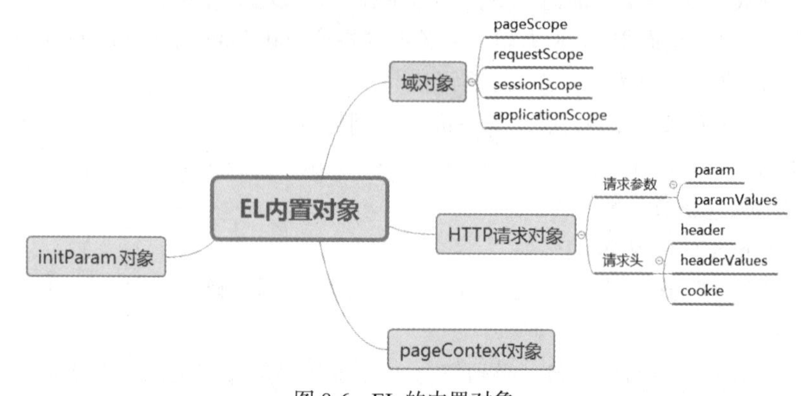

图 8-6 EL 的内置对象

本书主要介绍其中常用的 10 个内置对象，详细说明如下。

pageScope：获取并输出 pageContext 域对象绑定的属性值。

requestScope：获取并输出 request 域对象绑定的属性值。

sessionScope：获取并输出 session 域对象绑定的属性值。

applicationScope：获取并输出 ServletContext 域对象绑定的属性值。

param：获取并输出所有 HTTP 请求参数。

paramValues：获取并输出所有 HTTP 请求参数（与 param 的区别参考 8.4.4 节）。

header：获取并输出所有 HTTP 请求头。

headerValues：获取并输出所有 HTTP 请求头（与 header 的区别参考 8.4.4 节）。

cookie：获取并输出所有 Cookie 请求头。

pageContext：等同于 JSP 的内置对象 pageContext。

8.4.4 小露身手：EL 的使用

目的

（1）掌握 EL 中常用内置对象的用法。

（2）掌握基于 MVC 的代码组织结构：JSP+EL 作为 View，Servlet 作为 Controller，User 作为 JavaBean，UserService 作为 Service。

场景 1 制作 Controller，罗列所有的功能

场景 1 步骤

（1）打开 Project Explorer 视图→展开刚刚创建的 Web 项目→展开 Java Resources→右击 src→单击 Servlet→弹出 Create Servlet 窗口。Java package 文本框处输入 controller，Class name 文本框处输入 JSTLServlet，单击完成按钮。

（2）精简代码，只保留 JSTLServlet.java 的 doGet()方法，修改为如下代码，为浏览器用户提供各种功能。

```
protected void doGet(HttpServletRequest request, HttpServletResponse response) throws ServletException, IOException {
    String action = request.getParameter("action");
    response.setContentType("text/html;charset=UTF-8");
    if("".equals(action) || action == null) {
        response.getWriter()
        .append("本页面是程序首页，为浏览器用户提供了若干功能<br/>")
        .append("在URL后添加<font color='red'>查询字符串</font>，测试EL各内置对象<br/>")
        .append("?action=scope 使用EL获取并输出4个域对象的属性值<br/>")
        .append("?action=param 使用EL获取并输出请求参数的值<br/>")
        .append("?action=bean 使用EL获取JavaBean命名属性的值<br/>")
        .append("?action=pageContext 使用EL获取pageContext对象<br/>")
        .append("?action=header 使用EL获取HTTP请求头和Cookie请求头<br/>")
        .append("?action=empty empty运算符的使用<br/>")
        .append("?action=foreach JSTL循环的使用<br/>")
        ;
        return;
    }
    //所有新增的功能代码添加到此处
    //通知浏览器用户，更多功能尚待开发。
    response.setContentType("text/html;charset=UTF-8");
    response.getWriter().print("该功能尚未提供，期待您的开发升级！<br/>");
}
```

所有的功能代码全部封装在 if 语句中；为了保持代码格式统一规范、为了保证代码便于维护，JSTLServlet 里没有出现 else 语句；为了防止 if 后的语句继续执行，每个 if 语句块最后要有 return 语句。

（3）启动 Tomcat，测试。

浏览器地址栏输入网址：http://localhost:8080/jstl/JSTLServlet。运行效果如图 8-7 所示。

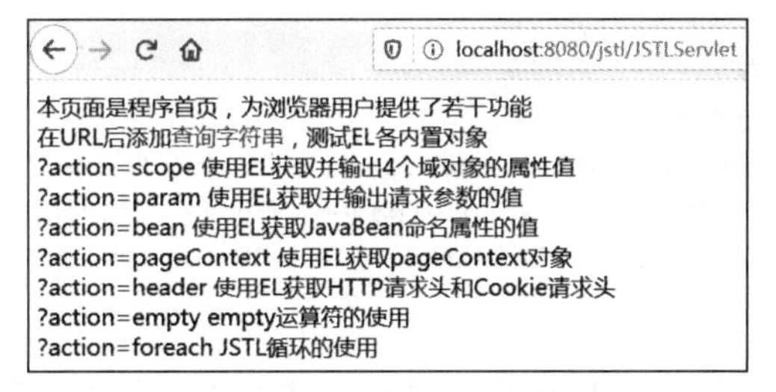

图 8-7　罗列所有的功能

场景 2　使用 EL 获取并输出 4 个域对象的属性值

场景 2 步骤

（1）在 doGet()方法中新增如下代码。

```
if("scope".equals(action)) {
    request.setAttribute("userName", "张三 request");
    javax.servlet.http.HttpSession httpSession = request.getSession();
    httpSession.setAttribute("userName", "张三 session");
    javax.servlet.ServletContext servletContext = request.getServletContext();
    servletContext.setAttribute("userName", "张三 application");
    request.getRequestDispatcher("/scope.jsp").include(request, response);
    return;
}
```

（2）在 WebContent 目录下创建 scope.jsp 程序，并修改为如下代码。

```
<%@ page language="java" contentType="text/html; charset=UTF-8"
   pageEncoding="UTF-8"%>
<h3>使用 EL 获取并输出 4 个域对象的属性值</h3>
${ userName }<br/>
${ requestScope.userName }<br/>
```

```
${ sessionScope.userName }<br/>
${ applicationScope.userName }<br/>
<% pageContext.setAttribute("userName", "张三 pageContext"); %>
${ userName }<br/>
${ pageScope.userName }<br/>
```

（3）浏览器地址栏输入网址 http://localhost:8080/jstl/JSTLServlet?action=scope，运行效果如图 8-8 所示。

图 8-8　使用 EL 获取并输出 4 个域对象的属性值的运行效果

结论：若不指定作用范围，EL 将按照 pageContext→request→session→ServletContext 域对象的顺序，依次查找被绑定的属性。

场景 3　使用 EL 获取并输出请求参数的值

场景 3 步骤

（1）在 doGet()方法中新增如下代码。

```
if("param".equals(action)) {
    String name = java.net.URLEncoder.encode("张三","UTF-8");
    String paramPath = "/param.jsp?userName=" + name + "&hobby=shopping&hobby=music";
    request.getRequestDispatcher(paramPath).include(request, response);
    return;
}
```

（2）在 Web Content 目录下创建 param.jsp 程序，并修改为如下代码。

```
<%@ page language="java" contentType="text/html; charset=UTF-8"
   pageEncoding="UTF-8"%>
<h3>使用 EL 获取并输出请求参数的值</h3>
${param}<br/>
${paramValues}<br/>
${param.userName}<br/>
${paramValues.hobby}<br/>
${paramValues.hobby[0]}<br/>
${paramValues.hobby[1]}<br/>
```

（3）浏览器地址栏输入网址 http://localhost:8080/jstl/JSTLServlet?action=param，运行效果如图 8-9 所示。

localhost:8080/jstl/JSTLServlet?action=param

使用EL获取并输出请求参数的值

{action=param, userName=张三, hobby=shopping}
{action=[Ljava.lang.String;@60b6d79, userName=[Ljava.lang.String;@318e7608, hobby=[Ljava.lang.String;@414023d3}
张三
[Ljava.lang.String;@414023d3
shopping
music

图 8-9　使用 EL 获取并输出请求参数的值的运行效果

结论：EL 的 param 以 Map<String,String>获取并输出所有请求参数；paramValues 以 Map<String,String[]>获取并输出所有请求参数。

场景 4 使用 EL 获取 JavaBean 命名属性的值

本场景需要借用数据模型 User 以及业务模型 UserService。

场景 4 步骤

（1）在 doGet()方法中新增如下代码。

```
if("bean".equals(action)) {
    bean.User user = service.UserService.createRandomUser();
    request.setAttribute("user", user);
    java.util.List<bean.User> userList = service.UserService.getUserList();
    request.setAttribute("userList", userList);
    java.util.Map<String, bean.User> userMap = service.UserService. getUserMap();
    request.setAttribute("userMap", userMap);
    request.getRequestDispatcher("/bean.jsp").include(request, response);
    return;
}
```

（2）在 WebContent 目录下创建 bean.jsp 程序，并修改为如下代码。

```
<%@ page language="java" contentType="text/html; charset=UTF-8"
   pageEncoding="UTF-8"%>
<h3>使用 EL 获取 JavaBean 命名属性的值</h3>
${requestScope.user}<br/>
${requestScope.user.userID}<br/>
${requestScope.user.userName}<br/>
${requestScope.user.birthday}<br/>
${requestScope.user.age}<br/>
${requestScope.user.admin}<br/>
<h3>List 对象</h3>
${requestScope.userList}<br/>
${requestScope.userList[3].userID}<br/>
${requestScope.userList[3].userName}<br/>
${requestScope.userList[3].birthday}<br/>
${requestScope.userList[3].age}<br/>
${requestScope.userList[3].admin}<br/>
<h3>Map 对象</h3>
${requestScope.userMap}<br/>
```

（3）在浏览器地址栏输入网址 http://localhost:8080/jstl/JSTLServlet?action=bean，运行效果如图 8-10 所示。

本场景中，由于 Map 中的“键”是随机数，EL 无法通过“键”获取 Map 的元素，可通过 JSTL 遍历的方式获取 Map 中的元素。

场景 5 使用 EL 获取 pageContext 对象

场景 5 步骤

（1）在 doGet()方法中新增如下代码。

```
if("pageContext".equals(action)) {
    request.getRequestDispatcher("/pageContext.jsp").include(request, response);
```

```
        return;
    }
```

```
localhost:8080/jstl/JSTLServlet?action=bean
使用EL获取JavaBean命名属性的值

bean.User@25496657
6195
用户名6195
2008-8-8
11
false

List对象

[bean.User@7c1b3f78, bean.User@787fd3bc, bean.User@166a693a, bean.User@a3efb61, bean.User@2f7bf5a1, bean.User@299f21c1, bean.User@6c79be71,
bean.User@11e1b56c, bean.User@61c78c0c, bean.User@318638dc, bean.User@102d92ab]
6590
用户名6590
2008-8-8
11
false

Map对象

{9553=bean.User@cfb1f17, 1008=bean.User@51015568, 2536=bean.User@51c1c74c, 7870=bean.User@2d85af15, 6233=bean.User@79520e15, 2443=bean.User@22a3ae42,
3167=bean.User@7d87e6fd, 7348=bean.User@7d7a135f, 1184=bean.User@14319843, 4092=bean.User@2b5ff539, 4181=bean.User@69ad5ea1}
```

图 8-10　使用 EL 获取 JavaBean 命名属性的值的运行效果

（2）在 WebContent 目录下创建 pageContext.jsp 程序，并修改为如下代码。

```
<%@ page language="java" contentType="text/html; charset=UTF-8"
    pageEncoding="UTF-8"%>
<h3>使用 EL 获取 pageContext 对象</h3>
${pageContext['request']}<br/>
${pageContext.session}<br/>
${pageContext['servletContext']}<br/>
${pageContext.request.servletContext}<br/>
${pageContext.response}<br/>
${pageContext.request.contextPath}<br/>
<%= pageContext.getRequest().getServletContext().getContextPath() %><br/>
<%= pageContext.getServletContext().getContextPath() %><br/>
```

（3）浏览器地址栏输入网址 http://localhost:8080/jstl/JSTLServlet?action=pageContext，运行效果如图 8-11 所示。

```
使用EL获取pageContext对象

org.apache.catalina.core.ApplicationHttpRequest@a08675
org.apache.catalina.session.StandardSessionFacade@6f8060
org.apache.catalina.core.ApplicationContextFacade@1af0e6d
org.apache.catalina.core.ApplicationContextFacade@1af0e6d
org.apache.catalina.core.ApplicationHttpResponse@1d40ae6
/jstl
/jstl
/jstl
```

图 8-11　使用 EL 获取 pageContext 对象的运行效果

结论：pageContext 既是 JSP 的内置对象，又是 EL 的内置对象。通过 EL 的 pageContext 几乎可以获取其他所有 JSP 内置对象。

作为 EL 的内置对象，pageContext 最常用的功能是在 JSP 页面中获取 Web 项目的虚拟路径，语法格式为${pageContext.request.contextPath}。

场景 6　使用 EL 获取 HTTP 请求头和 Cookie 请求头

场景 6 步骤

（1）在 doGet()方法中新增如下代码。

```
if("header".equals(action)) {
    Cookie userNameCookie = new Cookie("userName","userNameCookie");
    response.addCookie(userNameCookie);
    response.sendRedirect(request.getContextPath()+"/header.jsp");
    return;
}
```

必须使用重定向，才能确保 Cookie 在浏览器端立即生效，具体原因请参考 6.2 节的内容。

（2）在 WebContent 目录下创建 header.jsp 程序，并修改为如下代码。

```
<%@ page language="java" contentType="text/html; charset=UTF-8"
   pageEncoding="UTF-8"%>
<h3>使用 EL 获取 HTTP 请求头和 Cookie 请求头</h3>
${header}<br/><br/>
${headerValues}<br/><br/>
${header['user-agent']}<br/><br/>
${header.cookie}<br/><br/>
${cookie}<br/><br/>
${cookie.userName}<br/>
${cookie.userName.name}<br/>
${cookie.userName.value}<br/>
${cookie.userName.maxAge}<br/>
${cookie.userName.secure}<br/>
```

${header['user-agent']}不能写为${header.user-agent}，这是因为“user-agent”中包含短横线，不是有效的 Java 变量名。

（3）浏览器地址栏输入网址 http://localhost:8080/jstl/JSTLServlet?action=header，运行效果如图 8-12 所示。

```
localhost:8080/jstl/header.jsp
使用EL获取HTTP请求头和Cookie请求头

{accept-language=zh-CN,zh;q=0.8, cookie=password=passwordCookie; JSESSIONID=D12B240F3EB21D53F2ED21E8BDE3492C; userName=userNameCookie, host=localhost:8080, upgrade-insecure-requests=1, connection=keep-alive, cache-control=max-age=0, accept-encoding=gzip, deflate, br, user-agent=Mozilla/5.0 (Windows NT 6.1; WOW64) AppleWebKit/537.36 (KHTML, like Gecko) Chrome/55.0.2883.87 UBrowser/6.2.4098.3 Safari/537.36, accept=text/html,application/xhtml+xml,application/xml;q=0.9,image/webp,*/*;q=0.8}

{accept-language=[Ljava.lang.String;@1336e24e, cookie=[Ljava.lang.String;@1df11e58, host=[Ljava.lang.String;@19ce893e, upgrade-insecure-requests=[Ljava.lang.String;@5ccc1463, connection=[Ljava.lang.String;@784cb926, cache-control=[Ljava.lang.String;@6d5a6ba9, accept-encoding=[Ljava.lang.String;@309845, user-agent=[Ljava.lang.String;@3ce3eb2c, accept=[Ljava.lang.String;@217be01f}

Mozilla/5.0 (Windows NT 6.1; WOW64) AppleWebKit/537.36 (KHTML, like Gecko) Chrome/55.0.2883.87 UBrowser/6.2.4098.3 Safari/537.36

password=passwordCookie; JSESSIONID=D12B240F3EB21D53F2ED21E8BDE3492C; userName=userNameCookie

{password=javax.servlet.http.Cookie@1fc2c0ba, JSESSIONID=javax.servlet.http.Cookie@1b3491b7, userName=javax.servlet.http.Cookie@38adb376}

javax.servlet.http.Cookie@38adb376
userName
userNameCookie
-1
false
```

图 8-12　使用 EL 获取 HTTP 请求头和 Cookie 请求头的运行效果

结论：EL 的 header 以 Map<String,String>获取并输出 HTTP 所有请求头；headerValues 以 Map<String,String[]>获取并输出 HTTP 所有请求头；cookie 以 Map<String,String>获取并输出所有

Cookie 请求头，而${header.cookie}将请求头中的 Cookie 以字符串的形式输出。

场景 7　empty 运算符的使用

场景 7 步骤

（1）在 doGet()方法中新增如下代码。

```
if("empty".equals(action)) {
    request.setAttribute("emptyString", "");
    request.setAttribute("nullValue", null);
    request.setAttribute("emptyList", new java.util.ArrayList());
    request.setAttribute("emptyMap", new java.util.HashMap());
    request.setAttribute("emptySet", new java.util.HashSet());
    request.setAttribute("zeroInt", 0);
    request.setAttribute("zeroFloat", 0.0);
    request.setAttribute("falseValue", false);
    request.setAttribute("blank", " ");
    request.getRequestDispatcher("/empty.jsp").include(request, response);
    return;
}
```

以下是 EL 关键字，不能用作属性名。

and、eq、gt、true、instanceof、or、ne、le、false、empty、not、lt、ge、null、div、mod

（2）在 WebContent 目录下创建 empty.jsp 程序，并修改为如下代码。

```
<%@ page language="java" contentType="text/html; charset=UTF-8"
   pageEncoding="UTF-8"%>
<h3>empty 运算符的使用</h3>
${empty requestScope.emptyString}<br/>
${empty requestScope.nullValue}<br/>
${empty requestScope.emptyList}<br/>
${empty requestScope.emptyMap}<br/>
${empty requestScope.emptySet}<br/>
${empty requestScope.notExist}<br/>
${empty requestScope.zeroInt}<br/>
${empty requestScope.zeroFloat}<br/>
${empty requestScope.falseValue}<br/>
${empty requestScope.blank}<br/>
${"1" + "2"}
```

（3）浏览器地址栏输入网址 http://localhost:8080/jstl/JSTLServlet?action=empty，运行效果如图 8-13 所示。

```
localhost:8080/jstl/JSTLServlet?action=empty
empty运算符的使用

true
true
true
true
true
true
false
false
false
false
3
```

图 8-13　empty 运算符的使用的运行效果

注意 1：EL 的 empty 运算符用于判断 EL 表达式的值是否为“空”。所谓“空”是指空的集合（Collection 或者 Map）、空字符串、不存在的属性以及 null。

注意 2：${"1" + "2"}中的加号，表示算术运算符，并不是两个字符串的连接，因此该 EL 表达式输出 3。

EL 支持+、−、*、/（或者 div）、%（或者 mod）等算术运算符；也支持<（或者 lt）、<=（或者 le）、>（或者 gt）、>=（或者 ge）、==（或者 eq）、!=（或者 ne）等关系运算符；还支持&&（或者 and）、||（或者 or）、!（或者 not）等逻辑运算符；并且支持三目运算符 boolean ? exp1 : exp2 等。由于这些运算符的使用和在 Java 中相同，这里不赘述。

场景 8　EL 中的三目运算符

实现功能：使用 EL 中的三目运算符，判断查询字符串中的 sex 参数值是男还是女。

场景 8 步骤

（1）在 doGet()方法中新增如下代码。

```
if("three".equals(action)) {
    String paramPath = "/three.jsp?sex=m";
    request.getRequestDispatcher(paramPath).include(request, response);
    return;
}
```

（2）在 WebContent 目录下创建 three.jsp 程序，并修改为如下代码。

```
<%@ page language="java" contentType="text/html; charset=UTF-8"
pageEncoding="UTF-8"%>
${param.sex=='m' ? '性别：男'  : '性别：女'}
```

（3）浏览器地址栏输入网址 http://localhost:8080/jstl/JSTLServlet?action=three&sex=m，运行效果如图 8-14 所示。

图 8-14　EL 中的三目运算符的运行效果

8.5　JSTL

JSTL 全称是 JSP Standard Tag Library，译作 JSP 标准标签库。JSTL 只存在 3 个版本，即 1.0、1.1 和 1.2。1.0 版的 JSTL 内嵌了 EL；自从 EL 被纳入 JSP 2.0 规范，从 1.1 版本开始，EL 从 JSTL 分离出来，本书以最新版 1.2.5 版讲解 JSTL 的用法。

8.5.1　JSTL 核心标签库的准备工作

JSTL 并不是 JSP 的规范，使用 JSTL 时，需要下载 JSTL 的两个 JAR 包 taglibs-standard-spec 和 taglibs-standard-impl，并将它们复制到 Web 项目的 lib 目录下（本书前言提供了两个 JAR 包的下载地址）。

JSTL 总共提供了 core、xml、fmt、sql、functions 5 个标签库，其中 core 标签库最常用，是

JSTL 核心标签库，本书主要讲解 JSTL 核心标签库 core 的使用。

必须先声明 JSTL 核心标签库，才能在 JSP 页面中使用 JSTL 核心标签库。下面的代码在 JSP 页面中声明了 JSTL 核心标签库，并将标签的前缀定义为“c”（core 单词的首字母）。

```
<%@taglib uri="http://java.sun.com/jsp/jstl/core" prefix="c" %>
```

8.5.2 JSTL 核心标签库的使用

JSTL 核心标签库提供了条件-转折语句和循环语句，实现了 JSP 页面中逻辑代码的标签化，使得 JSP 页面中的逻辑能够更好地与 HTML 标签融为一体；JSTL 配合 EL 一起使用，如果代码设计合理，可极大地减少 JSP 程序中的 Java 代码的使用。

8.5.3 小露身手：JSTL 核心标签库的使用

目的

掌握 JSTL 核心标签库的使用。

场景 1　<c:if>标签的使用

实现功能：使用<c:if>标签，判断查询字符串中的 sex 参数值是未知、男或女 3 个中的哪一个。

场景 1 步骤

（1）在 WebContent 目录下创建 if.jsp 页面程序，并修改为如下代码。

```
<%@ page language="java" contentType="text/html; charset=UTF-8"
pageEncoding="UTF-8"%>
<%@taglib uri="http://java.sun.com/jsp/jstl/core" prefix="c"%>
<c:if test="${empty param.sex}">
性别：未知
</c:if>
<c:if test="${param.sex=='m'}">
性别：男
</c:if>
<c:if test="${param.sex=='f'}">
性别：女
</c:if>
```

（2）在浏览器地址栏中输入网址 http://localhost:8080/jstl/if.jsp，运行结果是“性别：未知”。

（3）在浏览器地址栏中输入网址 http://localhost:8080/jstl/if.jsp?sex=m，运行结果是“性别：男”。

（4）在浏览器地址栏中输入网址 http://localhost:8080/jstl/if.jsp?sex=f，运行结果是“性别：女”。

<c:if>标签在 JSP 页面中实现 if 语句的功能。当<c:if>标签的 test 属性值为 true 时，执行<c:if></c:if>标签内的代码。

<c:if>标签没有“else”语句，<c:choose>标签中的<c:otherwise>标签提供了“else”语句的功能。

场景 2　<c:choose>、<c:when>和<c:otherwise>标签的使用

实现功能：使用<c:choose>、<c:when>和<c:otherwise>标签，判断查询字符串中的 score 参数值是优秀、良好、及格或不及格 4 个中的哪一个。

场景 2 步骤

（1）在 WebContent 目录下创建 choose.jsp 程序，并修改为如下代码。

```
<%@ page language="java" contentType="text/html; charset=UTF-8"
pageEncoding="UTF-8"%>
<%@taglib uri="http://java.sun.com/jsp/jstl/core" prefix="c"%>
<c:choose>
    <c:when test="${empty param.score}">
    成绩未提供
    </c:when>
    <c:when test="${param.score>=90 and param.score<=100}">
    优秀
    </c:when>
    <c:when test="${param.score>=80 and param.score<90}">
    良好
    </c:when>
    <c:when test="${param.score==85}">
    85
    </c:when>
    <c:when test="${param.score>=60 and param.score<80}">
    及格
    </c:when>
    <c:when test="${param.score<60 and param.score>=0}">
    不及格
    </c:when>
    <c:otherwise>
    成绩超出范围!
    </c:otherwise>
</c:choose>
```

（2）浏览器地址栏输入网址 http://localhost:8080/jstl/choose.jsp?score=85，运行结果是“良好”。

<c:choose>、<c:when>和<c:otherwise>通常在一起连用，在 JSP 页面中实现 if-else 语句的功能。

注意 1：<c:when>和<c:otherwise>不能单独使用，它们必须位于<c:choose></c:choose>父标签中。

注意 2：<c:choose>、<c:when>和<c:otherwise>的执行流程是，某个<c:when>条件成立后，退出<c:choose>的执行，不再执行其他<c:when>。所有<c:when>条件都不成立，才执行<c:otherwise>。

注意 3：可以不使用<c:otherwise>，如果使用，它必须位于所有<c:when>之后。

场景 3　<c:forEach>标签的使用

场景 3 步骤

（1）在 doGet()方法中新增如下代码。

```
if("foreach".equals(action)) {
    bean.User user = service.UserService.createRandomUser();
    request.setAttribute("user", user);
    java.util.List<bean.User> userList = service.UserService.getUserList();
    request.setAttribute("userList", userList);
    java.util.Map<String, bean.User> userMap = service.UserService.getUserMap();
    request.setAttribute("userMap", userMap);
    request.getRequestDispatcher("/foreach.jsp").include(request, response);
    return;
}
```

（2）在 WebContent 目录下创建 foreach.jsp 程序，并修改为如下代码。

```
<%@ page language="java" contentType="text/html; charset=UTF-8"
    pageEncoding="UTF-8"%>
<%@taglib uri="http://java.sun.com/jsp/jstl/core" prefix="c" %>
<h3>JSTL 循环的使用</h3>
<hr/>
<c:forEach items="${requestScope.userList}" var="user" varStatus="status" >
${status.count}->${user.userID}->${user.userName}->${user.birthday}->${user.age}
<c:if test="${user.admin==true}">是管理员</c:if>
<c:if test="${user.admin!=true}">不是管理员</c:if>
<br/>
</c:forEach>
<hr/>
<c:forEach items="${requestScope.userMap}" var="map" varStatus="status" >
${status.count}->${map.key}->${map.value.userID}->${map.value.userName}->
${map.value.birthday}->${map.value.age}
<c:if test="${map.value.admin==true}">是管理员</c:if>
<c:if test="${map.value.admin!=true}">不是管理员</c:if>
<br/>
</c:forEach>
<hr/>
<c:forEach var="i" begin="1" end="10" step="2">
${i}
</c:forEach>
```

遍历 Map 时，使用“key”可以获取元素的键，使用“value”可以获取元素的值。

（3）浏览器地址栏输入网址 http://localhost:8080/jstl/JSTLServlet?action=foreach，运行效果如图 8-15 所示。

图 8-15　JSTL 核心标签库的使用

<c:forEach>标签有两种用法，遍历集合或者循环指定的次数，两种用法对应如下两种语法。

语法 1：遍历集合（Collection 或者 Map）。

```
<c:forEach [var="item"] items="collection" [varStatus="varStatusName"]>
```

代码

```
</c:forEach>
```

说明 1：[ ]表示可选属性。

说明 2：items 的属性值 collection 用于指定被遍历的集合。

说明 3：var 的属性 item 用于存放遍历过程中的当前元素。item 作为属性名，被绑定在 pageContext 域对象，并且作用对象是 pageScope。

说明 4：varStatus 的属性值 varStatusName 是一个 JavaBean 对象，记录了遍历的状态。varStatusName 作为属性名，被绑定在 pageContext 域对象，并且作用对象是 pageScope。varStatusName 对象常用的命名属性如下。

varStatusName.index：获取当前元素的索引。

varStatusName.count：获取当前一共遍历了多少个元素。

语法 2：循环指定的次数。

```
<c:forEach [var="item"] begin="begin" end="end" [step="step"] [varStatus="varStatusName"]>
```

代码

```
</c:forEach>
```

说明 1：begin 的属性值 begin，用于指定遍历的起始值。

说明 2：end 的属性值 end，用于指定遍历的结束值。

说明 3：step 的属性值 step，用于指定遍历的步长。若不指定，默认步长等于 1。

场景 4　<c:remove>标签的使用

场景 4 步骤

（1）在 doGet()方法中新增如下代码。

```
if("remove".equals(action)) {
        request.setAttribute("userName", "zhangsan");
        request.getRequestDispatcher("/remove.jsp").include(request, response);
        return;
}
```

（2）在 WebContent 目录下创建 remove.jsp 程序，并修改为如下代码。

```
<%@ page language="java" contentType="text/html; charset=UTF-8"
pageEncoding="UTF-8"%>
<%@taglib uri="http://java.sun.com/jsp/jstl/core" prefix="c"%>
${requestScope.userName}
<c:remove var="userName" scope="request"/>
${requestScope.userName}
```

（3）在浏览器地址栏输入网址 http://localhost:8080/jstl/JSTLServlet?action=remove，运行效果如图 8-16 所示。

localhost:8080/jstl/JSTLServlet?action=remove

zhangsan

图 8-16　<c:remove>标签的使用的运行效果

<c:remove>标签在 JSP 页面中实现解除绑定作用域中属性的功能，var 属性指定了要解除绑定的属性，scope 属性指定了属性所属的作用域。

实践任务　MVC 和 JSTL

1. 目的

参考本章每个小露身手的目的。

2. 环境

Web 服务器主机：JDK 8、Tomcat 9。

集成开发环境：eclipse-jee-2018-09-win32。

浏览器：Chrome。

任务 1　小露身手：在 Eclipse 中创建数据模型 JavaBean 和业务逻辑 Service（详细步骤请参考 8.2.4 节的内容）。

任务 2　小露身手：EL 的使用（详细步骤请参考 8.4.4 节的内容）。

任务 3　小露身手：JSTL 核心标签库的使用（详细步骤请参考 8.5.3 节的内容）。

第 9 章 个人笔记系统的数据库设计及实现

本章以个人笔记系统为例，运用数据库设计相关的理论知识，设计一个良好的个人笔记系统表结构；借助 MySQL，实现个人笔记系统的表结构；通过 insert、delete、update 以及 select 语句，实现数据的增、删、改、查操作。通过本章的学习，读者可认识到表结构设计的重要性，并将具备一定的数据库设计与开发能力。

9.1 数据库概述

数据库（DataBase，DB）是存储、管理数据的容器。严格地说，数据库是“按照某种数学模型对数据进行组织、存储和管理的容器”。常用的数学模型有“层次模型”“网状模型”“关系模型”“面向对象模型”等。目前“关系模型”是数据库管理系统的主流模型，这里所提到的“关系”，实际上是“二维表”。

9.1.1 数据库管理系统和数据库

数据库管理系统是一款能够安装在计算机管理数据库的软件。“关系模型”的数据库管理系统称为关系数据库管理系统（Relational Database Management System，RDBMS）。常用的关系数据库管理系统有 Oracle、MySQL、SQL Server、DB2 和 Sybase。其中，除了 MySQL 是开源、免费的，其他几个都是商业 RDBMS，商业 RDBMS 功能齐全但价格高昂，本书选用 MySQL 管理个人笔记系统的业务数据。

若不做特殊说明，后文中的数据库管理系统都指关系数据库管理系统。

一个数据库管理系统可以同时管理多个数据库，读者可将“数据库管理系统与数据库之间的关系”，类比为“文件系统与文件夹之间的关系”。数据库管理系统就像是文件系统，数据库就像是文件夹，一个数据库管理系统可以同时管理多个数据库。

数据库管理系统为数据库用户提供了操作数据库的接口。通过数据库管理系统，数据库用户就可以轻松地管理数据库和数据库对象。

9.1.2 数据库和数据库对象

数据库是管理数据库对象的容器。数据库包含了多种数据库对象，例如，数据库表、索引、视图、函数、存储过程、触发器等都是数据库对象。读者可将“数据库与数据库对象之间的关系”，类比为“文件夹与文件之间的关系”。数据库对象就像是文件，可以是 XLS 文件、CSV 文件、DAT 文件或者 TXT 文件；数据库就像是文件夹，是存储各式各样文件的容器。

9.1.3　数据库和数据库表

数据库表是存储业务数据的容器，是数据库中最为重要的数据库对象，是其他所有数据库对象的核心。其他数据库对象的存在，都是为了“衬托”数据库表，或为了“提高”数据库表的查询效率，或为了“增强”数据库表的功能。例如有了索引的“辅助”，数据库表的查询速度将大幅提升；有了函数、存储过程、触发器的“支持”，数据库表的“行为”或者“功能”将大幅增强。

一个数据库包含多个数据库表，读者可将“数据库与数据库表之间的关系”想象成“XLS 文件与工作表之间的关系”。XLS 文件对应数据库，工作表对应数据库表，一个 XLS 文件可以包含多个工作表。

数据库表由表结构和表记录构成，就像 XLS 文件的工作表由表结构和表记录构成一样（每个工作表定义了一个表结构，每个表结构可以容纳多条表记录）。对于数据库表而言，表结构才是数据库表的“精髓”。

表结构定义了表的表名，应该包含哪些字段，各字段的字段名是什么、字段类型（及长度）是什么、约束条件是什么。毫不夸张地说：表结构设计的好坏，直接决定了数据库设计的成败。数据库开发人员最为重要的任务就是设计一个良好的表结构，而良好表结构的设计并非一蹴而就的。本章的重点就是运用数据库设计相关的理论知识，设计一个合理的个人笔记系统表结构。

数据库表是一个二维表。外观上，数据库表和一个不存在“合并单元格”的工作表相同。以“个人笔记系统”为例，作者发布一篇笔记时，笔记信息存储于笔记表中；游客注册为注册用户，注册用户信息存储于用户表中；注册用户对笔记进行评价时，需要将评论信息存储于评论表中……越来越多的数据库表，构成了个人笔记系统“数据库”。

9.1.4　SQL

结构化查询语言（Structured Query Language，SQL）是一种应用最为广泛的关系数据库语言，它定义了操作关系数据库的标准语法，包括 MySQL 在内的所有关系数据库管理系统都支持 SQL。

以“个人笔记系统”为例，创建笔记表的表结构，需要借助 SQL 语句 create table；作者向笔记表中添加一行笔记记录（包含标题、内容、类别以及标签等），需要借助的 SQL 语句是 insert；查看笔记时需要借助的 SQL 语句是 select；修改笔记时需要借助的 SQL 语句是 update；删除笔记时需要借助的 SQL 语句是 delete。create、insert、delete、update、select 几乎是所有关系数据库管理系统的标准配置，MySQL 同样支持这些 SQL 语句。

但是，具体到细节，各个关系数据库管理系统的 SQL 语法并不兼容，例如定义自增型字段时，MySQL 使用的是 auto_increment 关键字，而 SQL Server 使用的是 identity 关键字。另外，SQL 本身并不是一种功能完善的程序设计语言，例如 SQL 语句不能用于构建用户界面。

9.1.5　重新认识数据库表

数据库表由表结构和表记录构成。一个数据库表，有且只有一个表结构，却可以容纳成千上万条表记录（当然也可以没有表记录，此时是空表）。表结构定义了表的表名、字段名（也叫列名）、字段的数据类型（及长度）以及字段的约束条件（例如主键、外键、非空等约束）。表记录定义了数据库表中的一条数据。

MySQL 中，创建表结构使用的 SQL 语句是“create table 表名”；向数据库表插入记录使用的 SQL 语句是“insert”。修改表结构使用的 SQL 语句是“alter table 表名”；修改数据库表中的记录使用的 SQL 语句是“update”。删除表结构使用的 SQL 语句是“drop table 表名”；从数据库表中删除表记录使用的 SQL 语句是“delete”。

9.2　个人笔记系统数据库的设计

数据库开发人员最为重要的工作就是设计一个良好的表结构，表结构的设计并非一蹴而就的。初学者通常会存在这样的误区：重开发，轻设计。设计出来的表结构往往成了倒立的“金字塔”，“头重脚轻”。真正的数据库开发，首先强调的是表结构的设计。

要想设计一个良好的表结构，数据库开发人员必须熟悉系统的业务流程。只有那些真正熟悉业务流程的数据库开发人员，才有可能开发出适合业务场景的数据库表结构。

几乎所有人都熟悉写笔记的业务流程，这为我们开发一个良好的“个人笔记系统”数据库表结构奠定了良好的基础。这也是本书将“个人笔记系统”作为项目案例的原因。

9.2.1　构建个人笔记系统的必要性

“好记性不如烂笔头”，知识的积累是个人发展和学习过程中的宝贵财富，单靠记忆力无法构建完整的个人知识库。传统的纸质笔记容易丢失，且不容易携带，不便于分类和快速查阅，也不便于将自己的笔记分享给他人。“个人笔记系统”不仅可以弥补上述不足，还可以向笔记中添加图片、视频、链接等资源，使笔记的内容形式更加丰富。通过构建个性化的个人笔记系统，不仅可以充实个人知识库，还可以给成长之路提供一个强有力的工具。

个人笔记系统，功能类似于个人博客系统，本质上都属于内容管理系统（Content Management System，CMS）。从本章开始，本书将以个人笔记系统为例，从项目实训或者课程设计的角度，详细介绍该系统的开发流程，帮助读者快速构建一款个性化的个人笔记系统。通过这个案例，读者可以利用前面所学的知识快速制作类实际系统，快速理解 Java Web 开发知识体系。

9.2.2　个人笔记系统的功能需求分析

功能需求分析定义了系统必须完成的功能。个人笔记系统主要为游客、普通注册用户和作者提供服务，因此可以从游客、普通注册用户和作者的角度分析个人笔记系统的功能需求。

（1）游客：游客打开个人笔记系统首页后，可以浏览作者发布的所有笔记；可以查看某一篇笔记；可以按照“笔记的类别名称”查看该类别下的所有笔记；可以按照“笔记的标签名称”查看该标签下的所有笔记；可以输入关键字对笔记内容进行模糊查询。

一篇笔记仅对应一个笔记类别，可对应一个或者多个笔记标签。

（2）普通注册用户：游客可以注册为普通注册用户；普通注册用户成功登录后，可以对某一篇笔记进行评论；可以修改个人信息（例如重置密码、修改个人头像等）。

（3）作者：作者是个人笔记系统的特殊用户（就像操作系统的超级管理员 administrator），拥有个人笔记系统中特别的权限，游客可以注册为普通注册用户，但不可以注册为作者。换句话说，程序开发人员需要手动执行 insert 语句添加作者信息。作者成功登录后，可以发布笔记、修改笔记、删除笔记，还可以修改笔记的类别名称和标签名称。

“个人笔记系统”的功能清单如图 9-1 所示。需要说明的是，系统为作者提供的功能包含系统为普通注册用户提供的功能，系统为普通注册用户提供的功能包含系统为游客提供的功能。

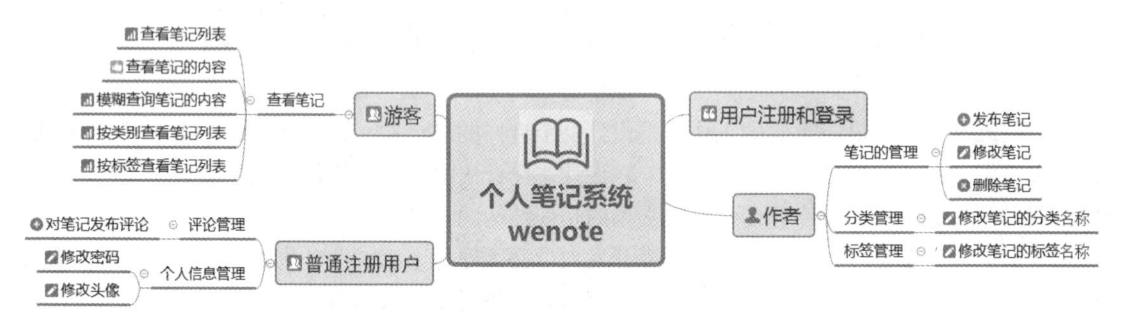

图 9-1　个人笔记系统的功能清单

9.2.3　E–R 图简介

数据库的设计一般要从实体-关系图（Entity-Relationship Diagram，E-R 图）的设计开始，E-R 图设计的质量决定了表结构设计的质量，表结构设计的质量决定了数据库设计的质量。可以这样说：E-R 图设计的质量直接决定了数据库设计的质量。

E-R 图由实体、属性、标识符和主标识符、关系、基数等要素构成。E-R 图既可以表示现实世界中的事物，又可以表示事物与事物之间的关系。具体说明如下。

1. 实体

E-R 图中的实体用于表示现实世界具有相同属性的事物集合，它不是某一个具体事物，而是某一种类别所有事物的统称。E-R 图中通常包含多个实体，每个实体由实体名唯一标记，每个实体包含多个属性。在 E-R 图中，实体通常使用矩形表示。

根据个人笔记系统的功能清单，可以得出该系统涉及的实体包括用户、笔记、评论、笔记类别、笔记标签等。用户实体在 E-R 图中的描述如图 9-2 所示。

用户			
用户名	<pi>	Characters (20)	<M>
昵称		Characters (10)	<M>
密码		Characters (32)	<M>
电话号码		Characters (11)	<M>
头像		Characters (100)	<M>
是否是作者		Characters (1)	<M>
个人简介		Characters (24)	<M>
注册时间		Timestamp	<M>

图 9-2　用户实体在 E-R 图中的描述

技巧：E-R 图中的实体最终对应数据库中的表，实体名对应表名，实体的一条具体数据对应数据库表的一条记录。

2. 属性

E-R 图中的属性表示实体的某种特征，也可以表示实体与实体之间的关系。一个实体通常包含多个属性，每个属性由属性名唯一标记，所有属性放置在实体矩形的内部。

确定实体属性时，通常会给属性选择一个合适的数据类型。E-R 图中常用的数据类型包括整数（Integer）、小数（Decimal）、字符串（Characters）或者文本（Text）、日期时间（Timestamp）等。

技巧：E-R 图中属性对应数据库表的字段，属性名对应字段名。例如用户实体的用户名、密码等属性，对应 users 表的 userName、password 字段。

3. 标识符和主标识符

标识符（identifier）是指能够唯一标记实体的属性或属性集合。标识符的特点是：不能是 null，不能重复。有些实体的标识符不止一个。假设，学生实体中既有学号属性又有身份证号属性时，学号可以作为学生实体的标识符，身份证号也可以作为学生实体的标识符。

确定了实体的标识符后，需要从中选择一个标识符，作为实体的主标识符（primary identifier，pi）。对于一个实体而言，标识符可以有多个，但主标识符有且仅有一个。以学生实体为例，会将学号选为学生实体的主标识符。不选择身份证号，一是因为身份证号位数太多，不好管理；二是为了避免泄露隐私。

技巧：实体的标识符对应数据库表的唯一性约束，实体的主标识符对应数据库表中的主键。

知识扩展 1：有些实体没有标识符，例如个人笔记系统的评论实体和笔记实体。开发人员需要向实体新增一个没有任何实际意义的属性作为该实体的标识符，并将其作为主标识符。例如向评论实体添加 commentID 作为评论实体的主标识符，向笔记实体添加 noteID 作为笔记实体的主标识符。生活中的这种例子还有很多，例如刚刚入学的学生只有身份证号标识符（暂时没有学号），入学后，要为每位学生分配一个学号，学号就是学生实体中新增的标识符。

知识扩展 2：有些实体虽然有标识符，但未必适合作为主标识符。以个人笔记系统的用户实体为例，用户名不能为 null，且不能重复，用户名可以作为用户实体的标识符。然而，是否适合作为用户实体的主标识符，关键在于注册后的用户名是否可以更改。如果注册后的用户名可以更改，则不建议将用户名作为用户实体的主标识符。可以看出，决定表结构的是功能需求。

说明

对于个人笔记系统而言，注册后的用户名不能更改，因此本书将用户名作为用户实体的主标识符。

知识扩展 3：有些实体的主标识符是属性的组合，最为经典的案例就是学生选课，学号和课程号的组合构成了选课的主标识符，限于篇幅，这里不赘述。

知识扩展 4：E-R 图中，涉及多对多关系的“新增实体”，主标识符通常都是属性的组合。

4. 关系

E-R 图中的关系表示实体间存在的联系，E-R 图中，实体间的关系使用一条线段表示。需要注意的是，E-R 图中实体间的关系是双向的。例如，在用户实体与评论实体之间的双向关系中，“一个用户可以发表多条评论”描述的是“用户→评论”的“单向”关系，“一条评论只能属于一个用户”描述的是“评论→用户”的“单向”关系。两个“单向”关系共同构成了用户实体与评论实体之间的双向关系。

理解关系的双向性至关重要，因为设计表结构时，有时“从一个方向记录关系”比“从另一个方向记录关系”容易得多。例如，在用户实体与评论实体之间的关系中，让评论“记住”用户，远比用户“记住”所有评论容易得多。这就好比“让学生记住校长，远比校长记住所有学生容易得多”。

5. 基数

E-R 图中，基数表示一个实体到另一个实体之间关联的数目。基数是针对关系之间的某个方向提出的概念，基数可以是一个取值范围，也可以是某个具体数值。

当基数≥1 时，表示一种强制关系（Mandatory，简写为 M）。强制关系对应数据库表的非空

约束（not null），E-R 图中强制关系使用“|”表示，如图 9-3 所示。例如评论必须有用户，表示的是“评论→用户”的强制关系，这就意味着评论表中的用户名需要满足非空约束（not null）。

当基数≥0 时，表示一种可选关系（Optional），E-R 图中可选关系使用零“O”表示。例如，用户可以不发表任何评论，表示的是“用户→评论”的可选关系。

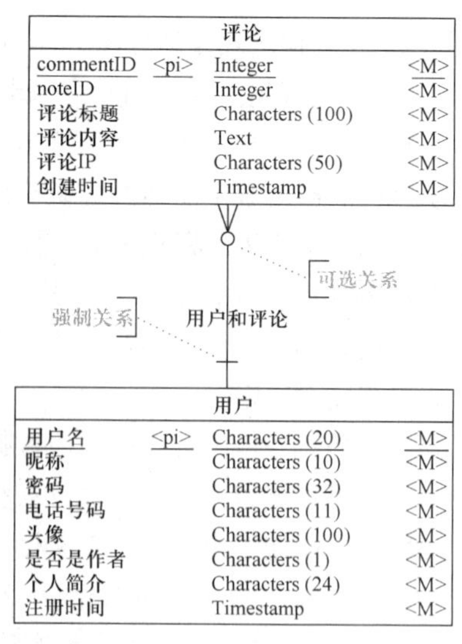

图 9-3　强制关系与可选关系

6. 表示 E-R 图中实体间的关系

从基数的角度以及从关系的双向性理解关系，可以将实体与实体之间的关系分为一对一（1∶1）、一对多（1∶m）、多对多（m∶n）关系。E-R 图中如何表示实体间的关系呢？

（1）实体间的一对一关系。

实体 1 和实体 2 之间的关系中，如果实体 1→实体 2 是一对一关系，并且实体 2→实体 1 也是一对一关系，那么实体 1 和实体 2 之间是一对一关系。实体之间的一对一关系可以看作一种特殊的一对多关系。由于个人笔记系统的实体之间不存在一对一关系，限于篇幅，本书不赘述。

（2）实体间的一对多关系。

实体 1 和实体 2 之间的关系中，如果实体 1→实体 2 是一对一关系，并且实体 2→实体 1 是一对多关系，那么实体 1 和实体 2 之间是一对多关系。以个人笔记系统为例，用户和笔记、用户和评论、笔记和评论、笔记类别和笔记，这些关系都是一对多关系。

一对多关系中，让“多方”记住“一方”，远比“一方”记住“多方”容易得多。E-R 图中，如何让“多方”实体记住与“一方”实体之间的一对多关系呢？

通用做法是：通过向“多方”实体添加“一方”实体“主标识符”，维持实体之间的一对多关系。以用户和笔记之间的一对多关系为例，将用户实体的“主标识符”用户名放入“笔记”实体中，也就是说：向笔记实体添加“用户名”属性（将“用户名”属性改为“作者”属性更为合理），让该属性“记住”每篇笔记的作者，如图 9-4 所示。

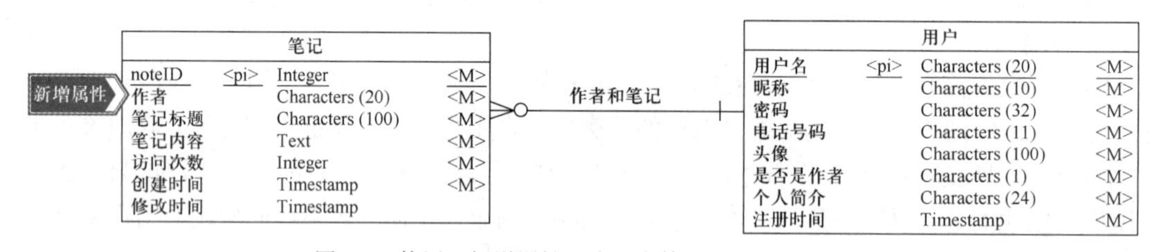

图 9-4　使用“新增属性”表示实体间的一对多关系

使用“新增属性”表示实体间的一对多关系时，该属性不同于普通属性，这是因为这个“新增属性”来自“一方”实体的主标识符，这个“新增属性”的专业术语叫“外键”。

技巧：E-R 图中的两个实体存在一对多关系时，让“多方”实体记住“一方”实体。具体做法是：向“多方”实体中新增属性，“新增属性”来自“一方”实体的主标识符。

（3）实体间的多对多关系。

实体 1 和实体 2 之间的关系中，如果实体 1→实体 2 是一对多关系，并且实体 2→实体 1 也是一对多关系，那么实体 1 和实体 2 之间是多对多关系。以个人笔记系统为例，一个笔记标签对应多篇笔记，一个笔记可以有多个笔记标签，笔记标签实体和笔记实体之间是多对多关系。

E-R 图中，如何让“多方”实体记住与“多方”实体之间的多对多关系呢？

通用做法是：通过“新增实体”记住实体 1 和实体 2 之间的多对多关系。以笔记标签和笔记之间的多对多关系为例，通过新增实体“笔记和标签”，记住笔记实体与笔记标签实体之间的多对多关系。新增实体的新增属性来自笔记标签实体以及笔记实体的主标识符，如图 9-5 所示。

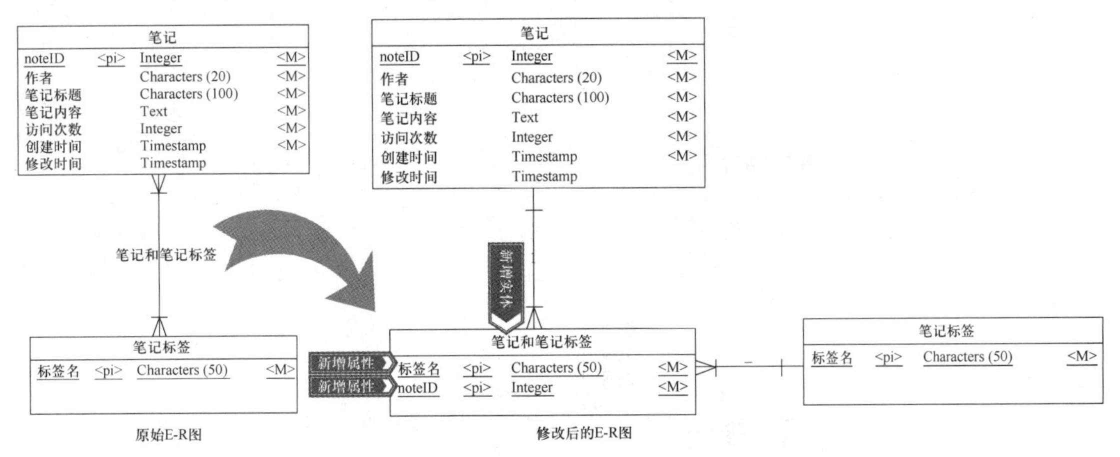

图 9-5　使用“新增实体”表示实体间的多对多关系

也就是说，使用“新增实体”表示实体间的多对多关系，“新增实体”的“新增属性”来自所有“多方”实体的主标识符，这些“新增属性”对应数据库表中的外键。

技巧：E-R 图中的两个实体之间存在多对多关系时，在实体间新增实体，让“新增实体”记住实体之间的多对多关系。具体做法是：在实体间新增实体，并向“新增实体”中新增属性，“新增属性”来自“多方”实体的主标识符。

有些数据库书籍将“新增实体”称为关联（Association）。

9.2.4　个人笔记系统 E-R 图的设计

根据个人笔记系统的功能需求分析，再根据实体间一对多、多对多关系的表示方法，就可以绘制出个人笔记系统的 E-R 图，如图 9-6 所示。

该 E-R 图将笔记类别、笔记标签设计为两个单独的实体（不依赖于其他实体而能够单独存在的实体称为单独的实体）。然而，笔记类别实体只有一个类别名属性，笔记标签实体只有一个标签名属性。由于这两个实体的属性太过单一，在不影响个人笔记系统核心功能的基础上，本书将笔记类别实体和笔记标签实体从 E-R 图中直接删除。“瘦身”后的个人笔记系统 E-R 图如图 9-7 所示。

说明 1：“瘦身”后的 E-R 图中，将“笔记和标签”重命名为“标签”。

说明 2：读者务必要清楚，“瘦身”后的 E-R 图对业务也有影响。“瘦身”后的 E-R 图中，笔记的类别名依赖于笔记的存在而存在，笔记的标签名依赖于笔记的存在而存在。这种设计方案导致的结果是：无法单独管理笔记标签和笔记类别，例如无法单独添加类别、无法单独添加标签、无法单独删除类别、无法单独删除标签。使用此方案设计的 E-R 图虽不合理，却不影响个人笔记系统的核心功能，本书使用“瘦身”后的 E-R 图设计个人笔记系统的数据库表结构。

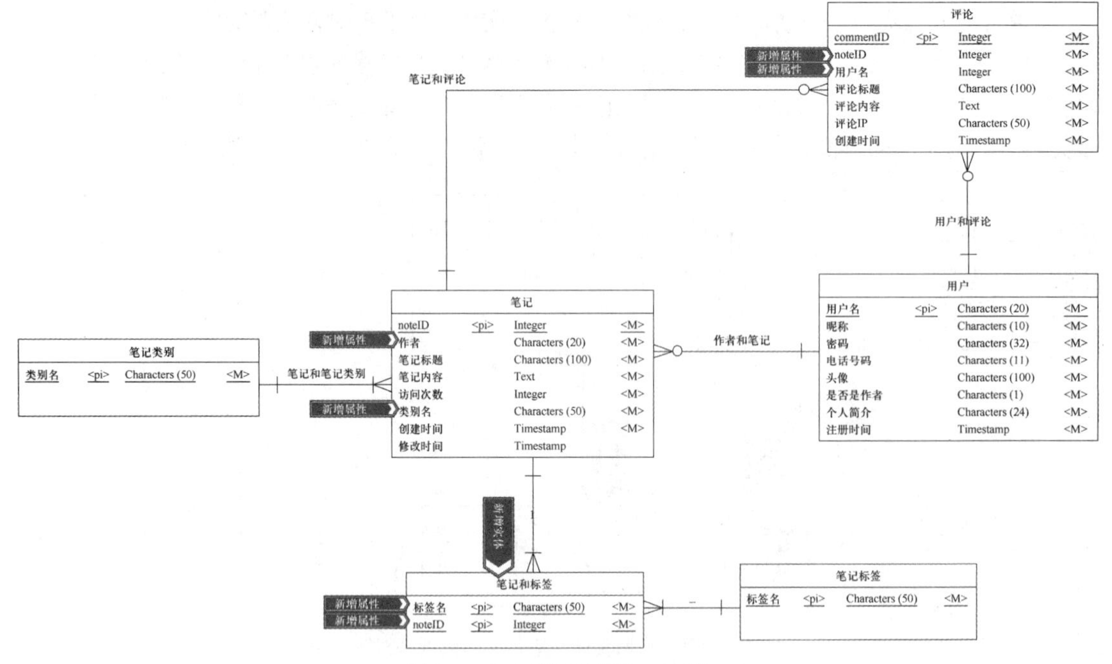

图 9-6　个人笔记系统的 E-R 图

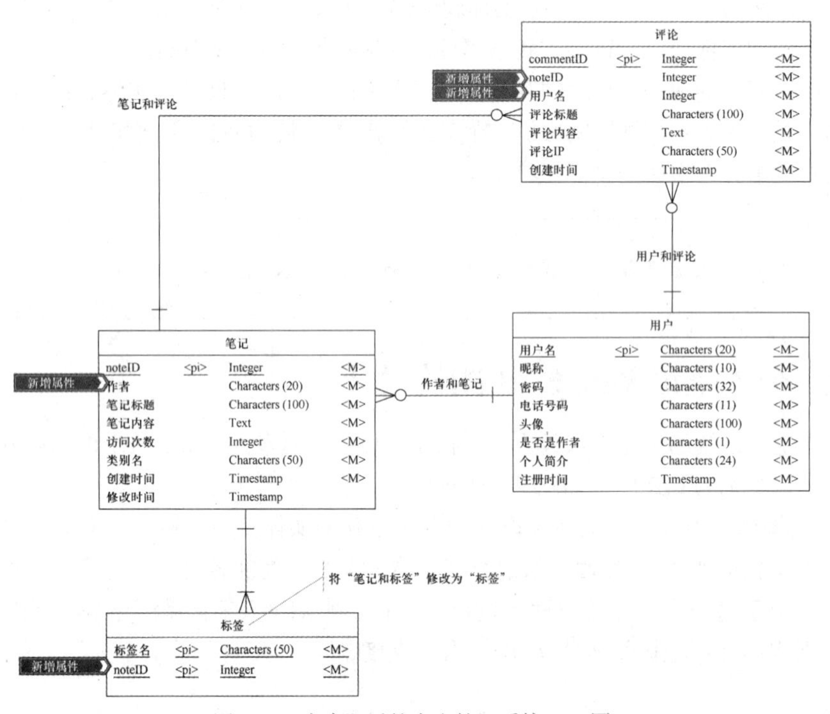

图 9-7　“瘦身”后的个人笔记系统 E-R 图

“瘦身”后个人笔记系统的 E-R 图一共包含 4 个实体，实体名及其属性名罗列如下。

用户（用户名，昵称，密码，电话号码，头像，是否是作者，个人简介，注册时间）

笔记（noteID，作者，笔记标题，笔记内容，访问次数，类别名，状态，创建时间，修改时间）

标签（标签名，noteID）

评论（commentID，noteID，用户名，评论标题，评论内容，评论 IP，创建时间）

说明 1：有下划线的属性表示主标识符。用户实体的主标识符是用户名；笔记实体的主标识符是 noteID；标签实体的主标识符是（标签名，noteID）；评论实体的主标识符是 commentID。

说明 2：灰色底纹的属性用于"记住"本实体与其他实体之间的关系，对应数据库表的"外键"。

说明 3：虽然该 E-R 图是经过深思熟虑后设计的，然而，如今依然可能有完善的空间。数据库的设计不是一蹴而就的，哪怕多思考一分钟，得到的可能就是另外一个更加合理的表结构。E-R 图的设计是没有标准答案的，但不管怎样，只要实现了相同的功能，E-R 图的设计没有对错之分，只有合适与不合适之分。

说明 4：本书使用了 PowerDesigner 建模工具设计了个人笔记系统的 E-R 图，很多读者没有使用过该工具。本书认为，数据库设计是一种脑力劳动，工具代替不了数据库开发人员的"智慧"及"思想"。掌握这些"智慧""思想"对于数据库开发人员至关重要，这也是本书着重阐述的观点。读者在学习本章内容时，可以使用笔、纸或者绘图软件设计 E-R 图，掌握本章的知识后，有精力的读者可以自学相关工具。

9.2.5 个人笔记系统的表结构设计

E-R 图一经确定，就可以设计数据库表结构了。以个人笔记系统 E-R 图为例，设计该系统的表结构大致过程如下。

1. 确定命名规则

以英文为标准，不使用拼音或拼音和英文混杂的命名方式，使用语义化英文的方式命名。为表或者字段命名时，不能使用数据库管理系统的关键字，例如用户表不能使用 user 作为表名，可以使用 users，这是因为 user 是 MySQL 的关键字。

2. 确定每个表的表名、字段名、主键以及外键

个人笔记系统一共包含 4 个数据库表，表名及其字段名罗列如下。

users（userName，nickname，password，telephone，photo，isAuthor，brief，createTime）

note（noteID，author，noteTitle，noteContent，visit，categoryName，createTime，updateTime）

tag（tagName，noteID）

comment（commentID，noteID，userName，commentTitle，commentContent，remoteIP，createTime）

说明 1：带有下划线的字段是表的主键（表的主键来自实体的主标识符）。

说明 2：灰色底纹的字段是外键，用于记住本表与另一张表之间的关系。

3. 为字段选择合适的数据类型

数据库表与工作表最明显的区别在于，数据库表的字段必须定义数据类型。数据库表常用的数据类型有数值类型、字符串类型和日期类型。

（1）数值类型分为整数类型和小数类型（个人笔记系统不存在小数类型的字段）。

MySQL 中的 int 表示整数类型（对应 E-R 图中的 Integer）。

个人笔记系统中的 noteID、commentID、访问次数等字段都是整数类型。

（2）字符串类型分为定长字符串类型和变长字符串类型。

MySQL 中的 char 表示定长字符串类型（对应 E-R 图中的 Characters）。

个人笔记系统中的用户名、密码、手机号、头像、是否是作者、笔记标题、类别、笔记的状态、标签名、评论标题等字段，都是定长字符串类型。

MySQL 中的 text 表示变长字符串类型（对应 E-R 图中的 Text）。

个人笔记系统中的笔记内容和评论内容等字段都是变长字符串类型。

（3）日期类型分为日期类型和日期时间类型（个人笔记系统没有使用日期类型）。

MySQL 中的 timestamp 表示日期时间类型（对应 E-R 图中的 TimeStamp）。

个人笔记系统中的 createTime、updateTime 字段都是日期时间类型。

4. 向字段添加约束

约束（constraint）作用于表的字段，约束的作用在于：让数据库管理系统（例如 MySQL）自动检测输入的数据是否满足字段的约束，不满足字段约束的数据，MySQL 拒绝输入。MySQL 支持的约束有主键约束、外键约束、默认值约束、非空约束、唯一性约束等。

个人笔记系统用到的约束有默认值约束、非空约束、主键约束、外键约束，具体说明如下。

（1）默认值约束（default）：用于指定一个字段的默认值。如果没有向该字段输入数据，则 MySQL 自动将默认值输入该字段。例如笔记的访问次数属性的默认值为 0（表示 0 次）；用户头像属性的默认值是“default.jpg”；用户“是否是作者”属性的默认值是字符串“N”。

（2）非空约束（not null）：如果希望表中的字段值不能取 null 值，可以考虑为该字段添加 not null 约束（对应 E-R 图中属性后的<M>，表示该属性是强制的）。例如用户的昵称应该满足 not null 约束的要求。

（3）主键约束（primary key）：主键用于保证表中记录的唯一性。一张表有且仅有一个主键，当然这个主键可以是一个字段，也可以是“多个字段”的“组合”（本书将其称为复合主键）。在输入数据的过程中，必须在所有主键字段中输入数据，即任何主键字段的值不允许为 null。例如，标签表的主键是(tagName,noteID)，这就要求 tagName 属性不能取 null 值，并且 noteID 属性也不能取 null 值。

（4）外键约束（foreign key）：外键用于记录本表与另外一张表之间的“关系”。一张表可以与多张表产生关系，甚至也可以与自己产生关系，一张表可以有多个外键。有关外键约束的更多知识，在 9.5.1 节中讲解。

经历了上述几个步骤，就确定了个人笔记系统的表结构，实践任务环节将借助 MySQL 实现个人笔记系统的表结构。

9.3 MySQL 环境准备工作

MySQL 由瑞典 MySQL AB 公司开发。MySQL 的命运可以说是“一波三折”，2008 年 1 月 MySQL 被美国的 SUN 公司收购，2009 年 4 月 SUN 公司又被美国的 Oracle 公司收购。

与其他数据库管理系统相比，MySQL 具有体积小、易于安装、运行速度快、功能齐全、免费、开源等特点，是 Web 开发的首选数据库管理系统之一。

9.3.1 MySQL 的版本选择

MySQL 分为企业版（Enterprise）、集群版（Cluster）和社区版（Community），其中社区版免费且开源，本书选用 MySQL 社区版。

编写本书时，MySQL 最新版本是 8.0，该版本只支持 64 位 Windows 操作系统。为了保证兼容性，本书使用 MySQL 5.6。如果读者想深入学习 MySQL 8.0 的更多知识和最新特性，可参考相关资料。

MySQL 安装有解压缩安装和图形化界面安装两种方法，其中图形化界面安装又分为在线安装和离线安装。为便于读者入门学习，本书选择图形化界面的离线安装方式。读者可到本书前言指定的网址下载 MySQL 5.6 图形化界面离线安装程序（精简版）。

9.3.2　MySQL 的安装和配置

MySQL 和 Tomcat 可以安装在不同的两台计算机，为了便于学习，本书将 MySQL 和 Tomcat 安装在同一台计算机。这样，该计算机既是 Web 服务器又是 MySQL 数据库服务器。

MySQL 图形化界面离线安装程序下载完成后，MySQL 的安装和配置过程参考附录。

MySQL 的 utf8 字符集对应 Java 中的 UTF-8 字符集。

9.3.3　启动与停止 MySQL 服务

成功安装和配置 MySQL 后，Windows 操作系统就会自动注册一个名字为“MySQL”的服务。在 Windows 操作系统中，单击“开始”“运行”，输入“services.msc”，单击“确定”按钮，即可弹出图 9-8 所示的“服务”窗口。在“扩展”视图或“标准”视图中找到 MySQL 服务，按照图 9-8 所示的标记部分的提示即可实现 MySQL 服务的启动、暂停、停止和重启动。

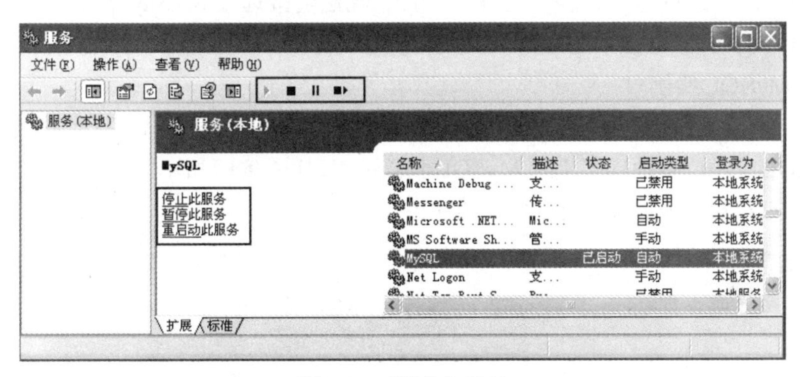

图 9-8　“服务”窗口

说明 1：MySQL 服务对应一个名字叫作 mysqld.exe 的程序（此处，程序是一个静态的概念，只占用硬盘空间），读者可在 MySQL 安装目录的 bin 目录下找到该程序。

说明 2：启动 MySQL 服务后，计算机将产生 MySQL 服务进程（进程是动态的，需占用内存空间和 CPU 资源），真正为数据库用户提供服务的是 MySQL 服务进程（也称为 MySQL 实例）。

说明 3：一台计算机可以同时安装多个 MySQL 服务，也可以同时启动多个 MySQL 服务，生成多个 MySQL 服务进程，每个 MySQL 服务进程占用不同的端口以便区分。每个 MySQL 服务进程可以同时管理多个数据库，每个数据库包含多种数据库对象（例如数据库表、索引、视图、函数、存储过程、触发器等），数据库表是数据库的核心。如图 9-9 所示。

说明 4：默认情况下，MySQL 服务启动时，将占用 3306 端口对外提供服务。如果因为 3306 端口被占用，导致 MySQL 服务启动失败，解决方法可参考本书第 1 章的内容，限于篇幅，这里不赘述。

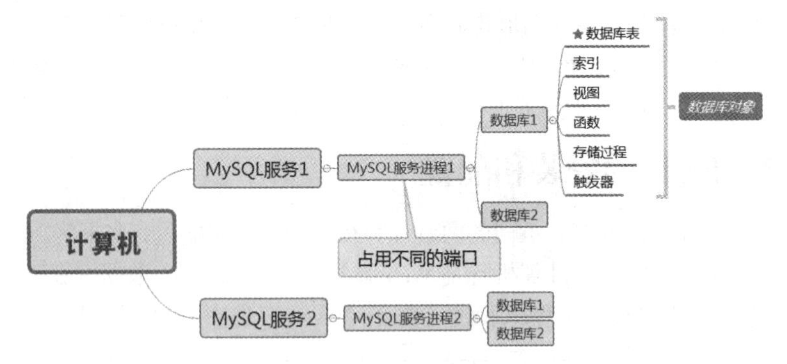

图 9-9　MySQL 服务、MySQL 服务进程、数据库与数据库对象之间的关系

9.3.4　打开 MySQL 客户机、连接 MySQL 实例

1. 打开 MySQL 客户机

为了便于读者快速、有效地学习 MySQL 知识，本书所指的 MySQL 客户机是 MySQL 自带的 MySQL 命令行窗口。打开 MySQL 命令行窗口的方法是：单击开始→所有程序→MySQL→MySQL Server→MySQL Command Line Client（或者 MySQL Command Line Client-Unicode）。

使用 MySQL 命令行窗口作为 MySQL 客户机，优点是：使用方便快捷，直接输入 root 账户的密码，即可使用。缺点是：只能使用 root 账户，无法连接远程 MySQL 服务进程。

结论：MySQL 命令行窗口适合单机使用。

2. 连接 MySQL 实例

启动 MySQL 服务，打开 MySQL 客户机，输入 root 账户的密码“root”，提示符变成了“mysql>”后，表示 MySQL 已经成功地连接上了 MySQL 服务进程，如图 9-10 所示。图 9-10 所示的“Commands end with ;”意味着分号表示 MySQL 命令的结束。

这里所提到的 MySQL 实例也称为 MySQL 服务进程。

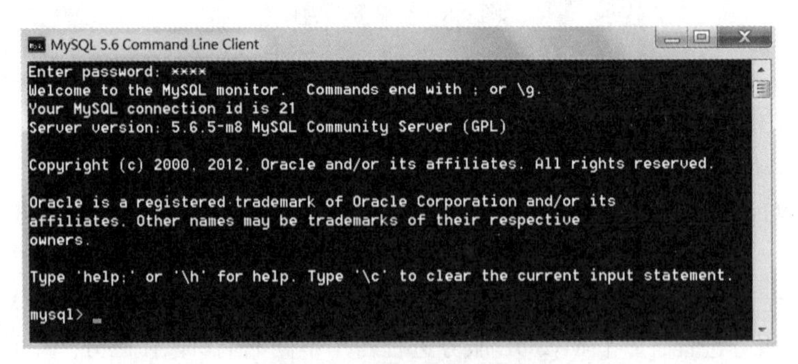

图 9-10　连接 MySQL 实例

注意 1：打开 MySQL 命令行窗口，输入 root 账户的密码后，就得到了一个 MySQL 连接，图 9-10 中的连接 ID 是 21（Your MySQL connection id is 21）。读者可以继续打开新的 MySQL 命令行窗口，连接 MySQL 服务进程，但它们的连接 ID 不同（这是因为它们使用的不是同一个数据库连接）。

注意 2：对于 MySQL 服务进程而言，数据库连接是一个宝贵的资源。

注意 3：在 “mysql>” 提示符后输入 MySQL 命令时，切记每条 MySQL 命令以英文分号 “;” 或者 “\g” 结束。

9.4　数据库的管理

数据库的管理包括查看数据库、创建数据库、打开当前操作的数据库、显示数据库结构以及删除数据库等操作。

1. 查看当前 MySQL 服务进程上所有的数据库

一个 MySQL 服务进程可以同时承载多个数据库，使用 MySQL 命令 “show databases;” 即可查看当前 MySQL 服务进程上所有的数据库。

2. 创建数据库

使用 SQL 语句 “create database database_name charset=utf8;” 即可创建数据库（字符集设置为 utf8），其中 database_name 是新建的数据库名（注意数据库名不能和已有数据库名重名）。

例如，创建 “个人笔记系统” 数据库 wenote，使用 “create database wenote charset=utf8;” 语句即可。

创建数据库时，如果指定了数据库的字符集，那么，该数据库中的所有数据库表就会默认继承该字符集。

3. 打开数据库

在某个文件夹中新建文件时，通常需要首先打开这个文件夹。同样的，在对某个数据库进行操作时，通常需要首先打开该数据库。使用 SQL 语句 “use database_name;” 即可打开该数据库。

例如，执行 “use wenote;” 命令后，后续的 MySQL 命令默认操作 wenote 数据库中的数据库对象。

4. 删除数据库

使用 SQL 语句 “drop database database_name;” 即可删除名为 database_name 的数据库。

例如，删除 wenote 数据库，使用 SQL 语句 “drop database wenote;” 即可。

删除 wenote 数据库后，保存在该数据库中的数据库对象将全部丢失（慎用该命令！）。

5. if exists 条件运算符

如果 wenote 数据库已经被删除，若再次执行 SQL 语句 “drop database wenote;”，MySQL 将出现 “ERROR 1008 (HY000)” 的错误，提示 “不能删除 wenote 数据库，该数据库不存在”。

在删除数据库语句中，加入 if exists 条件运算符，可以避免上述错误。

例如可以使用下列 SQL 语句删除 wenote 数据库。

```
drop database if exists wenote;
```

同样的道理，创建数据库时，加入 if not exists 条件运算符，可以避免 “ERROR 1007 (HY000)” 错误。

if exists 可以应用于所有 drop 命令中，if not exists 可以应用于所有 create 命令中。

9.5 表结构的管理

MySQL 表结构的管理包括创建表结构前的准备工作、创建表结构、查看表结构以及删除表结构。

9.5.1 创建表结构的准备工作

创建表结构准备工作包括为表选择合适的字符集、为表选择合适的存储引擎、为字段选择合适的数据类型、为字段选择合适的约束条件。

1. 为表选择合适的字符集

个人笔记系统中，笔记标题、笔记内容、评论内容中包含中文字符，支持中文字符的字符集有 GBK 和 UTF-8。由于之前的 JSP 页面、Servlet 程序、甚至 Tomcat 都使用 UTF-8 字符集，因此有必要将个人笔记系统数据库表的字符集设置为 utf8。设置表的字符集的语法格式是：charset=utf8。

创建数据库表时，如果指定了表的字符集，那么，表中的所有字段就会默认继承该字符集，字符集的设置可以细化到表的字段。事实上，默认情况下，字段的字符集继承表的字符集，表的字符集继承数据库的字符集，数据库的字符集继承 MySQL 服务进程的字符集。

2. 为表选择合适的存储引擎

MySQL 提供了插件式（Pluggable）的存储引擎，其中 InnoDB 存储引擎以及 MyISAM 存储引擎最常用。InnoDB 存储引擎的表支持事务处理，且支持外键约束；MyISAM 存储引擎的表对 select 查询语句进行了大量的优化，但不支持事务处理，也不支持外键约束。

由于个人笔记系统的数据库表需要事务处理支持，并且需要使用外键约束，因此，个人笔记系统的数据库表必须选择 InnoDB 存储引擎。设置表的存储引擎的语法格式是：engine=InnoDB。

3. 为字段选择合适的数据类型

个人笔记系统常用的数据类型有以下几类。

（1）char（length）：定长字符串，例如 char(20)，表示 20 个长度的字符串（长度不能超过 255）。

（2）text：变长字符串，通常用于存储长文本数据。

MySQL 的字符串数据需要包括在单引号中。

（3）int：整数，通常用于存储自增型数据，或者能够参与算术运算的整数数据。

（4）timestamp：日期时间，默认格式为'YYYY-MM-DD HH:ii:ss'。从外观上看，MySQL 的日期时间数据需要使用单引号括起来（表示方法与字符串的表示方法相同）。从本质上看，MySQL 日期时间类型的数据是一个数值类型，可以参与简单的加、减运算。从外观上看'2020-04-31 14:31:42'是一个有效的字符串，但却是一个无效的日期时间数据，这是因为 4 月没有 31 日。

4. 为字段选择合适的约束条件

个人笔记系统中，常用的约束条件有以下几类。

（1）非空约束：直接在字段的数据类型后加上 not null，即可设置非空约束。

例如：password char(32) not null。

（2）默认值约束：使用“default 默认值”的格式设置默认值约束。

例如将个人笔记系统笔记表的访问次数的默认值设置为 0。

使用的 MySQL 代码是：visit int not null default 0。

同一个字段允许同时存在多种约束，设置约束时，约束的位置是任意的。

个人笔记系统最为复杂的默认值约束是创建时间字段 createTime。

例如，笔记的创建时间字段的 MySQL 代码如下。

```
createTime timestamp not null default current_timestamp,#创建时间
```

createTime 的数据类型定义为 timestamp，有 not null 约束、默认值约束，且默认值是 MySQL 数据库服务器的当前时间。

（3）主键约束：分如下两种情形。

情形 1：如果一个表的主键是单个字段，直接在该字段的数据类型或者其他约束条件后加上“primary key”关键字，即可将该字段设置为主键。

例如，将用户表的 userName 字段设置为主键，可以使用下面的 SQL 代码片段。

```
userName char(20) not null primary key
```

情形 2：如果一个表的主键是“多个字段”的组合，定义过所有的字段后，使用下面的语法规则将“多个字段”的组合设置为复合主键。例如(字段名 1，字段名 2)是复合主键，对应的 MySQL 代码如下。

```
primary key(字段名1，字段名2)
```

例如，将标签表的(tagName，noteID)字段组合设置为主键，可使用下面的 MySQL 代码。

```
primary key(tagName,noteID)
```

（4）外键约束：所谓外键约束是指，如果表 A 中的一个字段 a 来自表 B 的主键 b，则字段 a 称为表 A 的外键（Foreign Key）。此时存储在表 A 中字段 a 的值，要么是 null，要么来自表 B 主键 b 的值。外键字段所在的表称为子表，主键字段所在的表称为父表。父表与子表通过外键字段建立起了外键约束关系。

以用户表与评论表之间的外键约束关系为例，comment 表的 userName 值要么是 null 值，要么取自 users 表的 userName 值。comment 表的 userName 是外键，参照了 users 表的主键 userName。users 表是父表，comment 表是子表，如图 9-11 所示。

图 9-11　父表与子表

由于 comment 表的 userName 定义了 not null 约束，因此 comment 表的值不能取 null 值，只能取 users 表的 userName 值。

定义外键约束的语法格式如下（其中命名外键约束名时，一般以 fk_开头，或者以_fk 结尾）。

```
constraint 约束名 foreign key(表A字段名或字段名列表) references 表B(字段名或字段名列表)
```

例如，comment 表的 userName 是外键，参照了 users 表的 userName，使用的 MySQL 命令如下。

```
constraint comment_users_fk foreign key (userName) references users(userName)
```

9.5.2 创建表结构的 SQL 语句语法格式

准备工作完成后，就可以使用 create table 语句创建表结构了，语法格式如下。

```
create table 表名(
字段名1 数据类型[约束条件],
字段名2 数据类型[约束条件],
…
[其他约束条件],
[其他约束条件]
)[表的其他选项]
```

说明 1：语法格式中“[ ]”表示可选的。

说明 2：在同一个数据库中，新表名不能和已有表名重名。

创建表时，一般先创建父表，再创建子表，并且子表的外键字段与父表的主键字段的数据类型相同（包括长度）。个人笔记系统各个数据库表之间的“父子”关系如图 9-12 所示。

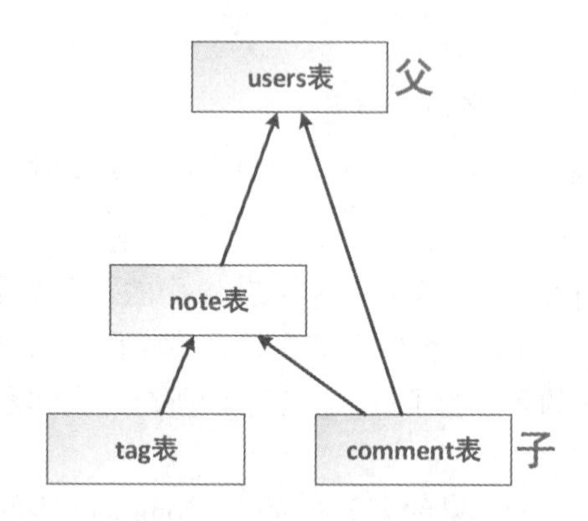

图 9-12 个人笔记系统数据库表之间的“父子”关系

9.5.3 查看表和查看表结构

1. 查看表

使用 MySQL 命令“show tables;”即可查看当前数据库中所有表的表名。

2. 查看表结构

使用 MySQL 命令“describe table_name;”即可查看表名为 table_name 的表结构（describe 也可以简写为 desc）。

使用 MySQL 命令“show create table table_name;”即可查看表名为 table_name 的表更为详细的信息。

9.5.4　删除表结构

使用 drop table table_name 删除表结构。表结构一旦删除，表中的记录也随之删除（慎用该命令!）。

删除表结构时，如果表之间存在外键约束关系，建议先删除子表，再删除父表。

9.5.5　小露身手：创建个人笔记系统的数据库和数据库表

1. 目的

（1）创建个人笔记系统的数据库和数据库表。

（2）掌握数据库的字符集的设置方法。

（3）掌握表的存储引擎和字符集的设置方法。

（4）掌握数据库脚本的创建方法和执行方法。

（5）掌握查看表和查看表结构的方法。

2. 说明

创建表时，先创建父表。

3. 步骤

（1）在 C 盘根目录下，新建 wenote.sql 脚本文件。

（2）使用记事本打开 wenote.sql 脚本文件，输入如下 SQL 代码。

```
drop database if exists wenote;
create database if not exists wenote charset=utf8;
use wenote;
create table users(
userName char(20) not null primary key,
nickname char(10) not null,#昵称
password char(32) not null,
telephone char(11) not null,
photo char(100) not null default 'default.jpg',
isAuthor char(1) not null default 'N',#'Y'表示是作者，'N'表示不是作者
brief char(24) not null,#简介也叫座右铭，不超过 24 个字符
createTime timestamp not null default current_timestamp#创建时间
)engine=InnoDB charset=utf8;

create table note(
noteID int auto_increment primary key,
author char(20) not null,
noteTitle char(100) not null,
noteContent text not null,
visit int not null default 0,#笔记的访问次数，默认值是 0
categoryName char(50) not null,
createTime timestamp not null default current_timestamp,#创建时间
updateTime timestamp null,#修改时间
constraint note_users_fk foreign key (author) references users(userName)
)engine=InnoDB charset=utf8;
```

```
create table tag(
tagName char(50) not null,
noteID int not null,
primary key(tagName,noteID),
constraint tag_note_fk foreign key (noteID) references note(noteID)
)engine=InnoDB charset=utf8;

create table comment(
commentID int auto_increment primary key,
noteID int not null,
userName char(20) not null,
commentTitle char(100) not null,#评论有标题
commentContent text not null,
remoteIP char(50) not null,
createTime timestamp not null default current_timestamp,#创建时间
constraint comment_note_fk foreign key (noteID) references note(noteID),
constraint comment_users_fk foreign key (userName) references users(userName)
)engine=InnoDB charset=utf8;
```

说明 1：MySQL 命令的注释以“#”开头。

说明 2：设计数据库表时，如果向表中添加一个没有任何实际意义的字段作为主键，该主键的值通常由系统生成（而不是手动录入）。auto_increment 的字段表示自增型整数，字段的值由 MySQL 自动生成。当向自增型整数字段插入一个 null 值时，该字段值会被自动设置为比上一次插入值更大的值。如果新增加的记录是表中的第一条记录，则该值为 1。

说明 3：建议将自增型整数字段设置为主键，否则创建数据库表将会失败，并提示如下错误信息。

```
ERROR 1075 (42000): Incorrect table definition; there can be only one auto column and it must be defined as a key
```

（3）保存 wenote.sql 脚本文件，关闭。

（4）启动 MySQL 服务。

（5）打开 MySQL 命令行窗口，输入 root 账户的密码，连接 MySQL 服务进程。

（6）在 MySQL 命令行窗口输入如下命令，执行 wenote.sql 脚本文件中的 SQL 语句。

```
\.c:/wenote.sql
```

或者如下命令。

```
source c:/wenote.sql
```

（7）输入下列 SQL 语句，查看当前数据库中的所有表。

```
use wenote;
show tables;
```

（8）输入下列 SQL 语句，查看表结构。

```
use wenote;
desc users;
show create table users;
```

9.6 表记录的更新

使用 create table 命令创建的表结构，只是定义了一个“躯体”，只有向“躯体”中注入“血

肉”（记录），这个表才更具意义。表记录的管理包括表记录的“增、删、改、查”，其中“增、删、改”统称为表记录的更新操作，更新操作的执行结果是“受影响记录的条数”；“查”称为表记录的查询操作或者检索操作，查询操作的执行结果是结果集。

9.6.1　添加表记录

使用 insert 语句向数据库表添加记录，语法格式如下。

```
insert into 表名 [([字段列表])]  values(值列表)
```

说明 1：[字段列表]是可选项，字段列表由若干个要插入数据的字段名组成，字段之间使用英文单引号隔开。若省略了“[字段列表]”，则表示需要为表的所有字段插入数据。

说明 2：“(值列表)”是必选项，值列表给出了待插入的若干个字段值，字段值之间使用英文单引号隔开，并与字段列表形成一一对应关系。

注意 1：向 char、varchar、text 以及日期类型的字段插入数据时，字段值要放在英文单引号内。

注意 2：向自增型 auto_increment 字段插入数据时，建议插入 null 值，此时将向自增型字段插入下一个编号。

注意 3：向默认值约束字段插入数据时，字段值可以使用 default 关键字，表示插入的是该字段的默认值。

注意 4：插入新记录时，需要注意表之间的外键约束关系，原则上先给父表插入数据，然后再给子表插入数据。

9.6.2　修改表记录

使用 insert 语句向数据库表插入记录后，如果某些字段的字段值需要改变，此时需要使用 update 语句。update 语句的语法格式如下。

```
update 表名
set 字段名 1=修改后值 1, 字段名 2=修改后值 2,…,字段名 n=修改后值 n
[where 条件表达式]
```

说明 1：where 子句指定了表中的哪些记录需要修改。若省略了 where 子句，则表示修改表中的所有记录。

说明 2：set 子句指定了要修改的字段和该字段修改后的值。

9.6.3　删除表记录

使用 delete 语句删除表记录。delete 语句的语法格式如下。

```
delete  from 表名 [where 条件表达式]
```

如果没有指定 where 子句，那么该表的所有记录都将被删除，但表结构依然存在。

9.6.4　检索表的所有记录

使用 select 语句可以检索某个表的所有记录（所有字段），语法格式如下。

```
select * from table_name;
```

9.6.5 小露身手：向个人笔记系统的数据库添加测试数据

1. 目的

使用 insert、update、delete 语句更新数据库表中的记录。

2. 说明

添加、修改、删除表记录时，不能违反表之间的外键约束条件。

3. 步骤

（1）重新打开 C 盘根目录下的 wenote.sql 脚本文件，在文件末尾添加如下 SQL 语句。

```
insert into users values('administrator','笔记作者',md5(md5('administrator')),
'00000000001',default,'Y','简单就是美 LESS IS MORE',null);
insert into users values('failure','不放弃',md5(md5('failure')),'00000000002',
default,'N','接受失败，但不选择放弃。',null);
insert into users values('success','多努力',md5(md5('success')),'00000000003',
default,'N','多一点努力，多一点成功。',null);

insert into note values(null,'administrator','administrator 笔记标题 1','administrator
笔记内容 1',default,'笔记类别 1',null,null);
insert into note values(null,'administrator','administrator 笔记标题 2','administrator
笔记内容 2',default,'笔记类别 1',null,null);
insert into note values(null,'administrator','administrator 笔记标题 3','administrator
笔记内容 3',default,'笔记类别 2',null,null);

insert into tag values('笔记标签 1',1);
insert into tag values('笔记标签 1',2);
insert into tag values('笔记标签 1',3);
insert into tag values('笔记标签 2',1);
insert into tag values('笔记标签 2',2);
insert into tag values('笔记标签 2',3);
insert into tag values('笔记标签 3',1);
insert into tag values('笔记标签 3',2);
insert into tag values('笔记标签 3',3);

insert into comment values(null,1,'failure','failure 评论标题 1','failure 评论内容 1',
'127.0.0.1',null);
insert into comment values(null,2,'failure','failure 评论标题 2','failure 评论内容 2',
'127.0.0.1',null);
insert into comment values(null,3,'failure','failure 评论标题 3','failure 评论内容 3',
'127.0.0.1',null);
insert into comment values(null,1,'success','success 评论标题 4','success 评论内容 4',
'127.0.0.1',null);
insert into comment values(null,2,'success','success 评论标题 5','success 评论内容 5',
'127.0.0.1',null);
insert into comment values(null,3,'success','success 评论标题 6','success 评论内容 6',
'127.0.0.1',null);

select * from users;
select * from note;
select * from comment;

#修改笔记的浏览次数
```

```
select * from note;
update note set visit=visit+1 where noteID=1;
select * from note;
```

说明 1：md5(str)是 MySQL 的内置函数，负责将字符串 str 加密成一个 32 位的加密字符串。md5(md5('administrator'))则是对字符串 administrator 进行了两次 md5 加密。

说明 2：上述 SQL 语句中，update 语句负责将 noteID=1 的笔记的访问次数增加 1 次。

（2）启动 MySQL 服务。

（3）打开 MySQL 命令行窗口，输入 root 账户的密码，连接 MySQL 服务进程。

（4）在 MySQL 命令行窗口输入如下命令，重新执行 wenote.sql 脚本文件中的 SQL 语句。

```
\. c:/wenote.sql
```

或者如下代码。

```
source c:/wenote.sql
```

9.6.6　小露身手：更新表记录时，不能违反表之间的外键约束条件

1. 目的

添加、修改、删除表记录时，不能违反表之间的外键约束条件。

2. 步骤

（1）打开 MySQL 命令行窗口，输入 root 账户的密码，连接 MySQL 服务进程。

（2）在 MySQL 命令行窗口输入如下命令，添加测试数据。

```
#删除某篇笔记前，首先删除该笔记的所有评论和所有笔记标签
insert into note values(10,'administrator','administrator 笔记标题 10','administrator 笔记内容 10',default,'笔记类别 2',null,null);
insert into tag values('笔记标签 1',10);
insert into comment values(100,10,'failure','failure 评论标题 100','failure 评论内容 100','127.0.0.1',null);
```

向笔记表添加一篇笔记（noteID=10），向标签表添加该笔记的标签信息，向评论表添加该笔记的评论信息。

（3）执行下列 MySQL 命令，删除（noteID=10）的笔记，执行结果如图 9-13 所示。

```
delete from note where noteID=10;#删除失败
```

```
mysql> delete from note where noteID=10;#删除失败
ERROR 1451 (23000): Cannot delete or update a parent row: a foreign key
straint fails (`wenote`.`comment`, CONSTRAINT `comment_note_fk` FOREIGN
(`noteID`) REFERENCES `note` (`noteID`))
```

图 9-13　外键约束的原因，删除失败

由于外键约束的原因，直接删除笔记将出错。删除笔记的正确步骤是，首先删除该笔记的所有评论和所有标签，再删除该笔记（切记：先删除子表记录，再删除父表记录）。

（4）执行下列 MySQL 命令，重新删除（noteID=10）的笔记。

```
delete from tag where noteID=10;
delete from comment where noteID=10;
delete from note where noteID=10;
```

9.7 表记录的检索

数据库操作使用频率最高的 SQL 语句是 select 语句。select 语句的语法格式如下。

```
select 字段列表
from 数据源
[ where 条件表达式]
[ group by 分组字段]
[ order by 排序字段[ asc | desc ] ]
```

说明 1：字段列表用于指定检索的字段。

说明 2：from 子句用于指定检索的数据源（通常是表）。

说明 3：where 子句用于指定记录的过滤条件。

说明 4：group by 子句将记录按照某个字段进行分组。

说明 5：order by 子句对检索的记录按照某个字段的升序（或者降序）进行排序处理，默认为升序（asc）。

9.7.1 使用 select 子句指定字段列表

字段列表跟在 select 后，用于指定查询结果集中需要显示的列，可以使用几种方式指定字段列表，如表 9-1 所示。

表 9-1 使用 select 子句指定字段列表

方式	说明
*	字段列表为数据源的全部字段
表名.*	多表查询时，指定某个表的全部字段
字段列表	指定需要显示的若干个字段

说明 1：字段列表可以包含字段名，也可以包含表达式，字段名之间使用逗号分隔，并且顺序可以根据需要任意指定。

说明 2：多表查询时，同名字段前必须添加表名，中间使用“.”分隔。

注意

select 语句的执行结果是结果集，结果集也是一个二维表。默认情况下，“结果集中的列名”就是字段列表中的字段名或者表达式名。可以重新命名“结果集的列名”，方法是：字段名与别名之间使用 as 关键字隔开即可（as 关键字可以省略）。

9.7.2 distinct 和 limit

1. 使用 distinct 过滤结果集中的重复记录

select 的查询结果集允许出现重复的“记录”。使用谓词关键字 distinct，可以过滤结果集中重复的记录，语法格式如下。

```
distinct 字段名
```

2. 使用 limit 查询某几行记录

使用 select 语句时，经常需要返回前几条或者中间某几条记录，可以使用谓词关键字 limit 实现。语法格式如下。

```
select 字段列表
from 数据源
limit [start,]length;
```

limit 接受一个或两个整数类型参数。start 表示从第几行记录开始检索，length 表示检索多少行记录。表中第一行记录的 start 值为 0（不是 1）。

9.7.3　表和表之间的连接

为了避免冗余，表结构的设计过程通常是将一张“大表”拆分成若干张“小表”的过程。使用 select 检索数据时，往往需要将若干张“小表”“缝补”成一张“大表”。在 from 子句中使用连接（join）运算，可将多张“小表”按照某种连接条件“缝补”在一起。

表和表之间的连接分为内连接和外连接，其中内连接最常用（个人笔记系统主要使用内连接，限于篇幅，本书不讨论外连接的使用）。内连接将两个表中满足指定连接条件的记录连接成新的结果集，并舍弃所有不满足连接条件的记录。

内连接的语法格式如下（inner 关键字可以省略）。

```
from 表1 [inner] join 表2 on 表1和表2之间的连接条件
```

如果表 1 与表 2 存在相同意义的字段，则可以通过该字段连接这两张表。为了便于描述，可将该字段称为表 1 与表 2 之间的“连接字段”。

如果在表 1 与表 2 中连接字段同名，则需要在连接字段前冠以表名前缀，以便指明该字段属于哪个表。

9.7.4　使用 where 子句过滤结果集

使用 where 子句可以设置结果集的过滤条件，对查询结果进行过滤筛选，where 子句的语法格式比较简单，具体如下。

```
where 条件表达式
```

其中，条件表达式是一个布尔表达式，满足“布尔表达式为真”的记录将被包含在 select 结果集中。条件表达式通常由比较运算符构成；逻辑运算符（与、或、非）可将多个条件表达式连接在一起，形成一个条件表达式。

1．比较运算符

单一的过滤条件可以使用下面的条件表达式表示。

```
表达式1 比较运算符 表达式2
```

“表达式 1”和“表达式 2”可以是一个字段名、常量、变量或函数。

（1）算术比较运算符。

常用的算术比较运算符有等于（=）、大于（>）、大于等于（>=）、小于（<）、小于等于（<=）、不等于（<>）、不等于（!=）、不小于（!<）、不大于（!>）等。

（2）is null 运算符。

is null 用于判断表达式的值是否为空值 null（is not null 的功能则恰恰相反），is null 的语法格式如下。

```
表达式 is [ not ] null
```

注意 与 null 比较时，必须使用 is 运算符（或者 is not 运算符），因为 null 是一个不确定的数。任何数如果使用“=”“! =”等比较运算符与 null 进行比较，结果依然为 null。

（3）集合运算符：in。

in 运算符用于判断一个表达式的值是否位于一个离散的数学集合内，in 的语法格式如下。

```
表达式 [not] in 数学集合
```

离散的数值类型的数，或者若干个字符串，或者 select 语句的查询结果集（单个字段）都可以构成一个数学集合。如果表达式的值包含在数学集合中，则整个逻辑表达式的结果为 true。not in 的功能则恰恰相反。

（4）模糊查询运算符：like。

like 运算符用于判断一个字符串是否与给定的模式相匹配。模式是一种特殊的字符串，特殊之处在于它不仅包含普通字符，还包含通配符。在实际应用中，如果不能对字符串进行精确查询，可以使用 like 运算符与通配符实现模糊查询，like 运算符的语法格式如下。

```
字符串表达式 [ not ] like 模式
```

字符串表达式中，符合模式匹配的记录将包含在结果集中，not like 的功能则恰恰相反。

模式是一个字符串，其中包含普通字符和通配符。MySQL 中常用的通配符如下所示。

- %：表示匹配零个或多个字符组成的任意字符串。
- _（下划线）：表示匹配任意一个字符。

2. 逻辑运算符

逻辑运算符负责将多个条件表达式组合起来，形成一个条件表达式。

（1）!逻辑运算符。

使用!逻辑运算符操作条件表达式时，若条件表达式的值为 true，则整个逻辑表达式的结果为 false，反之亦然。!逻辑运算符的语法格式如下。

!条件表达式

（2）and 逻辑运算符。

使用 and 逻辑运算符连接两个条件表达式，只有当两个条件表达式的值都为 true 时，整个逻辑表达式的结果才为 true。and 逻辑运算符的语法格式如下。

```
条件表达式 1 and 条件表达式 2
```

（3）or 逻辑运算符。

使用 or 逻辑运算符连接两个条件表达式，只有当两个条件表达式的值都为 false 时，整个逻辑表达式的结果才为 false。or 逻辑运算符的语法格式如下。

```
条件表达式 1 or 条件表达式 2
```

（4）between…and…运算符。

between…and…运算符用于判断一个表达式的值是否位于指定的取值范围内，between…and…的语法格式如下。

```
表达式 [not] between 起始值 and 终止值
```

如果表达式的值介于起始值与终止值之间（即表达式的值≥起始值且表达式的值≤终止值），则整个逻辑表达式的值为 true。not between…and…的功能则恰恰相反。

9.7.5　使用 order by 对结果集排序

select 语句的查询结果集的顺序由数据库管理系统动态确定，往往是无序的。order by 子句可以使结果集中的记录按照一个或多个字段的值进行排序，排序的方向可以是升序（asc）或降序（desc），默认是升序（asc）。order by 子句的语法格式如下。

```
order by 字段名1 [asc|desc] [… ,字段名n [asc|desc] ]
```

在 order by 子句中，可以指定多个字段作为排序的关键字，其中第一个字段为排序主关键字，第二个字段为排序次关键字，以此类推。排序时，首先按照主关键字的值进行排序，主关键字的值相同的，再按照次关键字的值进行排序，以此类推。

排序时，MySQL 总是将 null 当作“最小值”处理。

9.7.6　使用聚合函数汇总结果集

聚合函数用于对一组值进行计算并返回一个汇总值，常用的聚合函数有累加求和（sum()）函数、平均值（avg()）函数、统计记录的行数（count()）函数、最大值（max()）函数和最小值（min()）函数等，具体说明如下。

（1）sum()函数用于对数值类型字段的值累加求和。

（2）avg()函数用于对数值类型字段的值求平均值。

（3）count()函数用于统计结果集中记录的行数。

（4）max()与 min()函数用于统计数值类型字段值的最大值与最小值。

9.7.7　使用 group by 子句对记录分组统计

group by 子句将查询结果按照某个字段（或多个字段）进行分组（字段值相同的记录作为一个分组），group by 子句与聚合函数一起使用才更具意义。group by 子句的语法格式如下。

```
group by 字段列表
```

9.7.8　小露身手：个人笔记系统的综合查询

1. 目的

（1）熟练掌握 select 语句的 where、group by、order by 子句的用法。

（2）使用 select 语句完成“个人笔记系统”中简单的数据统计。

2. 步骤

（1）重新打开 C 盘根目录下的 wenote.sql 脚本文件，在文件末尾添加如下 select 语句。

```
#按照用户名，查询用户（判断用户名是否可用）
select * from users where userName='failure';
#按照用户名和密码，查询用户（判断用户能否成功登录）
select * from users where userName='failure' and password=md5(md5('failure'));
#按照笔记的 ID，查询笔记详细信息
```

```
select * from note where noteID=1;
#按照笔记的 ID，查询笔记的所有标签名
select tagName from tag where noteID=1;
#查询所有类别名称（过滤重复的名称）
select distinct categoryName from note;
#查询所有标签名称（过滤重复的名称）
select distinct tagName from tag;
#按照笔记发表时间的降序，查询所有笔记
select * from note order by createTime desc;

#查询某篇笔记的下一篇笔记
select * from note where noteID>2 limit 1;
#查询某篇笔记的上一篇笔记
select * from note where noteID<2 limit 1;
#查询某个用户发布的评论
select * from comment where userName='failure' order by createTime desc;
#模糊查询
select * from note where noteTitle like '%笔记%' or noteContent like '%笔记%' order by
createTime desc;

#查询所有笔记类别及类别对应的笔记篇数
select categoryName,count(*) as num from note group by categoryName;
#查询所有笔记标签及标签对应的笔记篇数
select tagName,count(*) num from tag join note on tag.noteID=note.noteID group by
tagName;

#按照笔记 ID，查询笔记的评论信息以及发布评论的用户信息
select commentID,commentTitle,commentContent,comment.createTime createTime,
remoteIP,noteID,comment.userName userName,nickName,photo,brief
from comment join users on comment.userName=users.userName
where noteID=1 order by createTime desc;

#根据类别名称，查询该类别的所有笔记
select * from note where categoryName='笔记类别 2' order by createTime desc;
#根据标签名称，查询该标签的所有笔记
select note.noteID,author,noteTitle,noteContent,visit,categoryName,
createTime,updateTime from note join tag on tag.noteID=note.noteID
where tagName='笔记标签 1' order by createTime desc;
```

（2）启动 MySQL 服务。

（3）打开 MySQL 命令行窗口，输入 root 账户的密码，连接 MySQL 服务进程。

（4）在 MySQL 命令行窗口输入如下命令，重新执行 wenote.sql 脚本文件中的 SQL 语句。

```
\. c:/wenote.sql
```

或者如下代码。

```
source c:/wenote.sql
```

实践任务　个人笔记系统的数据库设计及实现

1. 目的

参考本章每个小露身手的目的。

2. 环境

MySQL 版本：5.6.5-m8。

任务 1　小露身手：创建个人笔记系统的数据库和数据库表（详细步骤请参考 9.5.5 节的内容）。

任务 2　小露身手：向个人笔记系统的数据库添加测试数据（详细步骤请参考 9.6.5 节的内容）。

任务 3　小露身手：更新表记录时，不能违反表之间的外键约束条件（详细步骤请参考 9.6.6 节的内容）。

任务 4　小露身手：个人笔记系统的综合查询（详细步骤请参考 9.7.8 节的内容）。

第 10 章 MySQL 事务机制和 JDBC 的使用

本章讲解 MySQL 事务机制和 JDBC 在个人笔记系统数据库中的应用，本章借助 ThreadLocal 实现个人笔记系统数据库连接对象的共享，借助过滤器实现数据库连接对象的管理和事务的管理。通过本章的学习，读者将掌握 JDBC 的使用，并深刻认识事务管理的重要性。

10.1 MySQL 事务机制

MySQL 常用的存储引擎是 MyISAM 和 InnoDB，InnoDB 存储引擎的表支持事务机制，但是 MyISAM 存储引擎的表不支持事务机制。

10.1.1 个人笔记系统中事务机制的必要性

以个人笔记系统的发布笔记业务为例，发布一篇笔记，需要向笔记表添加笔记记录，同时，也可能需要向标签表中添加标签记录。假设，发布一篇笔记时，该笔记需要新增一个标签，那么发布笔记业务对应如下的两条 insert 语句。

第 1 条：insert into note values(新增笔记)

第 2 条：insert into tag values(新增标签)

上述两条 insert 语句共同组成了发布笔记业务。这两条 insert 语句是一个不可分割的逻辑工作单元，要么全部都执行，要么全部都不执行，这样才能保证发布笔记业务的“完整性”，否则将出现数据不一致问题。比如，笔记添加成功了，但是笔记的标签却没有添加成功；或者笔记的标签添加成功了，但是笔记却没有添加成功。

为了避免上述问题的发生，MySQL 中引入“事务”的概念，将同一个业务中的多条更新语句封装成一个“原子性”操作。个人笔记系统中，发布笔记业务需要事务支持，而 MySQL 的 InnoDB 存储引擎支持事务机制，这就是个人笔记系统的数据库表必须选用 InnoDB 存储引擎的原因。

说明 1：本书使用“原子性”描述事务；使用“完整性”描述业务。

说明 2：原子性是指一个事务通常包含多个更新语句，如果事务成功执行，那么事务中所有的更新语句都会成功执行；如果事务中某个更新语句执行失败，那么事务中的成功执行的更新语句均被撤销。简而言之：事务中的更新语句要么都执行，要么都不执行。

说明 3：事务机制中的更新语句主要是指 update、insert 和 delete 语句，不包括 create、alter 和 drop 语句。

10.1.2　事务机制中同一个数据库连接的必要性

对于上述发布笔记业务，能不能采取图 10-1 所示的步骤，在数据库连接 1 上执行第 1 条 insert 语句，在数据库连接 2 上执行第 2 条 insert 语句，实现发布笔记业务？

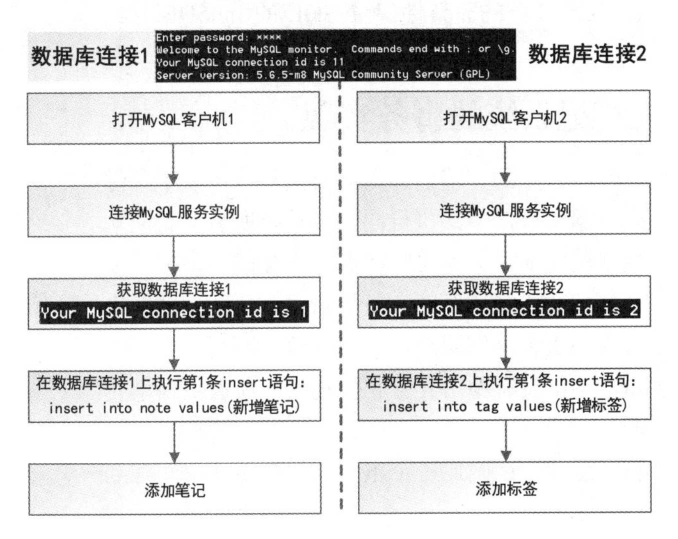

图 10-1　在两个数据库连接上，执行两条 insert 语句

答案是：不能。如果在两个数据库连接上执行上述两条 insert 语句，不能保证发布笔记业务的“完整性”。

这是因为：两个数据库连接，就像是两个单独的战场，两个战场对彼此的胜利或者失败互不知情。也可以这样理解：任意一个数据库连接上的 insert 语句执行失败，不会影响另外一个数据库连接上 insert 语句的成功执行。而这样的结果打破了两条 insert 语句的“原子性”。

结论 1：同一个业务中，如果存在多条更新语句，只有实现了“多条更新语句的原子性”，才能实现业务的“完整性”。

结论 2：若要实现“多条更新语句的原子性”，这些更新语句必须在同一个数据库连接上执行。

结论 3：实现“多条更新语句的原子性”的前提条件是，参与“原子性”的多条更新语句须在同一个数据库连接上执行。

10.1.3　事务机制中关闭数据库连接自动提交模式的必要性

如图 10-2 所示，在同一个数据库连接上执行上述两条 insert 语句，是不是就可以保证两条 insert 语句的“原子性”？

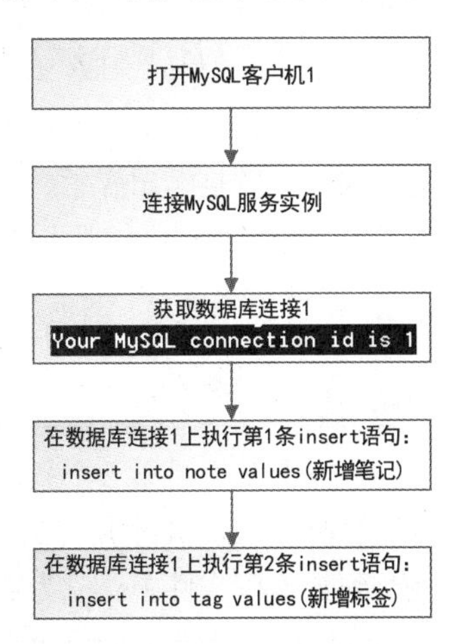

图 10-2　在同一个数据库连接上，执行两条 insert 语句

真实情况是：每个数据库连接，默认开启了自动提交模式（auto_increment）。这就意味着：上述两条 insert 语句中的任何一条语句，一旦发送到 MySQL 服务器，MySQL 会立即解析、执行，并将更新结果提交到数据库文件中，成为数据库永久的组成部分，并且不可撤销。

也就是说，即便两条 insert 语句在同一个数据库连接上执行，但是默认情况下，两条 insert 语句相互独立，执行结果互不干扰。两条 insert 语句中，如果其中任意一条 insert 语句执行失败，不会影响另外一条 insert 语句的成功执行。因此，即便两条 insert 语句放在同一个数据库连接上执行，它们也不能实现同一个业务“多条更新语句的原子性”。

必须设法关闭数据库连接的自动提交模式，才能将多条更新语句绑定在一起，实现“多条更新语句的原子性”，最终实现业务的完整性。MySQL 的 InnoDB 存储引擎，支持关闭数据库连接的自动提交模式。

10.1.4 个人笔记系统的事务实现

为了使用事务机制实现业务的完整性，需同时满足以下 4 个条件。

（1）必须在同一个数据库连接中，执行同一事务的所有更新语句。

（2）执行第一条更新语句前，必须关闭数据库连接的自动提交模式。

（3）实现一套异常处理的机制。任何一条更新语句执行失败抛出异常后，退出后续更新语句的执行；将已经成功执行的更新语句回滚（rollback）。

（4）如果所有更新语句都没有抛出异常，手动提交所有更新语句。

这 4 个条件的说明如下。

第 1 个条件旨在物理层次上，确保一个事务的多条更新语句在同一个“战场”上执行，防止各更新语句“各自为战”。

事务机制是基于同一个数据库连接的，实现事务的前提条件就是，同一个事务的所有更新语句，必须在同一个数据库连接上执行。

第 2 个条件旨在物理层次上，确保同一个“战场”上的多条更新语句相互依存、相互关联。

关闭了数据库连接的自动提交模式，意味着开启了事务。

数据库连接的自动提交模式一旦关闭，开发人员必须“手动回滚”（情形 1）或者“手动提交”（情形 2），否则“更新语句”永远不会提交到数据库文件中，不会成为数据库永久的组成部分。

第 3 个条件是第 2 个条件的后续操作（情形 1）。假设第 1 条 insert 语句成功执行，第 2 条 insert 语句执行失败且抛出异常，编写异常处理程序：退出后续操作，并执行 rollback（回滚）操作，撤销第 1 条 insert 语句所做的更改。保证事务的原子性、业务的完整性。

只要有某一条更新语句出错，就应该退出后续更新语句的执行，并回滚所有已经“成功”执行的更新语句，保证事务的原子性、业务的完整性。

第 4 个条件是第 2 个条件的后续操作（情形 2）。假设两条 insert 语句都成功执行（异常处理程序没有被触发执行），程序将按预订步骤执行到 commit 语句。commit 语句将“两条更新语句”提交到数据库文件中，成为数据库永久的组成部分。

所有更新语句成功执行后，程序必须执行 commit 语句，才能将“更新”提交到数据库文件中，成为数据库永久的组成部分。

第 2 个条件表示事务的开启；第 3 个、第 4 个条件才意味着事务的结束。第 2 个条件和第 3 个、第 4 个条件相辅相成、不可分割、缺一不可。并且，这 3 个条件必须在同一个数据库连接上执行。

如果读者想了解更多 MySQL 事务机制、锁机制以及 MySQL 异常处理机制的相关知识，可参考相关资料。

10.2　JDBC 概述

JDBC，全称为 Java Database Connectivity，译作 Java 数据库连接。JDBC 定义了 Java 程序访问关系数据库的接口。JDBC 项目由 SUN 公司于 1996 年 1 月启动。发布 JDBC 前，SUN 公司寻求各大数据库厂商的意见，以确保 JDBC 在发布时能够被各大数据库厂商支持。1997 年，JDBC 1.0 随 JDK 1.1 一起发布。

SUN 公司发布的 JDK 仅包含了 Java 程序访问关系数据库的接口，各大数据库厂商根据各自数据库的特点提供了 JDBC 的实现类。例如 IBM 公司提供了 DB2 数据库的 JDBC 接口实现类；微软公司提供了 SQL Server 数据库的 JDBC 接口实现类；Oracle 公司提供了 Oracle 数据库的 JDBC 接口实现类；MySQL AB 公司提供了 MySQL 数据库的 JDBC 接口实现类。这些接口实现类有时称为“数据库驱动程序”。

10.2.1　Java 程序通过 JDBC 访问数据库的步骤

Java 程序通过 JDBC 访问数据库的步骤如图 10-3 所示，具体包括部署数据库驱动程序，加载数据库驱动程序，创建数据库连接对象 con，[关闭 con 对象的自动提交模式]，使用 con 对象准备预处理 SQL 语句，[初始化预处理 SQL 语句的参数]，执行预处理 SQL 语句并获取执行结果，[遍历结果集]，[结束事务的情形 1：提交事务]，捕获异常，[结束事务的情形 2：回滚事务]，关闭结果集、预处理 SQL 语句、con 对象等资源。

说明 1：对于一个 Web 项目而言，数据库驱动程序只需部署一次。

说明 2：数据库驱动程序需要加载到 Java 虚拟机（Java Virtual Machine，JVM）中，对于一个已经启动的 Web 项目而言，数据库驱动程序只需加载一次。

说明 3：方括号包含的步骤表示可选步骤，阴影表示的步骤是事务相关的步骤。

说明 4：一个 con 对象可以准备多个预处理 SQL 语句，如同在同一个 MySQL 客户机上

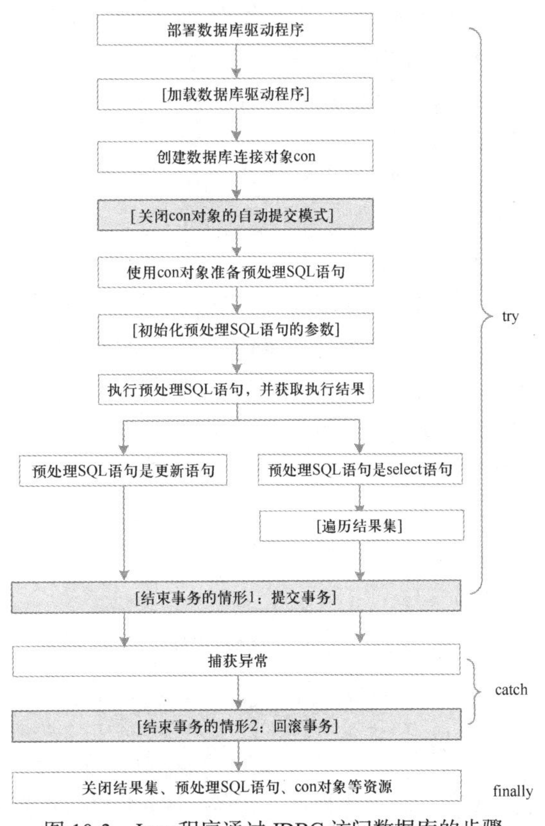

图 10-3　Java 程序通过 JDBC 访问数据库的步骤

可以执行多条 MySQL 命令。

说明 5：如果某个业务需要执行多条更新语句，为保证业务的完整性，可将这些更新语句封装在一个事务中。

说明 6：JDBC 和 MySQL 事务机制之间的关系。JDBC 不仅提供了访问数据库的接口，而且提供了操作数据库事务的接口。然而事务机制是数据库特有的专业功能，JDBC 若要进行事务操作，必须有底层数据库的支持。如果底层数据库不支持事务，通过 JDBC 无法完成事务操作。例如，MyISAM 存储引擎的表并不支持事务，通过 JDBC 将无法完成对 MyISAM 存储引擎表的事务操作。

10.2.2 部署数据库驱动程序

不同的数据库管理系统，对应的数据库驱动程序也不相同。使用 JDBC 前，需要提前下载数据库驱动程序，并将数据库驱动程序部署到 Web 项目中。

以 MySQL 为例，为了让 Java 程序能够访问 MySQL 数据库，需要从 MySQL 的官网下载 MySQL 数据库驱动程序，目前，最新版本是 mysql-connector-java-8.0.17，本书前言提供了该版本驱动程序的下载地址。

下载后，将其解压缩的 mysql-connector-java-8.0.17.jar 复制到 Web 项目的 lib 目录下，即可完成 MySQL 数据库驱动程序的部署。

10.2.3 加载数据库驱动程序

JDBC 要求每个数据库驱动程序都必须实现 Driver 接口，它定义了加载数据库驱动程序的入口，MySQL 数据库驱动程序中的实现类 com.mysql.cj.jdbc.Driver 实现了该接口。Java 程序加载 MySQL 数据库驱动程序的代码片段如下。

```
try {
    Class.forName("com.mysql.cj.jdbc.Driver");
} catch (ClassNotFoundException e) {
    e.printStackTrace();
}
```

说明 1：如果没有部署数据库驱动程序，上述代码片段将抛出 ClassNotFoundException 异常。

说明 2：Class.forName("Driver 接口的实现类")的主要功能是，首先查找 JVM 中驱动程序管理类 DriverManager 上是否注册了数据库驱动程序，如果能够查找到，则直接使用；如果没有查找到，则加载 Driver 接口的实现类，将 MySQL 数据库驱动程序注册到 JVM 中的驱动程序管理类 DriverManager 上。这样做的好处在于：保证了 JVM 中的 MySQL 数据库驱动程序只有一个，避免了重复加载。

说明 3：Java 程序可以使用下面的代码片段，输出注册到当前 JVM 中 DriverManager 的所有 JDBC 驱动程序。

```
java.util.Enumeration<java.sql.Driver> en = DriverManager.getDrivers();
    while(en.hasMoreElements()){
    java.sql.Driver driver = en.nextElement();
    System.out.println(driver.toString());
}
```

说明 4：从 JDK 1.6 开始，Java 程序不再需要显式地使用 Class.forName("Driver 接口的实现类")加载数据库驱动程序了。JVM 中驱动程序管理类 DriverManager 能够自动地承担这项任务（在

DriverManager 载入 JVM 时会自动加载驱动程序）。

说明 5：如果 Web 项目抛出“java.sql.SQLException: No suitable driver found”异常，则表示 DriverManager 未找到 JDBC 驱动程序。解决该问题的最简单方法是：将 MySQL 数据库驱动程序的 JAR 包复制到 Tomcat 的 lib 目录下。

10.2.4 创建数据库连接对象 con

将 MySQL 数据库驱动程序注册到 JVM 中的驱动程序管理类 DriverManager 后，Java 程序就可以借助 DriverManager 创建数据库连接。只有创建了数据库连接，Java 程序才能通过它将 SQL 语句发送到数据库服务器，SQL 语句才能被数据库服务器解析、执行。

Java 程序必须向 DriverManager 提供正确的数据库 URL、正确的数据库账号和密码，DriverManager 才能创建数据库的连接。数据库 URL 的格式大致如下。DriverManager 通过数据库 URL 中指定的子协议，匹配对应的数据库驱动程序，继而连接数据库，创建数据库连接。

```
jdbc:<子协议>:<域名:端口号> <数据库名?连接参数>
```

如果 MySQL 和 Web 服务器在同一台主机上，数据库 URL 的格式如下所示。

```
jdbc:mysql://localhost:3306/wenote?autoReconnect=true&serverTimezone=Asia/Shanghai
&characterEncoding=UTF-8
```

说明 1：MySQL 启动后，默认占用 3306 端口对外提供服务，数据库 URL 中的端口号 3306 可以省略。

说明 2：wenote 是第 9 章创建的个人笔记系统的数据库。

说明 3：对于数据库服务器而言，数据库连接是一个非常宝贵的资源。默认情况下，如果某个数据库连接闲置了 8 个小时没有进行任何数据库操作，MySQL 会自动断开连接。连接参数 autoReconnect=true 用于指定：数据库连接超过闲置时间后，DriverManager 会自动连接数据库服务器，无须重启 Web 服务器。

说明 4：连接数据库时，需指定数据库服务器的时区。连接参数 serverTimezone=Asia/Shanghai 用于指定数据库服务器的时区是中国标准时间（UTC 时间+8h）

说明 5：为了避免乱码问题，连接数据库时，建议指定数据库连接字符集。连接参数 character-Encoding=UTF-8 用于指定：将数据库连接字符集设置为 UTF-8。该配置参数等效于连接数据库时，执行了 MySQL 命令“set names utf8”。

通过 DriverManager 获取 MySQL 数据库连接对象，常用的代码片段如下所示。

```
Connection con = null;
String url = 
"jdbc:mysql://localhost/wenote?autoReconnect=true&serverTimezone=Asia/Shanghai&cha-
racterEncoding=UTF-8";
String userName = "root";
String password = "root";
try {
    con = DriverManager.getConnection(url,userName, password);
    System.out.println(con);
} catch (SQLException e) {
    e.printStackTrace();
}
```

说明 1：连接数据库时，需要指定数据库 URL、数据库账户名、密码，以及其他参数信息。

说明 2：连接数据库时，如果数据库 URL 不正确，或者数据库账户名、密码不正确，上述代码片段将抛出 SQLException 异常。

说明 3：连接数据库时，如果数据库服务器没有启动，上述代码片段将抛出 SQLNonTransient ConnectionException 异常，该异常继承了 SQLException 异常。

10.2.5 关闭 con 对象的自动提交模式

如果在同一个数据库连接对象中，需要执行多个更新语句，并且这些更新语句是不可分割的整体，此时需要关闭数据库连接对象的自动提交模式（开启事务）。常用的代码片段如下所示。

```
try {
    con.setAutoCommit(false);
} catch (SQLException e) {
    e.printStackTrace();
}
```

说明 1：如果 con 对象被关闭，执行上述代码片段时，将抛出 SQLException 异常。

说明 2：关闭 con 对象的自动提交模式意味着开启事务。

10.2.6 使用 con 对象准备预处理 SQL 语句

con 对象提供了准备预处理 SQL 语句的方法。所谓预处理 SQL 语句，是指参数化的 SQL 语句，参数的值使用“？”占位符代替。

例如，下面的代码片段准备了“判断用户名是否已经存在”的预处理 SQL 语句。

```
String sql = "select * from users where userName=?";
java.sql.PreparedStatement ps = null;
try {
    ps = con.prepareStatement(sql);
    System.out.println(ps);
} catch (SQLException e) {
    e.printStackTrace();
}
```

说明 1：如果 con 对象被关闭，执行上述代码片段时，将抛出 SQLException 异常。

说明 2：如果预处理 SQL 语句存在“？”占位符，预处理 SQL 语句的“？”占位符被初始化后，预处理 SQL 语句才能执行。

10.2.7 初始化预处理 SQL 语句的参数

如果预处理 SQL 语句存在“？”占位符，执行预处理 SQL 语句前，需要初始化预处理 SQL 语句的参数。

以“判断用户名是否已经存在”为例，下面的代码片段初始化预处理 SQL 语句中的参数。

```
try {
    ps.setString(1, "administrator");
    System.out.println(ps);
} catch (SQLException e) {
    e.printStackTrace();
}
```

说明 1：第一个“？”占位符的值是“1”（不是“0”）。

说明 2：需要根据 SQL 语句参数的数据类型，调用 PreparedStatement 对象不同的 set 方法，常用的方法如下。

```
setString(int parameterIndex, String x)
setInt(int parameterIndex, int x)
setFloat(int parameterIndex, float x)
setDouble(int parameterIndex, double x)
setLong(int parameterIndex, long x)
setBoolean(int parameterIndex, boolean x)
setDate(int parameterIndex, java.sql.Date x)//x 的值与 JVM 的默认时区相关
setTimestamp(int parameterIndex, java.sql.Timestamp x)
setTime(int parameterIndex, java.sql.Time x)
```

说明 3：如果 parameterIndex 与 SQL 语句中的参数标记不对应，或者在关闭的 PreparedStatement 对象上调用上述方法，将抛出 SQLException 异常。

10.2.8　执行预处理 SQL 语句

SQL 语句必须被发送给数据库服务器，才能被执行。所谓执行预处理 SQL 语句，是指 Java 程序通过数据库连接对象 con，将预处理 SQL 语句发送到数据库服务器进行执行。由于更新语句和 select 语句的执行结果不同，预处理 SQL 语句的执行分为如下两种情形。

情形 1：如果预处理 SQL 语句是更新语句（insert、delete、update），此时预处理 SQL 语句的执行结果是更新语句影响的记录行数，语法格式如下。

```
int ps.executeUpdate() throws SQLException
```

情形 2：如果预处理 SQL 语句是 select 语句，此时预处理 SQL 语句的执行结果是结果集对象。以“判断用户名是否已经存在”为例，下面的代码片段执行预处理 SQL 语句，执行结果是结果集对象 rs。

```
java.sql.ResultSet rs = null;
    try {
    rs = ps.executeQuery();
    System.out.println(rs);
} catch (SQLException e) {
    e.printStackTrace();
}
```

说明 1：如果在关闭的 PreparedStatement 上执行预处理 SQL 语句，将抛出 SQLException 异常。

说明 2：情形一的执行结果比较简单，这里不赘述。情形二的执行结果是结果集对象，处理结果集对象较为复杂，后文将详细介绍。

10.2.9　遍历结果集

预处理 SQL 语句如果是 select 语句，预处理 SQL 语句的执行结果是结果集，遍历结果集的语法格式如下所示。

```
boolean next() throws SQLException
```

以结果集对象 rs 为例，结果集的格式如图 10-4 所示。

结果集对象 rs 有一个指针，最初指向结果集对象第 1 行之前。第 1 次调用 rs.next()方法后，该指针指向结果集对象的第 1 行“记录”，方法返回 true；第 2 次调用 rs.next()方法后，该指针指向结果集对象的第 2 行“记录”，方法返回 true……

当指针指向结果集对象的最后 1 行“记录”时，如果再次调用 rs.next()方法，指针指向最后 1 行“之后”，方法返回 false。

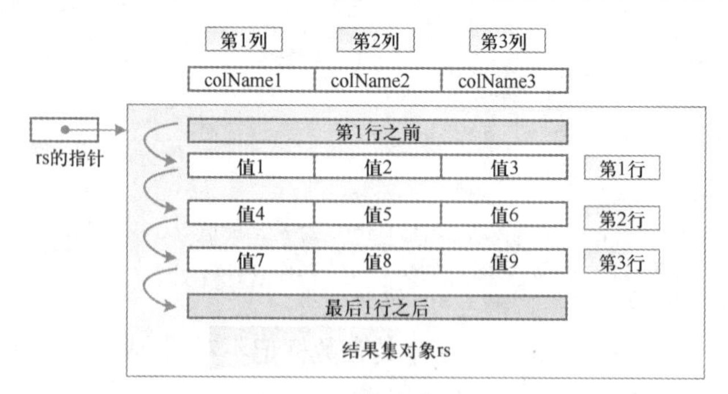

图 10-4 结果集的格式

因此，当结果集对象 rs 有多行"记录"时，通常使用循环结构 while(rs.next())遍历结果集对象。如果结果集对象只有 1 行记录（或者不超过 1 行）时，可以使用 if(rs.next())遍历结果集对象。

如果结果集对象 rs 被关闭，调用 next()方法将抛出 SQLException 异常。

当 rs 的指针指向结果集对象的某一行"记录"时，可通过列的索引号或列名获取某列的值，如表 10-1 所示。

表 10-1 通过列的索引号或列名获取某列的值

通过列的索引号获取列的值（columnIndex 从 1 开始）	通过列名获取列的值
boolean rs.getBoolean(int columnIndex)	boolean rs.getBoolean(String colName)
java.sql.Date rs.getDate(int columnIndex)	java.sql.Date rs.getDate(String colName)
double rs.getDouble(int columnIndex)	double rs.getDouble(String colName)
float rs.getFloat(int columnIndex)	float rs.getFloat(String colName)
int rs.getInt(int columnIndex)	int rs.getInt(String colName)
long rs.getLong(int columnIndex)	long rs.getLong(String colName)
short rs.getShort(int columnIndex)	short rs.getShort(String colName)
String rs.getString(int columnIndex)	String rs.getString(String colName)
java.sql.Time rs.getTime(int columnIndex)	java.sql.Time rs.getTime(String colName)
java.sql.Timestamp rs.getTimestamp(int columnIndex)	java.sql.Timestamp rs.getTimestamp(String colName)

如果 columnIndex 或者 colName 无效，或者结果集对象 rs 被关闭，调用上述方法将抛出 SQLException 异常。

以"判断用户名是否已经存在"为例（flag=true 时，表示已经存在），代码片段如下。

```
boolean flag = false;
try {
    if(rs.next()) {
        flag = true;
        System.out.println(flag);
    }
} catch (SQLException e) {
    e.printStackTrace();
}
```

10.2.10 结束事务

所谓结束事务是指将事务提交或者将事务回滚（二选一）。预处理 SQL 语句是更新语句时，一旦关闭了数据库连接对象 con 的自动提交模式，执行预处理 SQL 语句后，必须手动提交事务或者回滚事务，“更新”才会被永久地保存在数据库文件中。

更新语句执行过程中出现异常时，捕获异常、并回滚事务，撤销当前事务所做的所有更改（结束事务的情形 1）；更新语句执行过程中没有出现异常时，提交事务（结束事务的情形 2）。

下面的代码片段用于提交事务或者回滚事务。

```
try {
    con.commit();
} catch (SQLException e) {
    e.printStackTrace();
    try {
        con.rollback();
    } catch (SQLException e1) {
        e1.printStackTrace();
    }
}
```

说明 1：如果 con 对象被关闭，或者 con 对象处于自动提交模式时，执行上述代码片段将抛出 SQLException 异常。

说明 2：此代码片段意味着结束事务。

10.2.11 关闭资源

数据库连接对象、预处理 SQL 语句和结果集对象会占用 Web 服务器和数据库服务器的内存资源，应该尽早地释放这些资源。关闭资源的顺序和产生的顺序恰恰相反，关闭资源的顺序是：先关闭 rs、再关闭 ps、最后再关闭 con。示例代码如下。

```
if(rs != null) {
    try {
        rs.close();
    } catch (SQLException e) {
        e.printStackTrace();
    }
}
if(ps != null) {
    try {
        ps.close();
    } catch (SQLException e) {
        e.printStackTrace();
    }
}
if(con != null) {
    try {
        con.close();
    } catch (SQLException e) {
        e.printStackTrace();
    }
}
```

10.2.12 获取 insert 语句的自增型字段的值

使用 con 对象准备预处理 SQL 语句时，传递参数 Statement.RETURN_GENERATED_KEYS

（常量），可以获取当前 insert 语句的自增型字段的值。

以 MySQL 为例，auto_increment 字段的值由 MySQL 自动生成。当预处理 SQL 语句是 insert 语句，并且 insert 语句包含自增型字段时，可以通过下面的代码片段获取 insert 语句执行成功后的自增型字段的值。

```
String sql = "insert into ****";
int insertedID = 0;
try {
    ...
    ps = con.prepareStatement(sql,Statement.RETURN_GENERATED_KEYS);
    ps.executeUpdate();
    ResultSet rs = ps.getGeneratedKeys();
    if (rs.next()) {
        insertedID = rs.getInt(1);
    }
} catch (SQLException e) {
    e.printStackTrace();
}
```

说明 1：ps.getGeneratedKeys()方法的功能是，检索自动生成的键，该方法返回一个 ResultSet 结果集对象，只有一列，列名是 GENERATED_KEYS。对没有自增型字段的表执行 insert 语句时，该方法将返回空结果集。

说明 2：如果 con 对象被关闭，或者给定参数不是 Statement 常量，执行上述代码片段时，将抛出 SQLException 异常。

说明 3：如果 JDBC 驱动程序不支持 Statement.RETURN_GENERATED_KEYS 常量，将抛出 SQLFeatureNotSupportedException 异常。

10.2.13 异常总结和其他建议

使用 JDBC 访问数据库，加载数据库驱动程序时，可能抛出异常 ClassNotFoundException；如果 JDBC 驱动程序不支持 Statement.RETURN_GENERATED_KEYS 常量，可能抛出异常 SQLFeatureNotSupportedException；如果数据库服务没有启动，可能抛出异常 SQLNonTransient ConnectionException；其他情况可能抛出 SQLException 异常。

SQLFeatureNotSupportedException 和 SQLNonTransientConnectionException 继承了 SQLException 异常。

最后，关于 JDBC 资源的管理和事务的管理，建议如下。

（1）同一个事务的多条更新语句，必须在同一个数据库连接对象上执行。

（2）哪个方法创建了资源（例如预处理 SQL 语句或者结果集），原则上就由这个方法关闭资源。

（3）哪个方法创建了数据库连接对象 con，原则上就由这个方法负责开启事务、结束事务、并关闭数据库连接对象 con。

10.2.14 小露身手：使用 JDBC 访问 MySQL 数据库

1. 目的

掌握 Java 程序通过 JDBC 访问 MySQL 数据库的步骤。

2. 环境

Web 服务器主机：JDK 8、Tomcat 9。

集成开发环境：eclipse-jee-2018-09-win32。

浏览器：Chrome。

MySQL 版本：5.6.5-m8。

3. 准备工作

（1）在 Eclipse 中创建 Dynamic Web Project 项目 testjdbc。

（2）将 servlet-api.jar 和 mysql-connector-java-8.0.17.jar 包导入 Web 项目。

（3）将 testjdbc 项目部署到 Eclipse 的 Tomcat 中。

（4）启动 Tomcat 服务。

4. 说明

本章的程序需要借助第 9 章的 wenote 数据库和测试数据。

5. 步骤

（1）创建测试类包 test 包。

打开 Project Explorer 视图→展开刚刚创建的 Web 项目→展开 Java Resources→右击 src→单击 Package→弹出 New Java Package 窗口。Java package 文本框处输入 test。

（2）在测试类包 test 包中，创建测试类 TestJDBC.java。

（3）在测试类 TestJDBC.java 的 main()方法中输入 10.2 节的所有代码（不包括 10.2.12 节的代码）。

（4）测试 TestJDBC 程序。

右击 TestJDBC.java→Run As→Java Application，执行结果如图 10-5 所示。

```
com.mysql.cj.jdbc.Driver@2c634b
com.mysql.cj.jdbc.ConnectionImpl@10f6bfd
com.mysql.cj.jdbc.ClientPreparedStatement: select * from users where userName=** NOT SPECIFIED **
com.mysql.cj.jdbc.ClientPreparedStatement: select * from users where userName='administrator'
com.mysql.cj.jdbc.result.ResultSetImpl@15be6bb
true
```

图 10-5　测试类 TestJDBC 的执行结果

10.2.15　小露身手：设计工具类 DBUtil

1. 目的

（1）设计工具类 DBUtil，提供两个方法来获取数据库连接对象、关闭数据库连接相关的资源。

（2）使用 JDBC 完成 wenote 数据库笔记表的增、删、改、查操作。

2. 步骤

（1）创建工具类包 util 包。

打开 Project Explorer 视图→展开刚刚创建的 Web 项目→展开 Java Resources→右击 src→单击 Package→弹出 New Java Package 窗口。Java package 文本框处输入 util。

（2）在工具类包 util 包中，创建工具类 DBUtil.java，并输入如下代码。

```
package util;
import java.sql.Connection;
import java.sql.DriverManager;
import java.sql.PreparedStatement;
```

```
import java.sql.ResultSet;
import java.sql.SQLException;
public class DBUtil {
    public static Connection getConnection() {
        try {
            Class.forName("com.mysql.cj.jdbc.Driver");
        } catch (ClassNotFoundException e) {
            e.printStackTrace();
        }
        Connection con = null;
        try {
            con = DriverManager.getConnection(
    "jdbc:mysql://localhost:3306/wenote?autoReconnect=true&serverTimezone=Asia/Sha-
nghai&characterEncoding=UTF-8",
                    "root", "root");
            System.out.println("创建数据库连接对象：" + con);
        } catch (SQLException e) {
            e.printStackTrace();
        }
        return con;
    }
    public static void close(Connection con, PreparedStatement ps, ResultSet rs) {
        if(rs != null) {
            try {
                rs.close();
            } catch (SQLException e) {
                e.printStackTrace();
            }
        }
        if(ps != null) {
            try {
                System.out.println("关闭的预处理 SQL 语句是：" + ps);
                ps.close();
            } catch (SQLException e) {
                e.printStackTrace();
            }
        }
        if(con != null) {
            try {
                System.out.println("关闭的数据库连接对象是：" + con);
                con.close();
            } catch (SQLException e) {
                e.printStackTrace();
            }
        }
    }
}
```

说明 1：数据库连接对象的创建过程是非常耗时的。数据库连接对象成功创建并使用后，应该将数据库连接对象放入一个“池子”里，供其他业务继续使用，而不是立即关闭数据库连接对象。限于篇幅，本书没有使用数据库连接池管理数据库连接对象。

说明 2：本书只提供了一个关闭资源的方法。如果只关闭其中一个或者两个资源，可以使用下列方法（以只关闭数据库连接对象 con 为例）。

```
DBUtil.close(con, null, null);
```

（3）测试 DBUtil 工具类。

在测试类包 test 包中，创建测试类 TestDBUtil.java，完成笔记表的增、删、改、查操作，并对 DBUtil 工具类进行测试。TestDBUtil.java 的代码如下。

```
package test;
import java.sql.Connection;
import java.sql.PreparedStatement;
import java.sql.ResultSet;
import java.sql.SQLException;
import java.sql.Statement;
import util.DBUtil;
public class TestDBUtil {
    //查询所有笔记
    public static void selectNote() {
        Connection con = null;
        PreparedStatement ps = null;
        ResultSet rs = null;
        String sql = "select * from note";
        try {
            con = DBUtil.getConnection();
            ps = con.prepareStatement(sql);
            rs = ps.executeQuery();
            while (rs.next()) {
                System.out.printf("%-2s",rs.getInt("noteID"));
                System.out.printf("%-15s",rs.getString("author"));
                System.out.printf("%-15s",rs.getString("noteTitle"));
                System.out.printf("%-15s",rs.getString("noteContent"));
                System.out.printf("%-2s",rs.getString("visit"));
                System.out.printf("%-10s",rs.getString("categoryName"));
                System.out.printf("%-30s",rs.getTimestamp("createTime"));
                System.out.printf("%-30s",rs.getTimestamp("updateTime"));//注意数
据类型是时间戳类型
                System.out.println();
            }
        } catch (SQLException e) {
            e.printStackTrace();
        } finally {
            DBUtil.close(con, ps, rs);
        }
    }
    //添加一篇笔记，并返回笔记的 noteID
    public static int insertNote() {
        Connection con = null;
        PreparedStatement ps = null;
        ResultSet rs = null;
        String sql = "insert into note values(null,?,?,?,default,?,null,null)";
        int insertedID = 0;
        try {
            con = DBUtil.getConnection();
            ps = con.prepareStatement(sql, Statement.RETURN_GENERATED_KEYS);
            ps.setString(1, "administrator");
            ps.setString(2, "JDBC 笔记标题 1");
            ps.setString(3, "JDBC 笔记内容 1");
            ps.setString(4, "JDBC");
            int count = ps.executeUpdate();
            System.out.println("向 note 表插入：" + count + "条数据");
            rs = ps.getGeneratedKeys();
            if (rs.next()) {
                insertedID = rs.getInt(1);
            }
```

```
        } catch (SQLException e) {
            e.printStackTrace();
        } finally {
            DBUtil.close(con, ps, rs);
        }
        return insertedID;
    }

    //将某篇笔记的访问次数增加一次
    public static void updateNote(int noteID) {
        Connection con = null;
        PreparedStatement ps = null;
        String sql = "update note set visit=visit+1 where noteID=?";
        try {
            con = DBUtil.getConnection();
            ps = con.prepareStatement(sql);
            ps.setInt(1, noteID);
            int count = ps.executeUpdate();
            System.out.println("修改了 note 表的" + count + "条记录");
        } catch (SQLException e) {
            e.printStackTrace();
        } finally {
            DBUtil.close(con, ps, null);
        }
    }
    //删除某篇笔记
    public static void deleteNote(int noteID) {
        Connection con = null;
        PreparedStatement ps = null;
        String sql = "delete from note where noteID=?";
        try {
            con = DBUtil.getConnection();
            ps = con.prepareStatement(sql);
            ps.setInt(1, noteID);
            int count = ps.executeUpdate();
            System.out.println("删除了 note 表的" + count + "条记录");
        } catch (SQLException e) {
            e.printStackTrace();
        } finally {
            DBUtil.close(con, ps, null);
        }
    }
    //测试增、删、改、查方法
    public static void main(String[] args) {
        selectNote();
        System.out.println("********************");
        int noteID = insertNote();
        selectNote();
        System.out.println("********************");
        updateNote(noteID);
        selectNote();
        System.out.println("********************");
        deleteNote(noteID);
        selectNote();
    }
}
```

（4）执行测试类 TestDBUtil。

右击 TestDBUtil.java→Run As→Java Application，执行结果如图 10-6 所示。

```
创建数据库连接对象：com.mysql.cj.jdbc.ConnectionImpl@10f6bfd
1 administrator  笔记标题1        笔记内容1        1 笔记类别1      2019-12-22 19:17:54.0         null
2 administrator  笔记标题2        笔记内容2        0 笔记类别1      2019-12-22 19:17:54.0         null
3 administrator  笔记标题3        笔记内容3        0 笔记类别1      2019-12-22 19:17:55.0         null
关闭的预处理SQL语句是：com.mysql.cj.jdbc.ClientPreparedStatement: select * from note
关闭的数据库连接对象是：com.mysql.cj.jdbc.ConnectionImpl@10f6bfd
********************
创建数据库连接对象：com.mysql.cj.jdbc.ConnectionImpl@19f379
向note表插入：1条数据
关闭的预处理SQL语句是：com.mysql.cj.jdbc.ClientPreparedStatement: insert into note values(null,'administrator','JDBC笔记标题1','JDBC笔记内容1',default,'JDBC',null,null)
关闭的数据库连接对象是：com.mysql.cj.jdbc.ConnectionImpl@19f379
创建数据库连接对象：com.mysql.cj.jdbc.ConnectionImpl@16905e
1 administrator  笔记标题1        笔记内容1        1 笔记类别1      2019-12-22 19:17:54.0         null
2 administrator  笔记标题2        笔记内容2        0 笔记类别1      2019-12-22 19:17:54.0         null
3 administrator  笔记标题3        笔记内容3        0 笔记类别1      2019-12-22 19:17:55.0         null
4 administrator  JDBC笔记标题1    JDBC笔记内容1    0 JDBC     2019-12-22 19:54:28.0         null
关闭的预处理SQL语句是：com.mysql.cj.jdbc.ClientPreparedStatement: select * from note
关闭的数据库连接对象是：com.mysql.cj.jdbc.ConnectionImpl@16905e
********************
创建数据库连接对象：com.mysql.cj.jdbc.ConnectionImpl@e2cbe0
修改了note表的1条记录
关闭的预处理SQL语句是：com.mysql.cj.jdbc.ClientPreparedStatement: update note set visit=visit+1 where noteID=4
关闭的数据库连接对象是：com.mysql.cj.jdbc.ConnectionImpl@e2cbe0
创建数据库连接对象：com.mysql.cj.jdbc.ConnectionImpl@15d3402
1 administrator  笔记标题1        笔记内容1        1 笔记类别1      2019-12-22 19:17:54.0         null
2 administrator  笔记标题2        笔记内容2        0 笔记类别1      2019-12-22 19:17:54.0         null
3 administrator  笔记标题3        笔记内容3        0 笔记类别1      2019-12-22 19:17:55.0         null
4 administrator  JDBC笔记标题1    JDBC笔记内容1    1 JDBC     2019-12-22 19:54:28.0         null
关闭的预处理SQL语句是：com.mysql.cj.jdbc.ClientPreparedStatement: select * from note
关闭的数据库连接对象是：com.mysql.cj.jdbc.ConnectionImpl@15d3402
********************
创建数据库连接对象：com.mysql.cj.jdbc.ConnectionImpl@193948d
删除了note表的1条记录
关闭的预处理SQL语句是：com.mysql.cj.jdbc.ClientPreparedStatement: delete from note where noteID=4
关闭的数据库连接对象是：com.mysql.cj.jdbc.ConnectionImpl@193948d
创建数据库连接对象：com.mysql.cj.jdbc.ConnectionImpl@c0edeb
1 administrator  笔记标题1        笔记内容1        1 笔记类别1      2019-12-22 19:17:54.0         null
2 administrator  笔记标题2        笔记内容2        0 笔记类别1      2019-12-22 19:17:54.0         null
3 administrator  笔记标题3        笔记内容3        0 笔记类别1      2019-12-22 19:17:55.0         null
关闭的预处理SQL语句是：com.mysql.cj.jdbc.ClientPreparedStatement: select * from note
关闭的数据库连接对象是：com.mysql.cj.jdbc.ConnectionImpl@c0edeb
```

图 10-6　测试类 TestDBUtil 的执行结果

10.2.16　小露身手：个人笔记系统中事务的必要性

1. 目的

不引入事务，模拟发布笔记业务的“不完整性”：笔记添加成功，笔记对应的标签却添加失败。

2. 步骤

（1）在测试类包 test 包中，创建测试类 TestNoTransaction.java，代码如下。

```
package test;
import java.sql.Connection;
import java.sql.PreparedStatement;
import java.sql.ResultSet;
import java.sql.SQLException;
import util.DBUtil;
public class TestNoTransaction {
    //添加一个测试标签
    public static void insertTag(int noteID) {
        Connection con = null;
        PreparedStatement ps = null;
        String sql = "insert into tag values(?,?)";
        try {
            con = DBUtil.getConnection();
            ps = con.prepareStatement(sql);
            ps.setString(1, "非事务标签");
            ps.setInt(2, noteID);
            int count = ps.executeUpdate();
            System.out.println("向标签表插入：" + count + "条数据");
        } catch (SQLException e) {
            e.printStackTrace();
        } finally {
            DBUtil.close(con, ps, null);
        }
    }
    //查询所有标签
```

```
    public static void selectTag() {
        Connection con = null;
        PreparedStatement ps = null;
        ResultSet rs = null;
        String sql = "select * from tag";
        try {
            con = DBUtil.getConnection();
            ps = con.prepareStatement(sql);
            rs = ps.executeQuery();
            while (rs.next()) {
                System.out.printf("%-15s",rs.getString("tagName"));
                System.out.printf("%-2s",rs.getInt("noteID"));
                System.out.println();
            }
        } catch (SQLException e) {
            e.printStackTrace();
        } finally {
            DBUtil.close(con, ps, rs);
        }
    }
    public static void main(String[] args) {
        TestDBUtil.selectNote();
        System.out.println("**********************");
        int noteID = TestDBUtil.insertNote();//添加一篇笔记，并成功执行
        TestDBUtil.selectNote();
        System.out.println("**********************");
        selectTag();
        System.out.println("**********************");
        int a = 5/0;
        insertTag(noteID);//为该笔记添加一个标签，笔记对应的标签添加失败
        selectTag();
    }
}
```

说明 1：本测试类的 main()方法模拟了发布笔记业务——添加一篇笔记、并为该笔记添加一个标签。发布笔记业务包含“insertNote()”和“insertTag()”两个方法，只有当这两个方法组成一个“原子性”的操作时，才能确保发布笔记业务的完整性。

说明 2：本测试类通过执行一个除 0 操作，模拟一个异常，继而模拟了发布笔记业务的“不完整性”——笔记添加成功，笔记对应的标签却添加失败。

（2）执行测试类 TestNoTransaction.java。

右击 TestNoTransaction.java→Run As→Java Application。

（3）分析执行结果。

在 MySQL 客户机中执行 SQL 语句 select * from note，查询笔记表的所有记录。

在 MySQL 客户机中执行 SQL 语句 select * from tag，查询标签表的所有记录。

结论：如果没有引入事务，可能导致笔记添加成功、笔记对应的标签却没有添加成功，打破了发布笔记业务的“完整性”。

10.3 基于 MVC 的 Java Web 开发中的事务管理

使用基于 MVC 的 Java Web 代码组织结构开发 Web 项目时，数据库连接对象应该在 DAO 层，

还是在 Service 层，或在 Web 层创建呢？如何确保同一事务的多条更新语句位于同一个数据库连接？

以个人笔记系统的发布笔记业务为例，有关数据库表的操作全部封装在 DAO 层中。假设，向笔记表添加笔记信息的 insert 语句被封装在 NoteDAO 类的 insert()方法中，向标签表添加标签信息的 insert 语句被封装在 TagDAO 类的 insert()方法中。

为了保证发布笔记业务的"完整性"，必须确保 NoteDAO 中 insert()方法以及 TagDAO 中 insert()方法，使用的是同一个数据库连接对象。

10.3.1 多个 DAO 共用同一个数据库连接对象的解决方案

（1）能否在 DAO 层创建数据库连接对象？

答案：不能。

这是因为：在 TagDAO 创建了一个数据库连接对象后，如果再在 NoteDAO 创建一个数据库连接对象，两个数据库连接对象并不是同一个数据库连接对象，无法确保发布笔记业务的完整性。

结论：不能在 DAO 层创建数据库连接对象。

（2）能否在 Service 层创建数据库连接对象？

答案：可以。但前提条件是，一个业务只对应 Service 类的一个方法，即业务与 Service 的方法一一对应。以发布笔记业务为例，如果发布笔记业务与 NoteService 类的 save()方法一一对应，为了完成发布笔记的业务，save()方法需要调用 NoteDAO 类的 insert()方法和 TagDAO 类的 insert()方法。

如何确保两个 insert()方法使用的是同一个数据库连接对象呢？最简单、最容易想到的方法是：由 NoteService 类的 save()方法创建数据库连接对象（例如 con），再由 save()方法将 con 作为参数，传递给 NoteDAO 类的 insert()方法和 TagDAO 类的 insert()方法。这样，NoteDAO 类的 insert()方法和 TagDAO 类的 insert()方法就共用同一个数据库连接对象 con 了，如图 10-7 所示。

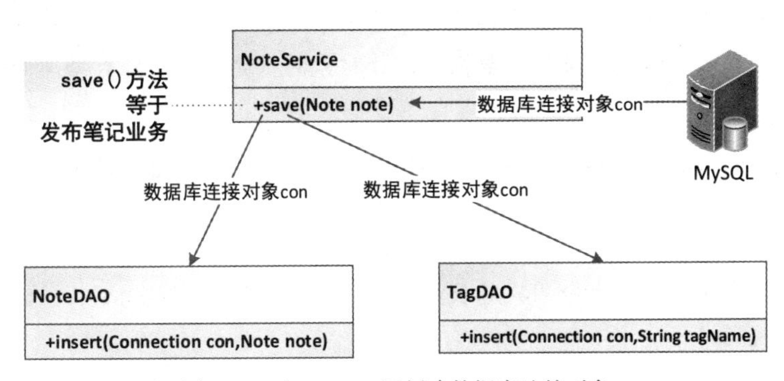

图 10-7 在 Service 层创建数据库连接对象

按此方案，为了实现发布笔记业务的完整性，NoteService 类的 save()方法需要依次完成下列步骤，具体流程如图 10-8 所示。

① 创建数据库连接对象 con。

② 开启事务（关闭数据库连接对象 con 的自动提交模式）。

③ 将数据库连接对象 con 作为参数，传递给 NoteDAO 的 insert()方法。

④ 将数据库连接对象 con 作为参数，传递给 TagDAO 的 insert()方法。

⑤ 结束事务 1。如果正常执行，则执行 con 对象的提交方法 con.commit()。

⑥ 结束事务 2。如果③或者④执行异常，则由 NoteService 类的 save()方法捕获异常、处理异常，并执行数据库连接对象 con 的回滚方法 con.rollback()。

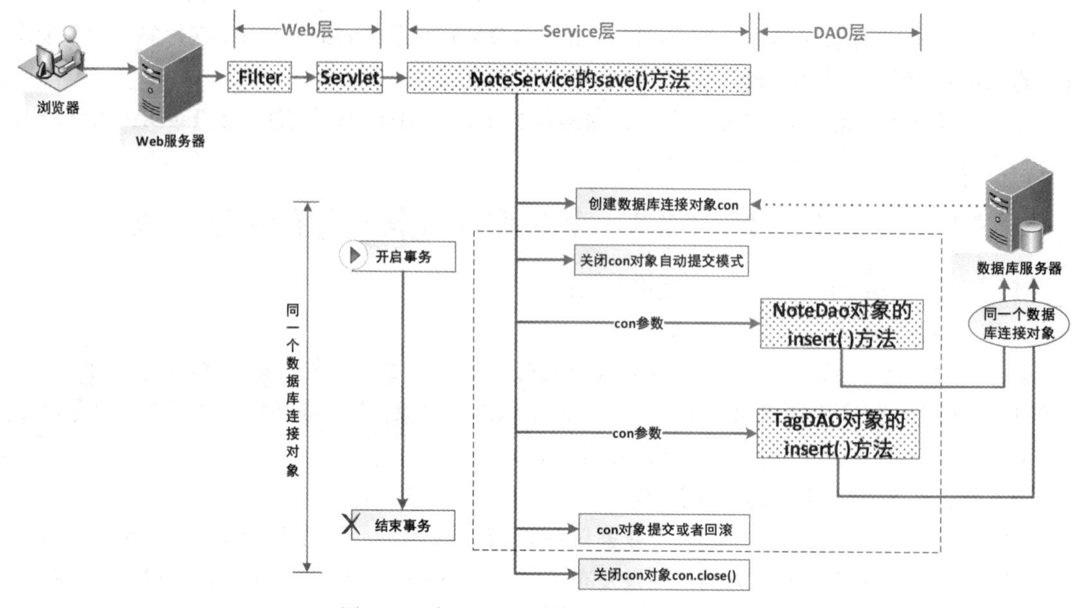

图 10-8　在 Service 层传递数据库连接对象

（3）能否在 Web 层的 Servlet 创建数据库连接对象？

答案：可以，但有如下缺点。

① 数据库连接对象 con 始于 Servlet（创建时间较早），止于 Servlet（结束时间较晚），业务持有数据库连接对象的时间较长。

对于数据库而言，数据库连接对象是一个非常宝贵的资源。业务持有数据库连接对象的时间越长，其他业务获得数据库连接对象的机会就越少，数据库的并发用户数就会越小。

② 事务始于 Servlet（开始时间较早），止于 Servlet 对象（结束时间较晚），业务占有事务的生命周期较长。

业务占有事务的生命周期越长，业务持有"锁"的时间就越长，数据库的并发访问性能就越弱。

由于在 Web 层创建数据库连接对象存在上述缺点，因此，创建数据库连接对象、开启事务、结束事务、关闭数据库连接对象等一系列操作通常在 Service 层完成。

有一个例外，那就是一个业务对应多个 Service 类，此时可以在 Servlet 中创建数据库连接对象 con，由 Servlet 将 con 作为参数传递给各个 Service，再由 Service 将 con 作为参数传递给 DAO，最终实现多个 DAO 共用同一个 con 对象。

（4）能否在 Web 层的过滤器层创建数据库连接对象？

答案：可以，如图 10-9 所示。但有如下缺点。

① 业务持有数据库连接对象 con 的时间最长。

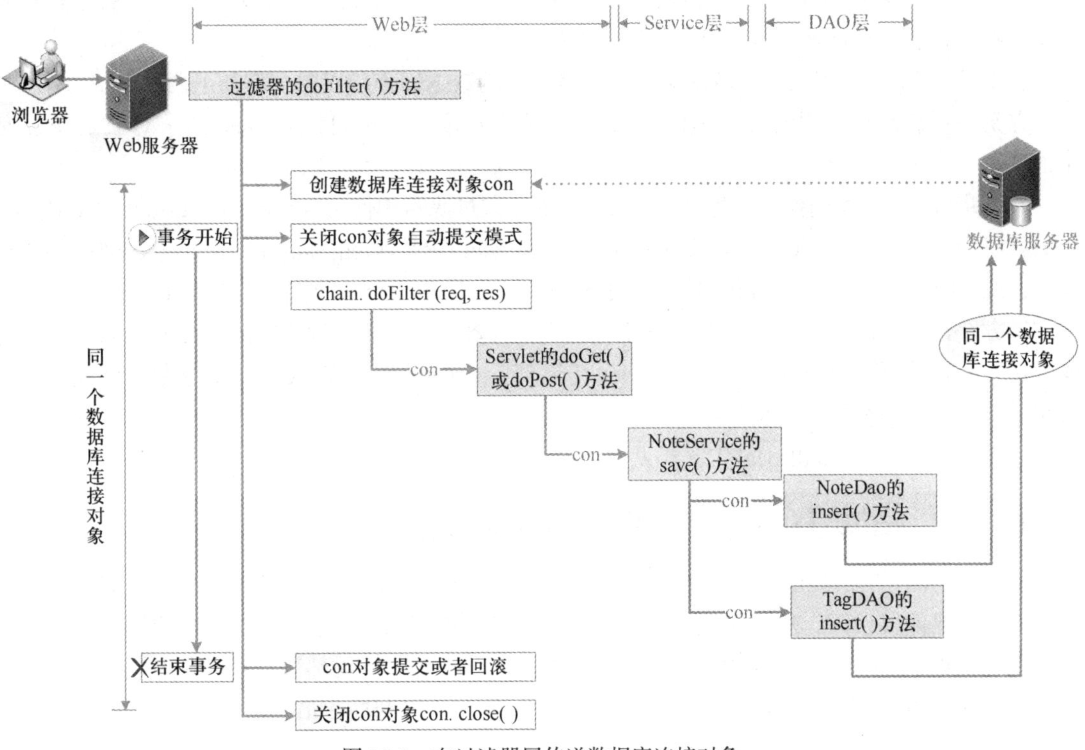

图 10-9　在过滤器层传递数据库连接对象

② 业务占用事务的生命周期最长。

在过滤器层创建数据库连接对象 con，虽有上述缺点，但其优点也很明显：数据库连接对象和事务的自动化管理。

在过滤器层创建数据库连接对象 con，原则上就由过滤器开启事务、结束事务、关闭数据库连接对象。由于过滤器位于被访问资源的最外层，只要请求 URL 和过滤器的 urlPatterns 匹配，过滤器即可自动执行，就可以实现数据库连接对象 con 的自动化管理和事务的自动化管理。这样，Servlet 层、Service 层、DAO 层只需关心业务逻辑，无须管理数据库连接对象和事务，可以最大限度地精简 Servlet 层、Service 层、DAO 层的代码。

为了最大限度地精简个人笔记系统 Servlet 层、Service 层、DAO 层的代码，个人笔记系统使用过滤器管理数据库连接对象和事务。

10.3.2 使用过滤器管理数据库连接对象和事务

为了最大限度地精简个人笔记系统的代码，个人笔记系统使用过滤器管理数据库连接对象 con 和事务。但需要解决如下两个问题。

问题 1：Web 开发人员必须为该过滤器配置一个合理的 urlPatterns，避免单独访问 CSS 文件、JS 文件、HTML 文件、图片文件、JSP 程序等资源文件时，触发过滤器创建数据库连接对象。

问题 2：使用过滤器创建数据库连接对象 con 后，需要过滤器将 con 作为参数传递给 Servlet，由 Servlet 将 con 作为参数传递给 Service，再由 Service 将 con 作为参数传递给 DAO，以确保多个 DAO 共用同一个数据库连接对象。

问题 1 的解决方案是，将管理数据库连接对象和事务的过滤器的 urlPatterns 的扩展名配置为一个特殊的扩展名，例如“con”或者“tran”（本书使用扩展名“tran”）。

关于问题 2，为了让多个 DAO 共享过滤器创建的数据库连接对象，有如下两种解决方案。

方案一：最容易想到的方案是使用 request 请求对象，这是因为 request 请求对象是线程安全的。

具体步骤：过滤器创建数据库连接对象 con 后，在过滤器中使用 request.setAttribute("con",con) 将 con 作为属性绑定到 request 请求对象；接着在 Servlet 中使用 request.getAttribute("con")获取 con 对象；Servlet 将 con 作为参数传递给 Service，Service 再将 con 作为参数递给 DAO。

该方案最大的缺点在于：数据库连接对象 con 需要作为属性从过滤器传递到 Servlet，再作为参数从 Servlet 传递到 Service，再从 Service 传递到 DAO。这种方案，con 作为参数“硬编码”到各个层，代码“累赘”且不便于维护。

方案二：借助 ThreadLocal 工具类共享参数。

10.3.3 借助 ThreadLocal 工具类共享参数

从名字上看，ThreadLocal 表示一个线程（Thread）私有（Local）的存储结构，即该存储结构只有线程自己能够访问，从而实现多个线程之间的资源相互隔离，达到线程安全的目的。

也就是说，ThreadLocal 提供了用于线程独享的局部变量，该局部变量可以在整个线程生存周期内“随取随用”，极大地方便了一些逻辑的实现，例如可以利用 ThreadLocal 实现线程内部的数据共享。

每个线程对象都有一个 ThreadLocalMap 类型的变量，ThreadlocalMap 是一个 Map 结构，ThreadlocalMap 的 key 是线程本身，value 就是线程内部的共享数据。

Threadlocal 提供了 3 个核心方法：set(Object obj)、get()、remove()。

set(Object obj)方法将共享数据“设置”到“当前线程”中。

get()方法则是从“当前线程”中获取共享数据。

remove()方法则是从“当前线程”中删除共享数据，释放资源。

10.3.4 小露身手：借助 ThreadLocal 工具类共享参数

1. 目的

存在 A、B 两个类。A 类的 main()方法定义了一个字符串 str，调用 B 类的 printStringFromA() 方法后，B 类的 printStringFromA()方法输出字符串 str 的值。

2. 说明

不能将 str 作为参数相互传递。

3. 步骤

（1）在工具类包 util 包中，创建工具类 StringSharing.java，并输入如下代码。

```
package util;
public class StringSharing {
    private ThreadLocal<String> strSharing = new ThreadLocal<String>();
    private static StringSharing instance = new StringSharing();
    private StringSharing() {}
    public static StringSharing getInstance() {
        return instance;
    }
```

```
    public void set(String string) {
        strSharing.set(string);
    }
    public String get() {
        return strSharing.get();
    }
    public void remove() {
        strSharing.remove();
    }
}
```

知识扩展 1：StringSharing 类被设计为单例模式，单例模式保证了一个类仅有一个实例。但需要注意，单例模式并不意味着线程安全。

知识扩展 2：如果一个类没有成员变量，建议将该类设计成单例模式。此时，不用担心多线程同时对成员变量修改而产生的线程安全问题。

知识扩展 3：如果一个类拥有成员变量，使用单例模式需要考虑线程安全问题。有如下两种解决方案。

解决方案 1：可通过同步关键字 synchronized、volatile 解决（限于篇幅，这里不赘述）。

解决方案 2：可通过 ThreadLocal 解决，本示例程序使用 ThreadLocal 确保线程安全。

（2）在测试类包 test 包中，创建测试类 B.java，并输入如下代码。

```
package test;
import util.StringSharing;
public class B {
    public static void printStringFromA() {
        String str = (String)StringSharing.getInstance().get();
        System.out.println(str);
    }
}
```

（3）在测试类包 test 包中，创建测试类 A.java，并输入如下代码。

```
package test;
import util.StringSharing;
public class A {
    public static void main(String[] args) {
        String str = "hello world";
        StringSharing.getInstance().set(str);
        B.printStringFromA();
        StringSharing.getInstance().remove();
    }
}
```

（4）执行测试类 A.java。

右击 A.java→Run As→Java Application，执行结果是在控制台中输出“hello world”。

结论：A 类与 B 类通过 ThreadLocal 实现了数据共享。

分析 1：A 类的 main()方法调用了 B 类的 printStringFromA()方法，因此 A 类和 B 类属于同一个线程。

分析 2：A 类的 main()方法将共享数据“注入”ThreadLocal 类的 ThreadLocalMap 中（线程当作 key）；接着 A 的 main()方法调用了 B 类的 printStringFromA()方法后，B 类从 ThreadLocal 类的 ThreadLocalMap 中取出共享数据，并输出共享数据，继而利用 ThreadLocal 类实现了数据的共享；最后 A 类的 main()方法将共享数据从 ThreadLocal 类的 ThreadLocalMap 中删除，避免内存泄漏，如图 10-10 所示。

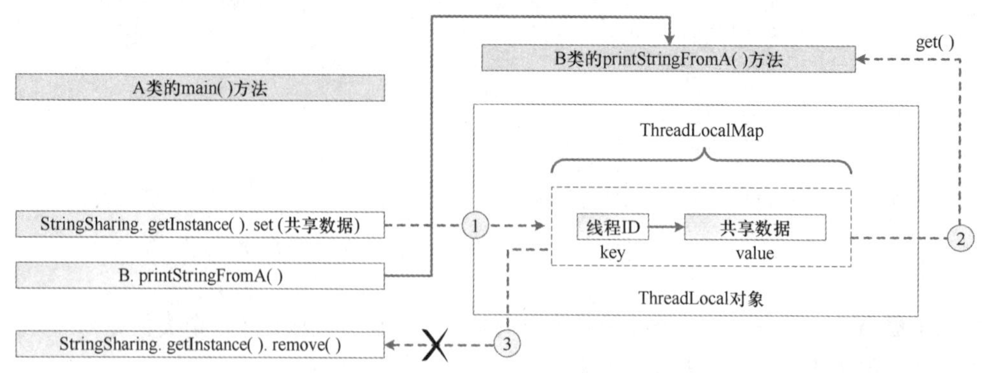

图 10-10　借助 ThreadLocal 工具类共享参数

10.3.5　小露身手：使用过滤器和 Threadlocal 管理事务

1. 目的

（1）借助过滤器管理数据库连接对象和事务。

（2）借助 Threadlocal 共享数据库连接对象。

（3）借助事务机制，实现发布笔记业务的完整性。

2. 步骤：

（1）在工具类包 util 包中，创建工具类 ConnectionSharing.java，并输入如下代码。

```
package util;
import java.sql.Connection;
public class ConnectionSharing {
    private ThreadLocal<Connection> connectionSharing = new ThreadLocal<Connection>();
    private static ConnectionSharing instance = new ConnectionSharing();
    private ConnectionSharing() {}
    public static ConnectionSharing getInstance() {
        return instance;
    }
    public void set(Connection con) {
        connectionSharing.set(con);
    }
    public Connection get() {
        return connectionSharing.get();
    }
    public void remove() {
        connectionSharing.remove();
    }
}
```

（2）在工具类包 util 包中，创建过滤器工具类 TransactionFilter.java，并输入如下代码。

```
package util;
import java.io.IOException;
import java.sql.Connection;
import java.sql.SQLException;
import javax.servlet.Filter;
import javax.servlet.FilterChain;
import javax.servlet.ServletException;
import javax.servlet.ServletRequest;
import javax.servlet.ServletResponse;
import javax.servlet.annotation.WebFilter;
import javax.servlet.http.HttpServletRequest;
```

```
    import javax.servlet.http.HttpServletResponse;
    @WebFilter(filterName="TransactionFilter",urlPatterns= {"*.tran"})
    public class TransactionFilter implements Filter {
        public  void  doFilter(ServletRequest  request,  ServletResponse  response,
FilterChain chain) throws IOException, ServletException {
            Connection con = null;
            try {
                con = DBUtil.getConnection();
                con.setAutoCommit(false);
                ConnectionSharing.getInstance().set(con);
                chain.doFilter(request, response);
                con.commit();
            } catch (Exception e) {
                e.printStackTrace();
                try {
                    con.rollback();
                } catch (SQLException e1) {
                    e1.printStackTrace();
                }
                HttpServletRequest req = (HttpServletRequest)request;
                HttpServletResponse res = (HttpServletResponse)response;
                res.sendRedirect(req.getContextPath() + "/error.jsp");
            } finally {
                ConnectionSharing.getInstance().remove();
                DBUtil.close(con, null, null);
            }

        }
    }
```

说明 1：工具类 TransactionFilter 负责创建数据库连接对象 con、开启事务、结束事务、关闭数据库连接对象 con。

说明 2：工具类 TransactionFilter 的 urlPatterns 设计为*.tran。

说明 3：如果出现异常，工具类 TransactionFilter 捕获异常、回滚事务，并将页面重定向到 error.jsp 页面。

说明 4：如果某个 Servlet 类需要进行数据库操作以及事务操作，该 Servlet 的 urlPatterns 的扩展名应该设计为 tran。

说明 5：请求 URL 触发 Filter 执行后，Filter 调用 Servlet，Servlet 调用 DAO，它们同属一个线程，因此，可使用 ThreadLocal 实现"数据库连接对象"的共享。

（3）在 WebContent 目录下创建 error.jsp 页面，并输入如下代码。

```
<%@ page language="java" contentType="text/html; charset=UTF-8" pageEncoding="UTF-8"%>
<h3>操作失败</h3>
```

（4）在测试类包 test 包中，创建测试类 TestTransaction.java，并输入如下代码。

```
package test;
import java.sql.Connection;
import java.sql.PreparedStatement;
import java.sql.ResultSet;
import java.sql.SQLException;
import java.sql.Statement;
import util.ConnectionSharing;
import util.DBUtil;
public class TestTransaction {
    //查询所有笔记
```

```
public static void selectNote() {
    Connection con = null;
    PreparedStatement ps = null;
    ResultSet rs = null;
    String sql = "select * from note";
    try {
        con = ConnectionSharing.getInstance().get();
        ps = con.prepareStatement(sql);
        rs = ps.executeQuery();
        while (rs.next()) {
            System.out.printf("%-2s",rs.getInt("noteID"));
            System.out.printf("%-15s",rs.getString("author"));
            System.out.printf("%-15s",rs.getString("noteTitle"));
            System.out.printf("%-15s",rs.getString("noteContent"));
            System.out.printf("%-2s",rs.getString("visit"));
            System.out.printf("%-10s",rs.getString("categoryName"));
            System.out.printf("%-30s",rs.getTimestamp("createTime"));
            System.out.printf("%-30s",rs.getTimestamp("updateTime"));//注意数
据类型是时间戳类型
            System.out.println();
        }
    } catch (SQLException e) {
        e.printStackTrace();
    } finally {
        DBUtil.close(null, ps, rs);
    }
}
//添加一篇笔记，并返回笔记的 noteID
public static int insertNote() {
    Connection con = null;
    PreparedStatement ps = null;
    ResultSet rs = null;
    String sql = "insert into note values(null,?,?,?,default,?,null,null)";
    int insertedID = 0;
    try {
        con = ConnectionSharing.getInstance().get();
        ps = con.prepareStatement(sql, Statement.RETURN_GENERATED_KEYS);
        ps.setString(1, "administrator");
        ps.setString(2, "JDBC 笔记标题 1");
        ps.setString(3, "JDBC 笔记内容 1");
        ps.setString(4, "JDBC");
        int count = ps.executeUpdate();
        System.out.println("向笔记表插入: " + count + "条数据");
        rs = ps.getGeneratedKeys();
        if (rs.next()) {
            insertedID = rs.getInt(1);
        }
    } catch (SQLException e) {
        e.printStackTrace();
    } finally {
        DBUtil.close(null, ps, rs);
    }
    return insertedID;
}

public static void insertTag(int noteID) {
    Connection con = null;
    PreparedStatement ps = null;
```

```
        String sql = "insert into tag values(?,?)";
        try {
            con = ConnectionSharing.getInstance().get();
            ps = con.prepareStatement(sql);
            ps.setString(1, "事务标签");
            ps.setInt(2, noteID);
            int count = ps.executeUpdate();
            System.out.println("向标签表插入: " + count + "条数据");
        } catch (SQLException e) {
            e.printStackTrace();
        } finally {
            DBUtil.close(null, ps, null);
        }
    }
    //查询所有标签
    public static void selectTag() {
        Connection con = null;
        PreparedStatement ps = null;
        ResultSet rs = null;
        String sql = "select * from tag";
        try {
            con = ConnectionSharing.getInstance().get();
            ps = con.prepareStatement(sql);
            rs = ps.executeQuery();
            while (rs.next()) {
                System.out.printf("%-15s",rs.getString("tagName"));
                System.out.printf("%-2s",rs.getInt("noteID"));
                System.out.println();
            }
        } catch (SQLException e) {
            e.printStackTrace();
        } finally {
            DBUtil.close(null, ps, rs);
        }
    }
}
```

说明 1：测试类 TestTransaction 创建了 PreparedStatement、ResultSet 对象，原则上由该类关闭 PreparedStatement、ResultSet 对象。谨记：谁创建了资源，谁就负责关闭该资源。

说明 2：为了保证事务的原子性，测试类 TestTransaction 不能捕获异常，而应该将异常抛出，直至过滤器工具类 TransactionFilter 捕获异常、回滚事务，确保事务的原子性。

说明 3：测试类 TestTransaction 将异常封装成运行时异常，然后将异常抛出。

（5）在测试类包 test 包中创建 Servlet 测试类 TestTransactionFilterServlet.java，并输入如下代码。

```
package test;
import java.io.IOException;
import javax.servlet.ServletException;
import javax.servlet.annotation.WebServlet;
import javax.servlet.http.HttpServlet;
import javax.servlet.http.HttpServletRequest;
import javax.servlet.http.HttpServletResponse;
@WebServlet("/TestTransactionFilterServlet.tran")
public class TestTransactionFilterServlet extends HttpServlet {
    protected void doGet(HttpServletRequest request, HttpServletResponse response)
            throws ServletException, IOException {
        try {
```

```
            TestTransaction.selectNote();
            System.out.println("********************");
            int noteID = TestTransaction.insertNote();//由于笔记的标签添加失败，该操作
被撤销
            TestTransaction.selectNote();
            System.out.println("********************");
            TestTransaction.selectTag();
            System.out.println("********************");
            int a = 5 / 0;
            TestTransaction.insertTag(noteID);//因为异常，导致笔记对应的标签添加失败
            TestTransaction.selectTag();
            System.out.println("********************");
            response.setContentType("text/html;charset=UTF-8");
            response.getWriter().print("笔记以及对应的标签要么都成功执行，要么都不执行");
        } catch (Exception e) {
            throw new RuntimeException(e);
        }
    }
}
```

说明 1：测试类 TestTransactionFilterServlet 通过执行一个除 0 操作，模拟一个异常。

说明 2：为了保证事务的原子性，测试类 TestTransactionFilterServlet 不能捕获异常，应该将异常抛出，以便过滤器工具类 TransactionFilter 能够捕获异常、回滚事务，确保事务的原子性。

说明 3：测试类 TestTransactionFilterServlet.java 将异常封装成运行时异常，然后将异常抛出。

（6）启动 Tomcat，执行测试类 TestTransactionFilterServlet，测试发布笔记业务的“完整性”。

在浏览器地址栏输入网址：http://localhost:8080/testjdbc/TestTransactionFilterServlet.tran。

Servlet 的 urlPatterns 的扩展名是 tran。

（7）分析执行结果。

在 MySQL 客户机中执行 SQL 语句 select * from note，查询笔记表的所有记录。

在 MySQL 客户机中执行 SQL 语句 select * from tag，查询标签表的所有记录。

结论：引入事务机制后，出现异常时，笔记对应的标签添加失败，导致事务回滚，笔记也没有添加成功，确保了发布笔记业务的“完整性”。

（8）删除测试类 TestTransactionFilterServlet 中的除 0 操作，重新执行步骤 6 和步骤 7，测试发布笔记业务能否成功执行。

结论：引入事务机制后，笔记对应的标签添加成功，笔记也添加成功，发布笔记业务能够成功执行。

实践任务　MySQL 事务机制和 JDBC 的使用

1. 目的

参考本章每个小露身手的目的。

2. 环境

Web 服务器主机：JDK 8、Tomcat 9。

集成开发环境：eclipse-jee-2018-09-win32。

浏览器：Chrome。

MySQL 版本：5.6.5-m8。

任务 1　小露身手：使用 JDBC 访问 MySQL 数据库（详细步骤请参考 10.2.14 节的内容）。

任务 2　小露身手：设计工具类 DBUtil（详细步骤请参考 10.2.15 节的内容）。

任务 3　小露身手：个人笔记系统中事务的必要性（详细步骤请参考 10.2.16 节的内容）。

任务 4　小露身手：借助 ThreadLocal 工具类共享参数（详细步骤请参考 10.3.4 节的内容）。

任务 5　小露身手：使用 Filter 和 Threadlocal 管理事务（详细步骤请参考 10.3.5 节的内容）。

第 11 章 layui 和 CKEditor 的使用

本章介绍前端 UI 框架 layui 的使用，内容包括 layui 中的页面元素、栅格布局、常用容器以及文件上传。本章还介绍富文本编辑器 CKEditor 的使用，内容包括 CKEditor 的图片上传以及图片显示。通过本章的学习，读者能够利用 layui 和 CKEditor 对页面进行快速布局和设计。

11.1 layui 的使用

layui 是一款模块化设计的前端 UI 框架，首个版本发布于 2016 年，作者是贤心。layui 体积轻盈、功能丰富、"拿来即用"，中文文档丰富而详尽，非常适合 Web 开发人员快速开发 UI。

在 layui 官网下载 layui，解压缩后产生 layui 文件夹，其目录结构如图 11-1 所示。核心 CSS 文件是 layui.css，核心 JavaScript 文件是 layui.js。

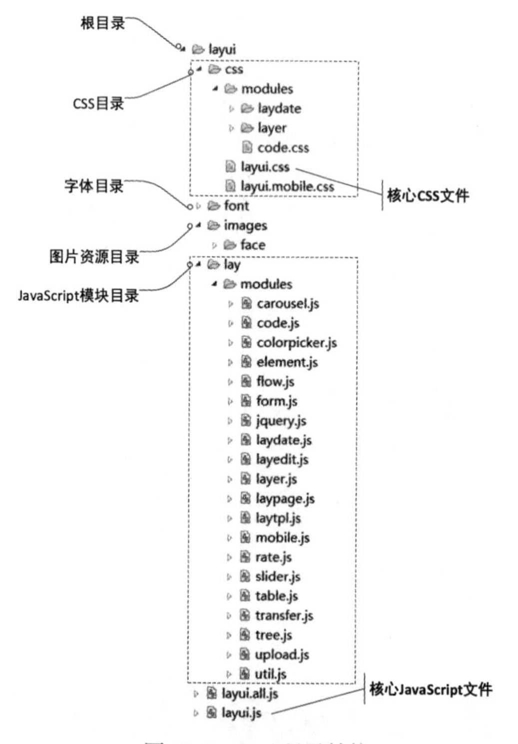

图 11-1　layui 目录结构

11.1.1　小露身手：快速上手 layui

1. 目的

快速上手 layui。

2. 准备工作

（1）在 Eclipse 中创建 Dynamic Web Project 项目 testui。

（2）将 servlet-api.jar 包导入该 Web 项目。

（3）将 testui 项目部署到 Eclipse 的 Tomcat 中。

（4）打开 testui 项目，在 WebContent 目录下创建 resources 目录。

（5）将 layui 解压缩后产生的 layui 文件夹复制到 resources 目录下。

（6）在 WebContent 目录下创建 layui 的模板 JSP 程序 layui.jsp，并修改为如下代码。

```
<%@ page language="java" contentType="text/html; charset=UTF-8" pageEncoding="UTF-8"%>
<!DOCTYPE html>
<html>
<head>
  <meta charset="utf-8">
  <meta name="viewport" content="width=device-width, initial-scale=1, maximum-scale=1">
  <title>开始使用 layui</title>
  <link rel="stylesheet" href="${pageContext.request.contextPath }/resources/layui/
css/layui.css">
  <script
src="${pageContext.request.contextPath }/resources/layui/layui.js"></script>
</head>
<body>
</body>
</html>
```

只需在 JSP 程序中引入这两个核心文件，即可使用 layui。模板 JSP 程序的主要功能是导入 layui 的核心 JavaScript 文件和 CSS 文件。

（7）启动 Tomcat 服务。

场景 1　理解 layui 模块化的含义

场景 1 步骤

（1）复制 layui.jsp，将其重命名为 module.jsp，在<body></body>标签中添加如下代码。

```
<script>
layui.use(['layer'], function(){
    var layer = layui.layer;
    layer.msg('Hello World');
});
</script>
```

（2）打开浏览器，输入网址 http://localhost:8080/testui/module.jsp。程序运行的动态效果是：弹出一个图 11-2 所示的“Hello World”消息，并且 3s 后自动消失。

图 11-2　layui 弹出层

知识讲解 1：layui.use(['模块名'], function(){})用于加载模块，模块名必须合法，不能包含目录。本场景加载的是 JavaScript 模块目录中的 layer.js 模块（即弹出层模块）。

知识讲解 2：如果需要加载多个模块，多个模块名使用逗号隔开即可。如果只加载一个模块，可以不使用数组形式。例如 layui.use('layer', function(){})，表示只加载 layer 弹出层模块。

知识讲解 3：var layer = layui.layer 用于获取 layer 弹出层模块的对象（也称为实例）。

知识讲解 4：layer.msg('Hello World')调用 layer 弹出层模块对象的 msg()函数，弹出一个 3s 后自动消失的消息。

场景 2　理解 layui 与 jQuery 之间的关系

场景 2 步骤

（1）复制 layui.jsp，将其重命名为 jquery.jsp，在<body></body>标签中添加如下代码。

```
<script>
layui.use(['jquery'], function(){
    var $ = layui.jquery;
    $('body').append('hello jQuery');
});
</script>
```

（2）在浏览器地址栏输入网址 http://localhost:8080/testui/jquery.jsp，程序运行效果如图 11-3 所示。

图 11-3　理解 layui 与 jQuery 之间的关系

知识讲解 1：layui 的某些内置模块（比如 layer）依赖于 jQuery，layui 已经将 jQuery 最稳定的版本作为 layui 的内置模块，无须从 jQuery 官网手动下载 jquery.js，即可使用 jQuery。

知识讲解 2：在 layui 中使用 jQuery 时，将 jQuery 当作一个普通 JavaScript 模块使用即可。

知识讲解 3：var $ = layui.jquery 用于获取 jQuery 对象（或者实例），并将其赋值给变量$。

知识讲解 4：$('body').append('hello jQuery')的功能是通过 jQuery 对象“$”获取<body>元素，然后向<body>元素追加字符串'hello jQuery'。

由于 layer 弹出层依赖于 jQuery，加载 layer 模块时，layui 会自动加载内部的 jQuery 模块，因此，下列代码也能够正确执行。

```
<script>
layui.use(['layer'], function(){
      var $ = layui.jquery;
      $('body').append('hello jQuery');
});
</script>
```

场景 3　layui 中 CSS 的命名规范

场景 3 步骤

（1）复制 layui.jsp，将其重命名为 cssName.jsp，在<body></body>标签中添加如下代码。

```
<div class="layui-elip" style="width:50px">你好，layui</div>
```

（2）在浏览器地址栏输入网址 http://localhost:8080/testui/cssName.jsp，程序运行效果如图 11-4 所示。

图 11-4　layui 中 CSS 的命名规范

知识讲解：为了方便 Web 开发人员快速布局 HTML 页面，layui 内置了丰富的 CSS 样式，这些 CSS 样式的 class 名统一使用前缀“layui-”。本书使用如下 layui 的 CSS 样式。

layui-elip：用于单行文本溢出省略。

layui-circle：用于设置元素为圆形。

layui-text：用于处理文本内的<a>、<li>、<em>标签。

layui-word-aux：用于设置灰色标注性文字，左、右会有间隔（aux 是单词 auxiliary 的缩写，译为辅助）。

读者暂且记住 layui 的内置 CSS 样式统一以“layui-”为开头进行命名。接下来将介绍更多 layui 内置的 CSS 样式。

场景 4　layui 中的 HTML 结构

场景 4 步骤

（1）复制 layui.jsp，将其重命名为 html1.jsp，在<body></body>标签中添加图 11-5 所示的代码。

（2）打开浏览器，输入网址 http://localhost:8080/testui/html1.jsp。程序运行的动态效果是：当鼠标指针在导航中移动时，导航菜单的小滑块跟随鼠标指针滑动。当鼠标指针悬停在包含有菜单项的菜单时，弹出菜单的菜单项，如图 11-6 所示。

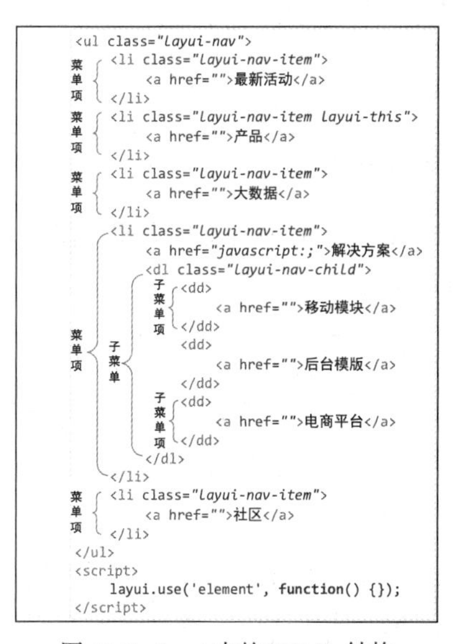

```
<ul class="layui-nav">
    <li class="layui-nav-item">
        <a href="">最新活动</a>
    </li>
    <li class="layui-nav-item layui-this">
        <a href="">产品</a>
    </li>
    <li class="layui-nav-item">
        <a href="">大数据</a>
    </li>
    <li class="layui-nav-item">
        <a href="javascript:;">解决方案</a>
        <dl class="layui-nav-child">
            <dd>
                <a href="">移动模块</a>
            </dd>
            <dd>
                <a href="">后台模版</a>
            </dd>
            <dd>
                <a href="">电商平台</a>
            </dd>
        </dl>
    </li>
    <li class="layui-nav-item">
        <a href="">社区</a>
    </li>
</ul>
<script>
    layui.use('element', function() {});
</script>
```


图 11-5　layui 中的 HTML 结构

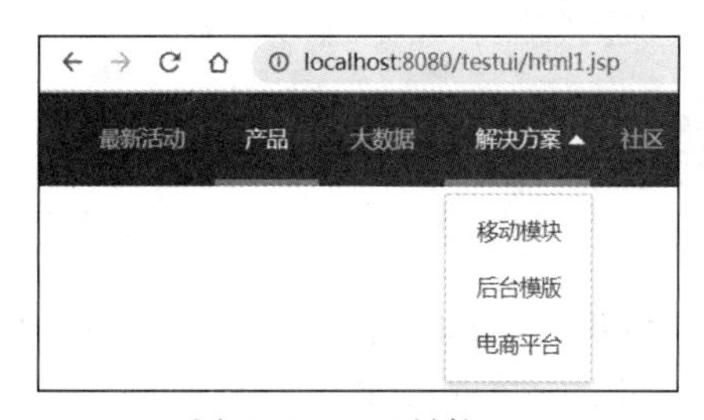

图 11-6　layui 导航

知识讲解 1：必须确保 layui 中的 HTML 结构是被支持的。以导航 nav 为例，导航根节点定义在<ul>标签中，菜单项定义在<li>标签中，菜单项超链接定义在<a>标签中，子菜单定义在<dl>标签中，子菜单项定义在<dd>标签中。

知识讲解 2：如果存在交互操作，千万不要忘记加载 element 模块。例如本场景中的动画效果，二级菜单的弹出、导航菜单的小滑块跟随鼠标指针滑动等交互操作，需借助 element 模块才能实现。

场景 5　layui 中的内置 HTML 属性

场景 5 步骤

（1）复制 layui.jsp，将其重命名为 html2.jsp，在<body></body>标签中添加图 11-7 所示的代码。

```
<form class="layui-form" action="${pageContext.request.contextPath }/LoginServlet.tran">
    <div class="layui-form-item layui-inline">
            <label class="layui-form-mid">用户名</label>
        <div class="layui-input-inline">
            <input type="text" class="layui-input" lay-verify="required" lay-reqText="用户名是必填项" lay-verType="tips">
        </div>
    </div>
    <div class="layui-form-item layui-inline">
        <label class="layui-form-mid">邮箱</label>
        <div class="layui-input-inline">
            <input type="text" class="layui-input" lay-verify="required|email">
        </div>
    </div>
    <div class="layui-form-item layui-inline">
        <label class="layui-form-mid">密码</label>
        <div class="layui-input-inline">
            <input type="password" class="layui-input" lay-verify="required">
        </div>
    </div>
    <div class="layui-form-item layui-inline">
        <label class="layui-form-mid">是否记住我</label>
        <input type="checkbox" lay-skin="switch"  lay-text="记住我|忘掉我" checked>
    </div>
    <div class="layui-form-item layui-inline">
        <label class="layui-form-mid">性别</label>
        <input type="radio" name="sex" value="男" title="男">
        <input type="radio" name="sex" value="女" title="女" checked>
    </div>
    <div class="layui-form-item layui-inline">
        <button class="layui-btn" lay-submit lay-filter="formDemo">登录</button>
        <button type="reset" class="layui-btn layui-btn-primary">重置</button>
    </div>
</form>
<script>
    layui.use('form', function(){});
</script>
```

图 11-7　layui 中的内置 HTML 属性

（2）打开浏览器，输入网址 http://localhost:8080/testui/html2.jsp，程序运行效果如图 11-8 所示。如果直接单击登录按钮，将弹出“用户名是必填项”的提示。

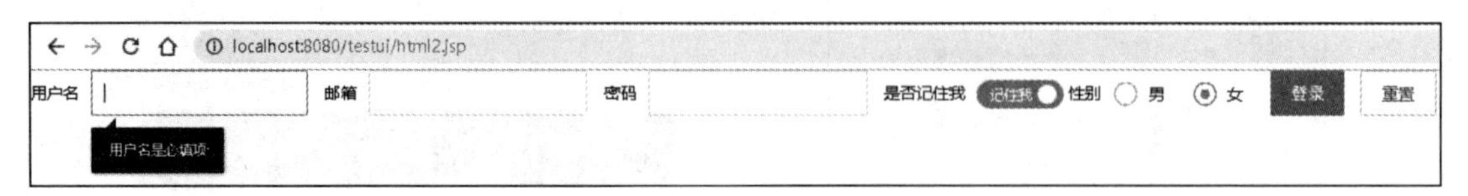

图 11-8　layui 表单运行效果

知识讲解 1：html2.jsp 定义了一个 CSS 样式为 layui-form 的 FORM 表单，该表单包含 6 个表单项（layui-form-item），这些表单项都被定义为 layui-inline，表示行内元素（也称为内联元素）。

知识讲解 2：本场景的 FORM 表单使用了如下 7 个 layui 自定义的公共属性（图 11-7 中带有下划线的属性）。

lay-skin：只对 checkbox 有效。值为 switch 时，表示开关风格；值为 primary 时，表示原始风格。

lay-text：设置开关的可选值。

lay-verify：用于设置表单控件的验证规则。required 表示必填；phone 表示电话号码；email 表示邮箱；url 表示网址；number 表示数字；date 表示日期；identity 表示身份号码。lay-verify 支持多条验证规则，例如 lay-verify="required|email"。

lay-submit：不用输入值。只有在提交的按钮上设置 lay-submit 属性，layui 的表单控件的验证规则才能生效。

lay-filter：事件过滤器，一般用于监听特定的自定义事件。layui 将它看作一个 ID 选择器。

lay-reqText：设置表单控件验证的提示文本。

lay-verType：设置表单验证的提示方式。取值为 tips，表示吸附提示；取值为 alert，表示警告框提示；取值为 msg，表示消息提示。

layui 的内置 CSS 样式统一以“layui-”为开头进行命名；layui 的内置属性统一以“lay-”为开头进行命名。例如 CSS 样式 layui-text、属性 lay-text。

知识讲解 3：HTML 中 title 属性的功能是，当鼠标指针悬停在某个元素上后，会自动显示 title 的值。layui 对复选框以及单选按钮的 title 属性做了重新定义。

知识讲解 4：layui 表单中的复选框、单选按钮、开关、下拉选择框需要 form 模块的渲染才能显示，使用 layui 表单时，千万不要忘记加载 form 模块。

11.1.2　小露身手：layui 中的页面元素

目的

认识 layui 的页面元素。

场景 1　layui 中的内置图标

场景 1 步骤

（1）复制 layui.jsp，将其重命名为 icon.jsp，在<body></body>标签中添加如下代码。

```
<span class="layui-icon layui-icon-face-smile"></span>
<em class="layui-icon">&#xe60c;</em>
<i  class="layui-icon  layui-icon-face-smile"  style="font-size: 30px; color: #1E9FFF;font-weight:bold"></i>
```

（2）打开浏览器，输入网址 http://localhost:8080/testui/icon.jsp，程序运行效果如图 11-9 所示。

图 11-9　layui 中的内置图标

知识讲解 1：对行内元素设定 CSS 样式“layui-icon”，即可定义一个 layui 图标。

知识讲解 2：同一个 layui 图标有 CSS 样式和 unicode 两种表示方法。对 layui 图标追加诸如 layui-icon-{type}的 CSS 样式，即可显示指定的图标（例如 layui-icon-face-smile 代表笑脸图标）。对 layui 图标追加 unicode，也可以显示指定的图标（例如“”代表笑脸图标）。

知识讲解 3：可将 layui 中的图标看作普通文字，可以使用普通文字的 color 属性和 font-size 属性，控制 layui 图标的颜色和大小。

场景 2　layui 中的内置背景颜色

场景 2 步骤

（1）复制 layui.jsp，将其重命名为 bgcolor.jsp，在<body></body>标签中添加如下代码。

```
<hr class="layui-bg-red">赤色
<hr class="layui-bg-orange">橙色
<hr class="layui-bg-green">墨绿色
<hr class="layui-bg-cyan">藏青色
<hr class="layui-bg-blue">蓝色
<hr class="layui-bg-black">黑色
<hr class="layui-bg-gray">灰色
```

（2）打开浏览器，输入网址 http://localhost:8080/testui/bgcolor.jsp，运行 bgcolor.jsp 程序。

场景 3　layui 中的按钮、按钮组和按钮容器

场景 3 步骤

（1）复制 layui.jsp，将其重命名为 button.jsp，在<body></body>标签中添加如下代码。

```
<div class="layui-btn-group">
    <button class="layui-btn layui-btn-primary"><i class="layui-icon layui-icon-add-1">
</i>添加按钮</button>
    <button class="layui-btn layui-btn-normal"><i class="layui-icon layui-icon-edit">
</i>编辑按钮</button>
    <a class="layui-btn layui-btn-warm"><i class="layui-icon layui-icon-delete"></i>
删除按钮</a>
</div>
<hr class="layui-bg-green">
    <div class="layui-btn-container">
    <button class="layui-btn layui-btn-danger"><i class="layui-icon layui-icon-
reply-fill"></i>评论按钮</button>
    <button class="layui-btn layui-btn-disabled"><i class="layui-icon layui-icon-search">
</i>搜索按钮</button>
    <a class="layui-btn layui-btn-radius"><i class="layui-icon layui-icon-share">
</i>分享按钮</a>
</div>
```

（2）打开浏览器，输入网址 http://localhost:8080/testui/button.jsp，程序运行效果如图 11-10 所示。

图 11-10　layui 中的按钮、按钮组和按钮容器的运行效果

知识讲解：向任意 HTML 元素设定 CSS 样式“layui-btn”，就可以创建一个 layui 按钮。追加 layui-btn-{type}的 CSS 样式，可对按钮追加其他风格（例如可以追加按钮的主题、按钮的尺寸、圆角按钮等）。

① 按钮的主题：默认主题、原始主题（layui-btn-primary）、百搭主题（layui-btn-normal）、暖色主题（layui-btn-warm）、警告主题（layui-btn-danger）、禁用主题（layui-btn-disabled）。若没有设置按钮主题，则按钮为默认主题（绿色背景的按钮）。

② 按钮的尺寸：默认尺寸、大型按钮（layui-btn-lg）、小型按钮（layui-btn-sm）、迷你按钮（layui-btn-xs）。若没有设置按钮的尺寸，则按钮为默认尺寸。

③ 圆角按钮：使用 layui-btn-radius 可以设置圆角按钮。

④ 按钮组：将按钮放入 CSS 样式是 layui-btn-group 的容器（例如<div>）中，即可形成按钮组。

⑤ 按钮容器：将按钮放入 CSS 样式是 layui-btn-container 的容器（例如<div>）中，即可形成按钮容器。按钮容器中的按钮并排显示时会自动设置间距。

⑥ 按钮上的文字可以是 layui 图标。

场景 4　layui 中的 FORM 表单

场景 4 步骤

（1）复制 layui.jsp，将其重命名为 form.jsp，在<body></body>标签中添加图 11-11 所示的代码。

```
<form class="layui-form layui-form-pane" action="${pageContext.request.contextPath }/RegisterServlet.tran">
    <div class="layui-form-item">
        <label class="layui-form-label">用户名</label>
        <div class="layui-input-inline">
            <input type="text" class="layui-input" name="userName" lay-verify="required">
        </div>
    </div>
    <div class="layui-form-item">
        <label class="layui-form-label">密码</label>
        <div class="layui-input-inline">
            <input type="password" class="layui-input" name="password" lay-verify="required">
        </div>
    </div>
    <div class="layui-form-item">
        <label class="layui-form-label">兴趣爱好</label>
        <div class="layui-input-block">
            <input type="checkbox" name="like[write]" title="写作">
            <input type="checkbox" name="like[read]" title="阅读" checked>
            <input type="checkbox" name="like[dai]" title="发呆">
            <input type="checkbox" name="like[think]" title="思考">
        </div>
    </div>
    <div class="layui-form-item">
        <label class="layui-form-label">所在城市</label>
        <div class="layui-input-inline">
            <select name="city" lay-verify="required">
                <option value=""></option>
                <option value="0">北京</option>
                <option value="1">上海</option>
                <option value="2">广州</option>
                <option value="3">深圳</option>
                <option value="4">杭州</option>
            </select>
        </div>
    </div>
    <div class="layui-form-item">
        <label class="layui-form-label">是否记住我</label>
        <input type="checkbox" name="result" lay-skin="switch" lay-text="记住我|忘掉我" checked>
    </div>
    <div class="layui-form-item">
        <label class="layui-form-label">性别</label>
        <input type="radio" name="sex" value="男" title="男">
        <input type="radio" name="sex" value="女" title="女" checked>
    </div>
    <div class="layui-form-item">
        <label class="layui-form-label">验证码</label>
        <div class="layui-input-inline">
            <input type="text" class="layui-input" name="checkcode">
        </div>
        <div class="layui-form-mid layui-word-aux">3456</div>
    </div>
    <div class="layui-form-item layui-input-inline">
        <label class="layui-form-label">备注</label>
        <div class="layui-input-block">
            <textarea name="desc" placeholder="请输入内容" class="layui-textarea"></textarea>
        </div>
    </div>
    <div class="layui-form-item">
        <div class="layui-input-block">
            <button class="layui-btn" lay-submit lay-filter="formDemo">立即提交</button>
            <button type="reset" class="layui-btn layui-btn-primary">重置</button>
        </div>
    </div>
</form>
<script>
    layui.use('form', function() {});
</script>
```

图 11-11　layui 中的 FORM 表单

（2）打开浏览器，输入网址 http://localhost:8080/testui/form.jsp，程序运行效果如图 11-12 所示。

知识讲解 1：必须确保 layui 中的 FORM 表单结构是被支持的。表单根节点定义在<form>元素中（CSS 样式是 layui-form），表单项定义在<div>元素中（CSS 样式是 layui-form-item），表单控件的标签定义在<label>元素中（CSS 样式是 layui-form-label），控件的布局定义在<div>元素中（CSS 样式是 layui-input-inline 或者 layui-input-block）。

layui 中 FORM 表单的 HTML 结构如图 11-13 所示。

图 11-12　layui 表单运行效果

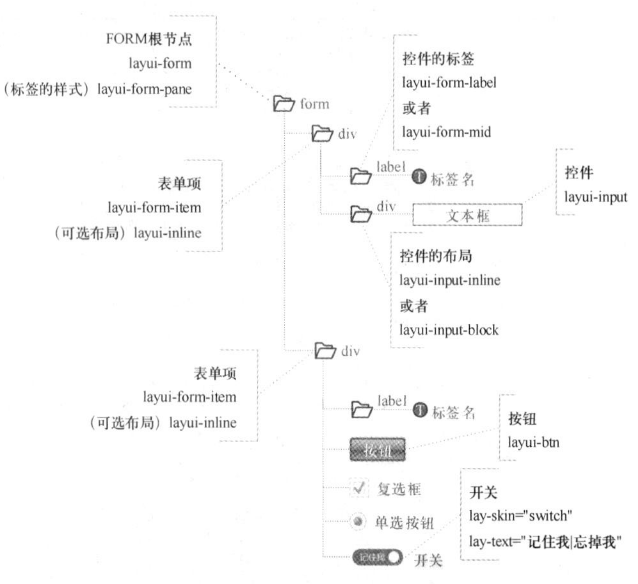

图 11-13　layui 中 FORM 表单的 HTML 结构

知识讲解 2：layui-inline 用于控制当前表单项，将其设置为行内元素。

知识讲解 3：layui-input-block 与 layui-input-inline 的区别。

<div class="layui-input-block">内容</div>：内容以“不换行”的方式占据剩余宽度。

<div class="layui-input-inline">内容</div>：内容占据“固定宽度”。如果内容超过“固定宽度”，剩余内容将会排列到下一行。

知识讲解 4：layui-form-pane 以面板（panel）的方式显示表单项中标签。

知识讲解 5：layui-form-mid 以与表单控件上下居中对齐（middle）的方式显示表单项中的文字。

场景 5　layui 中的徽章

场景 5 步骤

（1）复制 layui.jsp，将其重命名为 badge.jsp，在<body></body>标签中添加如下代码。

```
<button class="layui-btn">小圆点徽章，不能加文字<span class="layui-badge- dot"></span>
</button>
<button class="layui-btn">普通徽章<span class="layui-badge">666</span></button>
<button class="layui-btn">带边框的徽章<span class="layui-badge-rim">Hot</span></button>
```

（2）打开浏览器，输入网址 http://localhost:8080/testui/badge.jsp，程序运行效果如图 11-14 所示。

图 11-14　layui 中的徽章运行效果

知识讲解 1：layui 提供了如下 3 种徽章。

① 小圆点徽章：通过 layui-badge-dot 定义，里面不能包含文字。

② 普通徽章：通过 layui-badge 定义，里面可以包含文字。

③ 带边框的徽章：通过 layui-badge-rim 定义，里面可以包含文字。

知识讲解 2：layui 徽章 badge 的使用非常简单，只需要在<span />标签添加徽章对应的 CSS 样式即可。徽章主要起装饰作用，通常不会单独使用徽章，需要搭配其他元素使用，修饰其他元素。

11.1.3　layui 的栅格布局

layui 支持响应式布局，layui 的栅格布局将容器进行了 12 等分，内置超小型屏幕、小型屏幕、中型屏幕和大型屏幕 4 种不同尺寸屏幕的适配功能。

1. 设置布局容器

布局容器是存放页面内容或者栅格布局的容器。layui 提供了两种布局容器，即 layui-container 和 layui-fluid。

（1）layui-container：容器宽度固定，且支持响应式布局。

（2）layui-fluid：容器宽度不固定，占据 100%的宽度。

2. 在布局容器中设置行

layui 使用 layui-row 定义行，例如<div class="layui-row"></div>。

3. 在行中设置列

layui 使用类似“layui-col-md*”的格式定义列（列应该放置在行中）。

说明 1：layui 支持 4 种不同尺寸屏幕，分别是 xs（超小型屏幕，extra samll）、sm（小型屏幕，small）、md（中型屏幕，middle）和 lg（大型屏幕，large）。

说明 2：*表示该列所占用的 12 等分数，可选值为 1～12。

说明 3：列可以同时出现 4 种不同尺寸屏幕的组合，以呈现更加动态、灵活的布局。

说明 4：如果多个列的“等分数值”总和等于 12，则刚好满行排列。如果大于 12，多余的列将自动另起一行。

4. 为行中的每一列设置列间距

在布局容器中设置行时，可在行中追加 layui-col-space*，为行中的所有列设置列与列之间的距离（单位为 px）。

*表示列与列之间的距离，可选值为 1～30 的所有偶数间隔，并支持 1、5、15、25 的奇数间隔。

一行中最左侧的列不会出现左边距，最右侧的列不会出现右边距。

5. 为当前列设置右偏移

在行中设置列时，可在当前列中追加 layui-col-md-offset*，让当前列向右偏移。

*表示右偏移的列数，可选值为 1～12。例如 layui-col-md-offset3 代表在“中型屏幕”下，该列向右偏移 3 个列宽度。

为当前列设置右偏移时，针对的是不同尺寸的屏幕，比如上述例子只会在“中型屏幕”下有效。当低于“中型屏幕”规定的临界值时，剩余内容将会排列到下一行。

6. 嵌套

在列中添加行，即可完成嵌套，理论上可以对栅格布局进行无穷层次的嵌套。

11.1.4 小露身手：layui 中常用的容器

layui 中的容器能够同时容纳文字、图片等内容。layui 中常用的容器包括面板、引用块、字段集区块、时间线等。其中面板分为卡片面板和折叠面板两种，折叠面板又分为普通折叠面板和手风琴折叠面板两种。默认情况下，layui 容器宽度不固定，占据 100%的宽度。

场景 1　layui 栅格布局与 layui 面板的综合应用

场景 1 步骤

（1）复制 layui.jsp，将其重命名为 card.jsp，在<body></body>标签中添加图 11-15 所示的代码。

```
<div class="layui-container" style="padding:10px;">
    <div class="layui-row layui-col-space10">
        <div class="layui-col-md9">
            <div class="layui-collapse">
                <div class="layui-colla-item">
                    <h2 class="layui-colla-title">杜甫（普通折叠面板）</h2>
                    <div class="layui-colla-content layui-show">内容区域</div>
                </div>
                <div class="layui-colla-item">
                    <h2 class="layui-colla-title">李清照（普通折叠面板）</h2>
                    <div class="layui-colla-content layui-show">内容区域</div>
                </div>
                <div class="layui-colla-item">
                    <h2 class="layui-colla-title">鲁迅（普通折叠面板）</h2>
                    <div class="layui-colla-content layui-show">内容区域</div>
                </div>
            </div>
            <hr class="layui-bg-green"><hr class="layui-bg-green"><hr class="layui-bg-green">
            <div class="layui-collapse" lay-accordion>
                <div class="layui-colla-item">
                    <h2 class="layui-colla-title">杜甫（手风琴折叠面板）</h2>
                    <div class="layui-colla-content layui-show">内容区域</div>
                </div>
                <div class="layui-colla-item">
                    <h2 class="layui-colla-title">李清照（手风琴折叠面板）</h2>
                    <div class="layui-colla-content layui-show">内容区域</div>
                </div>
                <div class="layui-colla-item">
                    <h2 class="layui-colla-title">鲁迅（手风琴折叠面板）</h2>
                    <div class="layui-colla-content layui-show">内容区域</div>
                </div>
            </div>
        </div>
        <div class="layui-col-md3">
            <div class="layui-card">
                <div class="layui-card-header">笔记类别</div>
                <div class="layui-card-body layui-btn-container">
                    <a class='layui-btn'>类别1<span class="layui-badge">618</span></a>
                    <a class='layui-btn'>类别2<span class="layui-badge layui-bg-gray">618</span></a>
                    <a class='layui-btn'>类别3 <span class="layui-badge-rim">618</span></a>
                    <a class='layui-btn'>类别4 <span class="layui-badge-rim">Hot</span></a>
                    <a class='layui-btn'>类别5<span class="layui-badge-dot"></span></a>
                    <a class='layui-btn'>类别6<span class="layui-badge-dot layui-bg-gray"></span></a>
                    <a class='layui-btn'>类别7</a>
                </div>
            </div>
            <div class="layui-card">
                <div class="layui-card-header">笔记标签</div>
                <div class="layui-card-body layui-btn-container">
                    <a class='layui-btn'>标签1</a>
                    <a class='layui-btn'>标签2</a>
                    <a class='layui-btn'>标签3</a>
                    <a class='layui-btn'>标签4</a>
                    <a class='layui-btn'>标签5</a>
                    <a class='layui-btn'>标签6</a>
                    <a class='layui-btn'>标签7</a>
                </div>
            </div>
        </div>
    </div>
</div>
<script>
    layui.use('element', function() {});
</script>
```

图 11-15　layui 栅格布局与 layui 面板的综合应用

（2）打开浏览器，输入网址 http://localhost:8080/testui/card.jsp，程序运行效果如图 11-16 所示。

图 11-16　layui 栅格布局与 layui 面板的运行效果

知识讲解 1：本场景定义了一个 layui-container 容器，该容器定义了一行 layui-row，该行定义了两列（md9 和 md3），并设置两列的间距为 10px。第一列有两个折叠面板，第二列有两个卡片面板。

知识讲解 2：layui 面板可以作为一个独立的容器，存放文本、图片等内容。

知识讲解 3：layui 提供了两种面板，卡片面板和折叠面板。

① 卡片面板：卡片面板通常用于非白色背景的容器内，从而映衬出边框。卡片面板的 HTML 结构如图 11-17 所示。

② 折叠面板：折叠面板能有效地节省页面的可视面积，非常适合应用于 QA 问答系统、帮助文档。折叠面板的 HTML 结构如图 11-18 所示。

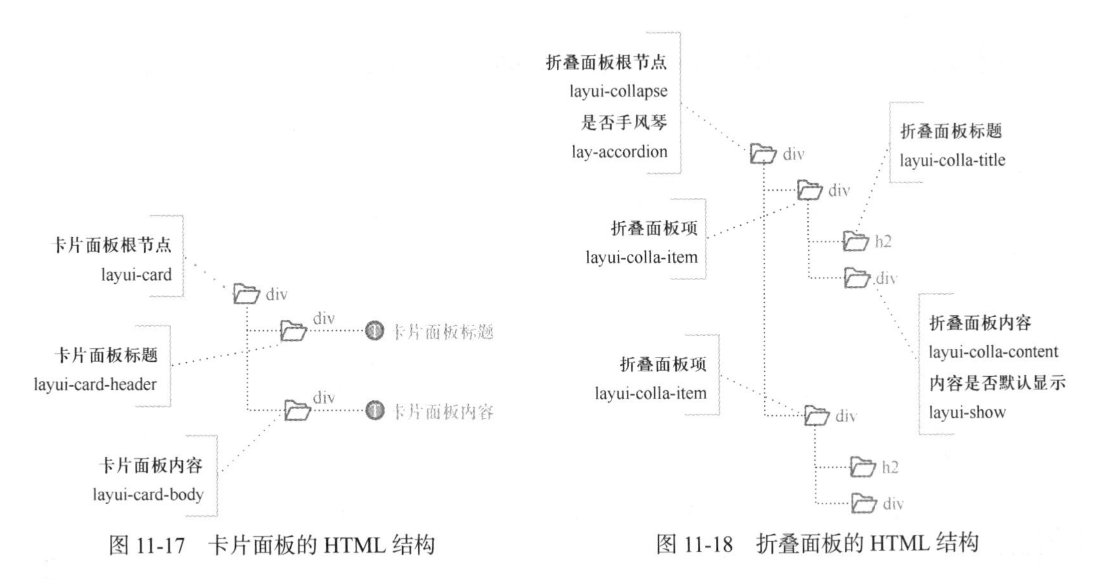

图 11-17　卡片面板的 HTML 结构　　　　图 11-18　折叠面板的 HTML 结构

折叠面板内容的 CSS 样式设置为 layui-show 时，表示初始化面板时，面板内容展开。

注意

普通折叠面板与手风琴折叠面板需要借助 element 模块才能呈现交互效果。

③ 手风琴折叠面板：一种特殊的折叠面板，在折叠面板的根节点设置属性 lay-accordion 后，开启折叠面板的手风琴模式，在进行折叠操作时，始终只会展现当前的面板。

场景 2　layui 中的引用块

场景 2 步骤

（1）复制 layui.jsp，将其重命名为 quote.jsp，在<body></body>标签中添加如下代码。

```
<blockquote class="layui-elem-quote">默认格式</blockquote>
<blockquote class="layui-elem-quote layui-quote-nm">另外一种格式</blockquote>
```

（2）打开浏览器，输入网址 http://localhost:8080/testui/quote.jsp，程序运行效果如图 11-19 所示。

说明

layui 提供了两种格式的引用块。

场景 3　layui 中的字段集区块

场景 3 步骤

（1）复制 layui.jsp，将其重命名为 fieldset.jsp，在<body></body>标签中添加如下代码。

```
<fieldset class="layui-elem-field">
    <legend>字段集区块（默认风格）</legend>
    <div class="layui-field-box">不枉百余日夜与之为伴。</div>
</fieldset>
<fieldset class="layui-elem-field layui-field-title">
    <legend>字段集区块（横线风格）</legend>
    <div class="layui-field-box">无论能走多远，至少曾倾注全心！</div>
</fieldset>
```

（2）打开浏览器，输入网址 http://localhost:8080/testui/fieldset.jsp，程序运行效果如图 11-20 所示。

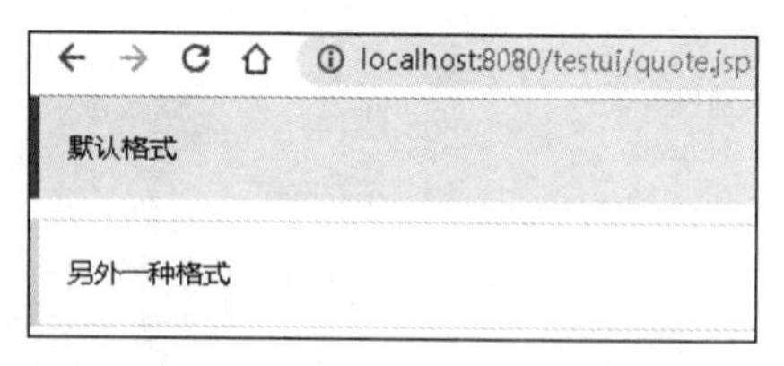

图 11-19　layui 中的引用块的运行效果

图 11-20　layui 中的字段集区块的运行效果

说明

layui 提供了两种格式的字段集区块——默认风格和横线风格。

场景 4　layui 中的时间线

场景 4 步骤

（1）复制 layui.jsp，将其重命名为 timeline.jsp，在<body></body>标签中添加图 11-21 所示的

代码。

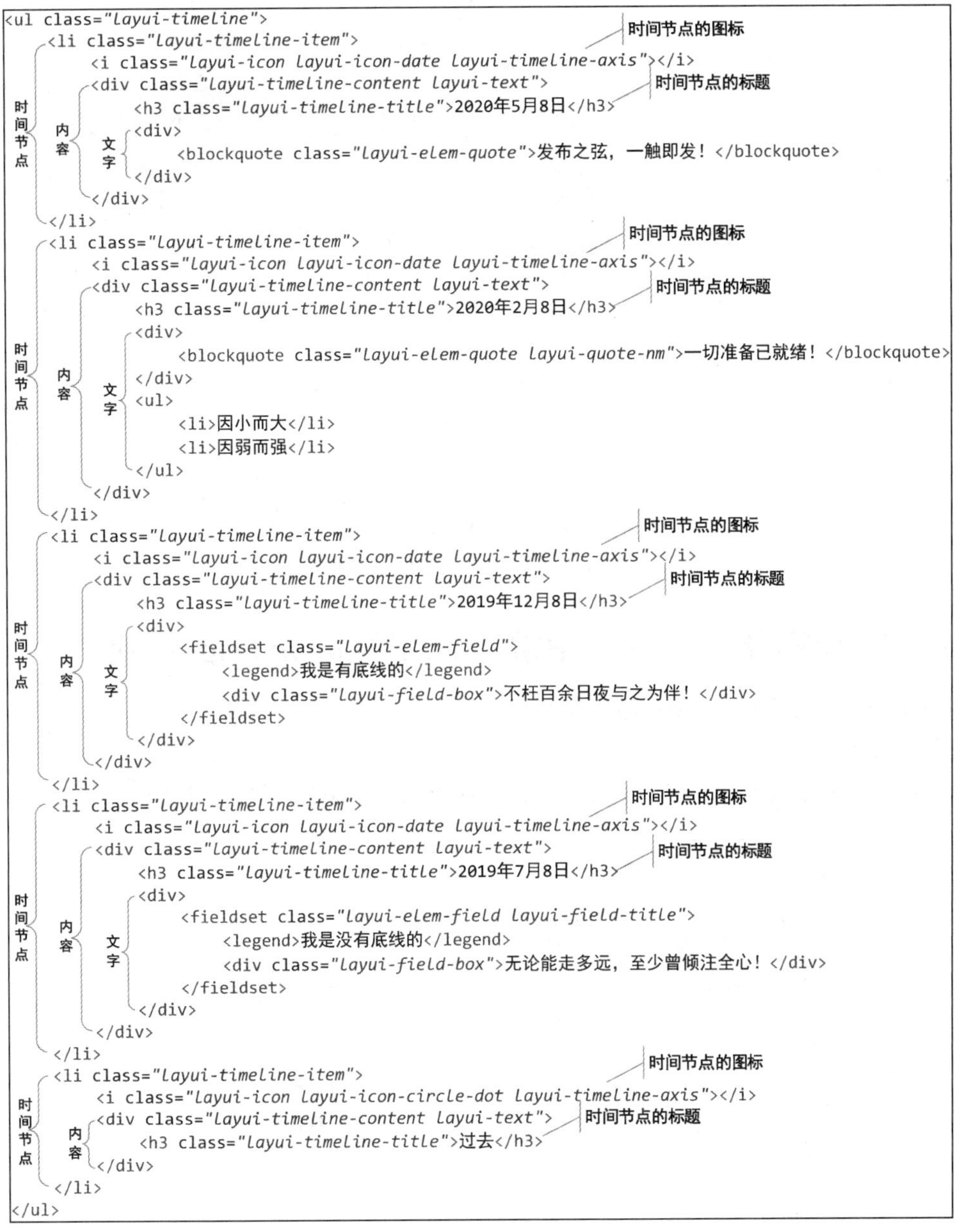

```
<ul class="layui-timeline">
    <li class="layui-timeline-item">                                            时间节点的图标
        <i class="layui-icon layui-icon-date layui-timeline-axis"></i>
        <div class="layui-timeline-content layui-text">                         时间节点的标题
            <h3 class="layui-timeline-title">2020年5月8日</h3>
            <div>
                <blockquote class="layui-elem-quote">发布之弦，一触即发！</blockquote>
            </div>
        </div>
    </li>
    <li class="layui-timeline-item">                                            时间节点的图标
        <i class="layui-icon layui-icon-date layui-timeline-axis"></i>
        <div class="layui-timeline-content layui-text">                         时间节点的标题
            <h3 class="layui-timeline-title">2020年2月8日</h3>
            <div>
                <blockquote class="layui-elem-quote layui-quote-nm">一切准备已就绪！</blockquote>
            </div>
            <ul>
                <li>因小而大</li>
                <li>因弱而强</li>
            </ul>
        </div>
    </li>
    <li class="layui-timeline-item">                                            时间节点的图标
        <i class="layui-icon layui-icon-date layui-timeline-axis"></i>
        <div class="layui-timeline-content layui-text">                         时间节点的标题
            <h3 class="layui-timeline-title">2019年12月8日</h3>
            <div>
                <fieldset class="layui-elem-field">
                    <legend>我是有底线的</legend>
                    <div class="layui-field-box">不枉百余日夜与之为伴！</div>
                </fieldset>
            </div>
        </div>
    </li>
    <li class="layui-timeline-item">                                            时间节点的图标
        <i class="layui-icon layui-icon-date layui-timeline-axis"></i>
        <div class="layui-timeline-content layui-text">                         时间节点的标题
            <h3 class="layui-timeline-title">2019年7月8日</h3>
            <div>
                <fieldset class="layui-elem-field layui-field-title">
                    <legend>我是没有底线的</legend>
                    <div class="layui-field-box">无论能走多远，至少曾倾注全心！</div>
                </fieldset>
            </div>
        </div>
    </li>
    <li class="layui-timeline-item">                                            时间节点的图标
        <i class="layui-icon layui-icon-circle-dot layui-timeline-axis"></i>
        <div class="layui-timeline-content layui-text">                         时间节点的标题
            <h3 class="layui-timeline-title">过去</h3>
        </div>
    </li>
</ul>
```

（左侧标注：时间节点 / 内容 / 文字）

图 11-21　layui 时间线示例代码

（2）打开浏览器，输入网址 http://localhost:8080/testui/timeline.jsp，程序运行效果如图 11-22 所示。

必须确保 layui 中的时间线结构是被支持的。时间线根节点定义在<ul>元素中（CSS 样式是 layui-timeline），每个时间线节点定义在<li>元素中（CSS 样式是 layui-timeline-item），每个节点图标定义在<i>元素中（CSS 样式是 layui-timeline-axis），每个节点的内容定义在<div>元素中（CSS 样式是 layui-timeline-content），每个节点内容的标题定义在<h>元素中（CSS 样式是 layui-timeline-title）。

图 11-22　layui 时间线运行效果

11.1.5　小露身手：layui 中常用的内置 JavaScript 模块

场景 1　layui 工具 util 模块：固定块

场景 1 步骤

（1）复制 layui.jsp，将其重命名为 fixbar.jsp，在<body></body>标签中添加图 11-23 所示代码。

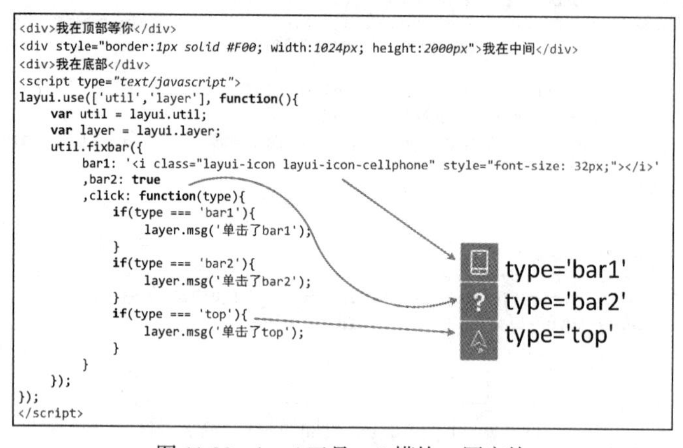

```
<div>我在顶部等你</div>
<div style="border:1px solid #F00; width:1024px; height:2000px">我在中间</div>
<div>我在底部</div>
<script type="text/javascript">
layui.use(['util','layer'], function(){
    var util = layui.util;
    var layer = layui.layer;
    util.fixbar({
        bar1: '<i class="layui-icon layui-icon-cellphone" style="font-size: 32px;"></i>'
        ,bar2: true
        ,click: function(type){
            if(type === 'bar1'){
                layer.msg('单击了bar1');
            }
            if(type === 'bar2'){
                layer.msg('单击了bar2');
            }
            if(type === 'top'){
                layer.msg('单击了top');
            }
        }
    });
});
</script>
```


图 11-23　layui 工具 util 模块：固定块

（2）打开浏览器，输入网址 http://localhost:8080/testui/fixbar.jsp，使用鼠标将页面滑动到页面底端，页面右下角包含了 3 个固定块 fixbar。单击 top 固定块，页面将被定位到页面顶端。

知识讲解：layui 的固定块需要借助 util 模块的 fixbar()函数才能呈现。示例程序中的 3 个固定块 fixbar，从上到下分别是 bar1、bar2 和 top。其中 bar1 固定块和 bar2 固定块是可选的，top 固定块是必选的。

uitl.fixbar()函数接收一系列的参数，用于设置固定块的图标、颜色、位置、单击事件，常用的参数如下。

① bar1：要么是 true，要么是 false，要么是图标（图片、文字等），默认值是 false。如果值为 true，则显示默认图标。如果值为图标（图片、文字等），则覆盖默认图标。

② bar2：参考 bar1。

③ bgcolor：设置固定块的背景色。

④ showHeight：出现 top 固定块图标的滚动条高度的临界值。默认值是 200，单位是 px。

⑤ css：设置固定块的位置，比如 css: {right: 100, bottom: 100}。

⑥ click：设置单击固定块后的回调函数，函数返回一个 type 参数，用于区分固定块的类型。type 参数的值可以是 bar1、bar2 和 top。

场景 2　layui 工具 util 模块：倒计时

场景 2 步骤

（1）复制 layui.jsp，将其重命名为 countdown.jsp，在<body></body>标签中添加如下代码。

```
<div id='today'></div>
<script>
layui.use(['util'], function() {
    var util = layui.util;
    var $ = layui.jquery;
    var endTime = new Date(2099, 1, 1).getTime(); //结束日期
    var currentTime = new Date().getTime(); //浏览器主机的当前日期
    util.countdown(endTime, currentTime, function(leftTime, currentTime, timer) {
       var str = leftTime[0] + '天' + leftTime[1] + '时' + leftTime[2] + '分' + leftTime[3]
+ '秒';
       $('#today').html('距离考试时间 2099 年 1 月 1 日还有: ' + str + timer + '次');
    });
});
</script>
```

（2）打开浏览器，输入网址 http://localhost:8080/testui/countdown.jsp，执行结果如图 11-24 所示。

图 11-24　layui 工具 util 模块（倒计时）执行结果

知识讲解 1：layui 的倒计时需要借助 util 模块的 countdown()函数才能实现，但该函数仅返回倒计时的数据，数据的显示需要借助于 JavaScript 或者 jQuery。

知识讲解 2：$('#today').html('str')是一段 jQuery 代码，功能是将 id='today'的元素的内容设置为 str，等价于 JavaScript 原生函数 document.getElementById("today").innerHTML = 'str'。

知识讲解 3：util.countdown()语法格式为 util.countdown(endTime, currentTime, callback)。

① endTime：结束时间戳或 Date 对象。

② currentTime：当前服务器时间戳或 Date 对象。

currentTime 的取值应该是服务器时间戳或 Date 对象，而不能是浏览器主机的当前日期（Web 开发人员不能过于依赖浏览器主机的时间）。示例程序为了简化代码，使用了浏览器主机的当前日期。

③ callback：回调函数。如果倒计时尚在运行，则每一秒都会执行一次。并且返回 3 个参数：leftTime（表示剩余时间，包含天/时/分/秒的对象）、currentTime（表示当前服务器时间戳或 Date

对象）以及 timer（表示计数器）。

11.1.6 layui 知识补充

layui 的动画技术采用 CSS3 实现，目前，layui 支持 7 种动画 CSS 样式，包括从最底部往上滑入（layui-anim-up）、微微往上滑入（layui-anim-upbit）、平滑放大（layui-anim-scale）、弹簧式放大（layui-anim-scaleSpring）、渐出（layui-anim-fadein）、渐隐（layui-anim-fadeout）、360°旋转（layui-anim-rotate）。对 HTML 元素添加动画对应的 CSS 样式，即可添加 layui 动画。

例如下面的代码就是向“你好”添加了“从最底部往上滑入”的动画。

```
<div class="layui-anim layui-anim-up">你好</div>
```

知识讲解 1：对 HTML 元素设定 layui-anim 样式，即可定义一个 layui 动画。

知识讲解 2：对 layui 动画追加诸如 layui-icon-{type}的 CSS 样式，即可指定动画（例如 layui-anim-up 代表了从最底部往上滑入的动画）。

注意 1：浏览器加载页面后，动画效果只会播放一次；若要重复动画效果，需要刷新页面。

注意 2：若要实现功能，单击该文字后，触发该文字的动画效果，需借助 JavaScript 删除动画对应的 CSS 样式，再添加动画对应的 CSS 样式。

知识讲解 3：layui 支持循环播放动画，在动画元素中追加 CSS 样式 layui-anim-loop 即可。例如下面的代码。

```
<div class="layui-anim layui-anim-up layui-anim-loop">你好</div>
```

11.1.7 小露身手：layui 补充知识

场景 1　layui 动画

场景 1 步骤

（1）复制 layui.jsp，将其重命名为 animate.jsp，将代码修改为如下代码（粗体代码为新增代码）。

```
<%@ page language="java" contentType="text/html; charset=UTF-8" pageEncoding="UTF-8"%>
<!DOCTYPE html>
<html>
<head>
<meta charset="utf-8">
<meta name="viewport" content="width=device-width, initial-scale=1, maximum-scale=1">
<title>开始使用 layui</title>
<link rel="stylesheet" href="${pageContext.request.contextPath }/resources/layui/
css/layui.css">
<script src="${pageContext.request.contextPath }/resources/layui/layui.js"></script>
<style>
#logo {
    width: 150px;
    height: 150px;
    line-height: 150px;
    text-align: center;/*文字与正方形区域的中心对齐*/
    cursor: pointer;
}
</style>
</head>
<body>
<div class="layui-circle layui-bg-gray layui-anim layui-anim-rotate" id='logo'>
```

```
<i class="layui-icon layui-icon-read" style="font-size: 60px;"></i>
</div>
<script>
    layui.use('jquery', function() {
        var $ = layui.jquery;
        setTimeout(function() {
            $('#logo').removeClass('layui-anim-rotate');
        }, 1000);//动画第一次播放的 1 秒后，删除动画。为下次动画做好初始化准备工作。
        $('#logo').on('click', function() {
            $('#logo').addClass('layui-anim-rotate');
            setTimeout(function() {
                $('#logo').removeClass('layui-anim-rotate');
            }, 1000);
        });

    });
</script>
</body>
```

说明：本程序使用 layui 内置的 CSS 样式 layui-circle，将正方形区域设置为圆形区域，并使用 layui 内置的 CSS 样式 layui-bg-gray 将圆形区域的背景颜色设置为灰色。

（2）打开浏览器，输入网址 http://localhost:8080/testui/animate.jsp，程序运行后，图标自动 360°旋转。每次单击该图标，都会触发该图标 360°旋转，如图 11-25 所示。

图 11-25　layui 动画运行效果

示例程序中 JavaScript 的代码说明如下。

① 函数 setTimeout()是 window 对象的函数，语法格式是：setTimeout(function(){},time)。该函数的功能是 time ms 后，执行函数 function()的代码。

② $('#logo').removeClass('layui-anim-rotate')是一段 jQuery 代码，功能是删除 id='logo'的 HTML 元素的 CSS 样式 layui-anim-rotate。等价于下面的 JavaScript 原生函数。

```
document.getElementById("logo").classList.remove("layui-anim-rotate")
```

HTML5 扩展了 CSS 样式的有关操作，JavaScript 可通过 CSS 样式列表 classList 属性操作 HTML 元素的 class 属性。classList 样式列表属性提供如下函数。

add(value)：添加 CSS 样式。如果有 CSS 样式则不添加。

contains(value)：判断是否存在 CSS 样式，返回布尔值。

remove(value)：从列表中删除 CSS 样式。

toggle(value)：切换 CSS 样式。如果 CSS 样式列表中存在 CSS 样式则删除，否则添加。

③ $('#logo').on('click', function() {})是一段 jQuery 代码，功能是监听 id='logo'的 HTML 元素的单击事件。单击事件发生后，触发执行 function()函数。等价于下面的 JavaScript 原生函数。

```
document.getElementById("logo").onclick=function(){
    alert(this.getAttribute("class")); // this 指当前发生事件的 HTML 元素
}
```

④ 灰色底纹的代码功能是：第一次动画开始执行的 1000ms（1s）后，删除动画 layui-anim-rotate，为下次单击事件做好动画的初始化准备工作。

⑤ 单击图标后，向图标添加 layui-anim-rotate 动画，图标开始 360°旋转。动画开始执行的 1000ms（1s）后，删除图标的动画 layui-anim-rotate，为下次单击事件做好动画的初始化准备工作。

⑥ $('#logo').addClass('layui-anim-rotate')是一段 jQuery 代码，功能是向 id='logo'的 HTML 元素添加 CSS 样式 layui-anim-rotate。等价于下面的 JavaScript 原生函数。

```
document.getElementById("logo").classList.add("layui-anim-rotate")
```

场景 2　layui 文件上传

场景 2　准备工作

（1）打开 testui 项目，在 WebContent 目录的 resources 目录下创建 photo 目录，用于存储用户的头像。

（2）从互联网下载一张 JPG 图片，将其重命名为 default.jpg，存放到 photo 目录，作为默认头像。

场景 2 步骤

（1）复制 layui.jsp，将其重命名为 upload.jsp，在<body></body>标签中添加如下代码。

```
<img id="photo" height=50 width=50 class="layui-circle"
src="${pageContext.request.contextPath}/ShowPhotoServlet?fileName=default.jpg">
<button type="button" class="layui-btn layui-bg-gray" id="uploadPhoto">
<i class="layui-icon layui-icon-picture"></i>上传头像
</button>
<script type="text/javascript">
layui.use('upload', function(){
       var upload = layui.upload;
       var $ = layui.jquery;
       upload.render({
         elem: '#uploadPhoto' //绑定 HTML 元素
         ,size: 1024*2 //允许上传的最大文件大小，单位为 KB
         ,accept: 'images'//允许上传的文件类型
         ,exts: 'jpg|png|gif|bmp|jpeg'
         ,field: 'upload'//命名为 upload，目的是兼容 CKEditor 的图片上传
         ,url: '${pageContext.request.contextPath}/UploadPhotoServlet' //上传接口
         ,done: function(res){
             $("#photo").attr('src',res.url);
         }
       });
    });
</script>
```

（2）创建显示图片的 Servlet 程序 ShowPhotoServlet。

打开 Project Explorer 视图→展开刚刚创建的 Web 项目→展开 Java Resources→右击 src→单击 Servlet→弹出 Create Servlet 窗口。Java package 文本框处输入 controller，Class name 文本框处输入 ShowPhotoServlet，单击完成按钮。将代码修改为如下代码。

```
@WebServlet("/ShowPhotoServlet")
public class ShowPhotoServlet extends HttpServlet {
```

```
        protected void doGet(HttpServletRequest request, HttpServletResponse response) 
throws ServletException, IOException {
            String fileName = request.getParameter("fileName");
            String path=this.getServletContext().getRealPath("resources/photo/"+fileName);
            java.io.File file = new java.io.File(path);
            java.io.FileInputStream fis = new java.io.FileInputStream(file);
            String mime = request.getServletContext().getMimeType(fileName);
            if (mime == null) {
                mime = "application/octet-stream";
            }
            response.setContentType(mime);
            response.setContentLength((int)file.length());
            javax.servlet.ServletOutputStream sos = response.getOutputStream();
            byte[] bytes = new byte[1024*4];
            int len = 0;
            while( (len = fis.read(bytes))!=-1 ) {
                sos.write(bytes, 0, len);
            }
            fis.close();
            sos.close();
        }
    }
```

（3）创建上传图片的 Servlet 程序 UploadPhotoServlet。在 controller 中新建 Servlet 程序 UploadPhotoServlet，将代码修改为如下代码。

```
    @javax.servlet.annotation.MultipartConfig
    @WebServlet("/UploadPhotoServlet")
    public class UploadPhotoServlet extends HttpServlet {
        protected void doPost(HttpServletRequest request, HttpServletResponse response) 
throws ServletException, IOException {
            request.setCharacterEncoding("UTF-8");
            String pictureDIR = "/resources/photo/";
            String picturePath = request.getServletContext().getRealPath(pictureDIR);
            javax.servlet.http.Part part = request.getPart("upload");//此处为了兼容
CKEditor 图片上传
            response.setContentType("text/html;charset=UTF-8");
            if(part != null) {
                String fileContentType = part.getContentType();
                if(fileContentType.contains("image/")) {
                    String fileName = part.getSubmittedFileName();
                    if (fileName !=null && !"".equals(fileName)) {
                        String suffix = fileName.substring(fileName.lastIndexOf("."));
                        long time = System.currentTimeMillis();
                        fileName = time + suffix;
                        System.out.println("文件上传到: " + picturePath + fileName);
                        part.write(picturePath + fileName);
                        part.delete();
                        String contextPath = request.getContextPath();
                        String url = contextPath + "/ShowPhotoServlet?fileName=" + 
fileName + "&" + time;
                        //返回的 JSON 数据，目的是兼容 CKEditor 中的图片显示
                        String json = "{\"uploaded\":\"1\",\"url\":\"" + url + "\"}";
                        response.getWriter().append(json);
                        System.out.println("返回的 JSON 数据是" + json);
                    }
                }
            }
        }
```

```
}
```

注意

为了让 Servlet 程序支持文件上传操作，必须确保向 Servlet 程序添加如下注解。

```
@javax.servlet.annotation.MultipartConfig
```

（4）重启 Tomcat 服务器。

（5）打开浏览器，输入网址 http://localhost:8080/testui/upload.jsp，程序运行效果如图 11-26 所示。

图 11-26　layui 文件上传

知识讲解 1：传统方式文件上传与 layui 文件上传的对比。

以前，上传文件必须借助 type="file"的文件上传框完成；现在，使用 layui 提供的文件上传（图片上传）模块，可将任意 HTML 元素（按钮、图片等）定义为“文件上传框”。以前，上传文件时，必须将数据的提交方式设置为 POST，请求数据的格式设置为 multipart/form-data；现在，layui 的文件上传模块已经帮助我们进行了相关设置。

知识讲解 2：layui 文件上传使用的模块是 upload 模块，必须加载 upload 模块，并获取 upload 文件上传模块的实例化对象（这里以 upload 对象为例）。

知识讲解 3：layui 文件上传的核心是 upload 对象的渲染函数 upload.render(options)，其中的 options 是基础参数，是一个对象类型的数据。文件上传渲染 render()函数常用的 options 参数如下。

① elem：将指定 id 值的 HTML 元素渲染为 layui 文件上传框。

② size：设置上传文件的最大文件大小，单位为 KB。

③ accept：设置校验的文件类型，可选值有 image（图片）、file（所有文件）、video（视频）、audio（音频）。

④ exts：设置允许上传的文件后缀，一般配合 accept 参数一起使用。

⑤ field：设置文件上传框的 name 值。如果没有设置，则文件上传框的 name 值被设置为 file。本场景将 field 设置为 upload，是为了和 CKEditor 图片上传兼容。

⑥ url：实现文件上传功能的 Servlet 程序（本场景是 UploadPhotoServlet 程序）。

⑦ done：设置上传成功后的 JavaScript 回调函数。返回 3 个参数，分别是 res、index 和 upload。其中 res 表示 Servlet 程序的响应数据；index 表示上传文件的索引；upload 定义了重新上传的函数，一般在文件上传失败后使用。本场景仅使用了 res 参数，用于获取 UploadPhotoServlet 的响应数据。

知识讲解 4：layui 文件上传模块要求，实现文件上传功能的程序必须返回 JSON 数据。以 UploadPhotoServlet 程序为例，该 Servlet 程序返回的响应数据是一个 JSON 字符串，格式如下。

```
{"uploaded":"1","url":"/testui/ShowPhotoServlet?fileName=1574863920157.jpg&1574863920157"}
```

说明

选择上述 JSON 格式，是为了与 CKEditor 富文本编辑器的图片上传功能兼容。

知识讲解 5：ShowPhotoServlet 负责将参数为 fileName 的图片显示在网页上；UploadPhotoServlet

负责实现文件上传功能，并返回 JSON 数据。限于篇幅，不赘述。

知识讲解 6：$("#photo").attr('src',res.url)是一段 jQuery 代码，功能是将 id='photo'的 HTML 元素的 src 属性设置为 res.url。等价于如下的 JavaScript 原生函数。

```
document.getElementById("photo").setAttribute('src', res.url)
```

知识讲解 7：JavaScript 对象。

upload.render(options)中的 options 是一个对象类型的数据。JavaScript 对象是一个容纳若干个“名称:值”对的容器。例如下面的代码片段定义了 person 对象，person 对象有两个属性（firstName 和 lastName）和一个函数（fullName）。

```
var person = {
  firstName: "Ma",
  lastName : "Jack",
  fullName : function() {
     return this.firstName + " " + this.lastName;
  }
};
```

11.2　CKEditor 5 的使用

CKEditor 是一个“所见即所得”的富文本编辑器，由波兰 CKSource 公司开发，其前身是 FCKeditor。CKEditor 5 共提供了 5 种在线编辑解决方案，分别是 Classic、Inline、Balloon、Balloon bloc 以及 Document。本书主要讲解经典模式编辑器（Classic）的使用，其他类型编辑器的使用，可参考 CKEditor 的官方文档。

11.2.1　经典模式编辑器的下载和安装

CKEditor 的下载主要有 3 种方法，对于初学者而言，最简单的方法是从 CKEditor 官网下载 ZIP 压缩文件。目前，CKEditor 5 的最新版本是 ckeditor5-build-classic-16.0.0，本书前言提供了该版本软件的下载地址。

CKEditor 的安装非常简单，将 ZIP 压缩文件解压后，产生 ckeditor5-build-classic 文件夹，其中核心文件是 JavaScript 文件 ckeditor.js 和 translations 文件夹中的 JavaScript 字体文件（本书仅使用简体中文字体文件 zh-cn.js）。

11.2.2　小露身手：CKEditor 的基本使用

场景 1　快速上手 CKEditor

场景 1 步骤

（1）打开 testui 项目，在 WebContent 目录的 resources 目录下创建 ckeditor 目录。

（2）将解压产生的 JavaScript 文件 ckeditor.js 和 zh-cn.js 复制到 ckeditor 目录下。

（3）在 WebContent 目录下创建 ckeditor 的模板 JSP 程序 editor1.jsp，并修改为如下代码。

```
<%@ page language="java" contentType="text/html; charset=UTF-8" pageEncoding="UTF-8"%>
<!DOCTYPE html>
<html>
<head>
<meta charset="utf-8">
```

```
<meta name="viewport" content="width=device-width, initial-scale=1, maximum-scale=1">
<title>开始使用 CKEditor</title>
<link rel="stylesheet" href="${pageContext.request.contextPath }/resources/layui/
css/layui.css">
<link rel="stylesheet" href="${pageContext.request.contextPath }/resources/ckeditor/
sample.css">
<script src="${pageContext.request.contextPath }/resources/layui/layui.js"></script>
<script src="${pageContext.request.contextPath }/resources/ckeditor/ckeditor.js">
</script>
<script src="${pageContext.request.contextPath }/resources/ckeditor/zh-cn.js"></script>
</head>
<body>
<form class="layui-form" action="${pageContext.request.contextPath }/SaveContentServlet"
method="post">
<textarea id="content" name="content"></textarea>
<br/>
<button class="layui-btn" type="submit">提交</button>
</form>
<script>
ClassicEditor.create(document.querySelector('#content'),{
    language : 'zh-cn',
});
</script>
</body>
</html>
```

说明

经典模式编辑器的用法是，将“<textarea>文本域”替换成“CKEditor 富文本编辑器”。

（4）在浏览器地址栏输入网址 http://localhost:8080/testui/editor1.jsp，程序运行效果如图 11-27 所示。

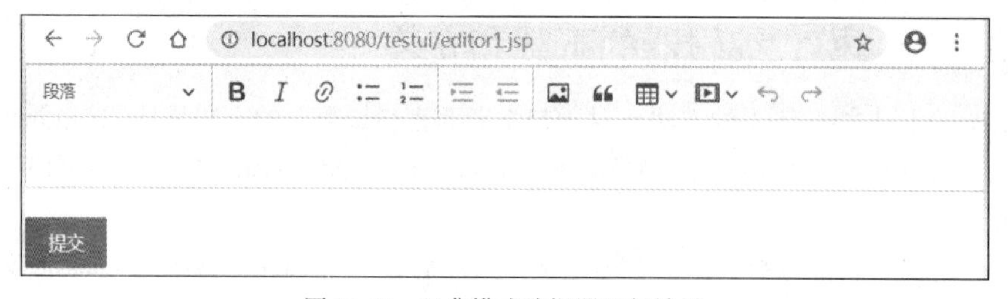

图 11-27　经典模式编辑器运行效果

说明

默认情况下，CKEditor 编辑器随编辑内容的增长而自动增长。

知识讲解 1：ClassicEditor.create()函数用于构建一个富文本编辑器，该函数在 ckeditor.js 文件中定义。构建富文本编辑器后，将其渲染在 id=content 的文本域处（<textarea>）。

知识讲解 2：配置选项{language : 'zh-cn',}负责“汉化”富文本编辑器的工具栏，具体“汉化”方法在 zh-cn.js 字体文件中定义。

场景 2　CKEditor 工具栏的定制

场景 2 步骤

（1）复制 editor1.jsp，将其重命名为 editor2.jsp，将 JavaScript 代码修改为如下代码。

```
<script>
```

```
    ClassicEditor.create(document.querySelector('#content'),{
        language : 'zh-cn',
        toolbar:    ['heading','|','bold','italic','link','blockQuote','|',    'undo',
'redo'],
    });
    </script>
```

toolbar 参数用于定制 CKEditor 的工具栏，其中竖线“|”用于分隔工具。

（2）在浏览器地址栏输入网址 http://localhost:8080/testui/editor2.jsp，程序运行效果如图 11-28 所示。

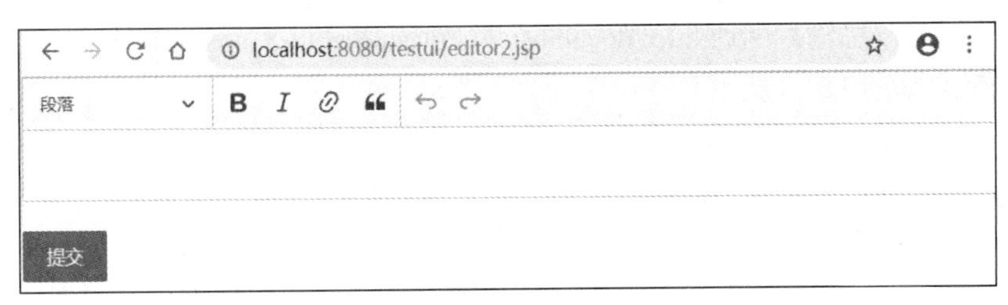

图 11-28　CKEditor 工具栏的定制

场景 3　CKEditor 图片上传与显示

场景 3 步骤

（1）复制 editor1.jsp，将其重命名为 editor3.jsp，将 JavaScript 代码修改为如下代码。

```
    <script>
    ClassicEditor.create(document.querySelector('#content'),{
        language : 'zh-cn',
        toolbar: ['heading','|','bold','italic','link','imageUpload','blockQuote','|',
'undo', 'redo'],
        ckfinder: {
            uploadUrl: '${pageContext.request.contextPath}/UploadPhotoServlet'
        },
    });
    </script>
```

（2）创建保存编辑器内容的 Servlet 程序 SaveContentServlet.java。在 controller 中新建 Servlet 程序 SaveContentServlet，将代码修改为如下代码。

```
    @WebServlet("/SaveContentServlet")
    public class SaveContentServlet extends HttpServlet {
        protected void doPost(HttpServletRequest request, HttpServletResponse response)
throws ServletException, IOException {
            request.setCharacterEncoding("UTF-8");
            String content = request.getParameter("content");
            request.setAttribute("content", content);
            request.getRequestDispatcher("/showContent.jsp").forward(request,
response);
        }
    }
```

（3）复制 editor1.jsp，将其重命名为 showContent.jsp，将<body></body>标签中的代码修改为如下代码。

```
    <textarea id="ckeditor" name="content">${content}</textarea>
```

```
<script>
var ckeditor = ClassicEditor.create(document.querySelector('#ckeditor'),{
    toolbar: [],
});
ckeditor.then(editor => {
    editor.isReadOnly = true
});
</script>
```

代码片段“editor.isReadOnly = true”将 CKEditor 编辑器设置为只读模式(不可编辑)。

（4）重启 Tomcat。

（5）在浏览器地址栏输入网址 http://localhost:8080/testui/editor3.jsp，编辑内容并选择上传的图片，程序运行效果如图 11-29 所示。

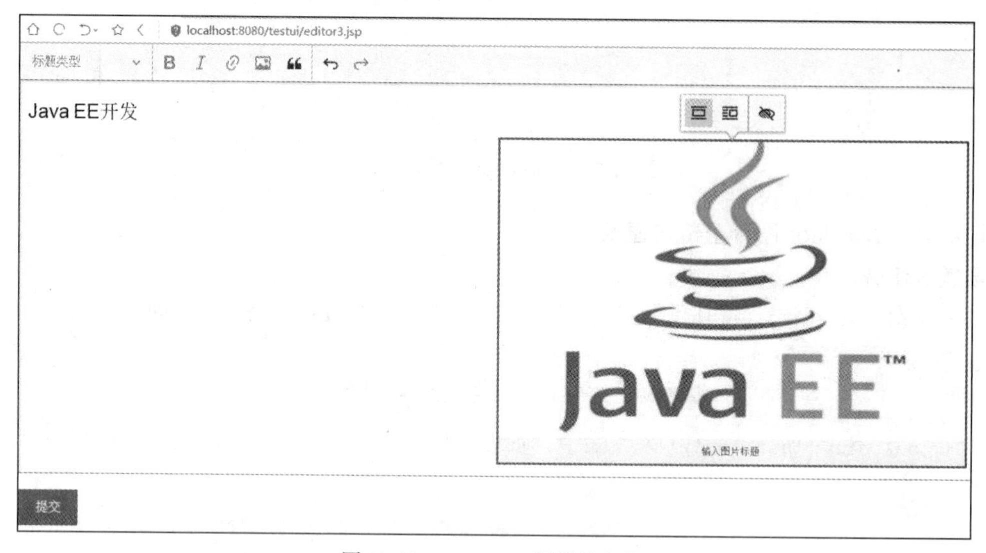

图 11-29　CKEditor 图片的上传

（6）单击提交按钮后，程序运行效果如图 11-30 所示。

图 11-30　CKEditor 图片的显示

说明 1：CKEditor 图片上传功能的实现借助“layui 文件上传”场景中的 UploadPhotoServlet 程序。使用 CKEditor 上传图片时，CKEditor 默认构建了一个“name=upload”的文件上传框。UploadPhotoServlet 程序返回的响应数据需是一个 JSON 字符串，且遵循如下格式。

```
{"uploaded":"1","url":"/testui/ShowPhotoServlet?fileName=1574871616473.jpg&1574871
616473"}
```

说明 2：CKEditor 图片上传后的显示，需要借助“layui 文件上传”场景中的 ShowPhotoServlet 程序。

实践任务　layui 和 CKEditor 的使用

1. 目的

参考本章每个小露身手的目的。

2. 环境

Web 服务器主机：JDK 8、Tomcat 9。

集成开发环境：eclipse-jee-2018-09-win32。

浏览器：Chrome。

layui 版本：2.5.5。

CKEditor 版本：CKEditor 5。

任务 1　小露身手：快速上手 layui（详细步骤请参考 11.1.1 节的内容）。

任务 2　小露身手：layui 中的页面元素（详细步骤请参考 11.1.2 节的内容）。

任务 3　小露身手：layui 中常用的容器（详细步骤请参考 11.1.4 节的内容）。

任务 4　小露身手：layui 中常用的内置 JavaScript 模块（详细步骤请参考 11.1.5 节的内容）。

任务 5　小露身手：layui 补充知识（详细步骤请参考 11.1.7 节的内容）。

任务 6　小露身手：CKEditor 的基本使用（详细步骤请参考 11.2.2 节的内容）。

第 12 章 项目实训：个人笔记系统首页模块的设计与实现

本章是前面所学知识的综合性应用。本章利用 MVC，设计并实现个人笔记系统的首页模块，利用 layui 为个人笔记系统设计并实现一个简洁美观的首页。

12.1 个人笔记系统首页模块的设计与分析

一个动态网站通常由多个动态页面组成，其中最为重要的就是首页。首页是动态网站的门面，是留给浏览器用户好的第一印象最为关键的页面。谈及首页，初学者通常会存在一个错误认识：首页由一个程序（例如一个静态 HTML 程序或者一个动态 JSP 程序）构成。实则不然，首页通常由一组程序构成。

以个人笔记系统为例，按照 MVC 的设计理念，个人笔记系统的首页涉及控制器层 Servlet 层、过滤器层 Filter 层、业务逻辑层 Service 层、数据访问层 DAO 层以及视图层 JSP 层。视图层程序负责展现首页外观，其他层负责为视图程序提供数据和逻辑，这就是本章将首页称为首页模块的原因。本章将从外观的角度、逻辑的角度以及数据的角度，设计与实现个人笔记系统的首页模块。

12.1.1 个人笔记系统首页模块的视图层设计

本章将在实践任务环节，使用 layui 对个人笔记系统的首页进行页面设计和页面布局。个人笔记系统的首页对应的视图层程序是 wenote.jsp，该程序分为“头”（header）、“尾”（footer）、“中”（container）3 部分，其中“头”和“尾”使用的 layui 内置 CSS 样式是 layui-row，“中”使用的 layui 内置 CSS 样式是 layui-container。最终，给浏览器用户呈现出“头、尾宽，中间窄”的视觉效果。个人笔记系统首页的 CSS 布局如图 12-1 所示。

具体如下。

“头”（header）是一个样式为 layui-row 的父<div>容器，该父<div>容器中请求包含了 noteHeader.jsp 程序。noteHeader.jsp 程序包含 3 个样式为 layui-col-md{*}的子<div>容器。也就是说，noteHeader.jsp 程序分成左、中、右 3 列，并按照“4+5+3”的比例分配栅格。“左列”存放个人笔记系统的 logo，“中列”存放导航，“右列”存放一个模糊查询表单（表单中包含一个考试时间倒计时）。

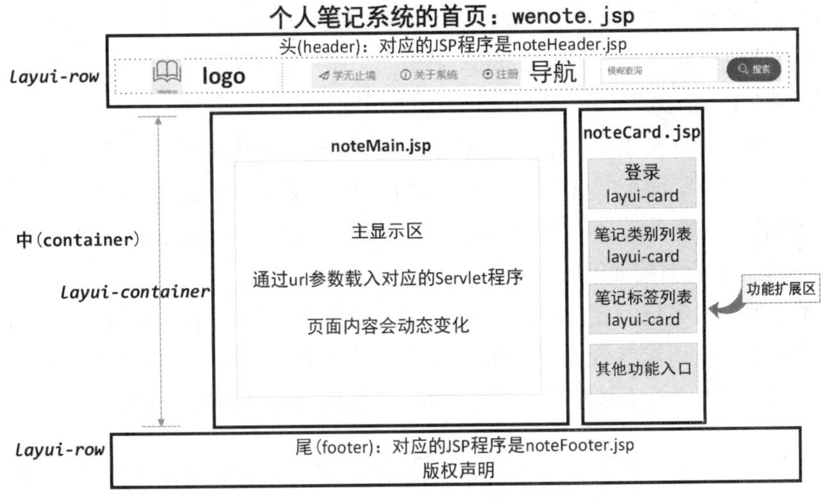

图 12-1　个人笔记系统首页的 CSS 布局

“中”（container）是一个样式为 layui-container 的父<div>容器，该父<div>容器包含了一个样式为 layui-row 的子<div>容器。子<div>容器又被分为左、右两列（9+3），其中“左列”请求包含 noteMain.jsp 程序，“右列”请求包含 noteCard.jsp 程序。“左列” noteMain.jsp 程序是个人笔记系统的主显示区；“右列”由若干个 layui 面板组成功能扩展区。功能扩展区提供了个人笔记系统的功能入口，读者可根据功能需求开发新的 layui 面板，扩展个人笔记系统的功能。

“尾”（footer）是一个 CSS 样式为 layui-row 的父<div>容器，该父<div>容器中请求包含了 noteFooter.jsp 程序。该程序最为简单，只显示版权声明。

12.1.2　个人笔记系统首页模块的逻辑分析

根据个人笔记系统首页模块的视图层设计，本章将在实践任务环节，构建一个图 12-2 所示的个人笔记系统首页。

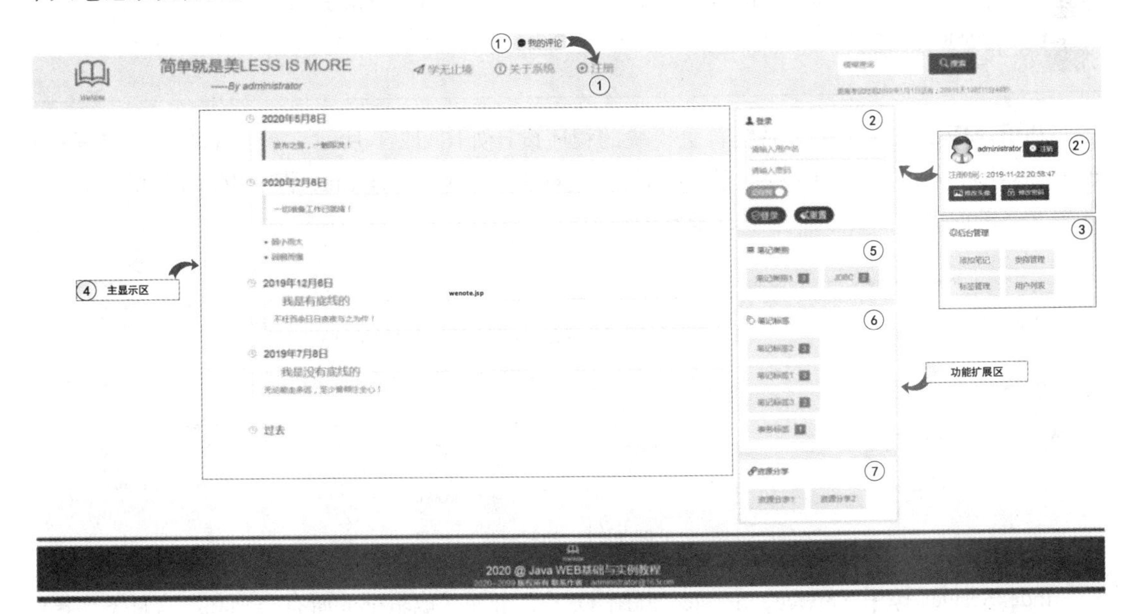

图 12-2　个人笔记系统首页

个人笔记系统首页“暗含”了若干简单的业务逻辑，具体说明如下。

当以游客身份浏览首页时，首页①部分显示“注册”超链接，首页②部分显示“登录”面板（“登录”面板对应 login.jsp 程序）。

当以普通注册用户身份成功登录后，首页第①部分被替换成“我的评论”超链接，首页②部分被替换成“个人简介”面板②（“个人简介”面板②对应 profile.jsp 程序）。

当以作者身份成功登录后，将在②部分“个人简介”面板的下面，显示③部分“后台管理”面板（“后台管理”面板对应 author.jsp 程序）。

首页④部分是个人笔记系统的主显示区，主显示区请求包含 noteMain.jsp 程序。该程序从 request 请求对象中接收请求参数 url，继而决定加载哪个功能模块（如果没有接收请求参数 url，则加载默认的功能模块“关于系统”。“关于系统”对应 aboutWeNote.jsp 程序）。

⑤、⑥、⑦部分是个人笔记系统的功能扩展区，功能扩展区由若干 layui 面板组成。每一个 layui 面板定义了个人笔记系统的一组功能，提供了访问各个功能的入口。读者可根据实际需要，开发新的 layui 面板，并将其放入功能扩展区，继而扩展个人笔记系统的功能。

12.1.3 个人笔记系统首页模块的数据分析

个人笔记系统首页的⑤部分罗列了笔记的所有类别，⑥部分罗列了笔记的所有标签，⑤部分和⑥部分展现的数据来自 wenote 数据库。

采用 MVC 设计应用程序时，视图层 JSP 程序是不能直接从数据库中获取数据的。访问数据库的操作应该交由数据访问层的 DAO，再由 DAO 将数据传递给业务逻辑层 Service，再由 Service 将数据传递给控制器层 Servlet 程序，再由 Servlet 程序利用 request 域对象或者 session 域对象将数据传递给视图层 JSP 程序，最终由视图层 JSP 程序渲染数据。

这里建议使用 request 域对象传递数据。这是因为 request 域对象的生命周期较短，session 域对象的生命周期太长，过长的生命周期会导致数据长期占用 Web 服务器的内存。

基于 MVC 的个人笔记系统首页模块的程序设计如图 12-3 所示，首页模块的入口程序是 IndexServlet，并且该 Servlet 程序对应的 urlPatterns 是 IndexServlet.tran，将 urlPatterns 的扩展名设计为 tran 的原因，读者可参考 10.3 节的内容。

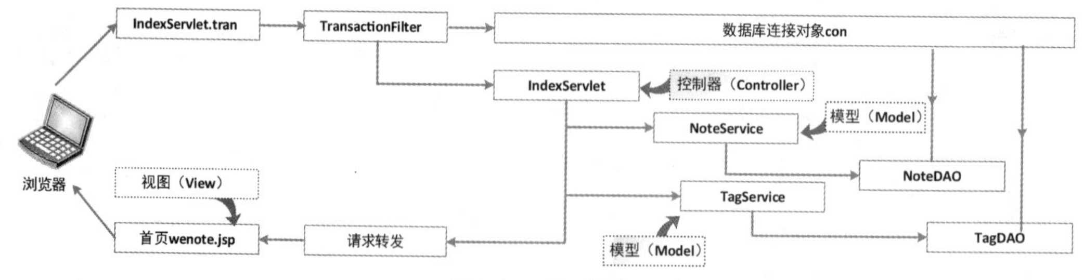

图 12-3　首页模块

IndexServlet 调用 Service，Service 调用 DAO，继而获取笔记的所有类别和所有标签。再由 IndexServlet 将这些数据绑定在 request 请求对象中，再将 request 请求对象请求转发至首页视图

wenote.jsp 程序，最终由 wenote.jsp 呈现“数据”。

图 12-3 中，IndexServlet 代表了首页模块的控制器层；NoteService 和 TagService 代表了首页模块的业务逻辑层，它们借助 DAO 访问数据库；wenote.jsp 代表了首页模块的视图层。

在第 9 章中介绍了笔记的类别依赖于笔记的存在而存在。因此，有关笔记类别的数据库操作封装在 NoteDAO 类中。

再次强调，个人笔记系统首页的入口程序是 IndexServlet，首页的数据由 wenote.jsp 程序负责呈现。wenote.jsp 程序请求包含了若干个 JSP 程序，wenote.jsp 程序和其他 JSP 程序之间的关系如图 12-4 所示。

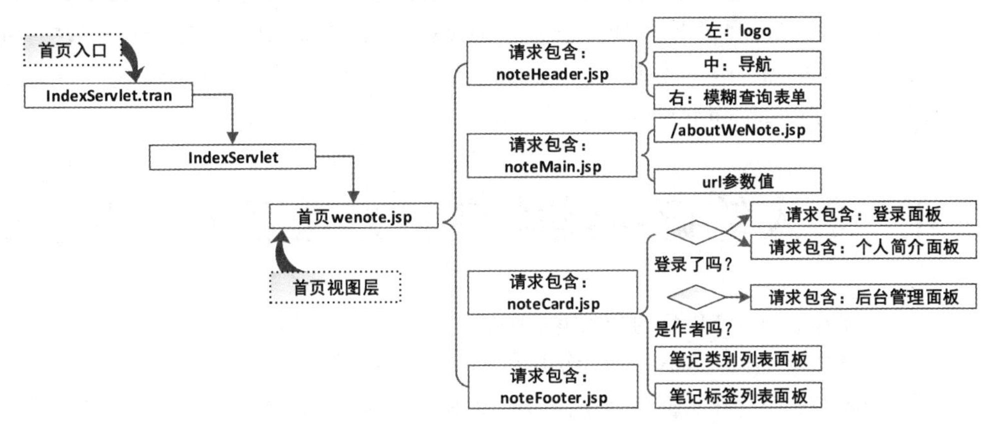

图 12-4　个人笔记系统各个 JSP 视图程序间的关系

12.2　个人笔记系统 URL 级别的权限访问控制的设计

个人笔记系统只存在 3 种用户：游客、普通注册用户和作者。作者权限包含了普通注册用户的所有权限，普通注册用户权限包含了游客的所有权限。由于个人笔记系统用户角色较少，并且各个角色之间的权限只存在包含与被包含的关系，因此个人笔记系统可以利用过滤器实现个人笔记系统 URL 级别的权限访问控制。

必须对个人笔记系统的资源文件，按照权限分类整理，并为每个资源文件分配合理的目录，才能实现 URL 级别的权限访问控制。个人笔记系统的资源文件包括 Servlet 程序、JSP 程序、静态资源（JavaScript 文件、CSS 文件、图片文件等），具体设计如下。

（1）有关作者的 Servlet 程序，其 urlPatterns 设置为/author/×××；有关作者的视图程序（主要指 JSP 程序），将其存放到 WebContent 目录下的 author 目录中。例如“后台管理”面板 author.jsp 程序存放在 WebContent 目录下的 author 目录中。

（2）有关普通注册用户的 Servlet 程序，其 urlPatterns 设置为/user/×××。有关普通注册用户的视图程序（主要指 JSP 程序），将其存放到 WebContent 目录下的 user 目录中。例如“个人简介”

面板 profile.jsp 程序存放在 WebContent 目录下的 user 目录中。

（3）游客也能访问的 Servlet 程序，其 urlPatterns 不再设置目录。游客也能访问的视图程序（主要指 JSP 程序），直接将其存放到 Eclipse 的 WebContent 目录中。例如“登录”面板 login.jsp 程序存放在 WebContent 目录中。

12.3 个人笔记系统 Java 类的目录设置

个人笔记系统使用的 Java 类主要包括 Servlet 类、Service 类、DAO 类、过滤器类，以及工具类等。实践任务环节中，工具类存放在 src 目录下的 util 包中；DAO 类存放在 src 目录下的 dao 包中；过滤器类存放在 src 目录下的 filter 包中；Service 类存放在 src 目录下的 service 包中；Servlet 类存放在 src 目录下的 controller 包中；JavaBean 类存放在 src 目录下的 bean 包中；FormBean 类存放在 src 目录下的 formbean 包中。

12.4 个人笔记系统类名和方法名的命名规则

实践任务环节中，基于 MVC 的个人笔记系统的命名规则简要描述如下。

（1）Servlet 类的类名以“Servlet”为结尾。

（2）如果 Servlet 类存在数据库操作，那么该 Servlet 类的 urlPatterns 的扩展名必须设置为“.tran”。

实践任务环节中，将借用第 10 章中的 DBUtil、ConnectionSharing、TransactionFilter 这 3 个类，管理个人笔记系统的数据库连接对象和事务。有关这 3 个类的使用，限于篇幅，这里不赘述。

（3）DAO 类的类名以“DAO”为结尾。DAO 类的成员方法以 insert、delete、update、select 等为开头，分别表示增、删、改、查。

（4）Service 类的类名以“Service”为结尾。Service 类的成员方法按照业务逻辑名的英文翻译命名。例如是否存在使用 isExists 命名、注册使用 register 命名、登录使用 login 命名、注销使用 logout 命名、保存使用 save 命名、添加使用 add 命名、获取数据使用 fetch 命名、修改数据使用 change 命名等。

（5）过滤器类的类名以“Filter”为结尾。

（6）表单验证过滤器的类名以“FormValidatorFilter”为结尾。

（7）JavaBean 类的类名和数据库表的表名同名。

例外 users 表对应的 JavaBean 类的类名是 User。

（8）FormBean 类的类名以“Form”为结尾。

12.5 个人笔记系统静态资源文件的目录设置

个人笔记系统使用的静态资源文件主要包括 JavaScript 文件、CSS 文件和图片文件等。实践任务环节中，将个人笔记系统所有的静态资源文件存放到 Eclipse 的 WebContent 目录下的 resources

目录中。考虑到文件类型不同的原因，需要对静态资源文件分门别类进行存放，其目录设置如图 12-5 所示。

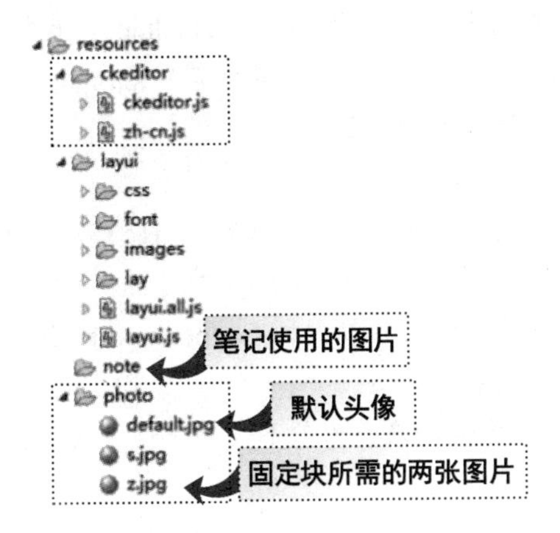

图 12-5　个人笔记系统静态资源文件的目录设置

具体描述如下。

（1）普通注册用户的头像存放在 resources 目录下的 photo 目录中。

（2）笔记使用的图片存放在 resources 目录下的 note 目录中。

（3）layui 使用的 JavaScript 文件和 CSS 文件，存放在 resources 目录下的 layui 目录中。

（4）CKEditor 使用的 JavaScript 文件，存放在 resources 目录下的 ckeditor 目录中。

实践任务　个人笔记系统首页模块的设计与实现

1. 目的

开发个人笔记系统有关首页模块的所有代码。

2. 环境

Web 服务器主机：JDK 8、Tomcat 9。

集成开发环境：eclipse-jee-2018-09-win32。

浏览器：Chrome。

MySQL 版本：5.6.5-m8。

JDBC for MySQL 驱动程序版本：mysql-connector-java-8.0.17.jar。

layui 版本：layui-v2.5.5。

CKEditor 版本：ckeditor5-build-classic-16.0.0。

场景 1　准备工作

场景 1 步骤

（1）在 Eclipse 中创建 Dynamic Web Project 项目 wenote。

（2）将 servlet-api.jar、JDBC 驱动程序的 JAR 包、JSTL 的两个 JAR 包导入该 Web 项目。

（3）在 WebContent 目录下创建 resources 目录，所有静态资源文件存放到该目录，具体如下。

① 将 layui 解压后产生的 layui 文件夹复制到 resources 目录。

② 在 resources 目录下创建 ckeditor 目录，将 CKEditor 解压产生的 ckeditor.js 和 zh-cn.js 复制到该目录下。

③ 在 resources 目录下创建 note 目录，存放笔记使用的图片。

④ 在 resources 目录下创建 photo 目录，存放用户的头像。

⑤ 从互联网下载一张 JPG 图片，将其重命名为 default.jpg，存放到 photo 目录，作为默认头像。

⑥ 从互联网下载两张 JPG 图片，分别将其重命名为 s.jpg 和 z.jpg，存放到 photo 目录，作为固定块的“打赏”图片和“点赞”图片。

（4）创建工具类包 util 包。

打开 Project Explorer 视图→展开刚刚创建的 Web 项目→展开 Java Resources→右击 src→单击 Package→弹出 New Java Package 窗口，Java package 文本框处输入 util。

将第 10 章 testjdbc 项目工具类包 util 包中的 ConnectionSharing、DBUtil、TransactionFilter 这 3 个类，复制到 wenote 的 util 包中。

（5）将 TransactionFilter 类的代码修改为如下代码（粗体代码为改动部分），另外两个类的代码不进行修改。

```
package util;
import java.io.IOException;
import java.sql.Connection;
import java.sql.SQLException;
import java.util.ArrayList;
import java.util.List;
import javax.servlet.Filter;
import javax.servlet.FilterChain;
import javax.servlet.ServletException;
import javax.servlet.ServletRequest;
import javax.servlet.ServletResponse;
import javax.servlet.annotation.WebFilter;
import javax.servlet.http.HttpServletRequest;
import javax.servlet.http.HttpServletResponse;
@WebFilter(filterName="TransactionFilter",urlPatterns= {"*.tran"})
public class TransactionFilter implements Filter {
    public void doFilter(ServletRequest request, ServletResponse response, 
FilterChain chain) throws IOException, ServletException {
        Connection con = null;
        try {
            con = DBUtil.getConnection();
            con.setAutoCommit(false);
            ConnectionSharing.getInstance().set(con);
            chain.doFilter(request, response);
            con.commit();
        } catch (Exception e) {
            e.printStackTrace();
            try {
                con.rollback();
            } catch (SQLException e1) {
                e1.printStackTrace();
            }
            HttpServletRequest req = (HttpServletRequest)request;
            HttpServletResponse res = (HttpServletResponse)response;
            List<String> msgs = new ArrayList<String>();
            msgs.add("操作失败，请重新操作！");
            req.getSession().setAttribute("flashMsgs", msgs);
            res.sendRedirect(req.getHeader("referer"));
        } finally {
```

```
                ConnectionSharing.getInstance().remove();
                DBUtil.close(con, null, null);
            }
        }
    }
```

说明

粗体代码表示，如果操作失败，则将页面重定向到网址 req.getHeader("referer")。也就是说：如果操作出现错误，从哪里来，则重定向到哪里。

（6）将 wenote 项目部署到 Eclipse 的 Tomcat 中。

场景 2　首页模块 Java 类的开发

场景 2 步骤

（1）在 src 目录下，新建 dao 包、service 包、controller 包。

打开 Project Explorer 视图→展开刚刚创建的 Web 项目→展开 Java Resources→右击 src→单击 Package→弹出 New Java Package 窗口，创建 dao 包、service 包、controller 包。

（2）在 dao 包中新建 NoteDAO.java 类。

打开 Project Explorer 视图→展开 Java Resources→右击 dao→选择 Class→弹出 New Java Class 窗口，Class name 文本框处输入 NoteDAO，单击完成按钮。在该类中添加如下方法，查询所有笔记类别及类别对应的笔记篇数。

```
public Map<String,Integer> selectCategoryNameAndNoteNum(){
    Map<String,Integer> categoryNameMap = new HashMap<String,Integer>();
    Connection con = ConnectionSharing.getInstance().get();
    PreparedStatement ps = null;
    ResultSet rs = null;
    String sql = "select categoryName,count(*) as num from note group by categoryName";
    try {
        ps = con.prepareStatement(sql);
        rs = ps.executeQuery();
        while (rs.next()) {
            categoryNameMap.put(rs.getString("categoryName"), rs.getInt("num"));
        }
    } catch (SQLException e) {
        throw new RuntimeException(e);
    } finally {
        DBUtil.close(null, ps, rs);
    }
    return categoryNameMap;
}
```

（3）在 dao 包中新建 TagDAO.java 类。在该类中添加如下方法，查询所有笔记标签及标签对应的笔记篇数。

```
public Map<String,Integer> selectTagNameAndNoteNum(){
    Map<String,Integer> tagNameMap = new HashMap<String,Integer>();
    Connection con = ConnectionSharing.getInstance().get();
    PreparedStatement ps = null;
    ResultSet rs = null;
    String sql = "select tagName,count(*) num from tag join note on tag.noteID=note.noteID
group by tagName";
    try {
```

```
            ps = con.prepareStatement(sql);
            rs = ps.executeQuery();
            while (rs.next()) {
                tagNameMap.put(rs.getString("tagName"), rs.getInt("num"));
            }
        } catch (SQLException e) {
            throw new RuntimeException(e);
        } finally {
            DBUtil.close(null, ps, rs);
        }
        return tagNameMap;
    }
```

（4）在 service 包中新建 NoteService.java 类。在该类中添加如下方法，获取所有笔记类别及类别对应的笔记篇数。

```
    public Map<String,Integer> fetchCategoryNameAndNoteNum(){
        NoteDAO noteDAO = new NoteDAO();
        return noteDAO.selectCategoryNameAndNoteNum();
    }
```

（5）在 service 包中新建 TagService.java 类。在该类中添加如下方法，获取所有笔记标签及标签对应的笔记篇数。

```
    public Map<String,Integer> fetchTagNameAndNoteNum(){
        TagDAO tagDAO = new TagDAO();
        return tagDAO.selectTagNameAndNoteNum();
    }
```

（6）在 controller 包中新建 Servlet 程序 IndexServlet，程序代码如下。

```
    @WebServlet("/IndexServlet.tran")
    public class IndexServlet extends HttpServlet {
        protected void doGet(HttpServletRequest request, HttpServletResponse response)
throws ServletException, IOException {
            NoteService noteService = new NoteService();
            TagService tagService = new TagService();
            request.setAttribute("categoryNameMap",
noteService.fetchCategoryNameAndNoteNum());
            request.setAttribute("tagNameMap",tagService.fetchTagNameAndNoteNum());
            request.getRequestDispatcher("/wenote.jsp").forward(request, response);
        }
    }
```

必须将 IndexServlet 的 urlPatterns 设置为“*.tran”，才能触发 TransactionFilter 过滤器获取数据库连接对象。

场景 3　开发个人笔记系统首页模块的视图层代码

场景 3 步骤

（1）首页 wenote.jsp 程序的开发。

在 WebContent 目录下创建 wenote.jsp 程序，并输入如下代码。

```
<%@ page language="java" contentType="text/html; charset=UTF-8" pageEncoding="UTF-8"%>
<%@taglib uri="http://java.sun.com/jsp/jstl/core" prefix="c" %>
<!DOCTYPE html>
```

```
<html>
<head>
  <meta charset="utf-8">
  <meta name="viewport" content="width=device-width, initial-scale=1, maximum-scale=1">
  <title>个人笔记系统 WeNote</title>
  <link rel="stylesheet" href="${pageContext.request.contextPath }/resources/layui/
css/layui.css">
  <script
src="${pageContext.request.contextPath }/resources/layui/layui.js"></script>
</head>
<body bgcolor="#FCFCFC">
<div class="layui-row layui-bg-gray">
    <jsp:include page="noteHeader.jsp"></jsp:include>
</div>
<div class="layui-container" style="padding: 10px;">
    <div class="layui-row layui-col-space10">
        <div class="layui-col-md9">
            <jsp:include page="noteMain.jsp"></jsp:include>
        </div>
        <div class="layui-col-md3 layui-bg-gray">
            <jsp:include page="noteCard.jsp"></jsp:include>
        </div>
    </div>
</div>
<hr class="layui-bg-cyan" style="height: 5px">
<div class="layui-row layui-bg-cyan" style="text-align: center;">
    <jsp:include page="noteFooter.jsp"></jsp:include>
</div>
<hr class="layui-bg-cyan" style="height: 10px">
</body>
<script>
layui.use(['layer'], function() {
  var layer = layui.layer;
  var flashMsgs = "";
  <c:forEach items="${flashMsgs}" var="msg">
    flashMsgs =  flashMsgs + "${msg}<br/>";
  </c:forEach>
  if(flashMsgs !== ""){
    layer.msg(flashMsgs,{time:0,closeBtn:2});
  }
});
</script>
<c:remove var="flashMsgs"/>
</html>
```

说明 1：wenote.jsp 程序中的代码<jsp:include page="/noteHeader.jsp"></jsp:include>，等效于代码 request.getRequestDispatcher("/noteHeader.jsp").include(request, response)。

说明 2：无论操作成功还是失败，都将消息封装到 Session 会话中，并且属性名设置为 flashMsgs，属性值的类型是 List。

说明 3：wenote.jsp 程序遍历 Session 会话中属性名为 flashMsgs 的所有消息，借助 layui 弹出层，将消息以弹出框的形式显示在首页中。

（2）头 noteHeader.jsp 程序的开发。

在 WebContent 目录下创建 noteHeader.jsp 程序，并输入如图所示的代码。

```
<%@ page language="java" contentType="text/html; charset=UTF-8" pageEncoding="UTF-8"%>
<%@taglib uri="http://java.sun.com/jsp/jstl/core" prefix="c"%>
```

左列 logo

```
<div class="layui-col-md4" style="text-align: center;">
  <div class="layui-row">
    <div class="layui-col-md2 layui-col-md-offset1 layui-anim layui-anim-rotate">
      <div class="layui-row" id="logo">
          <i class="layui-icon layui-icon-read" style="font-size: 60px;"></i>
          <br/><i style="font-size: 12px;">WeNote</i>
      </div>
    </div>
    <div class="layui-col-md9">
      <div class="layui-row layui-elip" style="font-size: 28px;">
        ${empty user ? "简单就是美LESS IS MORE" : user.brief }
        <br/>
        <i style="font-size: 18px;">
        -----By ${empty user ? "administrator" : user.nickName }
        </i>
      </div>
    </div>
  </div>
</div>
```

中列导航

```
<div class="layui-col-md5">
  <ul class="layui-nav layui-bg-gray">
    <li class="layui-nav-item">
      <a href="${pageContext.request.contextPath}/FetchAllNoteServlet.tran" style="color: gray; font-size: 20px;">
        <i class="layui-icon layui-icon-release" style="color: black; font-size: 20px;"></i>
                学无止境
      </a>
    </li>
    <li class="layui-nav-item">
      <a href="${pageContext.request.contextPath}/IndexServlet.tran" style="color: gray; font-size: 20px;">
        <i class="layui-icon layui-icon-tips" style="color: black; font-size: 20px;"></i>
                关于系统
      </a>
    </li>
    <li class="layui-nav-item">
      <c:choose>
        <c:when test="${empty sessionScope.user}">
          <a href="${pageContext.request.contextPath}/IndexServlet.tran?url=/register.jsp" style="color: gray; font-size: 20px;">
            <i class="layui-icon layui-icon-add-circle" style="color: black; font-size: 20px;"></i>
                    注册
          </a>
        </c:when>
       <c:otherwise>
          <a href="${pageContext.request.contextPath}/user/FetchMyCommentServlet.tran" style="color: gray; font-size: 20px;">
            <i class="layui-icon layui-icon-reply-fill" style="color: black; font-size: 20px;"></i>
                    我的评论
          </a>
      </c:otherwise>
      </c:choose>
    </li>
  </ul>
</div>
```

右列模糊查询表单

```
<div class="layui-col-md3">
    <form action="${pageContext.request.contextPath}/FetchAllNoteByKeywordServlet.tran" class="layui-form">
    <div class="layui-form-mid">
    <input type="text" class="layui-input" name="keyword" lay-verify="required" placeholder="模糊查询">
    </div>
    <div class="layui-form-mid">
    <button class="layui-btn layui-bg-cyan" lay-submit>
    <i class="layui-icon layui-icon-search"></i>搜索
    </button>
    </div>
    <div class="layui-form-mid">
     <span id="today" style="color: gray; font-size: 12px;"></span>
    </div>
    </form>
</div>
```

考试时间倒计时和 logo 动画

```
<script>
layui.use(['util','element'], function() {
    var util = layui.util;
    var $ = layui.jquery;
    var endTime = new Date(2099, 1, 1).getTime(); //结束日期
    var currentTime = new Date().getTime(); //浏览器主机当前日期
    util.countdown(endTime, currentTime, function(leftTime, currentTime, timer) {
        var str = leftTime[0] + '天' + leftTime[1] + '时' + leftTime[2] + '分' + leftTime[3] + '秒';
        $('#today').html('距离考试时间2099年1月1日还有: ' + str);
    });
    setTimeout(function() {
        $('#logo').removeClass('layui-anim-rotate');
    }, 1000);
    $('#logo').on('click', function() {
        var othis = $(this);
        othis.addClass('layui-anim-rotate');
        setTimeout(function() {
            othis.removeClass('layui-anim-rotate');
        }, 1000);
    });
});
</script>
```

说明 1：为了增强 logo 与用户之间交互的趣味性，向 logo 图标添加一个 360° 旋转的动画；为了提高学习的紧迫感，添加考试时间倒计时功能。

说明 2：注册超链接代码${pageContext.request.contextPath}/IndexServlet.tran?url=/register.jsp 的功能是，单击“注册”超链接后，向 IndexServlet.tran 的 Servlet 程序 IndexServlet 发送 GET 请求（注意 GET 请求头中包含 url=/register.jsp 的参数）；IndexServlet 接收到该 GET 请求后，请求转发到 wenote.jsp 程序（注意 GET 请求头中包含 url=/register.jsp 的参数）；wenote.jsp 程序中的 noteMain.jsp 程序获取 url 参数，并请求包含 url 程序（若 url 为空，则请求包含“/aboutWeNote.jsp”程序）。由于此处 url=/register.jsp，因此主显示区将显示用户注册页面 register.jsp，具体流程如图所示。

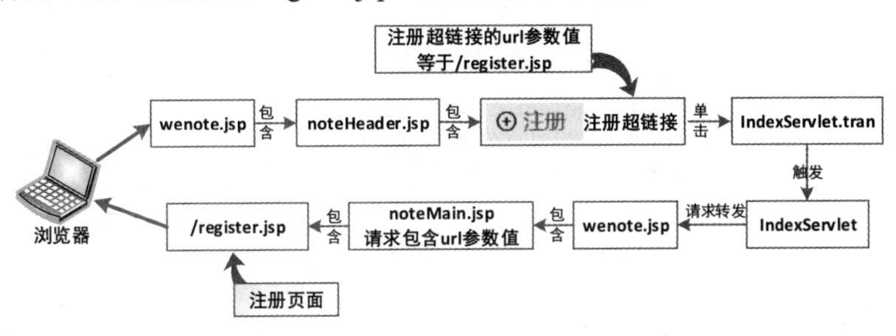

（3）主显示区 noteMain.jsp 程序的开发。

在 WebContent 目录下创建 noteMain.jsp 程序，并输入如下代码。

```
<%@ page language="java" contentType="text/html; charset=UTF-8"
    pageEncoding="UTF-8"%>
<%@taglib uri="http://java.sun.com/jsp/jstl/core" prefix="c" %>
<div class="layui-col-md9">
<c:choose>
<c:when test="${empty param.url}"><jsp:include page="/aboutWeNote.jsp"></jsp:include>
</c:when>
<c:otherwise><jsp:include page="${param.url}"></jsp:include></c:otherwise>
</c:choose>
</div>
```

（4）时间线 aboutWeNote.jsp 程序的开发。

在 WebContent 目录下创建 noteAbout.jsp 程序，并输入如图所示的代码。

```
<%@ page language="java" contentType="text/html; charset=UTF-8" pageEncoding="UTF-8"%>
<%@taglib uri="http://java.sun.com/jsp/jstl/core" prefix="c"%>
<fieldset class="layui-elem-field layui-field-title">
<legend>开发本系统的时间线</legend>
<div class="layui-field-box">
<ul class="layui-timeline">
    <li class="layui-timeline-item">
        <i class="layui-icon layui-icon-date layui-timeline-axis"></i>
        <div class="layui-timeline-content layui-text">
            <h3 class="layui-timeline-title">2020年5月8日</h3>
            <div>
                <blockquote class="layui-elem-quote">发布之弦，一触即发！</blockquote>
            </div>
        </div>
    </li>
    <li class="layui-timeline-item">
        <i class="layui-icon layui-icon-date layui-timeline-axis"></i>
        <div class="layui-timeline-content layui-text">
            <h3 class="layui-timeline-title">2020年2月8日</h3>
            <div>
                <blockquote class="layui-elem-quote layui-quote-nm">一切准备已就绪！</blockquote>
            </div>
            <ul>
                <li>因小而大</li>
                <li>因弱而强</li>
            </ul>
        </div>
    </li>
```

（代码旁标注：时间节点、内容、文字）

```
    <li class="layui-timeline-item">
        <i class="layui-icon layui-icon-date layui-timeline-axis"></i>
        <div class="layui-timeline-content layui-text">
            <h3 class="layui-timeline-title">2019年12月8日</h3>
            <div>
                <fieldset class="layui-elem-field">
                    <legend>我是有底线的</legend>
                    <div class="layui-field-box">不枉百余日夜与之为伴！</div>
                </fieldset>
            </div>
        </div>
    </li>
    <li class="layui-timeline-item">
        <i class="layui-icon layui-icon-date layui-timeline-axis"></i>
        <div class="layui-timeline-content layui-text">
            <h3 class="layui-timeline-title">2019年7月8日</h3>
            <div>
                <fieldset class="layui-elem-field layui-field-title">
                    <legend>我是没有底线的</legend>
                    <div class="layui-field-box">无论能走多远，至少曾倾注全心！</div>
                </fieldset>
            </div>
        </div>
    </li>
    <li class="layui-timeline-item">
        <i class="layui-icon layui-icon-circle-dot layui-timeline-axis"></i>
        <div class="layui-timeline-content layui-text">
            <h3 class="layui-timeline-title">过去</h3>
        </div>
    </li>
</ul>
</div>
</fieldset>
```

（5）功能扩展区 noteCard.jsp 程序的开发。

在 WebContent 目录下创建 noteCard.jsp 页面，并输入如图所示的代码。

```
<%@ page language="java" contentType="text/html; charset=UTF-8" pageEncoding="UTF-8"%>
<%@taglib uri="http://java.sun.com/jsp/jstl/core" prefix="c"%>
<div class="layui-card">
    <c:choose>
        <c:when test="${empty sessionScope.user }">
            <jsp:include page="login.jsp"></jsp:include>
        </c:when>
        <c:otherwise>
            <jsp:include page="/user/profile.jsp"></jsp:include>
        </c:otherwise>
    </c:choose>
</div>
<c:if test="${sessionScope.user.isAuthor=='Y'}">
    <jsp:include page="/author/author.jsp"></jsp:include>
</c:if>
<div class="layui-card">
    <div class="layui-card-header"><i class="layui-icon layui-icon-table"></i>笔记类别</div>
    <div class="layui-card-body layui-btn-container">
        <c:forEach items='${categoryNameMap}' var='category'>
        <a class='layui-btn layui-bg-gray'
        href="${pageContext.request.contextPath}/
FetchAllNoteByCategoryNameServlet.tran?categoryName=${category.key}">
            ${category.key}
            <span class="layui-badge">${category.value}</span>
        </a>
        </c:forEach>
    </div>
</div>
```

笔记标签列表面板

```
<div class="layui-card">
    <div class="layui-card-header"><i class="layui-icon layui-icon-note"></i>笔记标签</div>
    <div class="layui-card-body layui-btn-container">
        <c:forEach items='${tagNameMap}' var='tag'>
        <a class='layui-btn layui-bg-gray'
            href="${pageContext.request.contextPath}/
FetchAllNoteByTagNameServlet.tran?tagName=${tag.key}">
            ${tag.key}
            <span class="layui-badge">${tag.value}</span>
        </a>
        </c:forEach>
    </div>
</div>
```

其他功能的面板

```
<div class="layui-card">
    <div class="layui-card-header"><i class="layui-icon layui-icon-link"></i>资源分享</div>
    <div class="layui-card-body layui-btn-container">
        <a class='layui-btn layui-bg-gray' href=''>资源分享1</a>
        <a class='layui-btn layui-bg-gray' href=''>资源分享2</a>
    </div>
</div>
```

（6）个人简介面板 profile.jsp 程序的创建。

在 WebContent 目录下创建 user 目录，在该目录下创建 profile.jsp 页面，删除所有代码备用。

由于 noteCard.jsp 程序请求包含 profile.jsp 程序，此步骤是为了防止 noteCard.jsp 程序出错。

（7）后台管理面板 author.jsp 程序的创建。

在 WebContent 目录下创建 author 目录，在该目录下创建 author.jsp 页面，删除所有代码备用。

由于 noteCard.jsp 程序请求包含 author.jsp 程序，此步骤是为了防止 noteCard.jsp 程序出错。

（8）登录面板 login.jsp 程序的开发。

在 WebContent 目录下创建登录面板 login.jsp 程序，并输入如图所示的代码。

```
<%@ page language="java" contentType="text/html; charset=UTF-8" pageEncoding="UTF-8"%>
<%@taglib uri="http://java.sun.com/jsp/jstl/core" prefix="c" %>
<div class="layui-card-header">
    <i class='layui-icon layui-icon-friends'></i>登录
</div>
<div class="layui-card-body">
<form class="layui-form" method="post" action="${pageContext.request.contextPath}/LoginServlet.tran">
    <input name="userName" lay-verify="required" placeholder="用户名" class="layui-input"
        value='${cookie.userName.value}'/>
    <input type="password" name="password" lay-verify="required" placeholder="密码" class="layui-input"
        value='${cookie.password.value}'/>
    <div class="layui-form-item">
        <input type="checkbox" name="autoLogin" lay-skin="switch" lay-text="记住我|忘掉我" checked>
    </div>
    <button lay-submit class="layui-btn layui-btn-radius layui-btn-sm layui-bg-cyan">
        <i class='layui-icon layui-icon-auz'>登录</i>
    </button>
    <button type="reset" class="layui-btn layui-btn-radius layui-btn-sm layui-bg-cyan">
        <i class='layui-icon layui-icon-fonts-clear'>重置</i>
    </button>
</form>
</div>
<script>
layui.use('form', function() {});
</script>
```

注意 1：登录表单使用了 layui 的“开关”，因此需要加载 layui 的 form 模块。

注意 2：登录表单提供了 Cookie 记住密码的功能。

（9）尾 noteFooter.jsp 程序的开发。

在 WebContent 目录下创建 noteFooter.jsp 页面，并输入如下代码。

```
<%@ page language="java" contentType="text/html; charset=UTF-8" pageEncoding="UTF-8"%>
<i class="layui-icon layui-icon-read" style="font-size: 20px;"></i>
<div class="layui-row" style="font-size: 10px;">WeNote</div>
<div class="layui-row" style="font-size: 20px;"> 2020 @《Java Web 基础与实例教程》</div>
<div> 2020--2099 版权所有  联系作者: fallsoft@163.com</div>
```

（10）配置个人笔记系统的首页。

在 Web 部署描述符文档 web.xml 配置文件中配置个人笔记系统的首页。具体步骤是：右击 Web 项目名，找到 Java EE Tools，单击 Genertate Deployment Descriptor Stub，即可在 WEB-INF 目录下创建 web.xml 配置文件。将<welcome-file-list>节点修改为如下代码。

```
<welcome-file-list>
  <welcome-file>IndexServlet.tran</welcome-file>
</welcome-file-list>
```

（11）启动 Tomcat，测试。

在浏览器地址栏输入 http://localhost:8080/wenote/，即可看到个人笔记系统的首页。

至此，完成了个人笔记系统首页模块的开发。

第 13 章 项目实训：个人笔记系统用户管理模块的设计与实现

个人笔记系统用户管理模块包含用户注册、登录、注销、修改用户头像、修改密码等功能。本章利用 MVC 设计理念，设计并实现个人笔记系统的用户管理模块。

13.1 用户注册功能的实现

用户注册、用户登录、注销等功能几乎是所有 Web 项目的标准配置，本节采用 MVC 组织用户注册功能的代码结构。用户注册功能，“麻雀虽小，五脏俱全”，掌握了用户注册功能的开发，可以帮助我们更好地理解 MVC 设计理念的优点。

对于个人笔记系统而言，用户单击首页的“注册”超链接，首页的主显示区将显示“用户注册”表单，如图 13-1 所示，该表单由 register.jsp 程序实现。

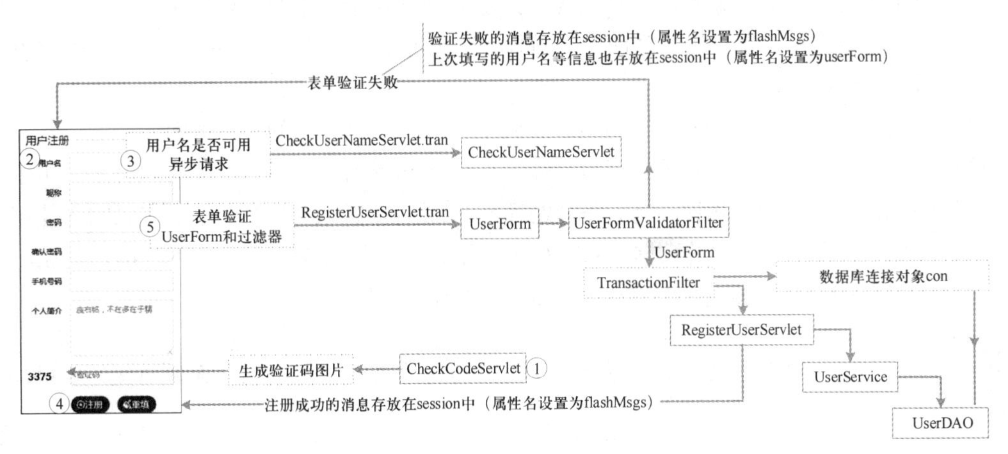

图 13-1 用户注册功能的实现

用户注册表单上将显示一张验证码图片，该验证码图片由 CheckCodeServlet 程序生成。

在用户注册表单上输入用户名时，触发异步请求，CheckUserNameServlet 程序随即运行，该 Servlet 程序负责检查用户名是否可用。

在用户注册表单上输入用户所有信息，单击注册按钮后，触发过滤器 UserFormValidatorFilter 运行，该过滤器主要负责表单验证。具体过程是，该过滤器将用户输入的信息封装到 UserForm

对象中，然后调用 UserForm 对象的表单验证方法（UserForm 提供了表单验证方法）。如果表单验证失败，将表单验证失败的消息存入 session 中（属性名设置为 flashMsgs），并将页面重定向到用户注册表单页面；如果表单验证通过，该过滤器将请求放行。

被放行的请求接着触发过滤器 TransactionFilter 运行，该过滤器创建数据库连接对象。接下来，该过滤器将请求继续放行，触发 RegisterUserServlet 运行，RegisterUserServlet 调用 UserService 的注册方法，UserService 再调用 UserDAO 的 insert 操作，最终将用户信息添加到用户表中。

用户信息添加到用户表后，RegisterUserServlet 程序将“注册成功”的消息存入 session 中（属性名依然设置为 flashMsgs），并将页面重定向到首页 IndexServlet。

IndexServlet 将页面请求转发到首页 wenote.jsp，wenote.jsp 借助 layui 弹出层，将表单验证的消息弹出并显示。

用户注册功能使用了两个过滤器，分别是表单验证过滤器 UserFormValidatorFilter 和数据库连接对象管理过滤器 TransactionFilter。为了节省数据库连接资源，通过表单验证的用户注册信息，才创建数据库连接对象。因此，表单验证过滤器应该位于数据库连接对象管理过滤器的外层。

13.2 用户登录和注销功能的实现

用户登录功能的业务逻辑复杂之处如下。

（1）登录时，需要进行表单验证（此功能并不复杂，可参考用户注册功能的实现）。

（2）需要借用 Cookie 实现用户登录时的“记住密码”功能，并且还要防止密码的明文被泄露，浏览器端的 Cookie 不能存储密码的明文（此功能较为复杂，本节将详述该功能的实现）。

（3）登录成功后，需要显示用户的头像（此功能并不复杂，本节不赘述）。

个人笔记系统采取“将密码加密两次”的方案，实现用户登录时的“记住密码”功能的同时，确保浏览器端 Cookie 的信息安全。

对于个人笔记系统“记住密码”功能，分两种情形介绍该功能的实施方案。

情形 1：用户第一次打开登录页面时，输入用户名和密码，选择“记住我”开关，单击登录按钮，触发登录处理 Servlet 程序运行；登录处理 Servlet 程序接收到密码后，对密码明文使用 md5 算法加密两次，查询用户表中的数据，判断是否登录成功。登录成功后，将密码 md5 加密一次后的密文保存到 Cookie 中，确保浏览器端的 Cookie 不存储密码的明文。

之所以使用 md5 算法加密两次，是因为用户表中的密码字段存储的就是密码加密两次后的密文。

情形 2：用户第二次打开登录页面时，由于 Cookie 的存在，浏览器自动向登录表单输入 Cookie 中的用户名和 Cookie 中的密码（注意：Cookie 中的密码是 md5 一次加密后的密文）。直接单击登录按钮，触发登录处理 Servlet 程序运行；登录处理 Servlet 程序接收到密码后，对密码使用 md5 算法对密码加密一次（注意：这里是一次），查询用户表中的数据，判断是否登录成功。登录成功后，将表单中自动输入的密码保存到 Cookie 中。

对于登录处理 Servlet 程序而言，必须分辨情形一和情形二，并“对症下药”，才能实现用户登录时的“记住密码”功能。登录处理 Servlet 程序如何分辨情形一和情形二呢?

很简单，登录处理 Servlet 程序只需要查看 HTTP 请求中是否包含名称为 password 的 Cookie 请求头即可。如果包含名称为 password 的 Cookie 请求头，则登录表单中的密码是自动输入的密码，是手动输入的密码 md5 加密一次后的密文；如果不包含名称为 password 的 Cookie 请求头，则登录表单中的密码是手动输入的密码。

实践任务 1　用户注册功能的实现

场景 1　验证码 Servlet 程序的开发

场景 1 步骤

（1）在 controller 包中创建 Servlet 程序 CheckCodeServlet，将代码修改为如下代码。

```
@WebServlet("/CheckCodeServlet")
public class CheckCodeServlet extends HttpServlet {
    protected void doGet(HttpServletRequest request, HttpServletResponse response)
            throws ServletException, IOException {
        HttpSession session = request.getSession();
        response.setContentType("image/jpeg");
        java.util.Random random = new java.util.Random();
        int checkCode = random.nextInt(9000)+1000;
        session.setAttribute("checkCodeSession", checkCode+"");
        int width = 80, height = 25;
        java.awt.image.BufferedImage image =
new
java.awt.image.BufferedImage(width,height,java.awt.image.BufferedImage.TYPE_INT_BGR);
        java.awt.Graphics pen = image.getGraphics();
        pen.fillRect(0, 0, width, height);
        pen.setColor(java.awt.Color.BLACK);
        pen.setFont(new java.awt.Font("楷体",java.awt.Font.BOLD,height-5));
        pen.drawString(checkCode+"",width/5,height-5);
        javax.imageio.ImageIO.write(image, "jpeg", response.getOutputStream());
    }
}
```

（2）启动 Tomcat，测试验证码能否正常显示。

在浏览器地址栏输入 http://localhost:8080/wenote/CheckCodeServlet，测试验证码能否正常显示。

场景 2　用户注册表单 register.jsp 程序的开发

场景 2 步骤

（1）在 WebContent 目录下创建 JSP 程序 register.jsp，将代码修改为如下代码。

```
<%@ page language="java" contentType="text/html; charset=UTF-8" pageEncoding="UTF-8"%>
<%@taglib uri="http://java.sun.com/jsp/jstl/core" prefix="c"%>
<fieldset class="layui-elem-field layui-field-title">
<legend>用户注册</legend>
<div class="layui-field-box">
<form class="layui-form" method="post"
    action="${pageContext.request.contextPath}/RegisterUserServlet.tran">
  <div class="layui-form-item">
    <label class="layui-form-label">用户名</label>
    <div class="layui-input-inline">
    <input name="userName" lay-verify="required" class="layui-input"
     value="${userForm.userName}" onblur="msg(this)"/>
    </div>
```

```
      <div class="layui-form-mid" id="userNameCheckedMessage"></div>
    </div>
    <div class="layui-form-item">
      <label class="layui-form-label">昵称</label>
      <div class="layui-input-inline">
        <input name="nickName" lay-verify="required" class="layui-input"
          value="${userForm.nickName}" />
      </div>
    </div>
    <div class="layui-form-item">
      <label class="layui-form-label">密码</label>
      <div class="layui-input-inline">
        <input type="password" name="password" lay-verify="required"
          class="layui-input" />
      </div>
    </div>
    <div class="layui-form-item">
      <label class="layui-form-label">确认密码</label>
      <div class="layui-input-inline">
        <input type="password" name="confirmPassword" lay-verify="required"
          class="layui-input" />
      </div>
    </div>
    <div class="layui-form-item">
      <label class="layui-form-label">电话号码</label>
      <div class="layui-input-inline">
        <input name="telephone" lay-verify="required|phone" class="layui-input"
          value="${userForm.telephone}" />
      </div>
    </div>
    <div class="layui-form-item">
      <label class="layui-form-label">个人简介</label>
      <div class="layui-input-inline">
        <textarea class="layui-textarea" name="brief" lay-verify="required"
        placeholder="座右铭，不在于多而在于精" >${userForm.brief}</textarea>
      </div>
    </div>
    <c:remove var="userForm"/>
    <div class="layui-form-item">
      <label class="layui-form-label">
         <img id='checkCode' onclick="changeCheckCode(this)"
            src="${pageContext.request.contextPath}/CheckCodeServlet"/>
      </label>
      <div class="layui-input-inline">
        <input type="text" name="checkCodeInput" lay-verify="required"
          class="layui-input" placeholder="验证码"/>
      </div>
    </div>
    <div class="layui-form-item">
      <div class="layui-input-block">
        <button lay-submit class="layui-btn layui-btn-sm layui-bg-cyan">
          <i class='layui-icon layui-icon-add-circle'>注册</i>
        </button>
        <button type="reset" class="layui-btn layui-btn-sm layui-bg-cyan">
          <i class='layui-icon layui-icon-fonts-clear'>重新输入</i>
        </button>
      </div>
    </div>
```

```
    </form>
    </div>
    </fieldset>
    <script type="text/javascript">
      layui.use('form', function() {});
      var msg = function(input) {
        if (input.value.trim() == "") {
          return;
        }
        var request = new XMLHttpRequest();
        var userName = encodeURI(input.value);
        var path = "${pageContext.request.contextPath}/CheckUserNameServlet.tran?userName=";
        request.open("GET",path + userName);
        request.send();
        request.onreadystatechange = function() {
          if (request.readyState == 4 && request.status == 200) {
            var text = request.responseText;
            var userNameCheckedMessage = document.getElementById("userNameCheckedMessage");
            userNameCheckedMessage.innerHTML = text;
          }
        }
      }
      var changeCheckCode = function(img) {
        var date = new Date().getTime();
        img.src = "${pageContext.request.contextPath}/CheckCodeServlet?" + date;
      }
    </script>
```

说明 1：有下划线的代码的功能是，当表单验证失败后，防止之前输入的表单数据丢失，避免重新输入表单数据。

说明 2：register.jsp 程序定义了两个 JavaScript 函数。

msg 函数的功能是向 CheckUserNameServlet 程序发送异步请求，检查用户名是否可用。

changeCheckCode 函数的功能是向 CheckCodeServlet 程序发送请求，生成新的验证码图片。

（2）启动 Tomcat，测试用户注册表单是否正常展示。

在浏览器地址栏输入 http://localhost:8080/wenote/，单击注册超链接，测试用户注册表单是否正常展示。

场景 3　用户名是否可用功能的开发

场景 3 步骤

（1）在 controller 包中创建 Servlet 程序 CheckUserNameServlet，将代码修改为如下代码。

```
@WebServlet("/CheckUserNameServlet.tran")
public class CheckUserNameServlet extends HttpServlet {
    protected void doGet(HttpServletRequest request, HttpServletResponse response)
throws ServletException, IOException {
        UserService userService = new UserService();
        String userName = request.getParameter("userName");
        response.setContentType("text/html;charset=UTF-8");
        if(userService.isExists(userName)) {
            response.getWriter().append("<font color='red'>用户名被占用</font>");
        }else {
            response.getWriter().append("<font color='green'>用户名可用</font>");
        }
    }
}
```

该 Servlet 程序需要访问数据库，才能判断用户名是否可用，因此该 Servlet 程序的 urlPatterns 的扩展名设计成 tran。

（2）在 service 包中新建 UserService.java 类。向该类添加如下方法，判断数据库中该用户名是否存在。

```
public boolean isExists(String userName) {
    UserDAO userDAO = new UserDAO();
    return userDAO.selectByUserName(userName);
}
```

（3）在 dao 包中新建 UserDAO.java 类。向该类添加如下方法，查询用户名是否在数据库中存在。

```
public boolean selectByUserName(String userName) {
    Connection con = ConnectionSharing.getInstance().get();
    PreparedStatement ps = null;
    ResultSet rs = null;
    String sql = "select * from users where userName=?";
    boolean flag = false;
    boolean isExists = false;
    try {
        ps = con.prepareStatement(sql);
        ps.setString(1, userName);
        rs = ps.executeQuery();
        if (rs.next()) {
            isExists = true;
        }
    } catch (SQLException e) {
        throw new RuntimeException(e);
    } finally {
        DBUtil.close(null, ps, rs);
    }
    return isExists;
}
```

（4）启动 Tomcat，测试异步请求。

在浏览器地址栏输入 http://localhost:8080/wenote/，单击注册超链接，在用户注册表单的用户名输入框中输入多个用户名，测试该功能是否正常执行。

场景 4　用户管理功能 JavaBean 的开发

场景 4 步骤

（1）在 src 目录下，创建 bean 包。

打开 Project Explorer 视图→展开刚刚创建的 Web 项目→展开 Java Resources→右击 src→单击 Package→弹出 New Java Package 窗口，创建 bean 包。

（2）在 bean 包中新建 User.java 类。向该类添加如下命名属性。

```
protected String userName;
protected String nickName;
protected String password;
protected String telephone;
protected String photo;
protected String isAuthor;
protected String brief;
protected String createTime;
```

注意 1：User 类的命名属性名和用户表的字段名一一对应。

注意 2：命名属性的访问权限设置为 protected，这是为它的子类 UserForm 的创建做准备。

注意 3：users 表的 createTime 字段是日期时间类型的数据。简单起见，这里将 User 类的命名属性 createTime 设计成字符串类型的数据（并没有设计成 java.sql.Timestamp 类型的数据）。

（3）使用 Eclipse 添加所有命名属性的 setter 方法和 getter 方法。

（4）向 User 类中添加如下两个方法，第一个方法对密码使用 md5 算法加密一次；第二个方法对密码使用 md5 算法加密两次。

```
public String getOnceMD5Password() {
    try {
        MessageDigest md5 = MessageDigest.getInstance("MD5");
        md5.update(password.getBytes());
        return new BigInteger(1, md5.digest()).toString(16);
    } catch (Exception e) {
        e.printStackTrace();
        return null;
    }
}
public String getTwiceMD5Password() {
    try {
        MessageDigest md5 = MessageDigest.getInstance("MD5");
        md5.update(getOnceMD5Password().getBytes());
        return new BigInteger(1, md5.digest()).toString(16);
    } catch (Exception e) {
        e.printStackTrace();
        return null;
    }
}
```

场景 5　用户表单验证 FormBean 的开发

场景 5 步骤

（1）在 src 目录下，创建 formbean 包。

打开 Project Explorer 视图→展开刚刚创建的 Web 项目→展开 Java Resources→右击 src→单击 Package→弹出 New Java Package 窗口，创建 formbean 包。

（2）在 formbean 包中新建 UserForm.java 类，并且 UserForm 继承 User。向 UserForm 类添加如下命名属性，然后使用 Eclipse 添加所有命名属性的 setter 方法和 getter 方法。

```
private String confirmPassword;
private String oldPassword;
private String autoLogin;
private String checkCodeInput;
private String checkCodeSession;
```

注意 1：将 UserForm 设计成 User 类的子类，UserForm 主要提供如下两个功能。

功能 1：封装 FORM 表单的数据。例如，利用 UserForm 封装用户注册表单、登录表单、重置密码表单的数据。

功能 2：完成用户表单验证的功能。

注意 2：UserForm 类的命名属性名和用户注册表单、登录表单、重置密码表单的表单控件名一一对应。

（3）使用 Eclipse 添加所有命名属性的 setter 方法和 getter 方法。

（4）向 UserForm 类添加如下方法，实现表单验证功能。

```
public List<String> validate() {
    List<String> msgs = new ArrayList<String>();
    if(userName != null) {
        if(userName.trim().length() > 20 || userName.trim().length() < 6 ){
            msgs.add("用户名长度 6~20 位");
        }
        java.util.regex.Pattern p = java.util.regex.Pattern.compile("[\u4e00- \u9fa5]");
        java.util.regex.Matcher m = p.matcher(userName);
        if(m.find()) {
            msgs.add("用户名不能包含中文字符");
        }
    }
    if(nickName != null) {
        if(nickName.trim().length() > 10 || nickName.trim().length() < 2 ){
            msgs.add("昵称长度 2~10 位");
        }
    }
    if(password != null) {
        if(password.trim().length() > 32 || password.trim().length() < 6 ){
            msgs.add("密码长度 6~32 位");
        }
    }
    if(confirmPassword != null) {
        if(confirmPassword.trim().length() > 32 || confirmPassword.trim(). length()
< 6 ){
            msgs.add("确认密码长度 6~32 位");
        }
    }
    if(confirmPassword != null && !confirmPassword.equals(password)) {
        msgs.add("密码和确认密码必须一致");
    }
    if(telephone != null) {
        java.util.regex.Pattern   p   =   java.util.regex.Pattern.compile("^1
[345789]\\d{9}$");
        java.util.regex.Matcher m = p.matcher(telephone.trim());
        if(!m.matches()) {
            msgs.add("请确保电话号码格式正确");
        }
    }
    if(brief != null) {
        if(brief.trim().length() > 24){
            msgs.add("个人简介不能超过 24 个字符");
        }
    }
    if(checkCodeInput != null) {
        if(!checkCodeInput.equalsIgnoreCase(checkCodeSession)) {
            msgs.add("验证码错误");
        }
    }
    if(oldPassword != null) {
        if(oldPassword.trim().length() > 32 || oldPassword.trim().length() < 6 ){
            msgs.add("旧密码长度 6~32 位");
        }
    }
    return msgs;
}
```

场景 6　用户表单验证过滤器的开发

场景 6 步骤

（1）在 src 目录下，创建 filter 包。

打开 Project Explorer 视图→展开刚刚创建的 Web 项目→展开 Java Resources→右击 src→单击 Package→弹出 New Java Package 窗口，创建 filter 包。

（2）在 filter 包中新建过滤器 UserFormValidatorFilter.java，修改为如下代码。

```
@WebFilter(filterName="UserFormValidatorFilter")
public class UserFormValidatorFilter implements Filter {
    public void doFilter(ServletRequest request, ServletResponse response, 
FilterChain chain) throws IOException, ServletException {
        HttpServletRequest req = (HttpServletRequest)request;
        HttpServletResponse res = (HttpServletResponse)response;
        HttpSession session = req.getSession();
        req.setCharacterEncoding("UTF-8");
        UserForm userForm = new UserForm();
        userForm.setUserName(req.getParameter("userName"));
        userForm.setOldPassword(req.getParameter("oldPassword"));
        userForm.setNickName(req.getParameter("nickName"));
        userForm.setPassword(req.getParameter("password"));
        userForm.setConfirmPassword(req.getParameter("confirmPassword"));
        userForm.setTelephone(req.getParameter("telephone"));
        userForm.setCheckCodeInput(req.getParameter("checkCodeInput"));
        userForm.setCheckCodeSession((String)session.getAttribute("checkCodeSession"));
        userForm.setBrief(req.getParameter("brief"));
        if("on".equals(req.getParameter("autoLogin"))) {
            userForm.setAutoLogin("on");
        } else {
            userForm.setAutoLogin("off");
        }
        if(userForm.validate().size()>0) {
            session.setAttribute("flashMsgs", userForm.validate());
            session.setAttribute("userForm", userForm);
            res.sendRedirect(req.getHeader("referer"));
        } else {
            req.setAttribute("userForm", userForm);
            chain.doFilter(req, res);
        }
    }
}
```

此处 res.sendRedirect(req.getHeader("referer")) 的功能是将页面重定向到网址 http://localhost:8080/wenote/IndexServlet.tran?url=/register.jsp，即用户注册页面（如果操作出现错误，从哪里来，则重定向到哪里）。

场景 7　配置过滤器链的顺序

场景 7 步骤

（1）向 web.xml 配置文件中添加过滤器 UserFormValidatorFilter 以及 TransactionFilter 的配置。

```
<filter-mapping>
    <filter-name>UserFormValidatorFilter</filter-name>
    <url-pattern>/RegisterUserServlet.tran</url-pattern>
    <url-pattern>/LoginServlet.tran</url-pattern>
```

```
        <url-pattern>/user/ChangePasswordServlet.tran</url-pattern>
    </filter-mapping>
    <filter-mapping>
        <filter-name>TransactionFilter</filter-name>
        <url-pattern>*.tran</url-pattern>
    </filter-mapping>
```

说明　UserFormValidatorFilter 过滤器对用户注册表单、登录表单和修改密码表单等进行表单验证。

（2）测试表单验证过滤器是否生效，测试验证消息能否正常显示。

在浏览器地址栏输入 http://localhost:8080/wenote/，单击注册超链接，在用户注册表单中输入不合法的信息，测试表单验证过滤器是否生效，测试验证消息能否正常显示。

场景 8　编写用户注册功能的 Java 代码

场景 8 步骤

（1）在 controller 包中创建 Servlet 程序 RegisterUserServlet，将代码修改为如下代码。

```
@WebServlet("/RegisterUserServlet.tran")
public class RegisterUserServlet extends HttpServlet {
    protected void doPost(HttpServletRequest request, HttpServletResponse response)
throws ServletException, IOException {
        UserService userService = new UserService();
        User user = (User)request.getAttribute("userForm");
        String contextPath = request.getContextPath();
        userService.register(user);
        List<String> msgs = new ArrayList<String>();
        msgs.add("注册成功");
        request.getSession().setAttribute("flashMsgs", msgs);
        response.sendRedirect(contextPath + "/IndexServlet.tran");
    }
}
```

（2）向 UserService.java 类添加如下方法，实现用户注册的业务逻辑。

```
    public void register(User user) {
        UserDAO userDAO = new UserDAO();
        if(!userDAO.selectByUserName(user.getUserName())) {
            userDAO.insert(user);
        }
    }
```

（3）向 UserDAO.java 类添加如下方法，将用户信息添加到用户表中。

```
public void insert(User user) {
Connection con = ConnectionSharing.getInstance().get();
PreparedStatement ps = null;
String sql = "insert into users values(?,?,?,?,default,default,?,null)";
try {
    ps = con.prepareStatement(sql);
    ps.setString(1, user.getUserName());
    ps.setString(2, user.getNickName());
    ps.setString(3, user.getTwiceMD5Password());
    ps.setString(4, user.getTelephone());
    ps.setString(5, user.getBrief());
    ps.executeUpdate();
} catch (SQLException e) {
```

```
        throw new RuntimeException(e);
    } finally {
        DBUtil.close(null, ps, null);
    }
    }
```

用户注册时，保存在数据库中的密码是，将密码明文通过 md5 算法加密两次后的密文。

（4）测试用户注册功能能否正常执行。

在浏览器地址栏输入 http://localhost:8080/wenote/，单击注册超链接，在用户注册表单中输入合法信息，测试用户注册功能能否正常执行。

实践任务 2　用户登录和注销功能的实现

1. 准备工作

个人笔记系统为普通注册用户指定的默认头像是 default.jpg 文件。切记在 WebContent 目录中的 resources 目录中的 photo 目录中，存放一张名称为 default.jpg 的图片。

2. 步骤

（1）在 controller 包中创建 Servlet 程序 LoginServlet，将代码修改为如下代码。

```
@WebServlet("/LoginServlet.tran")
public class LoginServlet extends HttpServlet {
    protected void doPost(HttpServletRequest request, HttpServletResponse response)
throws ServletException, IOException {
        UserForm userForm = (UserForm)request.getAttribute("userForm");
        UserService userService = new UserService();
        String userName = userForm.getUserName();
        Cookie[] cookies = request.getCookies();
        String onceMD5Password = "";
        String twiceMD5Password = "";
        boolean autoLogin = false;
        for(Cookie cookie : cookies) {
            if(cookie.getName().equals("password")) {
                onceMD5Password = userForm.getPassword();
                twiceMD5Password = userForm.getOnceMD5Password();
                autoLogin = true;
            }
        }
        if(!autoLogin) {
            onceMD5Password = userForm.getOnceMD5Password();
            twiceMD5Password = userForm.getTwiceMD5Password();
        }
        List<String> msgs = new ArrayList<String>();
        User user = userService.login(userName,twiceMD5Password);
        if(user != null) {
            Cookie cookieUserName = new Cookie("userName",userName);
            Cookie cookiePassword = new Cookie("password",onceMD5Password);
            if("on".equals(userForm.getAutoLogin())) {
                cookieUserName.setPath(request.getContextPath());
                cookiePassword.setPath(request.getContextPath());
                cookieUserName.setMaxAge(30*24*3600);
                cookiePassword.setMaxAge(30*24*3600);
            } else {
                cookieUserName.setPath(request.getContextPath());
```

```
                cookiePassword.setPath(request.getContextPath());
                cookieUserName.setMaxAge(0);
                cookiePassword.setMaxAge(0);
            }
            response.addCookie(cookieUserName);
            response.addCookie(cookiePassword);
            request.getSession().setAttribute("user", user);
            msgs.add("登录成功！");
        } else {
            Cookie cookiePassword = new Cookie("password","");
            cookiePassword.setMaxAge(0);
            response.addCookie(cookiePassword);
            msgs.add("登录失败！");
        }
        request.getSession().setAttribute("flashMsgs", msgs);
        response.sendRedirect(request.getContextPath()+"/IndexServlet.tran");
    }
}
```

注意 1: 用户登录时，表单验证工作交由“用户表单验证过滤器”进行验证。

注意 2: 如果用户登录失败，将浏览器端的 Cookie 清除（将 name=password 的 Cookie 清除）。

（2）向 UserService.java 类添加如下方法，实现用户登录的业务逻辑。

```
public User login(String userName,String password) {
    UserDAO userDAO = new UserDAO();
    return userDAO.selectByUserNameAndPassword(userName,password);
}
```

（3）向 UserDAO.java 类添加如下方法，将用户信息添加到用户表中。

```
public User selectByUserNameAndPassword(String userName,String password) {
        Connection con = ConnectionSharing.getInstance().get();
        PreparedStatement ps = null;
        ResultSet rs = null;
        String sql = "select * from users where userName=? and password=?";
        User user = null;
        try {
            ps = con.prepareStatement(sql);
            ps.setString(1, userName);
            ps.setString(2, password);
            rs = ps.executeQuery();
            if (rs.next()) {
                user = new User();
                user.setUserName(rs.getString("userName"));
                user.setBrief(rs.getString("brief"));
                user.setCreateTime(rs.getString("createTime"));
                user.setIsAuthor(rs.getString("isAuthor"));
                user.setNickName(rs.getString("nickName"));
                user.setPhoto(rs.getString("photo"));
                user.setTelephone(rs.getString("telephone"));
            }
        } catch (SQLException e) {
            throw new RuntimeException(e);
        } finally {
            DBUtil.close(null, ps, rs);
        }
        return user;
    }
```

（4）在 controller 包中创建 Servlet 程序 ShowUserPhotoServlet，用于显示个人头像，将代码修

改为如下代码。

```
    @WebServlet("/ShowUserPhotoServlet")
    public class ShowUserPhotoServlet extends HttpServlet {
        protected void doGet(HttpServletRequest request, HttpServletResponse response)
throws ServletException, IOException {
            String fileName = request.getParameter("fileName");
            String path=this.getServletContext().getRealPath("resources/photo/"+fileName);
            java.io.File file = new java.io.File(path);
            java.io.FileInputStream fis = new java.io.FileInputStream(file);
            String mime = request.getServletContext().getMimeType(fileName);
            if (mime == null) {
                mime = "application/octet-stream";
            }
            response.setContentType(mime);
            response.setContentLength((int)file.length());
            javax.servlet.ServletOutputStream sos = response.getOutputStream();
            byte[] bytes = new byte[1024*4];
            int len = 0;
            while( (len = fis.read(bytes))!=-1 ) {
                sos.write(bytes, 0, len);
            }
            fis.close();
            sos.close();
        }
    }
```

（5）打开 WebContent 目录的 user 目录下的 JSP 程序 profile.jsp，将代码修改为如下代码。

```
    <%@ page language="java" contentType="text/html; charset=UTF-8" pageEncoding="UTF-8"%>
    <%@taglib uri="http://java.sun.com/jsp/jstl/core" prefix="c" %>
    <div class="layui-card-header">
        <img id="userPhoto" height=50 width=50 class="layui-upload-img layui-circle"
        src="${pageContext.request.contextPath}/ShowUserPhotoServlet?fileName=${user.p
hoto}" />
        ${user.userName}
        <a href='${pageContext.request.contextPath }/user/LogoutServlet'
            class='layui-btn layui-btn-sm layui-bg-cyan'>
        <i class="layui-icon layui-icon-close-fill"></i>
        注销</a>
    </div>
    <div class="layui-card-body">
        <div class="layui-form-mid">注册时间：${user.createTime}</div>
        <div class="layui-btn-container">
            <button type="button" class="layui-btn layui-btn-sm layui-bg-cyan" id=
"uploadUserPhoto"
                onchange="uploadUserPhoto(this)">
                <i class="layui-icon layui-icon-picture"></i>修改头像
            </button>
            <a
href='${pageContext.request.contextPath }/IndexServlet.tran?url=/user/changePassword.j
sp'
                class='layui-btn layui-btn-sm layui-bg-cyan'>
                <i class="layui-icon layui-icon-password"></i>
            修改密码
            </a>
        </div>
    </div>
    <script type="text/javascript">
    layui.use('upload', function(){
```

```
        var upload = layui.upload;
        var $ = layui.jquery;
        upload.render({
            elem: '#uploadUserPhoto'
            ,size: 1024*2
            ,accept: 'images'
            ,exts: 'jpg|png|gif|bmp|jpeg'
            ,field: 'upload'
            ,url:
'${pageContext.request.contextPath}/user/UploadUserPhotoServlet.tran'
            ,done: function(res){
                $("#userPhoto").attr('src',res.url);
            }
        });
    });
    </script>
```

（6）在 controller 包中创建 Servlet 程序 LogoutServlet，将代码修改为如下代码。

```
    @WebServlet("/user/LogoutServlet")
    public class LogoutServlet extends HttpServlet {
        protected void doGet(HttpServletRequest request, HttpServletResponse response)
throws ServletException, IOException {
            request.getSession().invalidate();
            response.sendRedirect(request.getContextPath() + "/IndexServlet.tran");
        }
    }
```

（7）测试用户登录、个人简介展示、注销等功能能否正常执行。

在浏览器地址栏输入 http://localhost:8080/wenote/，在登录表单中输入正确的用户名和密码，测试能否打开如图所示的个人简介面板。单击注销按钮，测试记住密码功能能否生效。

实践任务 3　个人简介的维护

目的

实现个人笔记系统修改头像和修改密码等功能。

场景 1　修改头像功能的开发

场景 1 步骤

（1）在 controller 包中创建 Servlet 程序 UploadUserPhotoServlet，将代码修改为如下代码。

```
    @javax.servlet.annotation.MultipartConfig
    @WebServlet("/user/UploadUserPhotoServlet.tran")
    public class UploadUserPhotoServlet extends HttpServlet {
        protected void doPost(HttpServletRequest request, HttpServletResponse response)
throws ServletException, IOException {
            request.setCharacterEncoding("UTF-8");
            String pictureDIR = "/resources/photo/";
            HttpSession session = request.getSession();
```

```
        User user = (User)session.getAttribute("user");
        String userName = user.getUserName();
        String picturePath = request.getServletContext().getRealPath(pictureDIR);
        javax.servlet.http.Part part = request.getPart("upload");
        response.setContentType("text/html;charset=UTF-8");
        if(part != null) {
            String fileContentType = part.getContentType();
            if(fileContentType.contains("image/")) {
                String fileName = part.getSubmittedFileName();
                if (fileName !=null && !"".equals(fileName)) {
                    String suffix = fileName.substring(fileName.lastIndexOf("."));
                    long time = System.currentTimeMillis();
                    fileName = userName + suffix;
                    System.out.println("文件上传到：" + picturePath + fileName);
                    part.write(picturePath + fileName);
                    part.delete();
                    String contextPath = request.getContextPath();
                    String url = contextPath + "/ShowUserPhotoServlet?fileName=" +
fileName + "&" + time;
                    //返回的 JSON 数据，目的是兼容 CKEditor 中的图片显示
                    String json = "{\"uploaded\":\"1\",\"url\":\"" + url + "\"}";
                    user.setPhoto(fileName);
                    session.setAttribute("user", user);
                    UserService userService = new UserService();
                    userService.changeUserPhoto(userName,fileName);
                    response.getWriter().append(json);
                    System.out.println("返回的 JSON 数据是" + json);
                }
            }
        }
    }
}
```

切记向该程序添加@MultipartConfig 注解，将其标识为支持 multipart/form-data 内容格式。

说明 1：由于只有登录成功的用户才能修改头像，因此将该 Servlet 程序的 urlPatterns 设置为/user/；由于该程序需要修改用户表的 photo 字段值，因此将该 Servlet 程序 urlPatterns 的扩展名设置成“.tran”。

说明 2：修改头像的 Servlet 程序将上传后的文件名指定为“userName.扩展名”。这样设计程序有两个目的。一是限制头像的数量。一般而言，浏览器用户的头像只能有一个，要么是网站提供的默认头像，要么是自己设置的头像。二是有效避免包含中文字符的文件名的乱码问题（个人笔记系统的用户名不能包含有中文字符）。

说明 3：由于修改头像功能使用的是异步请求技术，头像修改成功后，切记更新 Session 中 user 对象的 photo 属性，否则将出现头像不同步的问题（参考粗体代码）。

说明 4：修改头像涉及两个操作，一个是文件上传操作，另一个是修改用户表中 photo 字段值的操作。这两个操作被封装在同一个事务中，保证了修改头像业务的“完整性”。

（2）向 UserService.java 类添加如下方法，实现用户注册的业务逻辑。

```
public void changeUserPhoto(String userName,String fileName) {
    UserDAO userDAO = new UserDAO();
    userDAO.updateUserPhoto(userName,fileName);
}
```

（3）向 UserDAO.java 类添加如下方法，将用户信息添加到用户表中。

```
public void updateUserPhoto(String userName,String fileName) {
    Connection con = ConnectionSharing.getInstance().get();
    PreparedStatement ps = null;
    String sql = "update users set photo=? where userName=?";
    try {
        ps = con.prepareStatement(sql);
        ps.setString(1, fileName);
        ps.setString(2, userName);
        ps.executeUpdate();
    } catch (SQLException e) {
        throw new RuntimeException(e);
    } finally {
        DBUtil.close(null, ps, null);
    }
}
```

（4）测试修改头像功能能否正常执行。

在浏览器地址栏输入 http://localhost:8080/wenote/，在登录表单中输入正确的用户名和密码，登录成功后，单击修改头像按钮，选择一个本地图片，测试修改头像功能能否正常执行。

场景 2　修改密码功能的开发

场景 2 步骤

（1）在 WebContent 目录中的 user 目录下创建 JSP 程序 changePassword.jsp，将代码修改为如下代码，该 JSP 程序负责显示修改密码表单。

```
<%@ page language="java" contentType="text/html; charset=UTF-8" pageEncoding="UTF-8"%>
<%@taglib uri="http://java.sun.com/jsp/jstl/core" prefix="c" %>
<fieldset class="layui-elem-field layui-field-title" style="margin-top: 20px;">
<legend>修改密码</legend>
<div class="layui-field-box">
<form class="layui-form" method="post"
    action="${pageContext.request.contextPath}/user/ChangePasswordServlet.tran">
    <div class="layui-form-item">
        <label class="layui-form-label">旧密码</label>
        <div class="layui-input-inline">
        <input class='layui-input' type='password' name='oldPassword' lay-verify="required" >
        </div>
    </div>
    <div class="layui-form-item">
        <label class="layui-form-label">密码</label>
        <div class="layui-input-inline">
        <input class='layui-input' type='password' name='password' lay-verify="required" >
        </div>
    </div>
    <div class="layui-form-item">
        <label class="layui-form-label">确认密码</label>
        <div class="layui-input-inline">
        <input class='layui-input' type='password' name='confirmPassword' lay-verify=
"required" >
        </div>
    </div>
    <div class="layui-form-item">
        <div class="layui-input-block">
            <button lay-submit class="layui-btn layui-btn-radius layui-btn-sm layui-bg-cyan">
```

```
            <i class='layui-icon layui-icon-set-fill'></i>确认修改
          </button>
        </div>
      </div>
</form>
</div>
</fieldset>
```

（2）向 UserForm 添加如下方法，将旧密码通过 md5 算法加密两次。

```
public String getTwiceMD5PasswordOfOldPassword() {
    try {
        MessageDigest md5 = MessageDigest.getInstance("MD5");
        md5.update(oldPassword.getBytes());
        String first = new BigInteger(1, md5.digest()).toString(16);
        md5 = MessageDigest.getInstance("MD5");
        md5.update(first.getBytes());
        String second = new BigInteger(1, md5.digest()).toString(16);
        return second;
    } catch (Exception e) {
        e.printStackTrace();
        return null;
    }
}
```

（3）在 controller 包中创建 Servlet 程序 ChangePasswordServlet，将代码修改为如下代码。

```
@WebServlet("/user/ChangePasswordServlet.tran")
public class ChangePasswordServlet extends HttpServlet {
    protected void doPost(HttpServletRequest request, HttpServletResponse response)
            throws ServletException, IOException {
        UserForm userForm = (UserForm) request.getAttribute("userForm");
        UserService userService = new UserService();
        User user = (User) request.getSession().getAttribute("user");
        String userName = user.getUserName();
        List<String> msgs = new ArrayList<String>();
        String contextPath = request.getContextPath();
        int count = 0;
        count = userService.changePassword(userName,
userForm.getTwiceMD5PasswordOfOldPassword(),userForm.getTwiceMD5Password());
        if(count>0) {
            request.getSession().invalidate();
            msgs.add("密码修改成功！请重新登录！");
            Cookie cookiePassword = new Cookie("password", "");
            cookiePassword.setPath(request.getContextPath());
            cookiePassword.setMaxAge(0);
            response.addCookie(cookiePassword);
            request.getSession().setAttribute("flashMsgs", msgs);
            response.sendRedirect(contextPath + "/IndexServlet.tran");
        } else {
            msgs.add("密码修改失败！请重新修改！");
            request.getSession().setAttribute("flashMsgs", msgs);
            response.sendRedirect(request.getHeader("referer"));
        }
    }
}
```

如果密码修改成功，删除名字是 password 的 Cookie，确保清空登录表单密码框中的 Cookie 密码，将页面重定向到首页，并提示用户重新登录；如果密码修改失败，弹出提示消息，并将页面重定向到修改密码页面。

（4）向 UserService.java 类添加如下方法，实现修改密码的业务逻辑。

```
public int changePassword(String userName,String oldPassword,String newPassword) {
    UserDAO userDAO = new UserDAO();
    return userDAO.updatePassword(userName,oldPassword,newPassword);
}
```

（5）向 UserDAO.java 类添加如下方法，将新密码更新到用户表中。

```
public int updatePassword(String userName,String oldPassword,String newPassword) {
    Connection con = ConnectionSharing.getInstance().get();
    PreparedStatement ps = null;
    String sql = "update users set password=? where userName=? and password=?";
    try {
        ps = con.prepareStatement(sql);
        ps.setString(1, newPassword);
        ps.setString(2, userName);
        ps.setString(3, oldPassword);
        return ps.executeUpdate();
    } catch (SQLException e) {
        throw new RuntimeException(e);
    } finally {
        DBUtil.close(null, ps, null);
    }
}
```

（6）测试修改密码功能能否正常执行。

成功登录后，单击修改密码按钮，测试修改密码功能能否正常执行。

实践任务 4　使用过滤器实现个人笔记系统 URL 级别的权限访问控制

步骤

（1）测试权限控制是否生效，理解权限访问控制的重要性。

通常，只有在用户成功登录后，才能打开修改密码的表单。现在无须用户登录，直接在浏览器地址栏中输入如下网址，即可打开修改密码表单。

```
http://localhost:8080/wenote/IndexServlet.tran?url=/user/changePassword.jsp
```

有必要引入权限控制，只有成功登录的用户，才能打开修改密码的表单。否则，将页面重定向到登录页面，并弹出"受保护资源，请先登录！"的提示消息。

（2）将 filter 包中的权限控制过滤器 PermissionFilter 的代码修改为如下代码。

```
@WebFilter(filterName="PermissionFilter")
public class PermissionFilter implements Filter {
    public  void  doFilter(ServletRequest  request,  ServletResponse  response,
FilterChain chain) throws IOException, ServletException {
        HttpServletRequest req = (HttpServletRequest)request;
        HttpServletResponse res = (HttpServletResponse)response;
        HttpSession session = req.getSession();
        String contextPath = req.getContextPath();
        List<String> msgs = new ArrayList<String>();
        String requestURI = req.getRequestURI();
        req.setCharacterEncoding("UTF-8");
        String url = req.getParameter("url");
        url = (url==null) ? "" : url;
        Object o = session.getAttribute("user");
        if(requestURI.contains(contextPath+"/user/") || url.contains("/user/")) {
```

```
            if(o==null) {
                msgs.add("受保护资源，请先登录！");
                req.getSession().setAttribute("flashMsgs", msgs);
                res.sendRedirect(contextPath + "/IndexServlet.tran");
                return;
            }
        }
        if(requestURI.contains(contextPath+"/author/") || url.contains("/author/")) {
            if(o==null || !((User)o).getIsAuthor().equals("Y")) {
                msgs.add("受保护资源，请先登录！");
                req.getSession().setAttribute("flashMsgs", msgs);
                res.sendRedirect(contextPath + "/IndexServlet.tran");
                return;
            }
        }
        chain.doFilter(request, response);
    }
}
```

（3）向 web.xml 配置文件中添加权限控制过滤器 PermissionFilter 的配置。

```
<filter-mapping>
    <filter-name>PermissionFilter</filter-name>
    <url-pattern>/*</url-pattern>
</filter-mapping>
```

权限控制过滤器 PermissionFilter 的配置应该位于其他过滤器的外层（最上面）。

（4）重启 Tomcat，重新执行步骤（1），测试权限控制是否生效，理解权限访问控制的重要性。

第 14 章

项目实训：个人笔记系统笔记管理模块的设计与实现

笔记管理模块包含查询所有笔记、添加笔记、查看笔记全文（包括显示该笔记的所有评论）、编辑以及更新笔记内容、删除笔记、对笔记的标题和内容进行模糊查询等功能。本章利用 MVC 设计理念，实现个人笔记系统的笔记管理模块。

第 12 章和第 13 章，详细介绍了首页模块的实现以及用户管理模块的实现。通过这两个章节的学习，相信读者已经掌握了 MVC 的设计理念。限于篇幅，从本章开始，只从实现的角度，讲解个人笔记系统笔记管理模块的开发。

实践任务 1　查询所有笔记功能的开发

步骤

（1）在 bean 包中新建 Note.java 类。向 User 类添加如下所示的命名属性。使用 Eclipse 添加所有命名属性的 setter 方法和 getter 方法。

```
protected int noteID;
protected String author;
protected String noteTitle;
protected String noteContent;
protected int visit;
protected String categoryName;
protected String createTime;
protected String updateTime;
```

注意 1：Note 类的命名属性名和笔记表的字段名一一对应。

注意 2：命名属性的访问权限设置为 protected，这是为它的子类 NoteForm 的创建做准备。

注意 3：笔记表的 createTime 字段和 updateTime 字段都是日期时间类型的数据。简单起见，这里将 Note 类的命名属性 createTime 和 updateTime 设计成字符串类型的数据（并没有设计成 java.sql.Timestamp 类型的数据）。

（2）向 NoteDAO.java 类添加如下方法，查询所有笔记。

```
public List<Note> selectAllNote(){
        List<Note> noteList = new ArrayList<Note>();
        Connection con = ConnectionSharing.getInstance().get();
        PreparedStatement ps = null;
        ResultSet rs = null;
        String sql = "select * from note order by createTime desc";
        Note note = null;
        try {
```

```
            ps = con.prepareStatement(sql);
            rs = ps.executeQuery();
            while (rs.next()) {
                note = new Note();
                note.setNoteID(rs.getInt("noteID"));
                note.setAuthor(rs.getString("author"));
                note.setNoteTitle(rs.getString("noteTitle"));
                note.setNoteContent(rs.getString("noteContent"));
                note.setVisit(rs.getInt("visit"));
                note.setCategoryName(rs.getString("categoryName"));
                note.setCreateTime(rs.getString("createTime"));
                note.setUpdateTime(rs.getString("updateTime"));
                noteList.add(note);
            }
        } catch (SQLException e) {
            throw new RuntimeException(e);
        } finally {
            DBUtil.close(null, ps, rs);
        }
        return noteList;
    }
```

（3）向 NoteService.java 类添加如下方法，查询所有笔记。

```
public List<Note> fetchALLNote(){
    NoteDAO noteDAO = new NoteDAO();
    return noteDAO.selectAllNote();
}
```

（4）在 controller 包中创建 Servlet 程序 FetchAllNoteServlet，将代码修改为如下代码。

```
@WebServlet("/FetchAllNoteServlet.tran")
public class FetchAllNoteServlet extends HttpServlet {
    protected void doGet(HttpServletRequest request, HttpServletResponse response)
throws ServletException, IOException {
        NoteService noteService = new NoteService();
        List<Note> noteList = noteService.fetchALLNote();
        request.setAttribute("noteList", noteList);
        request.getRequestDispatcher("/IndexServlet.tran?url=noteList.jsp").
forward(request, response);
    }
}
```

（5）在 WebContent 目录下创建 JSP 程序 noteList.jsp，将代码修改为如下代码。

```
<%@ page language="java" contentType="text/html; charset=UTF-8" pageEncoding="UTF-8"%>
<%@taglib uri="http://java.sun.com/jsp/jstl/core" prefix="c"%>
<fieldset class="layui-elem-field layui-field-title">
<legend>笔记列表</legend>
<div class="layui-field-box">
<ul class="layui-timeline">
<c:forEach items='${noteList}' var='note'>
<li class="layui-timeline-item">
  <i class="layui-icon layui-icon-date layui-timeline-axis"></i>
  <div class="layui-timeline-content layui-text">
    <h3 class="layui-timeline-title">${note.createTime}</h3>
    <fieldset class="layui-elem-field">
      <legend>${note.noteTitle}</legend>
      <div class="layui-field-box">
        <span class="layui-badge layui-bg-gray">浏览次数： ${note.visit}</span>
        <span class="layui-badge layui-bg-gray">笔记类别： ${note.categoryName}</span>
        <a class="layui-btn layui-btn-xs layui-bg-gray" target="_blank"
          href="${pageContext.request.contextPath}/ReadNoteServlet.tran?noteID=
```

```
${note.noteID}">
                    阅读笔记全文
          </a>
        </div>
      </fieldset>
    </div>
  </li>
  </c:forEach>
  <li class="layui-timeline-item">
    <i class="layui-icon layui-icon-date layui-timeline-axis"></i>
    <div class="layui-timeline-content layui-text">
      <h3 class="layui-timeline-title">过去</h3>
    </div>
  </li>
  </ul>
  </div>
  </fieldset>
```

（6）重启 Tomcat，测试。

单击首页的“学无止境”超链接，测试能否显示所有笔记。

实践任务 2　后台管理面板 author.jsp 程序的开发

步骤

（1）打开 Web Content 目录的 author 目录下的 JSP 程序 author.jsp，将代码修改为如下代码。

```
<%@ page language="java" contentType="text/html; charset=UTF-8" pageEncoding="UTF-8"%>
<div class="layui-card">
     <div class="layui-card-header">
     <i class="layui-icon layui-icon-set"></i>后台管理</div>
     <div class="layui-card-body layui-btn-container">
          <a class='layui-btn layui-bg-gray'
               href='${pageContext.request.contextPath}/author/AddNoteServlet.tran'>
          添加笔记</a>
          <a class='layui-btn layui-bg-gray'
               href='${pageContext.request.contextPath}/author/FetchAllCategory-
NameServlet.tran'>
          笔记类别管理</a>
          <a class='layui-btn layui-bg-gray'
             href='${pageContext.request.contextPath}/author/FetchAllTagNameServlet.
tran'>
               笔记标签管理</a>
          <a class='layui-btn layui-bg-gray' href=''>正在升级</a>
     </div>
</div>
```

（2）测试后台管理面板能否正常显示。

在浏览器地址栏输入 http://localhost:8080/wenote/，在登录表单中输入“作者”的用户名和密码，登录成功后，测试后台管理面板能否正常显示。

实践任务 3　添加笔记页面和保存笔记功能的开发

添加笔记页面需要展示数据库中所有笔记类别名称和所有笔记标签名称；可以在笔记内容中上传图片，并回显上传的图片。因此“添加笔记页面”是一个模块，由若干程序构成。

场景 1　添加笔记页面的开发

场景 1 步骤

（1）向 TagDAO.java 类添加如下方法，查询所有笔记标签名（过滤名字重复的笔记标签）。

```
public List<String> selectAllTagName(){
    List<String> tagNameList = new ArrayList<String>();
    Connection con = ConnectionSharing.getInstance().get();
    PreparedStatement ps = null;
    ResultSet rs = null;
    String sql = "select distinct tagName from tag";
    try {
        ps = con.prepareStatement(sql);
        rs = ps.executeQuery();
        while (rs.next()) {
            tagNameList.add(rs.getString("tagName"));
        }
    } catch (SQLException e) {
        throw new RuntimeException(e);
    } finally {
        DBUtil.close(null, ps, rs);
    }
    return tagNameList;
}
```

（2）向 NoteDAO.java 类添加如下方法，查询所有笔记类别名（过滤名字重复的笔记类别）。

```
public List<String> selectCategoryNameList(){
    List<String> categoryNameList = new ArrayList<String>();
    Connection con = ConnectionSharing.getInstance().get();
    PreparedStatement ps = null;
    ResultSet rs = null;
    String sql = "select distinct categoryName from note";
    try {
        ps = con.prepareStatement(sql);
        rs = ps.executeQuery();
        while (rs.next()) {
            categoryNameList.add(rs.getString("categoryName"));
        }
    } catch (SQLException e) {
        throw new RuntimeException(e);
    } finally {
        DBUtil.close(null, ps, rs);
    }
    return categoryNameList;
}
```

（3）向 TagService.java 类添加如下方法，查询所有笔记标签名（过滤名字重复的笔记标签）。

```
public List<String> fetchTagNameList(){
    TagDAO tagDAO = new TagDAO();
    return tagDAO.selectAllTagName();
}
```

（4）向 NoteService.java 类添加如下方法，查询所有笔记类别名（过滤名字重复的笔记类别）。

```
public List<String> fetchCategoryNameList(){
    NoteDAO noteDAO = new NoteDAO();
    return noteDAO.selectCategoryNameList();
}
```

（5）在 controller 包中创建 Servlet 程序 AddNoteServlet，将代码修改为如下代码。

```
@WebServlet("/author/AddNoteServlet.tran")
public class AddNoteServlet extends HttpServlet {
    protected void doGet(HttpServletRequest request, HttpServletResponse response)
throws ServletException, IOException {
        NoteService noteService = new NoteService();
        List<String> categoryNameList = noteService.fetchCategoryNameList();
        TagService tagService = new TagService();
        List<String> tagNameList = tagService.fetchTagNameList();
        request.setAttribute("categoryNameList", categoryNameList);
        request.setAttribute("tagNameList", tagNameList);
        request.getRequestDispatcher("/IndexServlet.tran?url=/author/addNote.jsp").
forward(request, response);
    }
}
```

AddNoteServlet 程序是添加笔记功能的入口程序。

（6）在 WebContent 目录中的 author 目录下创建 JSP 程序 addNote.jsp，将代码修改为如下所示的代码，该 JSP 程序负责展示添加笔记的表单。

```
<%@ page language="java" contentType="text/html; charset=UTF-8" pageEncoding="UTF-8"%>
<%@taglib uri="http://java.sun.com/jsp/jstl/core" prefix="c"%>
<fieldset class="layui-elem-field layui-field-title" style="margin-top: 20px;">
    <legend>添加笔记</legend>
    <div class="layui-field-box">
    <form class="layui-form" method="post" id='note' name='note'>
        <div class="layui-form-item">
            <label class="layui-form-label">笔记标题</label>
            <div class="layui-input-block">
            <input name="noteTitle" class="layui-input" value="${noteForm.noteTitle}"/>
            </div>
        </div>
        <div class="layui-form-item">
            <label class="layui-form-label">笔记类别</label>
            <div class="layui-btn-container">
            <c:forEach items="${categoryNameList}" var='categoryName'>
            <label class="layui-btn layui-btn-xs layui-bg-cyan" onclick='addCategory(this)'>
            ${categoryName}
            </label>
            </c:forEach>
            </div>
            <div class="layui-input-block">
            <input name="categoryName" id="categoryName" class="layui-input"
            value="${noteForm.categoryName}"/>
            </div>
        </div>
        <div class="layui-form-item">
            <label class="layui-form-label">笔记标签</label>
            <div class="layui-btn-container">
            <c:forEach items="${tagNameList}" var='tagName'>
            <label class="layui-btn layui-btn-xs layui-bg-cyan" onclick='addTag(this)'>${tagName}</label>
            </c:forEach>
            </div>
            <div class="layui-input-block">
            <input name="tagNames" id="tagNames" class="layui-input"
            value="${noteForm.tagNames}"/>
        </div>
        </div>
        <div class="layui-form-item">
            <label class="layui-form-label">笔记内容</label>
            <div class="layui-input-block">
            <textarea name="noteContent" id="noteContent">${noteForm.noteContent}</textarea>
            <c:remove var="noteForm"/>
            </div>
        </div>
        <div class="layui-form-item">
            <div class="layui-input-block">
```

```
                <button lay-submit class="layui-btn layui-btn-sm layui-bg-cyan" onclick="saveNote()">
                <i class='layui-icon layui-icon-add-circle'>保存笔记内容</i>
                </button>
                <button type="reset" class="layui-btn layui-btn-sm layui-bg-cyan">
                <i class='layui-icon layui-icon-fonts-clear'>重置笔记内容</i>
                </button>
                </div>
            </div>
        </form>
        </div>
</fieldset>
<script src="${pageContext.request.contextPath}/resources/ckeditor/ckeditor.js"></script>
<script src="${pageContext.request.contextPath}/resources/ckeditor/zh-cn.js"></script>
<script>
ClassicEditor.create( document.querySelector('#noteContent'),{
        toolbar: ['heading','|','bold','italic','link','imageUpload','blockQuote'],
        language : 'zh-cn',
        ckfinder: {
            uploadUrl: '${pageContext.request.contextPath}/author/UploadNotePhotoServlet'
        }
} );
var saveNote = function(){
        document.note.action ="${pageContext.request.contextPath}/author/SaveNoteServlet.tran";
        document.note.submit();
}
var addCategory = function(btn){
        var value = btn.innerText;
        var categoryName = document.getElementById("categoryName");
        categoryName.value = value;
}
var addTag = function(btn){
        var value = btn.innerText;
        var tagNames = document.getElementById("tagNames");
        var tagNameValues = tagNames.value;
        if(tagNameValues.indexOf(value) > -1) return;//判断是否已经包含该笔记
        tagNames.value = tagNameValues + value + " # ";      //添加笔记标签
}
</script>
```

addNote.jsp 程序定义了 3 个 JavaScript 函数，即 saveNote()、addCategory()和 addTag()。

saveNote()函数：负责定义表单的 action，并负责提交表单数据。

addCategory()函数：负责向 id='categoryName'的文本框中添加笔记的笔记类别名称。

addTag()函数：负责向 id='tagNames'的文本框中添加笔记的笔记标签名称。

（7）测试

单击后台管理面板上的“添加笔记”按钮，测试能否打开添加笔记页面。

场景 2　笔记表单验证 FormBean 的开发

场景 2 步骤

（1）在 formbean 包中新建 NoteForm.java 类，并且让 NoteForm 继承 Note。向 NoteForm 类添加如下命名属性。

```
private String tagNames;
```

一篇笔记对应若干笔记标签，此处的 tagNames 是一个字符串，存放笔记的若干笔记标签（笔记标签之间使用#分割，例如“JSP#Servlet#JSTL#”表示了 JSP、Servlet、JSTL 这 3 个标签）。

注意 1：将 NoteForm 设计成 Note 类的子类。NoteForm 主要提供如下两个功能。

功能 1：封装 FORM 表单的数据。例如，利用 NoteForm 封装保存笔记和更新笔记表单的数据。

功能 2：完成笔记表单验证的功能。

注意 2：NoteForm 类的命名属性名和添加笔记、编辑笔记的表单控件名一一对应。

（2）使用 Eclipse 添加所有命名属性的 setter 方法和 getter 方法。

（3）添加如下方法，将笔记的笔记标签转换为 List。

```
public List<String> getTagNameList(){
    List<String> tagNameList = Arrays.asList(tagNames.split("#"));
    return tagNameList;
}
```

由于 tagNames 是一个字符串，存放了笔记的若干笔记标签（例如"JSP#Servlet#JSTL#"），本方法将笔记标签拆分，并存放到 List 容器中。

（4）向 NoteForm 类添加如下方法，实现表单验证功能。

```
public List<String> validate() {
    List<String> msgs = new ArrayList<String>();
    if(noteTitle != null) {
        if(noteTitle.trim().length() > 100 || noteTitle.trim().length() < 2 ){
            msgs.add("笔记标题长度 2～100 位");
        }
    }
    if(noteContent != null) {
        if(noteContent.trim().length() == 0 ){
            msgs.add("笔记内容不能为空");
        }
    }
    if(categoryName != null) {
        if(categoryName.trim().length() == 0 || categoryName.trim().length() > 50){
            msgs.add("笔记类别不能为空且长度不能超过 50 位");
        }
    }
    if(tagNames != null) {
        if(tagNames.trim().length() == 0){
            msgs.add("笔记标签不能为空");
        }
        for(String tagName:getTagNameList()) {
            if(tagName.trim().length() > 50){
                msgs.add("每个笔记标签长度不能超过 50 位");
                break;
            }
        }
    }
    return msgs;
}
```

场景 3　笔记表单验证过滤器的开发

场景 3 步骤

（1）在 filter 包中新建过滤器 NoteFormValidatorFilter.java，修改为如下代码。

```
@WebFilter(filterName="NoteFormValidatorFilter")
public class NoteFormValidatorFilter implements Filter {
    public void doFilter(ServletRequest request, ServletResponse response, FilterChain
chain) throws IOException, ServletException {
```

```
        HttpServletRequest req = (HttpServletRequest)request;
        HttpServletResponse res = (HttpServletResponse)response;
        HttpSession session = req.getSession();
        req.setCharacterEncoding("UTF-8");
        Object o = session.getAttribute("user");
        NoteForm noteForm = new NoteForm();
        String userName = ((User)o).getUserName();
        String noteIDString = req.getParameter("noteID");
        noteIDString = noteIDString==null ? "0" : noteIDString;
        int noteID = Integer.parseInt(noteIDString);
        noteForm.setNoteID(noteID);
        noteForm.setAuthor(userName);
        noteForm.setNoteTitle(req.getParameter("noteTitle"));
        noteForm.setNoteContent(req.getParameter("noteContent"));
        noteForm.setCategoryName(req.getParameter("categoryName"));
        noteForm.setTagNames(req.getParameter("tagNames"));
        if(noteForm.validate().size()>0) {
            session.setAttribute("flashMsgs", noteForm.validate());
            session.setAttribute("noteForm", noteForm);
            res.sendRedirect(req.getHeader("referer"));
        } else {
            req.setAttribute("noteForm", noteForm);
            chain.doFilter(req, res);
        }
    }
}
```

（2）向 web.xml 配置文件中添加过滤器 NoteFormValidatorFilter 的配置，如下所示。

```
<filter-mapping>
    <filter-name>NoteFormValidatorFilter</filter-name>
    <url-pattern>/author/SaveNoteServlet.tran</url-pattern>
    <url-pattern>/author/ChangeNoteServlet.tran</url-pattern>
</filter-mapping>
```

表单验证过滤器位于 TransactionFilter 过滤器的外层，PermissionFilter 过滤器的内层。

（3）重启 Tomcat，测试。

单击后台管理面板上的“添加笔记”按钮，不输入任何数据，直接单击“保存笔记内容”按钮，测试表单验证是否生效。

场景 4　保存笔记功能 Java 代码的开发

场景 4 步骤

（1）在 controller 包中创建 Servlet 程序 SaveNoteServlet，将代码修改为如下代码。

```
@WebServlet("/author/SaveNoteServlet.tran")
public class SaveNoteServlet extends HttpServlet {
    protected void doPost(HttpServletRequest request, HttpServletResponse response)
throws ServletException, IOException {
        NoteForm noteForm = (NoteForm)request.getAttribute("noteForm");
        NoteService noteService = new NoteService();
        int noteID = noteService.saveNote(noteForm);
        TagService tagService = new TagService();
        tagService.saveTag(noteForm, noteID);
        List<String> msgs = new ArrayList<String>();
```

```
            msgs.add("笔记以及笔记标签添加成功");
            request.getSession().setAttribute("flashMsgs", msgs);
            response.sendRedirect(request.getContextPath()                          +
"/FetchAllNoteServlet.tran");
        }
    }
```

（2）向 NoteService.java 类添加如下方法，实现保存笔记的功能。

```
public int saveNote(NoteForm noteForm) {
    NoteDAO noteDAO = new NoteDAO();
    return noteDAO.insert(noteForm);
}
```

（3）向 TagService.java 类添加如下方法，实现保存笔记标签的功能。

```
public void saveTag(NoteForm noteForm,int noteID) {
    TagDAO tagDAO = new TagDAO();
    for(String tagName: noteForm.getTagNameList()) {
        tagName = tagName.trim();
        if(!"".equals(tagName)) {
            tagDAO.insert(tagName,noteID);
        }
    }
}
```

一篇笔记对应多个笔记标签，因此保存笔记标签功能利用了循环语句。

（4）向 NoteDAO.java 类添加如下方法，将笔记信息添加到笔记表中。

```
public int insert(Note note) {
    Connection con = ConnectionSharing.getInstance().get();
    PreparedStatement ps = null;
    ResultSet rs = null;
    String sql = "insert into note values(null,?,?,?,0,?,null,null)";
    int insertedID = 0;
    try {
        ps = con.prepareStatement(sql,Statement.RETURN_GENERATED_KEYS);
        ps.setString(1, note.getAuthor());
        ps.setString(2, note.getNoteTitle());
        ps.setString(3, note.getNoteContent());
        ps.setString(4, note.getCategoryName());
        ps.executeUpdate();
        rs = ps.getGeneratedKeys();
        if (rs.next()) {
            insertedID = rs.getInt(1);
        }
    } catch (SQLException e) {
        throw new RuntimeException(e);
    } finally {
        DBUtil.close(null, ps, rs);
    }
    return insertedID;
}
```

（5）向 TagDAO.java 类添加如下方法，将笔记标签信息添加到标签表中。

```
public void insert(String tagName,int noteID) {
    Connection con = ConnectionSharing.getInstance().get();
    PreparedStatement ps = null;
```

```
        String sql = "insert into tag values(?,?)";
        try {
            ps = con.prepareStatement(sql);
            ps.setString(1, tagName);
            ps.setInt(2, noteID);
            ps.executeUpdate();
        } catch (SQLException e) {
            throw new RuntimeException(e);
        } finally {
            DBUtil.close(null, ps, null);
        }
    }
```

（6）在 controller 包中创建 Servlet 程序 UploadNotePhotoServlet，将代码修改为如下代码。

```
    @javax.servlet.annotation.MultipartConfig
    @WebServlet("/author/UploadNotePhotoServlet")
    public class UploadNotePhotoServlet extends HttpServlet {
        protected void doPost(HttpServletRequest request, HttpServletResponse response)
throws ServletException, IOException {
            request.setCharacterEncoding("UTF-8");
            String pictureDIR = "/resources/note/";
            String picturePath = request.getServletContext().getRealPath(pictureDIR);
            javax.servlet.http.Part part = request.getPart("upload");// 此处为了兼容
CKEditor 图片上传
            response.setContentType("text/html;charset=UTF-8");
            if(part != null) {
                String fileContentType = part.getContentType();
                if(fileContentType.contains("image/")) {
                    String fileName = part.getSubmittedFileName();
                    if (fileName !=null && !"".equals(fileName)) {
                        String suffix = fileName.substring(fileName.lastIndexOf("."));
                        long time = System.currentTimeMillis();
                        fileName = time + suffix;
                        System.out.println("文件上传到：" + picturePath + fileName);
                        part.write(picturePath + fileName);
                        part.delete();
                        String contextPath = request.getContextPath();
                        String url = contextPath + "/ShowNotePhotoServlet?fileName=" +
fileName + "&" + time;
                        //返回的 JSON 数据，目的是兼容 CKEditor 中的图片显示
                        String json = "{\"uploaded\":\"1\",\"url\":\"" + url + "\"}";
                        response.getWriter().append(json);
                    }
                }
            }
        }
    }
```

UploadNotePhotoServlet 程序负责上传笔记中的图片，除了上传图片的路径和上传文件后生成的新文件名不同以外，代码几乎和 UploadUserPhotoServlet 的代码相同。

（7）在 controller 包中创建 Servlet 程序 ShowNotePhotoServlet，将代码修改为如下代码。

```
    @WebServlet("/ShowNotePhotoServlet")
    public class ShowNotePhotoServlet extends HttpServlet {
        protected void doGet(HttpServletRequest request, HttpServletResponse response)
throws ServletException, IOException {
```

```
        String fileName = request.getParameter("fileName");
        String path=this.getServletContext().getRealPath("resources/note/"+fileName);
        java.io.File file = new java.io.File(path);
        java.io.FileInputStream fis = new java.io.FileInputStream(file);
        String mime = request.getServletContext().getMimeType(fileName);
        if (mime == null) {
            mime = "application/octet-stream";
        }
        response.setContentType(mime);
        response.setContentLength((int)file.length());
        javax.servlet.ServletOutputStream sos = response.getOutputStream();
        byte[] bytes = new byte[1024*4];
        int len = 0;
        while( (len = fis.read(bytes))!=-1 ) {
            sos.write(bytes, 0, len);
        }
        fis.close();
        sos.close();
    }
}
```

ShowNotePhotoServlet 程序负责显示笔记中的图片，除了显示图片的路径不同以外，代码几乎和 ShowUserPhotoServlet 的代码相同。

（8）重启 Tomcat，测试。

打开添加笔记页面，输入测试数据，并向笔记中添加图片，单击添加笔记按钮，测试保存笔记功能能否正常执行。

实践任务 4　查看笔记全文功能的开发

查看笔记全文时，不仅需要显示笔记的内容，还需要显示该笔记的所有评论、增加该笔记的浏览次数、显示该笔记的上一篇和下一篇笔记等。

场景 1　评论管理 JavaBean 的开发

场景 1 步骤

（1）在 bean 包中新建 Comment.java 类。向该类添加如下所示的命名属性。

```
protected int commentID;
protected int noteID;
protected String userName;
protected String commentTitle;
protected String commentContent;
protected String remoteIP;
protected String createTime;
protected User user;
```

注意 1：Comment 类的命名属性名和评论表的字段名一一对应。

注意 2：命名属性 user 用于记录用户实体与评论实体之间的一对多关系。

注意 3：命名属性的访问权限设置为 protected，这是为它的子类 CommentForm 的创建做准备。

注意 4：comment 表的 createTime 字段是日期时间类型的数据。简单起见，这里将 Comment

类的命名属性 createTime 设计成字符串类型的数据(并没有设计成 java.sql.Timestamp 类型的数据)。

（2）使用 Eclipse 添加所有命名属性的 setter 方法和 getter 方法。

场景 2 查看笔记全文 DAO 类的开发

场景 2 步骤

（1）向 TagDAO.java 类添加如下方法，查询某篇笔记的所有笔记标签。

```
public List<String> selectTagNameListByNoteID(int noteID){
    List<String> tagNameList = new ArrayList<String>();
    Connection con = ConnectionSharing.getInstance().get();
    PreparedStatement ps = null;
    ResultSet rs = null;
    String sql = "select tagName from tag where noteID=?";
    try {
        ps = con.prepareStatement(sql);
        ps.setInt(1, noteID);
        rs = ps.executeQuery();
        while (rs.next()) {
            tagNameList.add(rs.getString("tagName"));
        }
    } catch (SQLException e) {
        throw new RuntimeException(e);
    } finally {
        DBUtil.close(null, ps, rs);
    }
    return tagNameList;
}
```

（2）在 dao 包中新建 CommentDAO.java 类，向该类添加如下方法，查询某篇笔记的所有评论。

```
public List<Comment> selectCommentListByNoteID(int noteID){
    List<Comment> commentList = new ArrayList<Comment>();
    Connection con = ConnectionSharing.getInstance().get();
    PreparedStatement ps = null;
    ResultSet rs = null;
    String sql = "select commentID,commentTitle,commentContent,comment.createTime
createTime"
            + ",remoteIP,noteID,comment.userName userName,nickName,photo,brief "
            + " from comment join users on comment.userName=users.userName "
            + " where noteID=? order by createTime desc";
    Comment comment = null;
    User user = null;
    try {
        ps = con.prepareStatement(sql);
        ps.setInt(1, noteID);
        rs = ps.executeQuery();
        while (rs.next()) {
            comment = new Comment();
            comment.setCommentID(rs.getInt("commentID"));
            comment.setCommentTitle(rs.getString("commentTitle"));
            comment.setCommentContent(rs.getString("commentContent"));
            comment.setCreateTime(rs.getString("createTime"));
            comment.setRemoteIP(rs.getString("remoteIP"));
            comment.setNoteID(rs.getInt("noteID"));
            comment.setUserName(rs.getString("userName"));
            user = new User();
            user.setUserName(rs.getString("userName"));
            user.setNickName(rs.getString("nickName"));
```

```
                user.setPhoto(rs.getString("photo"));
                user.setBrief(rs.getString("brief"));
                comment.setUser(user);
                commentList.add(comment);
            }
        } catch (SQLException e) {
            throw new RuntimeException(e);
        } finally {
            DBUtil.close(null, ps, rs);
        }
        return commentList;
    }
```

（3）向 NoteDAO.java 类添加如下方法，为某篇笔记增加浏览次数。

```
public void updateVisit(int noteID) {
    Connection con = ConnectionSharing.getInstance().get();
    PreparedStatement ps = null;
    String sql = "update note set visit=visit+1 where noteID=?";
    try {
        ps = con.prepareStatement(sql);
        ps.setInt(1, noteID);
        ps.executeUpdate();
    } catch (SQLException e) {
        throw new RuntimeException(e);
    } finally {
        DBUtil.close(null, ps, null);
    }
}
```

（4）向 NoteDAO.java 类添加如下方法，查询某篇笔记的详细信息。

```
public Note selectByNoteID(int noteID) {
        Note note = null;
        Connection con = ConnectionSharing.getInstance().get();
        PreparedStatement ps = null;
        ResultSet rs = null;
        String sql = "select * from note where noteID=?";
        try {
            ps = con.prepareStatement(sql);
            ps.setInt(1, noteID);
            rs = ps.executeQuery();
            if (rs.next()) {
                note = new Note();
                note.setNoteID(rs.getInt("noteID"));
                note.setAuthor(rs.getString("author"));
                note.setNoteTitle(rs.getString("noteTitle"));
                note.setNoteContent(rs.getString("noteContent"));
                note.setVisit(rs.getInt("visit"));
                note.setCategoryName(rs.getString("categoryName"));
                note.setCreateTime(rs.getString("createTime"));
                note.setUpdateTime(rs.getString("updateTime"));
            }
        } catch (SQLException e) {
            throw new RuntimeException(e);
        } finally {
            DBUtil.close(null, ps, rs);
        }
        return note;
    }
```

（5）向 NoteDAO.java 类添加如下方法，查询某篇笔记的上一篇或者下一篇笔记。

```
public Note selectNextOrLastByNoteID(int noteID,String flag){
        Note note = null;
        String sql = "";
        if(">".equals(flag)) {
            sql = "select * from note where noteID>? limit 1";
        }else {
            sql = "select * from note where noteID<? limit 1";
        }
        Connection con = ConnectionSharing.getInstance().get();
        PreparedStatement ps = null;
        ResultSet rs = null;
        try {
            ps = con.prepareStatement(sql);
            ps.setInt(1, noteID);
            rs = ps.executeQuery();
            if(rs.next()) {
                note = new Note();
                note.setNoteID(rs.getInt("noteID"));
                note.setAuthor(rs.getString("author"));
                note.setNoteTitle(rs.getString("noteTitle"));
                note.setNoteContent(rs.getString("noteContent"));
                note.setVisit(rs.getInt("visit"));
                note.setCategoryName(rs.getString("categoryName"));
                note.setCreateTime(rs.getString("createTime"));
                note.setUpdateTime(rs.getString("updateTime"));
            }
        } catch (SQLException e) {
            throw new RuntimeException(e);
        } finally {
            DBUtil.close(null, ps, rs);
        }
        return note;
    }
```

本程序使用 noteID 查询该笔记的上一篇笔记和下一篇笔记，并没有按照笔记的 createTime 查询该笔记的上一篇笔记和下一篇笔记。

场景 3　查看笔记全文 Service 类的开发

场景 3 步骤

（1）向 TagService.java 类添加如下方法，查询某篇笔记的所有笔记标签。

```
public List<String> fetchTagNameListByNoteID(int noteID){
    TagDAO tagDAO = new TagDAO();
    return tagDAO.selectTagNameListByNoteID(noteID);
}
```

（2）在 service 包中新建 CommentService.java 类，向该类添加如下方法，查询某篇笔记的所有评论。

```
public List<Comment> fetchCommentListByNoteID(int noteID){
    CommentDAO commentDAO = new CommentDAO();
    return commentDAO.selectCommentListByNoteID(noteID);
}
```

（3）向 NoteService.java 类添加如下方法，为某篇笔记增加浏览次数。

```
public void increaseVisit(int noteID) {
    NoteDAO noteDAO = new NoteDAO();
    noteDAO.updateVisit(noteID);
}
```

（4）向 NoteService.java 类添加如下方法，查询某篇笔记的详细信息。

```
public Note fetchNoteByNoteID(int noteID) {
    NoteDAO noteDAO = new NoteDAO();
    return noteDAO.selectByNoteID(noteID);
}
```

（5）向 NoteService.java 类添加如下方法，查询某篇笔记的上一篇或者下一篇笔记。

```
public Note fetchNextOrLastByNoteID(int noteID,String flag){
    NoteDAO noteDAO = new NoteDAO();
    return noteDAO.selectNextOrLastByNoteID(noteID, flag);
}
```

场景 4　查看笔记全文 Servlet 程序的开发

场景 4 步骤

在 controller 包中创建 Servlet 程序 ReadNoteServlet，将代码修改为如下代码。

```
@WebServlet("/ReadNoteServlet.tran")
public class ReadNoteServlet extends HttpServlet {
    protected void doGet(HttpServletRequest request, HttpServletResponse response)
throws ServletException, IOException {
        String noteIDString = request.getParameter("noteID");
        noteIDString = (noteIDString==null) ? "0" : noteIDString;
        int noteID = Integer.parseInt(noteIDString);
        NoteService noteService = new NoteService();
        TagService tagService = new TagService();
        CommentService commentService = new CommentService();
        Note note = noteService.fetchNoteByNoteID(noteID);
        Note nextNote = noteService.fetchNextOrLastByNoteID(noteID, ">");
        Note lastNote = noteService.fetchNextOrLastByNoteID(noteID, "<");
        List<String> tagNameList = tagService.fetchTagNameListByNoteID(noteID);
        List<Comment> commentList = commentService.fetchCommentListByNoteID(noteID);
        HttpSession session = request.getSession();
        User user = (User)session.getAttribute("user");
        String role = (user==null) ? "N" : user.getIsAuthor();
        if("N".equals(role)) {
            noteService.increaseVisit(noteID);
        }
        request.setAttribute("note", note);
        request.setAttribute("nextNote", nextNote);
        request.setAttribute("lastNote", lastNote);
        request.setAttribute("tagNameList", tagNameList);
        request.setAttribute("commentList", commentList);
        request.getRequestDispatcher("/IndexServlet.tran?url=readNote.jsp").
forward(request, response);
    }
}
```

场景 5　查看笔记全文 JSP 程序的开发

场景 5 步骤

（1）在 WebContent 目录下创建 JSP 程序 readNote.jsp，将代码修改为如图所示的代码。

```
<%@ page language="java" contentType="text/html; charset=UTF-8" pageEncoding="UTF-8"%>
<%@taglib uri="http://java.sun.com/jsp/jstl/core" prefix="c"%>
<div class="layui-card">
      <div class="layui-card-header" style="font-size:32px">${note.noteTitle}
            <c:if test="${user.isAuthor=='Y'}">
            <a class="layui-btn layui-layout-right"
            href="${pageContext.request.contextPath}/author/EditNoteServlet.tran?noteID=${note.noteID}">
            编辑笔记</a>
            </c:if>
      </div>
      <div class="layui-card-body">
            <span class="layui-badge layui-bg-gray">作者：${note.author}</span> |
            <span class="layui-badge layui-bg-gray">发布时间：${note.createTime}</span> |
            <c:if test="${not empty note.updateTime}">
            <span class="layui-badge layui-bg-gray">修改时间：${note.updateTime}</span> |
            </c:if>
            <span class="layui-badge layui-bg-gray">浏览次数：${note.visit}</span> |
            <span class="layui-badge layui-bg-gray">笔记类别：${note.categoryName}</span>
            <hr class="layui-bg-gray"/>
            笔记标签：<c:forEach items="${tagNameList}" var='tagName'>
                        <span class="layui-badge layui-bg-gray">${tagName}</span>
            </c:forEach>
            <hr class="layui-bg-gray"/>${note.noteContent}<hr class="layui-bg-green"/>上一篇：
            <a href="${pageContext.request.contextPath}/ReadNoteServlet.tran?noteID=${lastNote.noteID}">
                  ${lastNote.noteTitle}
            </a>
            <hr class="layui-bg-green"/>下一篇：
            <a href="${pageContext.request.contextPath}/ReadNoteServlet.tran?noteID=${nextNote.noteID}">
                  ${nextNote.noteTitle}
            </a>
</div>
</div>
<hr class="layui-bg-cyan"/>
<div class="layui-card">
      <div class="layui-card-header" style="font-size:20px">评论列表</div>
      <div class="layui-card-body">
      <c:forEach items='${commentList}' var='comment'>
            <li class="layui-timeline-item">
            <img id="photo" class="layui-timeline-axis" title="${comment.user.brief}"
            src="${pageContext.request.contextPath}/ShowUserPhotoServlet?fileName=${comment.user.photo}"/>
            <div class="layui-timeline-content layui-text">
                  <h3 class="layui-timeline-title">
                        <span class="layui-badge layui-bg-gray">用户名：${comment.userName}</span>
                        <span class="layui-badge layui-bg-gray">昵称：${comment.user.nickName}</span>
                        <span class="layui-badge layui-bg-gray">评论时间：${comment.createTime}</span>
                        <span class="layui-badge layui-bg-gray">IP地址：${comment.remoteIP}</span>
                  </h3>
                  <div>
                        <fieldset class="layui-elem-field">
                              <legend>${comment.commentTitle}</legend>
                              <div class="layui-field-box">${comment.commentContent}</div>
                        </fieldset>
                  </div>
            </div>
            </li>
      </c:forEach>
      </div>
</div>
<hr class="layui-bg-green"/>
<div class="layui-card">
      <div class="layui-card-header" style="font-size:20px">登录后，可发表评论</div>
      <div class="layui-card-body">
      <c:if test="${not empty user}">
      <form class="layui-form" action="${pageContext.request.contextPath}/user/SaveCommentServlet.tran"
      method="post">
            <input type="hidden" name="noteID" value="${note.noteID}">
            <input name="commentTitle" lay-verify="required" placeholder="请输入评论的标题" class="layui-input"
            value="${commentForm.commentTitle}" />
            <textarea id="commentContent" name="commentContent">${commentForm.commentContent}</textarea>
            <button type="submit" class='layui-btn layui-bg-green'>发表评论</button>
            <c:remove var="commentForm"/>
      </form>
      </c:if>
      </div>
</div>
<script src="${pageContext.request.contextPath}/resources/ckeditor/ckeditor.js"></script>
```

```
<script src="${pageContext.request.contextPath}/resources/ckeditor/zh-cn.js"></script>
<script>
var commentContent = ClassicEditor.create( document.querySelector('#commentContent'),{
      toolbar: ['heading','|','bold','italic','link','blockQuote'],
      language : 'zh-cn',
} );
</script>
```

说明 1：以游客身份查看笔记全文时，readNote.jsp 程序不会显示“发表评论”表单；以普通注册用户身份查看笔记全文时，readNote.jsp 程序会显示一个“发表评论”表单。

说明 2：以作者身份查看笔记全文时，readNote.jsp 程序会显示一个“编辑笔记”按钮。

（2）重启 Tomcat，测试。

单击“阅读笔记全文”超链接，测试笔记浏览次数是否增加、测试上一篇和下一篇笔记能否正常显示、测试笔记全文能否正常显示、测试评论列表能否正常显示。

实践任务 5　编辑笔记和更新笔记功能的开发

打开编辑笔记页面时，编辑笔记页面既要显示所有的笔记类别名和所有的笔记标签名，又要显示该笔记的类别名和该笔记的所有标签名，以供编辑。因此编辑笔记功能是一个模块，由一系列程序构成。

场景 1　编辑笔记 Servlet 程序的开发

场景 1 步骤

在 controller 包中创建 Servlet 程序 EditNoteServlet，将代码修改为如下代码。

```
@WebServlet("/author/EditNoteServlet.tran")
public class EditNoteServlet extends HttpServlet {
    protected void doGet(HttpServletRequest request, HttpServletResponse response)
throws ServletException, IOException {
        String noteIDString = request.getParameter("noteID");
        noteIDString = (noteIDString==null) ? "0" : noteIDString;
        int noteID = Integer.parseInt(noteIDString);
        NoteService noteService = new NoteService();
        TagService tagService = new TagService();
        Note noteForm = noteService.fetchNoteByNoteID(noteID);
        List<String> allCategoryNameList = noteService.fetchCategoryNameList();
        List<String> tagNameList = tagService.fetchTagNameListByNoteID(noteID);
        List<String> allTagNameList = tagService.fetchTagNameList();
        request.setAttribute("noteForm", noteForm);
        request.setAttribute("allCategoryNameList", allCategoryNameList);
        request.setAttribute("tagNameList", tagNameList);
        request.setAttribute("allTagNameList", allTagNameList);
        request.getRequestDispatcher("/IndexServlet.tran?url=/author/editNote.jsp").
forward(request, response);
    }
}
```

EditNoteServlet 程序是编辑笔记功能的入口程序。

场景 2　编辑笔记 JSP 程序的开发

场景 2 步骤

（1）在 WebContent 目录的 author 目录下创建 JSP 程序 editNote.jsp，将代码修改为如图所示的代码。

```
<%@ page language="java" contentType="text/html; charset=UTF-8" pageEncoding="UTF-8"%>
<%@taglib uri="http://java.sun.com/jsp/jstl/core" prefix="c"%>
<fieldset class="layui-elem-field layui-field-title" style="margin-top: 20px;">
<legend>编辑笔记</legend>
<div class="layui-field-box">
<form class="layui-form" method="post" id='note' name='note'>
      <input type="hidden" name="noteID" value="${noteForm.noteID}">
      <div class="layui-form-item">
            <label class="layui-form-label">笔记标题</label>
            <div class="layui-input-block">
            <input name="noteTitle" class="layui-input" value="${noteForm.noteTitle}"/>
            </div>
      </div>
      <div class="layui-form-item">
            <label class="layui-form-label">笔记类别</label>
            <div class="layui-btn-container">
            <c:forEach items="${allCategoryNameList}" var='allCategoryName'>
            <label class="layui-btn layui-btn-xs layui-bg-cyan" onclick='addCategory(this)'>
            ${allCategoryName}
            </label>
            </c:forEach>
            </div>
            <div class="layui-input-block">
            <input name="categoryName" id="categoryName" class="layui-input" value="${noteForm.categoryName}"/>
            </div>
      </div>
      <div class="layui-form-item">
            <label class="layui-form-label">笔记标签</label>
            <div class="layui-btn-container">
                  <c:forEach items="${allTagNameList}" var='allTagName'>
                  <label class="layui-btn layui-btn-xs layui-bg-cyan" onclick='addTag(this)'>
                  ${allTagName}
                  </label>
                  </c:forEach>
            </div>
            <div class="layui-input-block">
            <input name="tagNames" id="tagNames" class="layui-input" value="
                  <c:forEach items="${tagNameList}" var='tagName'>
                  ${tagName} #
                  </c:forEach>
            "/>
            </div>
      </div>
      <div class="layui-form-item">
            <label class="layui-form-label">笔记内容</label>
            <div class="layui-input-block">
            <textarea name="noteContent" id="noteContent">${noteForm.noteContent}</textarea>
            <c:remove var="noteForm"/>
            </div>
      </div>
      <div class="layui-form-item">
            <div class="layui-input-block">
            <button lay-submit class="layui-btn layui-btn-sm layui-bg-cyan" onclick="changeNote()">
            <i class='layui-icon layui-icon-edit'>更新笔记内容</i>
            </button>
            <button type="reset" class="layui-btn layui-btn-sm layui-bg-cyan" onclick="deleteNote()">
            <i class='layui-icon layui-icon-fonts-clear'>删除笔记内容</i>
            </button>
            </div>
      </div>
</form>
</div>
</fieldset>
```

（2）在 editNote.jsp 程序末尾添加如图所示的代码。

```
<script src="${pageContext.request.contextPath}/resources/ckeditor/ckeditor.js"></script>
<script src="${pageContext.request.contextPath}/resources/ckeditor/zh-cn.js"></script>
<script>
ClassicEditor.create( document.querySelector('#noteContent'),{
      toolbar: ['heading','|','bold','italic','link','imageUpload','blockQuote'],
      language : 'zh-cn',
      ckfinder: {
```

```
            uploadUrl: '${pageContext.request.contextPath}/author/UploadNotePhotoServlet'
        }
} );
function changeNote(){
        document.note.action ="${pageContext.request.contextPath}/author/ChangeNoteServlet.tran";
        document.note.submit();
}
function deleteNote(){
        layui.use(['layer'], function() {
                var layer = layui.layer;
                layer.confirm('确定删除吗？', {
                        btn: ['确定删除', '取消删除']
                }, function(){
                        document.note.action ="${pageContext.request.contextPath}/author/DeleteNoteServlet.tran";
                        document.note.submit();
                },function(){
                });
        });
}
var addCategory = function(btn){
        var value = btn.innerText;
        var categoryName = document.getElementById("categoryName");
        categoryName.value = value;
}
var addTag = function(btn){
        var value = btn.innerText;
        var tagNames = document.getElementById("tagNames");
        var tagNameValues = tagNames.value;
        if(tagNameValues.indexOf(value) > -1) return;
        tagNames.value = tagNameValues + value + " # ";
}
</script>
```

说明 1：editNote.jsp 程序定义了 4 个 JavaScript 函数，即 changeNote()、deleteNote()、addCategory()，以及 addTag()。

changeNote()函数：负责定义表单的 action，并负责提交表单数据。

deleteNote()函数：负责弹出对话框、定义表单的 action，并负责提交表单数据。

addCategory()函数与 addTag()函数：参考本章实践任务 2 的内容。

说明 2：下面的代码片段中，value 的属性值是一个<c:forEach />标签，功能是向标签文本框中循环输出该笔记的所有原有标签名。

```
<input name="tagNames" id="tagNames" class="layui-input" value="
    <c:forEach items="${tagNameList}" var='tagName'>
    ${tagName} #
    </c:forEach>
"/>
</div>
```

为了便于排版，value 的属性值存在回车符和空格符，导致的结果是文本框中标签之间存在多个空格符，如图所示。

（3）重启 Tomcat，测试。

以作者身份登录，阅读某篇笔记全文，单击“编辑笔记”按钮，测试能否打开笔记编辑页面。

场景 3　更新笔记 Servlet 程序的开发

场景 3 步骤

（1）在 controller 包中创建 Servlet 程序 ChangeNoteServlet，将代码修改为如下代码。

```
@WebServlet("/author/ChangeNoteServlet.tran")
public class ChangeNoteServlet extends HttpServlet {
    protected void doPost(HttpServletRequest request, HttpServletResponse response)
throws ServletException, IOException {
        NoteForm noteForm = (NoteForm)request.getAttribute("noteForm");
        NoteService noteService = new NoteService();
        TagService tagService = new TagService();
        noteService.changeNote(noteForm);
        tagService.deleteTagByNoteID(noteForm.getNoteID());
        tagService.saveTag(noteForm, noteForm.getNoteID());
        List<String> msgs = new ArrayList<String>();
        msgs.add("修改成功");
        request.getSession().setAttribute("flashMsgs", msgs);
        response.sendRedirect(request.getContextPath()  +  "/ReadNoteServlet.tran?
noteID="+noteForm.getNoteID());
    }
}
```

更新笔记的操作包含了修改详细信息、删除该笔记原有的所有 tagName，向该笔记添加新的 tagName 这 3 个更新操作，这 3 个更新操作应该封装在同一个事务中。

（2）向 NoteService.java 类添加如下方法，修改笔记详细信息。

```
public void changeNote(Note note){
    NoteDAO noteDAO = new NoteDAO();
    noteDAO.updateNote(note);
}
```

（3）向 NoteDAO.java 类添加如下方法，修改笔记详细信息。

```
public void updateNote(Note note) {
    Connection con = ConnectionSharing.getInstance().get();
    PreparedStatement ps = null;
    String sql = "update note set author=?,noteTitle=?,noteContent=?,categoryName=?"
            + ",updateTime=now() where noteID=?";
    try {
        ps = con.prepareStatement(sql);
        ps.setString(1, note.getAuthor());
        ps.setString(2, note.getNoteTitle());
        ps.setString(3, note.getNoteContent());
        ps.setString(4, note.getCategoryName());
        ps.setInt(5, note.getNoteID());
        ps.executeUpdate();
    } catch (SQLException e) {
        throw new RuntimeException(e);
    } finally {
        DBUtil.close(null, ps, null);
    }
}
```

（4）向 TagService.java 类添加如下方法，删除该笔记原有的所有 tagName。

```
public void deleteTagByNoteID(int noteID) {
    TagDAO tagDAO = new TagDAO();
    tagDAO.deleteTagByNoteID(noteID);
}
```

（5）向 TagDAO.java 类添加如下方法，删除该笔记原有的所有 tagName。

```
public void deleteTagByNoteID(int noteID) {
```

```
        Connection con = ConnectionSharing.getInstance().get();
        PreparedStatement ps = null;
        String sql = "delete from tag where noteID=?";
        try {
            ps = con.prepareStatement(sql);
            ps.setInt(1, noteID);
            ps.executeUpdate();
        } catch (SQLException e) {
            throw new RuntimeException(e);
        } finally {
            DBUtil.close(null, ps, null);
        }
    }
```

（6）确保 web.xml 配置文件中有关笔记表单验证过滤器的配置是如下配置。

```
<filter-mapping>
    <filter-name>NoteFormValidatorFilter</filter-name>
    <url-pattern>/author/SaveNoteServlet.tran</url-pattern>
    <url-pattern>/author/ChangeNoteServlet.tran</url-pattern>
</filter-mapping>
```

（7）重启 Tomcat，测试。

以作者身份登录，阅读某篇笔记全文，单击“编辑笔记”按钮，修改笔记内容后，单击“更新笔记内容”按钮，测试更新笔记功能是否正常执行。

实践任务 6　删除笔记功能的开发

步骤

（1）在 controller 包中创建 Servlet 程序 DeleteNoteServlet，将代码修改为如下代码。

```
@WebServlet("/author/DeleteNoteServlet.tran")
public class DeleteNoteServlet extends HttpServlet {
    protected void doPost(HttpServletRequest request, HttpServletResponse response)
throws ServletException, IOException {
        String noteIDString = request.getParameter("noteID");
        noteIDString = noteIDString==null ? "0" : noteIDString;
        int noteID = Integer.parseInt(noteIDString);
        TagService tagService = new TagService();
        NoteService noteService = new NoteService();
        CommentService commentService = new CommentService();
        commentService.deleteCommentByNoteID(noteID);
        tagService.deleteTagByNoteID(noteID);
        noteService.deleteNoteByNoteID(noteID);
        List<String> msgs = new ArrayList<String>();
        msgs.add("删除成功! ");
        request.getSession().setAttribute("flashMsgs", msgs);
        response.sendRedirect(request.getContextPath() + "/FetchAllNoteServlet.tran");
    }
}
```

注意 1：由于外键约束，从笔记表中删除笔记前，应先从标签表中删除该笔记对应的所有标签，还要从评论表中删除该笔记对应的所有评论，否则将删除失败。

注意 2：上述删除操作应该封装在同一个事务中。

（2）向 NoteService.java 类添加如下方法，删除某篇笔记。

```
public void deleteNoteByNoteID(int noteID) {
```

```
        NoteDAO noteDAO = new NoteDAO();
        noteDAO.deleteNoteByNoteID(noteID);
    }
```

（3）向 NoteDAO.java 类添加如下方法，删除某篇笔记。

```
public void deleteNoteByNoteID(int noteID) {
    Connection con = ConnectionSharing.getInstance().get();
    PreparedStatement ps = null;
    String sql = "delete from note where noteID=?";
    try {
        ps = con.prepareStatement(sql);
        ps.setInt(1, noteID);
        ps.executeUpdate();
    } catch (SQLException e) {
        throw new RuntimeException(e);
    } finally {
        DBUtil.close(null, ps, null);
    }
}
```

（4）向 CommentService.java 类添加如下方法，删除某篇笔记的所有评论。

```
public void deleteCommentByNoteID(int noteID) {
    CommentDAO commentDAO = new CommentDAO();
    commentDAO.deleteCommentByNoteID(noteID);
}
```

（5）向 CommentDAO.java 类添加如下方法，删除某篇笔记的所有评论。

```
public void deleteCommentByNoteID(int noteID) {
    Connection con = ConnectionSharing.getInstance().get();
    PreparedStatement ps = null;
    String sql = "delete from comment where noteID=?";
    try {
        ps = con.prepareStatement(sql);
        ps.setInt(1, noteID);
        ps.executeUpdate();
    } catch (SQLException e) {
        throw new RuntimeException(e);
    } finally {
        DBUtil.close(null, ps, null);
    }
}
```

（6）测试。

以作者身份登录，阅读某篇笔记全文，单击“编辑笔记”按钮，单击“删除笔记内容”按钮，测试删除笔记功能是否正常执行。

实践任务 7　对笔记的标题和内容进行模糊查询功能的开发

步骤

（1）在 controller 包中创建 Servlet 程序 FetchAllNoteByKeywordServlet，将代码修改为如下代码。

```
@WebServlet("/FetchAllNoteByKeywordServlet.tran")
public class FetchAllNoteByKeywordServlet extends HttpServlet {
    protected void doGet(HttpServletRequest request, HttpServletResponse response)
throws ServletException, IOException {
        request.setCharacterEncoding("UTF-8");
        String keyword = request.getParameter("keyword");
        NoteService noteService = new NoteService();
```

```
            List<Note> noteListByKeyword = noteService.fetchAllNoteByKeyword(keyword);
            request.setAttribute("noteList", noteListByKeyword);
            List<String> msgs = new ArrayList<String>();
            msgs.add("本页面是模糊查询页面，模糊查询关键字是：" + keyword);
            request.getSession().setAttribute("flashMsgs", msgs);
            request.getRequestDispatcher("/IndexServlet.tran?url=noteList.jsp").
forward(request, response);
        }
    }
```

由于模糊查询的 Servlet 程序以及查询所有笔记的 Servlet 程序都将页面请求转发至 noteList.jsp 程序，为了便于区分，本程序向首页发送了一个“弹出框消息”。

（2）向 NoteService.java 类添加如下方法，模糊查询笔记内容。

```
public List<Note> fetchAllNoteByKeyword(String keyword) {
    NoteDAO noteDAO = new NoteDAO();
    return noteDAO.selectAllNoteByKeyword(keyword);
}
```

（3）向 NoteDAO.java 类添加如下方法，模糊查询笔记内容。

```
public List<Note> selectAllNoteByKeyword(String keyword){
    List<Note> noteListByKeyword = new ArrayList<Note>();
    Connection con = ConnectionSharing.getInstance().get();
    PreparedStatement ps = null;
    ResultSet rs = null;
    String sql = "select * from note where noteTitle like ? or noteContent like ? order
by createTime desc";
    Note note = null;
    try {
        ps = con.prepareStatement(sql);
        ps.setString(1, "%" + keyword + "%");
        ps.setString(2, "%" + keyword + "%");
        rs = ps.executeQuery();
        while (rs.next()) {
            note = new Note();
            note.setNoteID(rs.getInt("noteID"));
            note.setAuthor(rs.getString("author"));
            note.setNoteTitle(rs.getString("noteTitle"));
            note.setNoteContent(rs.getString("noteContent"));
            note.setVisit(rs.getInt("visit"));
            note.setCategoryName(rs.getString("categoryName"));
            note.setCreateTime(rs.getString("createTime"));
            note.setUpdateTime(rs.getString("updateTime"));
            noteListByKeyword.add(note);
        }
    } catch (SQLException e) {
        throw new RuntimeException(e);
    } finally {
        DBUtil.close(null, ps, rs);
    }
    return noteListByKeyword;
}
```

（4）测试模糊查询功能能否正常执行。

打开首页，在模糊查询表单中输入关键字，单击搜索按钮，测试模糊查询功能能否正常执行。

第 15 章 项目实训：个人笔记系统其他功能模块的设计与实现

个人笔记系统其他功能包括对笔记发表评论、查看某个用户发表的评论、笔记类别名称管理和笔记标签名称管理等。本章利用 MVC 设计理念，实现个人笔记系统其他功能模块的开发。

实践任务 1　对笔记发表评论功能的开发

场景 1　评论表单验证 FormBean 的开发

场景 1 步骤

（1）在 formbean 包中新建 CommentForm.java 类，并且让 CommentForm 继承 Note。

无须向 CommentForm 添加新的命名属性。

（2）向 CommentForm 类添加如下方法，实现评论表单验证功能。

```
public List<String> validate() {
    List<String> msgs = new ArrayList<String>();
    if(commentTitle != null) {
        if(commentTitle.trim().length() > 100 || commentTitle.trim().length() < 2 ){
            msgs.add("评论标题长度 2～100 位");
        }
    }
    if(commentContent != null) {
        if(commentContent.trim().length() == 0 ){
            msgs.add("评论内容不能为空");
        }
    }
    return msgs;
}
```

场景 2　评论表单验证过滤器的开发

场景 2 步骤

（1）在 filter 包中新建过滤器 CommentFormValidatorFilter.java，修改为如下代码。

```
@WebFilter(filterName="CommentFormValidatorFilter")
public class CommentFormValidatorFilter implements Filter {
    public void doFilter(ServletRequest request, ServletResponse response,
FilterChain chain) throws IOException, ServletException {
```

```
            HttpServletRequest req = (HttpServletRequest)request;
            HttpServletResponse res = (HttpServletResponse)response;
            HttpSession session = req.getSession();
            req.setCharacterEncoding("UTF-8");
            Object o = session.getAttribute("user");
            CommentForm commentForm = new CommentForm();
            String userName = ((User)o).getUserName();
            commentForm.setNoteID(Integer.parseInt(req.getParameter("noteID")));
            commentForm.setUserName(userName);
            commentForm.setCommentTitle(req.getParameter("commentTitle"));
            commentForm.setCommentContent(req.getParameter("commentContent"));
            commentForm.setRemoteIP(req.getRemoteAddr());
            if(commentForm.validate().size()>0) {
                session.setAttribute("flashMsgs", commentForm.validate());
                session.setAttribute("commentForm", commentForm);
                res.sendRedirect(req.getHeader("referer"));
            } else {
                req.setAttribute("commentForm", commentForm);
                chain.doFilter(req, res);
            }
        }
    }
```

（2）向 web.xml 配置文件中添加过滤器 NoteFormValidatorFilter 的配置。

```
<filter-mapping>
    <filter-name>CommentFormValidatorFilter</filter-name>
    <url-pattern>/user/SaveCommentServlet.tran</url-pattern>
</filter-mapping>
```

说明

表单验证过滤器位于 TransactionFilter 过滤器的外层，PermissionFilter 过滤器的内层。

（3）重启 Tomcat，测试。

成功登录后，阅读某篇笔记全文，不输入任何数据，直接单击“发表评论”按钮，测试评论表单验证功能是否生效。

场景 3　保存评论功能控制器层、模型层代码的开发

场景 3 步骤

（1）在 controller 包中创建 Servlet 程序 SaveCommentServlet，将代码修改为如下代码。

```
@WebServlet("/user/SaveCommentServlet.tran")
public class SaveCommentServlet extends HttpServlet {
    protected void doPost(HttpServletRequest request, HttpServletResponse response)
throws ServletException, IOException {
        CommentForm commentForm = (CommentForm)request.getAttribute("commentForm");
        CommentService commentService = new CommentService();
        commentService.saveComment(commentForm);
        List<String> msgs = new ArrayList<String>();
        msgs.add("评论发表成功！");
        request.getSession().setAttribute("flashMsgs", msgs);
        response.sendRedirect(request.getContextPath() + "/ReadNoteServlet.tran?noteID=
"+commentForm.getNoteID());
    }
}
```

（2）向 CommentService.java 类添加如下方法，保存评论。

```
public void saveComment(CommentForm commentForm) {
    CommentDAO commentDAO = new CommentDAO();
    commentDAO.insert(commentForm);
}
```

（3）向 CommentDAO.java 类添加如下方法，将评论信息添加到评论表中。

```
public void insert(Comment comment) {
    Connection con = ConnectionSharing.getInstance().get();
    PreparedStatement ps = null;
    String sql = "insert into comment values(null,?,?,?,?,?,null)";
    try {
        ps = con.prepareStatement(sql);
        ps.setInt(1, comment.getNoteID());
        ps.setString(2, comment.getUserName());
        ps.setString(3, comment.getCommentTitle());
        ps.setString(4, comment.getCommentContent());
        ps.setString(5, comment.getRemoteIP());
        ps.executeUpdate();
    } catch (SQLException e) {
        throw new RuntimeException(e);
    } finally {
        DBUtil.close(null, ps, null);
    }
}
```

（4）重启 Tomcat，测试。

单击“发表评论”按钮，测试保存评论功能能否正常执行。

实践任务 2　查看某个用户发表的评论功能的开发

步骤

（1）向 CommentDAO.java 类添加如下方法，查询某个用户发表的所有评论。

```
public List<Comment> selectCommentListByUserName(String userName){
    List<Comment> commentList = new ArrayList<Comment>();
    Connection con = ConnectionSharing.getInstance().get();
    PreparedStatement ps = null;
    ResultSet rs = null;
    String sql = "select * from comment where userName=? order by createTime desc";
    Comment comment = null;
    try {
        ps = con.prepareStatement(sql);
        ps.setString(1, userName);
        rs = ps.executeQuery();
        while (rs.next()) {
            comment = new Comment();
            comment.setCommentContent(rs.getString("commentContent"));
            comment.setCommentID(rs.getInt("commentID"));
            comment.setCommentTitle(rs.getString("commentTitle"));
            comment.setCreateTime(rs.getString("createTime"));
            comment.setNoteID(rs.getInt("noteID"));
            comment.setRemoteIP(rs.getString("remoteIP"));
            comment.setUserName(rs.getString("userName"));
            commentList.add(comment);
        }
    } catch (SQLException e) {
        throw new RuntimeException(e);
```

```
        } finally {
            DBUtil.close(null, ps, rs);
        }
        return commentList;
    }
```

（2）向 CommentService.java 类添加如下方法，查询某个用户发表的所有评论。

```
public List<Comment> fetchCommentListByUserName(String userName){
    CommentDAO commentDAO = new CommentDAO();
    return commentDAO.selectCommentListByUserName(userName);
}
```

（3）在 controller 包中创建 Servlet 程序 FetchMyCommentServlet，将代码修改为如下代码。

```
@WebServlet("/user/FetchMyCommentServlet.tran")
public class FetchMyCommentServlet extends HttpServlet {
    protected void doGet(HttpServletRequest request, HttpServletResponse response)
throws ServletException, IOException {
            CommentService commentService = new CommentService();
            HttpSession session = request.getSession();
            User user = (User)session.getAttribute("user");
            String userName = user.getUserName();
            List<Comment> comments = commentService.fetchCommentListByUserName
(userName);
            request.setAttribute("commentList", comments);
            request.getRequestDispatcher("/IndexServlet.tran?url=user/myCommentList.jsp")
            .forward(request, response);
    }
}
```

（4）在 WebContent 目录下的 user 目录中创建 JSP 程序 myCommentList.jsp，将代码修改为如下代码。

```
<%@ page language="java" contentType="text/html; charset=UTF-8" pageEncoding="UTF-8"%>
<%@taglib uri="http://java.sun.com/jsp/jstl/core" prefix="c"%>
<fieldset class="layui-elem-field layui-field-title">
<legend>我的评论</legend>
<div class="layui-field-box">
<ul class="layui-timeline">
<c:forEach items='${commentList}' var='comment'>
    <li class="layui-timeline-item">
        <i class="layui-icon layui-icon-date layui-timeline-axis"></i>
        <div class="layui-timeline-content layui-text">
            <h3 class="layui-timeline-title">
            ${comment.createTime} | ${comment.remoteIP}
            </h3>
            <div>
                <fieldset class="layui-elem-field">
                    <legend>${comment.commentTitle}</legend>
                    <div class="layui-field-box">
                        ${comment.commentContent}
                    </div>
                </fieldset>
            </div>
        </div>
    </li>
</c:forEach>
<li class="layui-timeline-item">
    <i class="layui-icon layui-icon-date layui-timeline-axis"></i>
    <div class="layui-timeline-content layui-text">
```

```
            <h3 class="layui-timeline-title">过去</h3>
        </div>
    </li>
    </ul>
    </div>
    </fieldset>
```

（5）重启 Tomcat，测试。

登录成功后，单击首页的“我的评论”超链接，测试能否显示该用户的所有评论。

实践任务 3　笔记类别名称管理模块的开发

场景 1　查询所有笔记类别名称功能的开发

场景 1 步骤

（1）在 controller 包中创建 Servlet 程序 FetchAllCategoryNameServlet，将代码修改为如下代码。

```
    @WebServlet("/author/FetchAllCategoryNameServlet.tran")
    public class FetchAllCategoryNameServlet extends HttpServlet {
        protected void doGet(HttpServletRequest request, HttpServletResponse response)
throws ServletException, IOException {
            NoteService noteService = new NoteService();
            List<String> categoryNameList = noteService.fetchCategoryNameList();
            request.setAttribute("categoryNameList", categoryNameList);
            request.getRequestDispatcher("/IndexServlet.tran?url=/author/category-
NameList.jsp")
            .forward(request, response);
        }
    }
```

（2）在 WebContent 目录下的 author 目录中创建 JSP 程序 categoryNameList.jsp，将代码修改为如下代码。

```
    <%@ page language="java" contentType="text/html; charset=UTF-8" pageEncoding="UTF-8"%>
    <%@taglib uri="http://java.sun.com/jsp/jstl/core" prefix="c"%>
    <fieldset class="layui-elem-field">
    <legend>笔记类别管理（双击笔记类别名称即可编辑）</legend>
    <div class="layui-field-box">
    <c:forEach items="${categoryNameList}" var="categoryName">
    <blockquote class="layui-elem-quote layui-quote-nm">
        <form
action="${pageContext.request.contextPath}/author/ChangeCategoryNameServlet.tran"
            class="layui-form" name="${categoryName}" method="post">
            <input type="hidden" name="oldCategoryName" value="${categoryName}">
            <div class="layui-form-item layui-inline">
        <div class="layui-input-inline">
                <input type="text" class="layui-input" name="categoryName" lay-verify=
"required"
            value="${categoryName}" readonly="true" ondblclick="this.removeAttribute
('readonly')"
                onblur="this.setAttribute('readonly', 'true')">
            </div>
            <div class="layui-input-inline">
                <button class="layui-btn layui-btn-sm layui-bg-cyan" lay-submit>
                <i class="layui-icon layui-icon-edit"></i>更新
                </button>
            </div>
            </div>
        </form>
```

```
</blockquote>
</c:forEach>
</div>
</fieldset>
```

说明 1：this.removeAttribute('readonly')的功能是从本对象删除属性 readonly。

说明 2：this.setAttribute('readonly', 'true')的功能是向本对象设置属性 readonly（值为 true）。

（3）测试。

以作者身份成功登录后，单击“笔记类别管理”按钮，测试查询所有笔记类别名称功能能否正常执行。

场景 2　更新笔记类别名称功能的开发

场景 2 步骤

（1）在 controller 包中创建 Servlet 程序 ChangeCategoryNameServlet，将代码修改为如下代码。

```
@WebServlet("/author/ChangeCategoryNameServlet.tran")
public class ChangeCategoryNameServlet extends HttpServlet {
    protected void doPost(HttpServletRequest request, HttpServletResponse response)
throws ServletException, IOException {
        String oldCategoryName = request.getParameter("oldCategoryName");
        String categoryName = request.getParameter("categoryName");
        List<String> msgs = new ArrayList<String>();
        if(categoryName != null) {
            if(categoryName.trim().length() == 0 || categoryName.trim().length() >
50){
                msgs.add("笔记类别名称不能为空且长度不能超过 50 位");
                request.getSession().setAttribute("flashMsgs", msgs);
                response.sendRedirect(request.getHeader("referer"));
                return;
            }
        }
        NoteService noteService = new NoteService();
        noteService.changeCategoryName(oldCategoryName,categoryName);
        msgs.add("修改成功");
        request.getSession().setAttribute("flashMsgs", msgs);
        response.sendRedirect(request.getContextPath() +
                "/author/FetchAllCategoryNameServlet.tran");
    }
}
```

说明

由于此处的表单内容较为单一，表单验证工作交由 Servlet 程序完成（并没有单独开发 FormBean 以及表单验证过滤器）。

（2）向 NoteService.java 类添加如下方法，更新笔记类别名称。

```
public void changeCategoryName(String oldCategoryName,String categoryName) {
    NoteDAO noteDAO = new NoteDAO();
    noteDAO.updateCategoryName(oldCategoryName,categoryName);
}
```

（3）向 NoteDAO.java 类添加如下方法，更新笔记类别名称。

```
public void updateCategoryName(String oldCategoryName,String categoryName) {
    Connection con = ConnectionSharing.getInstance().get();
    PreparedStatement ps = null;
    String sql = "update note set categoryName=? where categoryName=?";
```

```
        try {
            ps = con.prepareStatement(sql);
            ps.setString(1, categoryName);
            ps.setString(2, oldCategoryName);
            ps.executeUpdate();
        } catch (SQLException e) {
            throw new RuntimeException(e);
        } finally {
            DBUtil.close(null, ps, null);
        }
    }
```

（4）测试。

以作者身份成功登录后，打开“笔记类别管理”面板，双击某笔记类别名称，编辑其内容，单击更新按钮，测试更新笔记类别名称功能能否正常执行。

场景 3　按笔记类别名称查询笔记功能的开发

场景 3 步骤

（1）在 controller 包中创建 Servlet 程序 FetchAllNoteByCategoryNameServlet，将代码修改为如下代码。

```
    @WebServlet("/FetchAllNoteByCategoryNameServlet.tran")
    public class FetchAllNoteByCategoryNameServlet extends HttpServlet {
        protected void doGet(HttpServletRequest request, HttpServletResponse response)
throws ServletException, IOException {
            request.setCharacterEncoding("UTF-8");
            String categoryName = request.getParameter("categoryName");
    if(categoryName==null) categoryName = "";
            NoteService noteService = new NoteService();
            List<Note> noteListByCategoryName = noteService.fetchAllNoteByCategoryName
(categoryName);
            request.setAttribute("noteList", noteListByCategoryName);
            List<String> msgs = new ArrayList<String>();
            msgs.add("按类别名称: "+categoryName+", 检索笔记页面");
            request.getSession().setAttribute("flashMsgs", msgs);
            request.getRequestDispatcher("/IndexServlet.tran?url=noteList.jsp").forward
(request, response);
        }
    }
```

说明　由于实现模糊查询的 Servlet 程序和实现全部查询的 Servlet 程序都将页面请求转发至 noteList.jsp 程序，为了便于区分，本 Servlet 程序向首页发送了一个“弹出框消息”。

（2）向 NoteService.java 类添加如下方法，按照笔记类别名称查询笔记。

```
public List<Note> fetchAllNoteByCategoryName(String categoryName) {
    NoteDAO noteDAO = new NoteDAO();
    return noteDAO.selectAllNoteByCategoryName(categoryName);
}
```

（3）向 NoteDAO.java 类添加如下方法，按照笔记类别名称查询笔记。

```
public List<Note> selectAllNoteByCategoryName(String categoryName){
    List<Note> noteListByCategoryName = new ArrayList<Note>();
    Connection con = ConnectionSharing.getInstance().get();
    PreparedStatement ps = null;
```

```
        ResultSet rs = null;
        String sql = "select * from note where categoryName = ? order by createTime desc";
        Note note = null;
        try {
            ps = con.prepareStatement(sql);
            ps.setString(1, categoryName);
            rs = ps.executeQuery();
            while (rs.next()) {
                note = new Note();
                note.setNoteID(rs.getInt("noteID"));
                note.setAuthor(rs.getString("author"));
                note.setNoteTitle(rs.getString("noteTitle"));
                note.setNoteContent(rs.getString("noteContent"));
                note.setVisit(rs.getInt("visit"));
                note.setCategoryName(rs.getString("categoryName"));
                note.setCreateTime(rs.getString("createTime"));
                note.setUpdateTime(rs.getString("updateTime"));
                noteListByCategoryName.add(note);
            }
        } catch (SQLException e) {
            throw new RuntimeException(e);
        } finally {
            DBUtil.close(null, ps, rs);
        }
        return noteListByCategoryName;
    }
```

（4）重启 Tomcat，测试。

单击功能扩展区的“笔记类别”列表中的某个笔记类别超链接，测试按笔记类别查询笔记功能能否正常执行。

实践任务 4　笔记标签名称管理模块的开发

场景 1　查询所有笔记标签名称功能的开发

场景 1 步骤

（1）在 controller 包中创建 Servlet 程序 FetchAllTagNameServlet，将代码修改为如下代码。

```
@WebServlet("/author/FetchAllTagNameServlet.tran")
public class FetchAllTagNameServlet extends HttpServlet {
    protected void doGet(HttpServletRequest request, HttpServletResponse response)
throws ServletException, IOException {
        TagService tagService = new TagService();
        List<String> tagNameList = tagService.fetchTagNameList();
        request.setAttribute("tagNameList", tagNameList);
        request.getRequestDispatcher("/IndexServlet.tran?url=/author/tagNameList.jsp")
        .forward(request, response);
    }
}
```

（2）在 WebContent 目录下的 author 目录中创建 JSP 程序 tagNameList.jsp，将代码修改为如下代码。

```
<%@ page language="java" contentType="text/html; charset=UTF-8" pageEncoding="UTF-8"%>
<%@taglib uri="http://java.sun.com/jsp/jstl/core" prefix="c"%>
<fieldset class="layui-elem-field">
<legend>笔记标签管理（双击笔记标签名称可编辑）</legend>
<div class="layui-field-box">
<c:forEach items="${tagNameList}" var="tagName">
```

```
    <blockquote class="layui-elem-quote layui-quote-nm">
        <form
action="${pageContext.request.contextPath}/author/ChangeTagNameServlet.tran"
            class="layui-form" name="${tagName}" method="post">
            <input type="hidden" name="oldTagName" value="${tagName}">
            <div class="layui-form-item layui-inline">
        <div class="layui-input-inline">
                <input type="text" class="layui-input" name="tagName" lay-verify="required"
                value="${tagName}" readonly="true" ondblclick="this.removeAttribute
('readonly')"
                onblur="this.setAttribute('readonly', 'true')">
            </div>
            <div class="layui-input-inline">
                <button class="layui-btn layui-btn-sm layui-bg-cyan" lay-submit>
                <i class="layui-icon layui-icon-edit"></i>更新
                </button>
            </div>
            </div>
        </form>
    </blockquote>
    </c:forEach>
    </div>
    </fieldset>
```

（3）重启 Tomcat，测试。

以作者身份成功登录后，单击“笔记标签管理”按钮，测试查询所有笔记标签名称功能能否正常执行。

场景 2　更新笔记标签名称功能的开发

场景 2 步骤

（1）在 controller 包中创建 Servlet 程序 ChangeTagNameServlet，将代码修改为如下代码。

```
@WebServlet("/author/ChangeTagNameServlet.tran")
public class ChangeTagNameServlet extends HttpServlet {
    protected void doPost(HttpServletRequest request, HttpServletResponse response)
throws ServletException, IOException {
        String oldTagName = request.getParameter("oldTagName");
        String tagName = request.getParameter("tagName");
        List<String> msgs = new ArrayList<String>();
        if(tagName != null) {
            if(tagName.trim().length() == 0 || tagName.trim().length() > 50){
                msgs.add("笔记标签名称不能为空且长度不能超过 50 位");
                request.getSession().setAttribute("flashMsgs", msgs);
                response.sendRedirect(request.getHeader("referer"));
                return;
            }
        }
        TagService tagService = new TagService();
        tagService.changeTagName(oldTagName,tagName);
        msgs.add("修改成功");
        request.getSession().setAttribute("flashMsgs", msgs);
        response.sendRedirect(request.getContextPath() +
"/author/FetchAllTagNameServlet.tran");
    }
}
```

（2）向 TagService.java 类添加如下方法，更新笔记标签名称。

```
public void changeTagName(String oldTagName,String tagName) {
    TagDAO tagDAO = new TagDAO();
    tagDAO.updateTagName(oldTagName,tagName);
}
```

（3）向 TagDAO.java 类添加如下方法，更新笔记标签名称。

```
public void updateTagName(String oldTagName,String tagName) {
    Connection con = ConnectionSharing.getInstance().get();
    PreparedStatement ps = null;
    String sql = "update tag set tagName=? where tagName=?";
    try {
        ps = con.prepareStatement(sql);
        ps.setString(1, tagName);
        ps.setString(2, oldTagName);
        ps.executeUpdate();
    } catch (SQLException e) {
        throw new RuntimeException(e);
    } finally {
        DBUtil.close(null, ps, null);
    }
}
```

（4）重启 Tomcat，测试。

以作者身份成功登录后，打开“笔记标签管理”面板，双击某笔记标签，编辑其内容，单击更新按钮，测试更新笔记标签名称功能能否正常执行。

场景 3　按笔记标签名称查询笔记功能的开发

场景 3 步骤

（1）在 controller 包中创建 Servlet 程序 FetchAllNoteByTagNameServlet，将代码修改为如下代码。

```
@WebServlet("/FetchAllNoteByTagNameServlet.tran")
public class FetchAllNoteByTagNameServlet extends HttpServlet {
    protected void doGet(HttpServletRequest request, HttpServletResponse response) 
throws ServletException, IOException {
            request.setCharacterEncoding("UTF-8");
            String tagName = request.getParameter("tagName");
            if(tagName==null) tagName = "";
            NoteService noteService = new NoteService();
            List<Note> noteListByTagName = noteService.fetchAllNoteByTagName(tagName);
            request.setAttribute("noteList", noteListByTagName);
            List<String> msgs = new ArrayList<String>();
            msgs.add("按笔记标签名称："+ tagName +"，检索笔记页面");
            request.getSession().setAttribute("flashMsgs", msgs);
            request.getRequestDispatcher("/IndexServlet.tran?url=noteList.jsp").
forward(request, response);
        }
}
```

说明

由于实现模糊查询的 Servlet 程序和实现全部查询的 Servlet 程序都将页面请求转发至 noteList.jsp 程序，为了便于区分，本 Servlet 程序向首页发送了一个“弹出框消息”。

（2）向 NoteService.java 类添加如下方法，按照笔记标签名称查询笔记。

```
public List<Note> fetchAllNoteByTagName(String tagName) {
    NoteDAO noteDAO = new NoteDAO();
```

```
        return noteDAO.selectAllNoteByTagName(tagName);
    }
```

（3）向 NoteDAO.java 类添加如下方法，按照笔记标签名称查询笔记。

```
    public List<Note> selectAllNoteByTagName(String tagName){
        List<Note> noteListByTagName = new ArrayList<Note>();
        Connection con = ConnectionSharing.getInstance().get();
        PreparedStatement ps = null;
        ResultSet rs = null;
        String sql = "select note.noteID,author,noteTitle,noteContent,visit,categoryName"
                + ",createTime,updateTime from note join tag "
                + "on tag.noteID=note.noteID where tagName = ? order by createTime desc";
        Note note = null;
        try {
            ps = con.prepareStatement(sql);
            ps.setString(1, tagName);
            rs = ps.executeQuery();
            while (rs.next()) {
                note = new Note();
                note.setNoteID(rs.getInt("noteID"));
                note.setAuthor(rs.getString("author"));
                note.setNoteTitle(rs.getString("noteTitle"));
                note.setNoteContent(rs.getString("noteContent"));
                note.setVisit(rs.getInt("visit"));
                note.setCategoryName(rs.getString("categoryName"));
                note.setCreateTime(rs.getString("createTime"));
                note.setUpdateTime(rs.getString("updateTime"));
                noteListByTagName.add(note);
            }
        } catch (SQLException e) {
            throw new RuntimeException(e);
        } finally {
            DBUtil.close(null, ps, rs);
        }
        return noteListByTagName;
    }
```

（4）测试。

单击功能扩展区的“笔记标签”列表中的某个笔记标签超链接，测试按笔记标签查询笔记功能能否正常执行。

实践任务 5　向首页添加 layui 固定块

步骤

（1）修改 WebContent 目录下 JSP 程序 wenote.jsp 中的 JavaScript 代码，将 JavaScript 代码修改为如下代码。

```
<script>
layui.use(['util','layer'], function() {
  var layer = layui.layer;
  var flashMsgs = "";
  <c:forEach items="${flashMsgs}" var="msg">
    flashMsgs =  flashMsgs + "${msg}<br/>";
  </c:forEach>
  if(flashMsgs !== ""){
    layer.msg(flashMsgs,{time:0,closeBtn:2});
  }
  var util = layui.util;
```

```
        util.fixbar({
          bar1 : '赏',
          bar2 : '赞',
          click : function(type) {
            if (type === 'bar1') {
              layer.open({
                type: 1,
                offset: '120px',
                title:['打赏', 'font-size:18px;'],
                content: '<img src="${pageContext.request.contextPath}/ShowUserPhotoServlet?
fileName=z.jpg" width="300" />'
              });
            }
            if (type === 'bar2') {
              layer.open({
                type: 1,
                offset: '120px',
                title: ['点赞', 'font-size:18px;'],
                content: '<img src="${pageContext.request.contextPath}/ShowUserPhotoServlet?
fileName=s.jpg" width="300" />'
              });
            }
            if (type === 'top') {
              layer.msg('扶摇直上九万里！');
            }
          }
        });
      });
      </script>
```

粗体代码负责向首页 wenote.jsp 页面添加 layui 固定块。由于固定块的内容是图片，因此需要提前准备“点赞”图片素材 z.jpg 和“打赏”图片素材 s.jpg，并将它们存放到 resources 目录下的 photo 目录中。

（2）测试。

打开个人笔记系统，单击右下角的固定块，测试固定块功能能否正常执行。

附录

1. Eclipse 创建的 JSP 程序无故报错解决办法

Eclipse 创建的 JSP 程序无故报错时，原因可能是当前 Web 项目缺少 Server Runtime，解决该问题的步骤如下。

（1）右击 Web 项目名称→Build Path→Java Build Path。

（2）在 Java Build Path 窗口中，打开 Libraries 选项卡→单击 Add Library...→选择 Server Runtime。

（3）单击 Next 按钮，弹出附图 1 所示的窗口，选择 Apache Tomcat v9.0→单击 Finish 按钮。

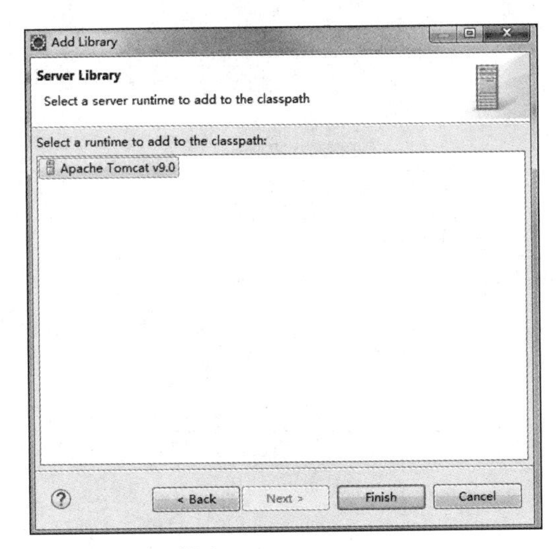

附图 1　Server Runtime

（4）将 Apache Tomcat v9.0 加入 Web 项目的 Libraries，如附图 2 所示。

（5）单击 Apply and Close 按钮，查看问题是否解决。

2. Eclipse 中 JSP 代码的排版

Eclipse 中 JSP 代码的排版有时很乱，执行如下步骤可使 JSP 代码规整。

（1）Window→Preferences→Web→HTML Files→Editor，将 Line width 设置为 720，使代码不易换行。

（2）在 Inline Elements 中单击第一个选项，按住 Shift 键，单击最后一项，单击 Remove 按钮，将所有的 Inline Element 移除。单击 Apply and Close 按钮。

（3）右击需要排版的 JSP 代码→Source→Format。

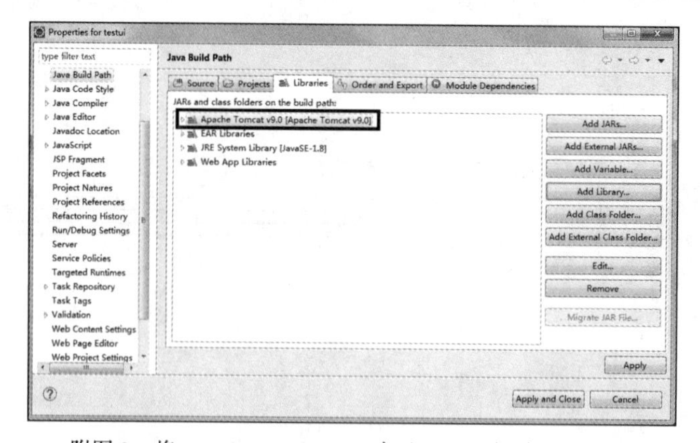

附图 2　将 Apache Tomcat v9.0 加入 Web 项目的 Libraries

3. HTTP 请求与 HTTP 响应知识汇总（见附图 3）

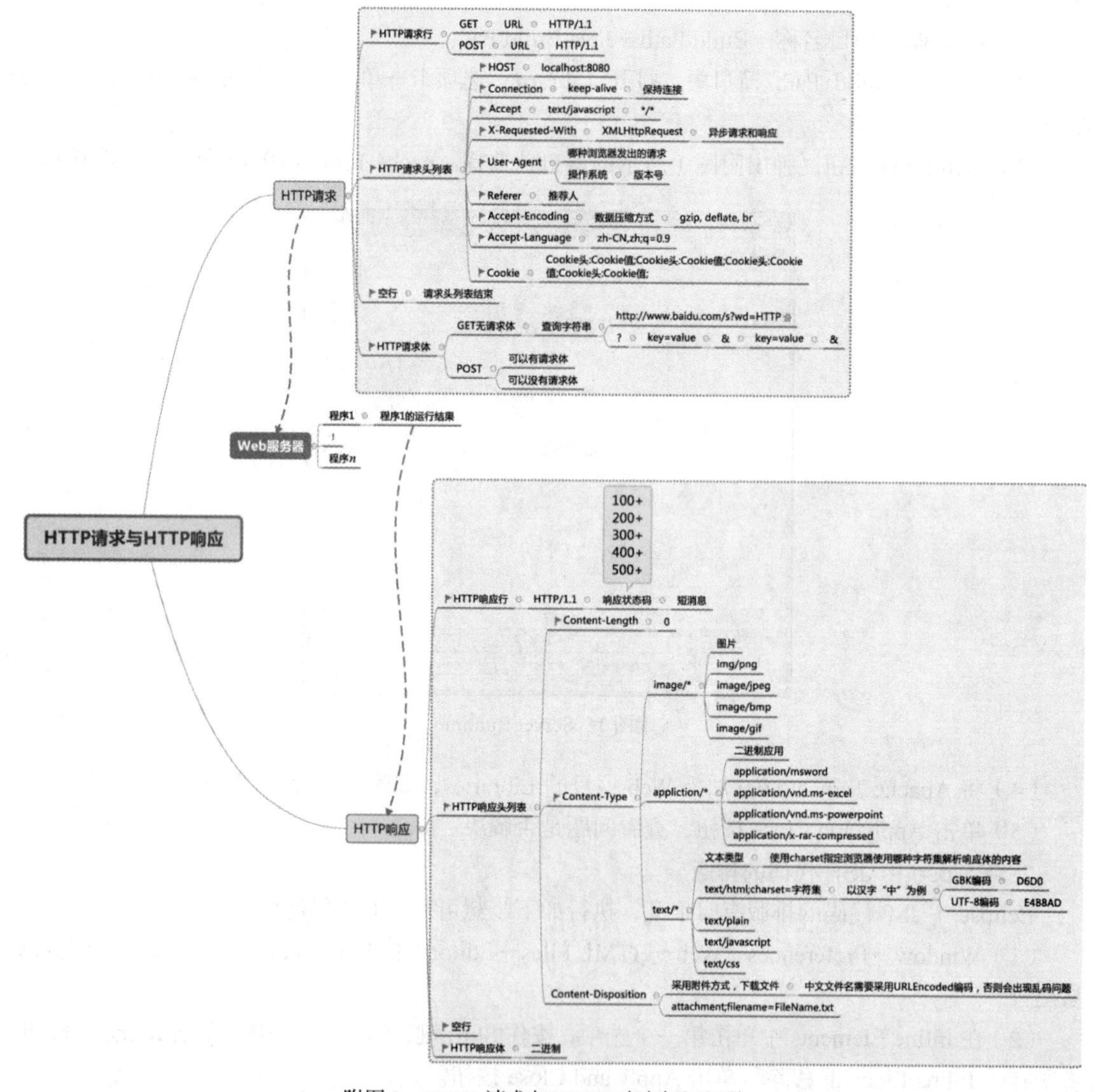

附图 3　HTTP 请求与 HTTP 响应知识汇总

4. MySQL 的安装和配置

（1）MySQL 的安装。

① 双击“mysql-5.6.5-m8-win32.msi”安装文件，进入附图 4 所示的欢迎界面，单击 Next 按钮。

② 进入终端用户许可条款界面，如附图 5 所示，选择“I accept the terms in the License Agreement”复选框，单击 Next 按钮。

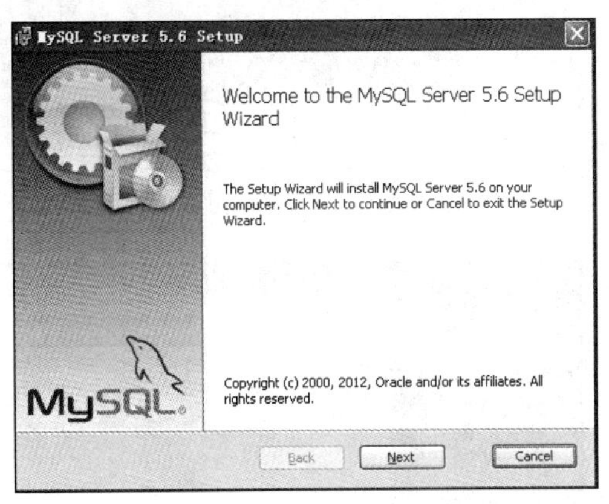

附图 4　MySQL 安装欢迎界面

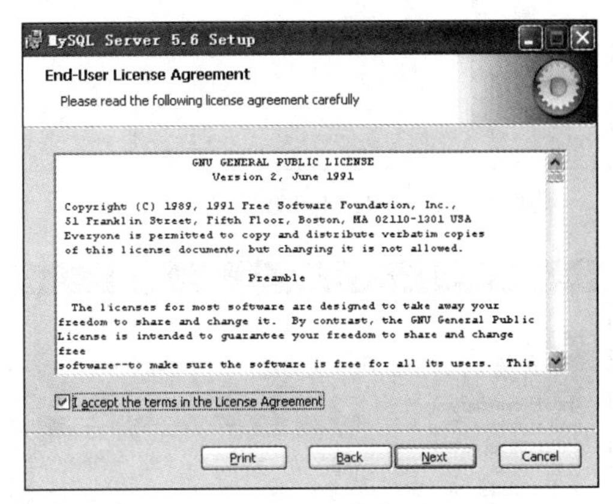

附图 5　终端用户许可条款界面

③ 进入选择安装类型界面，如附图 6 所示。安装类型分为典型安装（Typical）、自定义安装（Custom）和完全安装（Complete）。单击自定义安装 Custom 按钮。

④ 进入选择安装组件及安装路径界面，如附图 7 所示，保持默认选项，单击 Next 按钮。

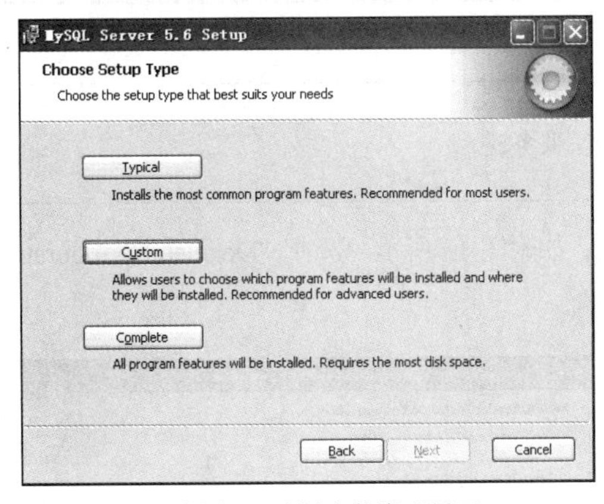

附图 6　选择安装类型界面

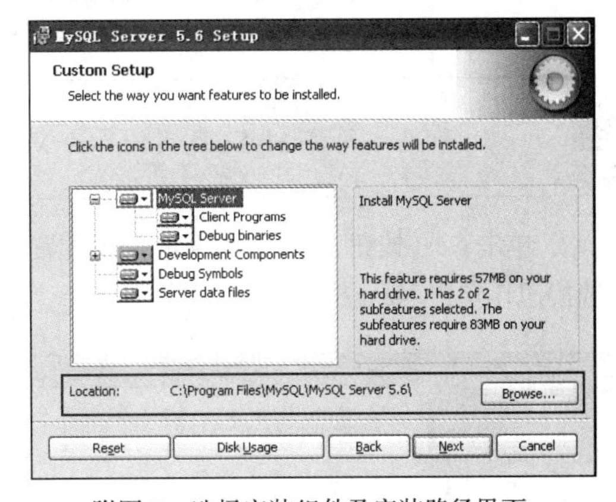

附图 7　选择安装组件及安装路径界面

⑤ 进入准备安装 MySQL 服务 5.6 界面，如附图 8 所示，单击 Install 按钮。

⑥ 弹出 MySQL Enterprise 说明界面，如附图 9 所示，单击 Next 按钮。

⑦ 进入 The MySQL Enterprise Monitor Service 说明界面，如附图 10 所示，单击“Next”按钮。

⑧ 进入完成安装 MySQL 服务 5.6 向导界面，如附图 11 所示。

（2）MySQL 的配置。

在附图 11 所示的界面中选中“Launch the MySQL Instance Configuration Wizard”复选框，单击 Finish 按钮将进入 MySQL 实例配置向导界面，如附图 12 所示。

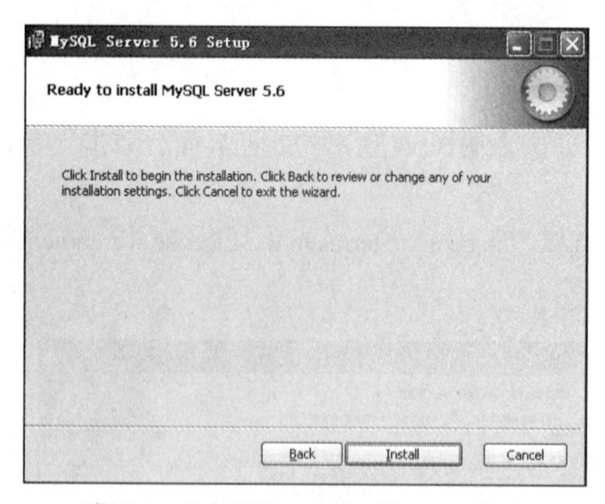

附图 8　准备安装 MySQL 服务 5.6 界面

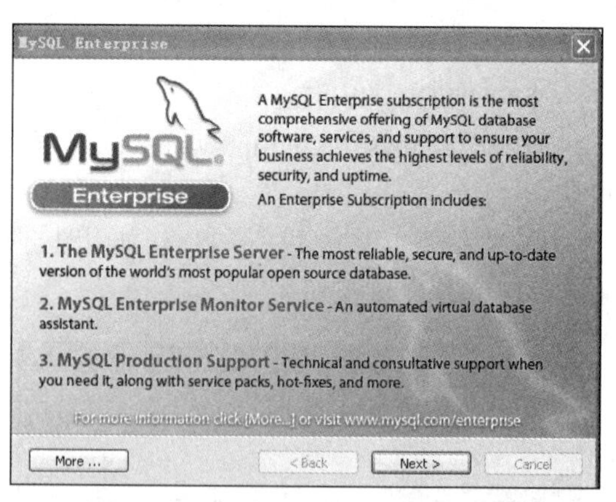

附图 9　MySQL Enterprise 说明界面

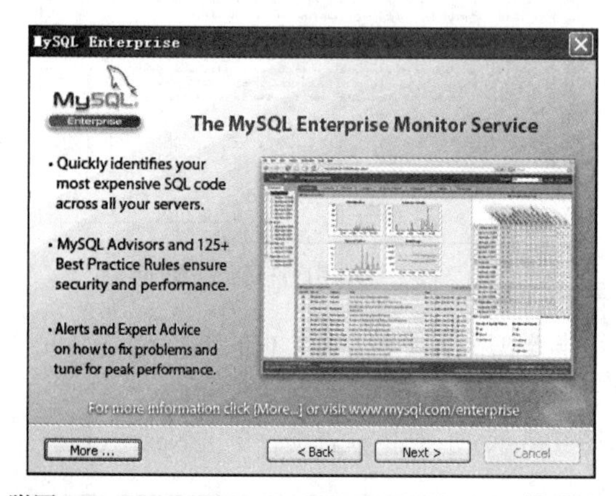

附图 10　The MySQL Enterprise Monitor Service 说明界面

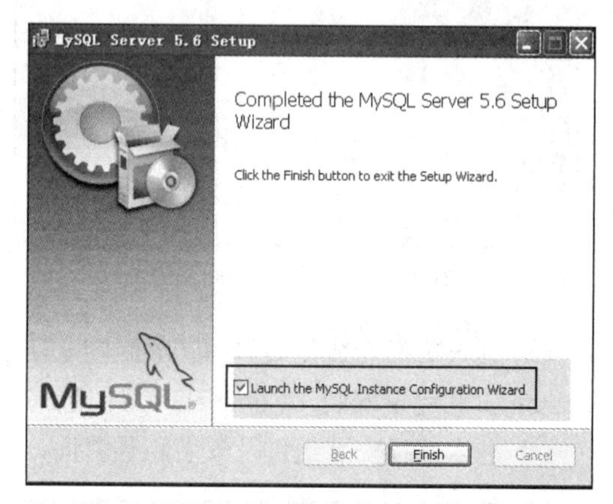

附图 11　完成安装 MySQL 服务 5.6 向导界面

有些书籍将 MySQL 实例称为 MySQL 服务进程。

① 单击 Next 按钮，进入 MySQL 实例配置界面，如附图 13 所示。选择“Detailed Configuration”单选按钮，单击 Next 按钮。

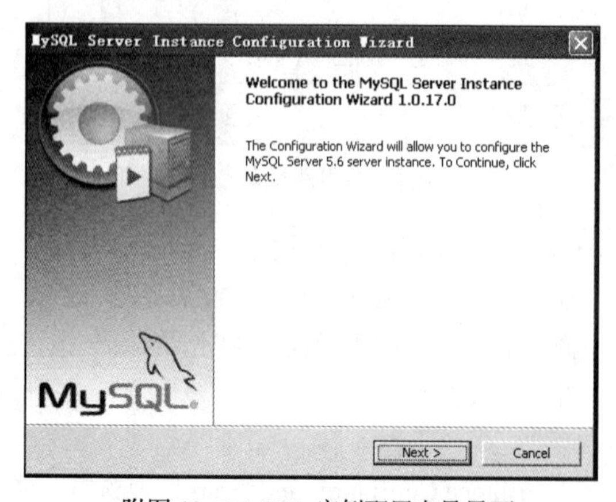

附图 12　MySQL 实例配置向导界面

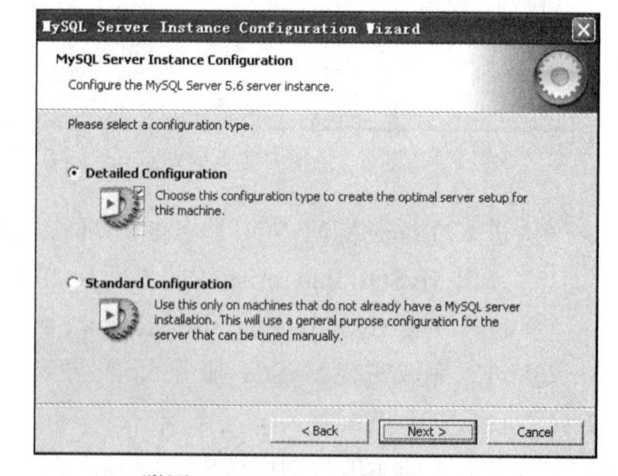

附图 13　MySQL 实例配置界面

② 进入服务类型选择界面，如附图 14 所示。选择“Developer Machine”单选按钮，单击 Next 按钮。

③ 进入选择数据库用途界面，如附图 15 所示。选择“Multifunctional Database”单选按钮，单击 Next 按钮。

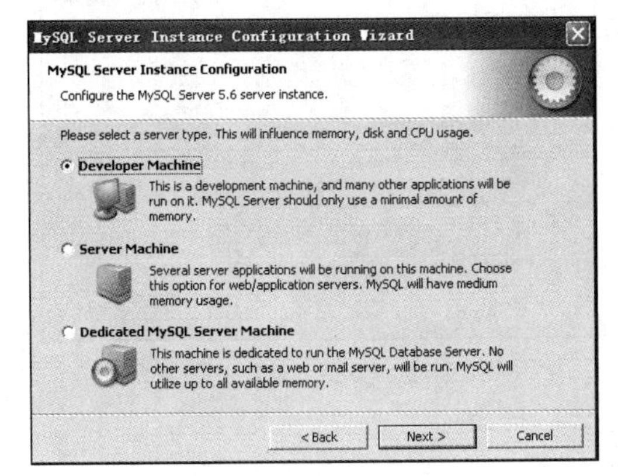

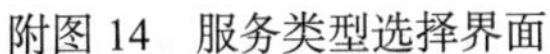
附图 14　服务类型选择界面

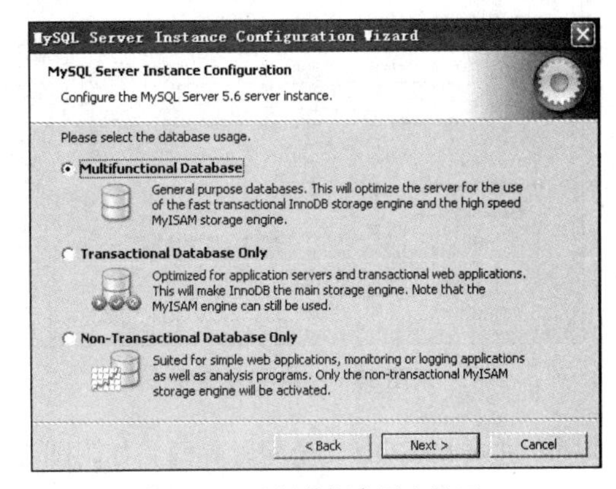

附图 15　选择数据库用途界面

④ 进入 InnoDB 表空间配置界面，如附图 16 所示，保持默认选项，单击 Next 按钮。

⑤ 进入设置并发连接数界面，如附图 17 所示。保持默认选项，单击 Next 按钮。

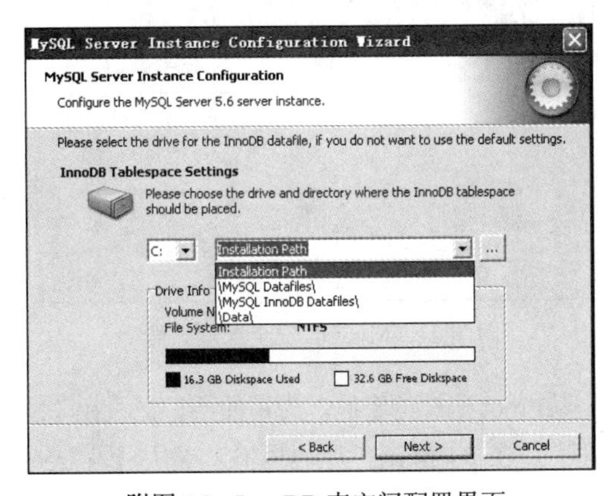

附图 16　InnoDB 表空间配置界面

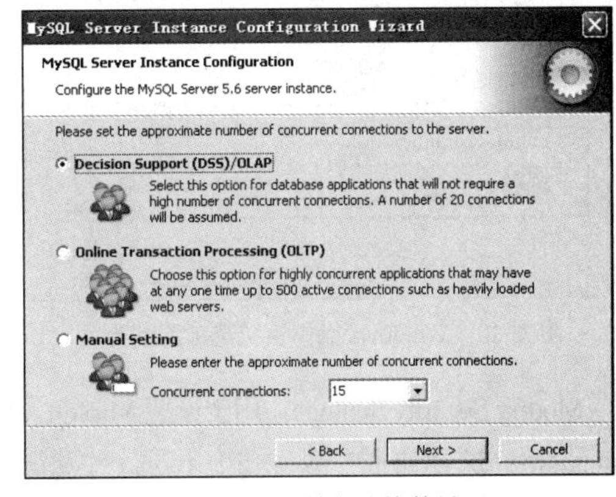

附图 17　设置并发连接数界面

⑥ 进入网络配置界面，如附图 18 所示。选中“Enable TCP/IP Networking”和“Enable Strict Mode”复选框，单击 Next 按钮。

说明 1：Enable TCP/IP Networking 设置 MySQL 实例可以被 TCP/IP 远程连接。

说明 2：Port Number 的默认值为 3306，表明 MySQL 实例运行时，默认占用 3306 端口。

说明 3：Enable Strict Mode 将 MySQL 模式（sql_mode）设置为严格的 SQL 模式。这样可以尽量保证 MySQL 语法符合标准 SQL 语法，并与其他数据库管理系统（例如 Oracle、SQL Server 等）保持兼容。

⑦ 进入选择默认字符集/字符序界面，如附图 19 所示。选择“Manual Selected Default Character Set/Collation”，并将 Character Set 设置为 utf8，单击 Next 按钮。

MySQL 的 utf8 字符集对应 Java 中的 UTF-8 字符集。

⑧ 进入 Windows 操作系统选项配置界面。选中附图 20 所示的所有复选框，单击 Next 按钮。

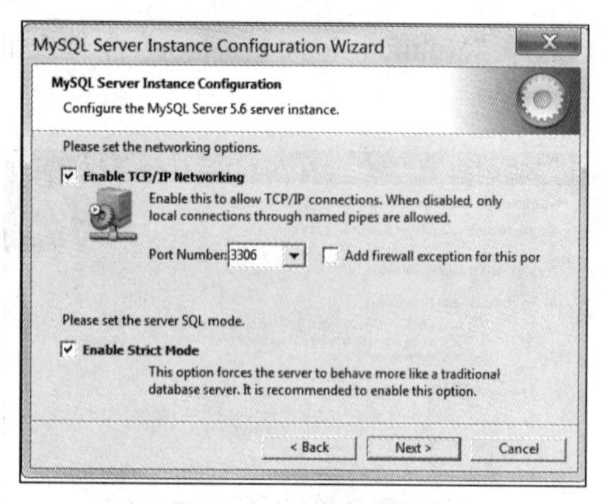

附图 18　网络配置界面

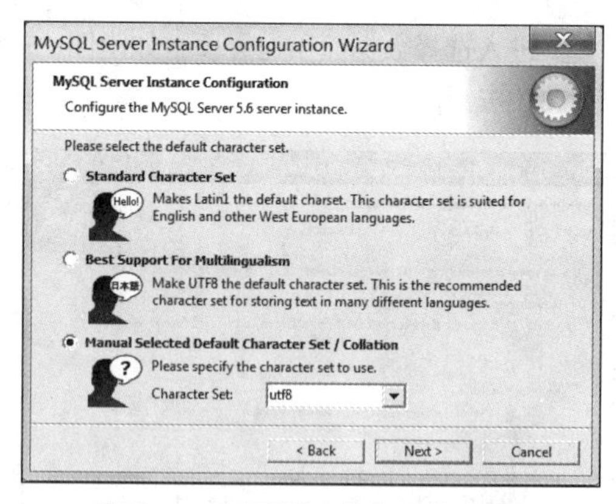

附图 19　选择默认字符集/字符序界面

⑨ 进入 MySQL 安全配置界面，如附图 21 所示。

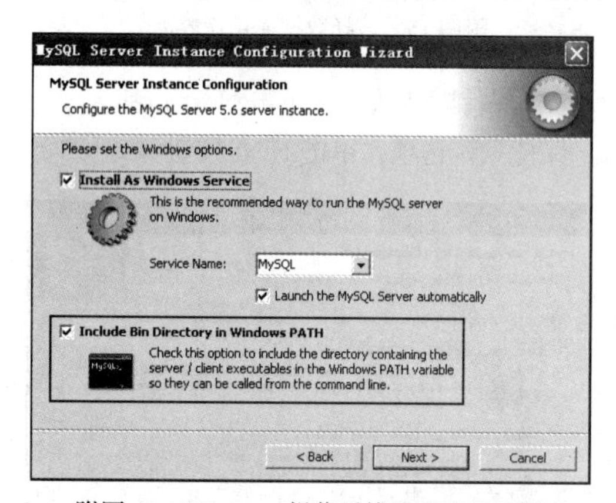

附图 20　Windows 操作系统选项配置界面

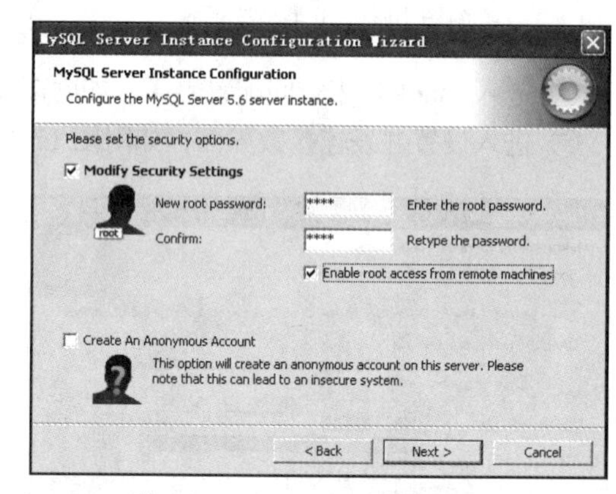

附图 21　MySQL 安全配置界面

Modify Security Settings：用于设置 MySQL 超级管理员 root 账户的密码。为了便于记忆，在“New root password:”密码框中输入密码“root”(注意没有双引号)，在“Confirm:”密码框输入确认密码“root”。

Enable root access from remote machines：用于设置是否允许 root 远程连接 MySQL 实例。

Create An Anonymous Account：用于创建匿名账户，安全起见，不建议选择该复选框。

⑩ 单击 Next 按钮，进入准备执行 MySQL 实例配置界面，如附图 22 所示。单击 Execute 按钮，稍等片刻，即可进入 MySQL 实例配置完成界面，如附图 23 所示。

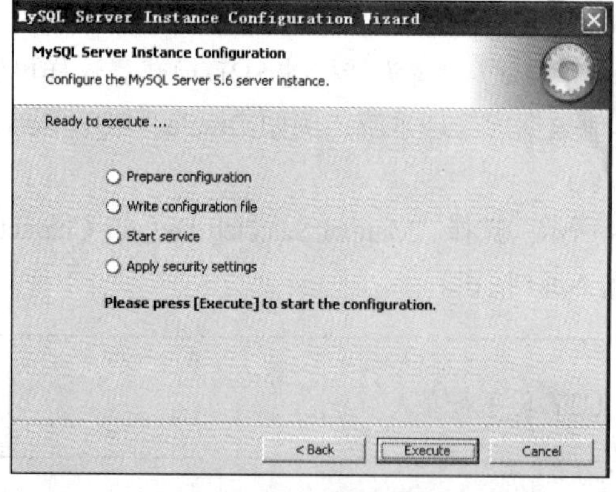

附图 22　准备执行 MySQL 实例配置界面

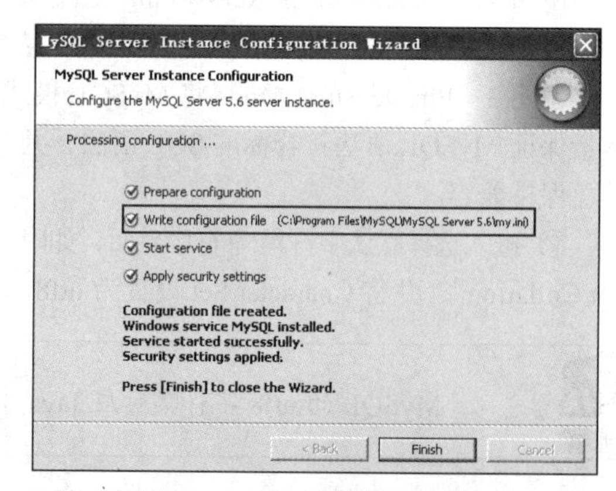

附图 23　MySQL 实例配置完成界面